Die Entwicklung der Limnologie als Wissenschaft In Österreich

Martin Dokulil

Die Entwicklung der Limnologie als Wissenschaft In Österreich

Eine historische Analyse

Springer Spektrum

Martin Dokulil
Forschungsinstitut Limnologie, Universität Innsbruck
Mondsee, Österreich

ISBN 978-3-662-71746-2 ISBN 978-3-662-71747-9 (eBook)
https://doi.org/10.1007/978-3-662-71747-9

Die Deutsche Nationalbibliothek verzeichnet diese Publikation in der Deutschen Nationalbibliografie; detaillierte bibliografische Daten sind im Internet über https://portal.dnb.de abrufbar.

Planung/Lektorat: Simon Shah-Rohlfs
Springer Spektrum ist ein Imprint der eingetragenen Gesellschaft Springer-Verlag GmbH, DE und ist ein Teil von Springer Nature.
Die Anschrift der Gesellschaft ist: Heidelberger Platz 3, 14197 Berlin, Germany

Für Elisabeth

„Alles, was gegen die Natur ist,
hat auf Dauer keinen Bestand."
Charles Darwin 1809–1882

Vorwort

Martin Dokulil, ein hervorragender Kenner der Geschichte der österreichischen Gewässerforschung, hat sich der sehr verdienstvollen Aufgabe gestellt, die Geschichte wasserbezogener Untersuchungen vom 18. Jahrhundert bis zur Jetztzeit darzustellen.

Das ist ihm mit dem vorliegenden Band sehr gut gelungen.

Den räumlichen Schwerpunkt bildet Österreich, wobei bis zum Ende der Monarchie auch die Kronländer Berücksichtigung finden. Die Beschreibungen, Vergleiche und Diskussionen basieren auf etwa 800 Publikationen. Zahlreiche Daten, die in der Literatur nur als Tabellen vorhanden waren, werden vom Autor in graphische Darstellungen umgewandelt. Sehr anschaulich sind die Graphiken über Langzeituntersuchungen oder die Vergleiche von Ergebnissen in der Zeitdifferenz von 100 Jahren. In zahlreichen Boxen findet man Erläuterungen zu Begriffen und Prozessen sowie den Lebenslauf der wichtigsten Persönlichkeiten der österreichischen Limnologie.

In der Vorgeschichte vor 1800 sind die meisten Beschreibungen eher anekdotisch, Fische und Fischerei bilden die Schwerpunkte. Süßwasserfische stellten ein wesentliches Nahrungsmittel dar, Kleinfische wie die Grundel und die Aalrutte galten als Leckerbissen. Aber es wird auch auf die Bedeutung der privaten und kommerziellen Fischerei hingewiesen, was sich in der Einrichtung von Fischereiverordnungen widerspiegelt. Es liegen auch schon Rechtsschriften vor, in denen Verbote und Strafen für Gewässerverunreinigungen festgelegt sind. Dies ist nicht verwunderlich, werden doch diverse Abfälle und Fäkalien über Fließgewässer entsorgt. An der Donau, der wichtigsten Wasserstraße Österreichs, wurden bereits im 18. Jahrhundert Regulierungsmaßnahmen zur Verbesserung und zum Schutz der Schifffahrt durchgeführt.

Die großen Regulierungsarbeiten an der Donau erfolgten in der zweiten Hälfte des 19. Jahrhunderts. Beeindruckend ist die Beschreibung von Eisstößen auf der Donau, ein besonders verheerender Winter war jener von 1829/30.

In der Seenforschung des 19. Jahrhunderts standen die Entstehung der Seen und vor allem morphometrische Untersuchungen und Studien zum Temperaturverlauf in der Wassersäule und zu den verschiedenen Jahreszeiten im Vordergrund, was in diesem Buch sehr gut dokumentiert wird. Vor allem Geographen widmeten sich dieser Thematik.

Einen Schwerpunkt bildete die Planktonkunde, wobei floristische und faunistische Aufnahmen bereits in der zweiten Hälfte des 19. Jahrhunderts erfolgten. Später, bis in das 20. Jahrhundert, kam es zum zahlenmäßigen Erfassen des Planktonbestandes und zu dessen Bedeutung für die Fischerei. Schließlich entwickelte sich eine experimentelle Planktonkunde, deren Inhalte die zeitliche und räumliche Entwicklung, Physiologie, Populationsdynamik etc. waren.

Sehr ausführlich beschreibt der Autor die Rolle der Biologischen Station Lunz als limnologische Forschungsstation und als Ausbildungsstätte auf dem Gebiet der Limnologie.

Einen Meilenstein in Österreichs Limnologie bildete die Ausrichtung des Kongresses der „Internationalen Vereinigung für theoretische und angewandte Limnologie (SIL)" 1959.

Unter der Schirmherrschaft der SIL wurde 1956 die „Internationale Arbeitsgemeinschaft Donauforschung (IAD)" gegründet, die bis heute höchst aktiv ist.

Ende der 1960er-Jahre begann eine Neustrukturierung der limnologischen Forschung mit der Neugründung von Instituten in Wien und Innsbruck und der Errichtung von Forschungsstationen an verschiedenen Seen. Mitte der 1960er-Jahre begann das erste Großprojekt internationaler Zusammenarbeit, das „Internationale Biologische Programm", mit dem Ziel, sämtliche Lebensgemeinschaften eines Ökosystems und die Interaktionen darin quantitativ zu erfassen.

Erstmals stand nicht der Einzelforscher, sondern Teamarbeit im Vordergrund. Die in Österreich ausgewählten Seen reichten vom Tiefland bis in das Hochgebirge.

In den 1970er-Jahren waren die Eutrophierung und ihre Ursachen Hauptthema limnologischer Forschung, deren Ausführung im Rahmen internationaler und nationaler Projekte erfolgte. Seit 1977 gab es an der Biologischen Station Lunz einen neuen Forschungsschwerpunkt, nämlich die ökosystemare Untersuchung eines Fließgewässers (Ritrodat). Mitte der 1980er-Jahre und Mitte der 1990er-Jahre kam es zur Durchführung großer interdisziplinärer Ökosystemstudien (Donaustau Altenwörth, Donau-Restaurierungsprogramm). In der Folge kam es zu weiteren großen internationalen Forschungsprogrammen zu den Themen „Saurer Regen" und „Klimawandel".

Die Mitgliedschaft in der EU brachte neue Herausforderungen in Form der Wasserrahmenrichtlinie, die im Jahr 2000 Wirksamkeit erlangte und deren Ziel ein guter chemischer und ökologischer Zustand der Oberflächengewässer ist. Für Fragestellungen in diesem Rahmen ist viel limnologisches Wissen und Erfahrung vonnöten, und viele österreichische Limnologen sind darin eingebunden.

Als Leitlinien für die limnologische Forschung des 20. Jahrhunderts und danach kann man die Überlegungen und Definitionen, die zum Zeitpunkt der Gründung der „Internationalen Vereinigung für theoretische und angewandte Limnologie" 1922 definiert wurden, festlegen: Limnologie ist eine Einheit von Physiographie und Biologie; es interessiert das Gesamtleben der Binnengewässer, das heißt, Biotop und Biozönose in Wechselwirkung und als Einheit.

Die einzelnen Untersuchungsmethoden wurdenvor allem in den letzten 25 Jahren immer aufwendiger und differenzierter, die Art der Bearbeitung entwickelte sich von der Tätigkeit eines Einzelforschers zur Teamarbeit, zu interdisziplinär agierenden Gruppen bis zu großen internationalen Forschergruppen, dennoch gelten noch immer die oben angeführten Leitlinien.

Die enorme Dynamik, die in der Entwicklung der Limnologie in den letzten 200 Jahren zutage tritt, findet man in dem vorliegenden Buch sehr gut abgebildet.

April 2025

Alois Herzig
Friedrich Schiemer

Danksagung

Mein besonderer Dank gilt meinen beiden Freunden und Kollegen Alois Herzig und Fritz Schiemer, die mich seit meiner Studienzeit stets unterstützt und gefördert haben. Bedanken möchte ich mich bei beiden für die Durchsicht des Manuskripts, ihre kritischen Anmerkungen und wesentlichen Ergänzungen. Ebenso möchte ich mich bei Sabine Wanzenböck für ihre unermüdliche Bereitschaft bei der Beschaffung von Literaturzitaten bedanken. Alle meine früheren Mitarbeiterinnen, Mitarbeiter, Studentinnen und Studenten seien herzlich bedankt für ihre stete Mithilfe und die Bereitschaft, auch zu ungewöhnlichen Zeiten anzupacken. Ohne ihre Hilfe wären etliche Projekte nicht durchführbar gewesen und Publikationen nicht zustande gekommen. Bei meiner Frau bedanke ich mich für ihre Geduld und den Beistand während der langen Zeit, die dieses Buchprojekt gedauert hat.

Interessenkonflikt Der/die Autor*in hat keine für den Inhalt dieses Manuskripts relevanten Interessenkonflikte.

Inhaltsverzeichnis

Abkürzungsverzeichnis

BA	Bundesanstalt
BKU	Universitär für Bodenkultur, Wien
BM	Bundesministerium
BSL	Biologische Station Lunz, Niederösterreich
eDNA	environmental Desoxyribonukleinsäure
IBP	Internationales Biologisches Programm
IPGL	Internationaler Post Graduierten Lehrgang
KIS	Kärntner Institut für Seenforschung, Klagenfurt
LOS	Lunzer Obersee
LTER	Long term ecological research
LUS	Lunzer Untersee
MaB	Mensch und Biosphäre
OECD	Organisation for Economic Co-operation and Development
ÖEP	Österreichisches Eutrophieprogramm
PP	Primäre Produktion
u. a.	und andere op. cit. = opere citato, bereits zitiert
UBA	Umweltbundesamt
WFD	Water Framework Directive
WRRL	Wasserrahmenrichtlinie
ZAMG	Zentralanstalt für Meteorologie und Geodynamik (heute *Geosphere*)

Präambel 1

Zunächst stellt sich die Frage, ob eine Geschichte der Limnologie überhaupt gebraucht wird. In den Naturwissenschaften werden historische Tatsachen häufig abwertend dargestellt oder als nicht mehr relevant betrachtet. Wissenschaftlicher Fortschritt, also die Aufdeckung von Zusammenhängen, Ein- und Auswirkungen, die Entwicklung von Theorien und anderem, steht immer in Bezug zu Vergangenem, also zur Geschichte. Die Wertschätzung der Geschichte kann daher auch zum Fortschritt beitragen (Schwarz 2003). In diesem Sinne sollte die Kenntnis der Geschichte es ermöglichen, die eigene Arbeit kritisch zu hinterfragen, Wiederholungen zu vermeiden, neue Ideen zu generieren und holistische Betrachtungen zu begünstigen. Gerade eine so multidisziplinäre ökologische Wissenschaft wie die Limnologie ist prädestiniert durch Kooperation und Dienst an der Gesellschaft im Sinne Edmondsons eine „*Super-Wissenschaft (super science)*“ zu sein (Edmondson 1994). Als ökologische Wissenschaft lassen sich Grundlagen und Anwendung kaum trennen. Die Nutzung der Ressource Wasser war schon immer essenziell für die Menschheit, ohne die genauen Zusammenhänge zu kennen. Das änderte sich erst mit der naturwissenschaftlichen Revolution im Zeitalter der Aufklärung im 18. Jahrhundert.

Die Entwicklung der Naturwissenschaften im Bereich der Binnengewässer ist eng mit Fortschritten im Wasserbau und der Wasserwirtschaft verbunden. Die vorliegende Darstellung der Erforschung der Gewässer in Österreich im 19. Jahrhundert und die sich daraus ergebende Entstehung des Zweiges der Limnologie erkundet daher neben den Forschungsaktivitäten die Nutzung der Gewässer. Wichtig sind hier Bezüge zur Fischerei, zum Wasserbau, Wasserkreislauf und zu den Lebensverhältnissen der damaligen Bevölkerung. Die Breite der Untersuchungen ist ebenso Thema wie die zeitlichen Entwicklungslinien. Neben Universitäten und Institutionen tragen wissenschaftliche Gesellschaften sowie Einzelpersonen mit

M. Dokulil, *Die Entwicklung der Limnologie als Wissenschaft In Österreich*,
https://doi.org/10.1007/978-3-662-71747-9_1

ihren Erkenntnissen bei. Fallweise werden allgemeine Darstellungen mit Bezug zu Österreich und/oder den Alpen von anderswo zum besseren Verständnis der Zusammenhänge einbezogen. Da Entwicklungslinien parallel verlaufen sind, wurden fallweise einzelne Themen herausgelöst und im zeitlichen Verlauf abgehandelt. Wenn es für den Zusammenhang wichtig ist, werden auch spätere Zitate miteinbezogen.

Aus praktischen Erwägungen wurde die Darstellung in drei Abschnitte gegliedert, welche sich bis zu einem gewissen Grad überschneiden. Als Vorgeschichte wird die Zeit vor 1800 kursorisch behandelt. Danach folgt als „Frühphase" das 19. Jahrhundert, welches von 1800 bis 1920 ausgedehnt wurde, da der Zusammenbruch der österreichisch-ungarischen Monarchie doch eine starke Zäsur darstellte. Für die Zeit der Monarchie werden wesentliche Einsichten aus den Österreich anliegenden Staaten Böhmen, Ungarn, Krain, Südtirol, Bayern und fallweise aus anderen berücksichtigt. Als dritter Abschnitt folgt das 20. Jahrhundert, beginnend mit 1900 bis zur Gegenwart. Hier galt es, die Bedeutung der Biologischen Station Lunz (BSL) in der Zwischenkriegszeit für die Entwicklung der Limnologie in Österreich und ihre Ausstrahlung in die Bundesländer darzulegen. Die weitergehende Spezialisierung, Diversifizierung und Institutionalisierung der Forschung nach 1945 war ein weiteres Anliegen, ebenso wie die breit angelegte Bibliographie.

Eine umfangreiche Darstellung der Geschichte der Limnologie und ihrer Grundlagen verfasste Steleanu (1989). Kurze Zusammenfassungen der Entwicklung der Limnologie in Österreich finden sich bei Pleskot (1959), Nauwerck (1992) und Schiemer (2014), für Deutschland in Elster (1974). Die Formalisierung der Limnologie als Wissenschaft in den Jahren 1870 bis 1920 beschreibt Egerton (2014). Einen guten Überblick über die frühe Ökologie unter besonderer Berücksichtigung der aquatischen Ökologie bietet die Dissertation von Schwarz (2000), https://d-nb.info/962070025/34.

Der Autor hofft, mit der vorliegenden Darstellung dem interessierten Leser einen detaillierten Einblick in die Geschichte der Erforschung und Nutzung der österreichischen Gewässer zu bieten, aber auch gleichzeitig den Fachkollegen neue Einblicke in die zahlreichen Facetten der „klassischen" Limnologie zu ermöglichen. Vergleiche von Daten aus früheren Jahren mit neueren Ergebnissen versuchen, neue Aspekte der Interpretation zu ermöglichen.

Wer sich für weitere Einzelheiten zur Biologischen Station und der Entwicklung im 20. Jahrhundert interessiert, dem seien drei Vorstudien zu diesem Buch empfohlen (Dokulil 2017, 2020, 2023). Allgemeine Einführungen in die Limnologie sind Dokulil et al. (2001), für die Fließgewässer und die Fischökologie Jungwirth et al. (2003) und für das Grundwasser Griebler und Mösslacher (2003) zu entnehmen.

Literatur

Dokulil MT (2017) Alpenrandseen im Anthropocän: Verschlechterung und Sanierung – eine österreichische Erfolgsgeschichte. Acta ZooBot Austria 154:1–53

Dokulil M (2020) Hochgebirgs- und Flachlandseen im Anthropozän: Österreichische Langzeitperspektive (IBP bis LTER). Acta ZooBot Austria 157:159–211

Dokulil M (2023) Die Lunzer Seen – ein wissenschaftlich-historischer Exkurs. Hommage an Prof. Dr. Franz Berger. Acta ZooBot Austria 159:229–271

Dokulil M, Hamm A, Kohl JG (Hrsg) (2001) Ökologie und Schutz von Seen. Facultas UTB, Wien, 500 S

Edmondson WT (1994) What is limnology? In Margalef R (ed) Limnology now a paradigm of planetary problems. Elsevier, Amsterdam, 547–553

Egerton FN (2014) History of Ecological Sciences. Part 50: Formalizing Limnology. 1870s to 1920s. Bull Ecoll Soc America 95:131–153

Elster HJ (1974) History of Limnology. Mitt Internat Verein Limnol 20:7–30

Griebler C, Mösslacher F (2003) Grundwasserökologie. Facultas UTB, Wien, 495 S

Jungwirth M, Haidvogel G, Moog O, Muhar S, Schmutz S (2003) Angewandte Fischökologie an Fließgewässern. Facultas UTB, Wien, 547 S

Nauwerck A (1992) Limnologie als Seenkunde – gestern, heute und morgen. Ver Österr Akad Wiss Veröff Komm Humanökologie 4:55–85

Pleskot G (1959) Die Entwicklung der limnologischen Forschung in Österreich. Österr Wasserw 11:194–203

Schiemer F (2014) Eine kurze Geschichte der Limnologie in Österreich. Denisia 33:33–59

Schwarz AE (2000) Frühe Ökologie im wissenschaftlichen und kulturellen Kontext. Oszillation dreier Basiskonzepte unter besonderer Berücksichtigung der aquatischen Ökologie. Diss Univ München, 324 S

Schwarz AE (2003) Im Blick zurück ein Schritt nach vorn: ein Beitrag zum Verhältnis von Limnologie und Geschichte. Limnologica 33:62–73

Steleanu A (1989) Geschichte der Limnologie und ihrer Grundlagen. Haag & Herchen, Frankfurt-Main, 441 S

2 Vorgeschichte vor 1800

Als einen frühen Vorläufer in der Geschichte der Limnologie kann man den Straßburger Fischmeister Leonhardt Baldner (1666) ansehen. Die prächtigen Farbabbildungen von Wassertieren bis zu Insektenlarven in seinem Werk sind heute noch sehenswert. Auch seine Beobachtungen und Kommentare hatten erstaunliche Genauigkeit. Sein Zeitgenosse Athanasius Kircher (1678) legte bereits Wert auf Zusammenhänge (Box 2.1). Er gilt auch als „Vater der Hydrologie“, könnte aber auch als ein „Großvater der Limnologie“ durchgehen. Sein Werk *Mundus subterraneus* war ein erster Versuch, das Wasserregime der Erde ganzheitlich und global zu erfassen. Zu seiner Zeit glaubte man, die „bodenlosen“ Seen stünden mit dem Meer in Verbindung. Kircher interessierte sich für die Chemie des Wassers und formte daraus eine Art Typensystem der Gewässer, wobei er auch die Biologie bis zu einem gewissen Grad miteinbezog. Den eigentlichen Ursprung der Quellen und den Zusammenhang mit dem Grundwasser und den Meeren sowie Elemente des gesamten Wasserkreislaufs behandelten „Die vernünftigen Gedanken“ auf 240 Seiten (Kühn 1746), eine erweiterte Übersetzung eines französischen Werkes aus 1741. Eine fast schon limnologische Arbeit ist die *„Gründliche Nachricht von dem … Czirknitzer See …“* (Steinberg 1758). Den Autor interessierte vor allem die wirtschaftliche Nutzung dieses Karstsees, daher bleibt er weitgehend bei der Fischerei.

Athanasius Kircher (1602–1680) Jesuit, Historiker, Universalgelehrter

Geboren in Geisa (Rhön), ging er nur 10 Jahre auf die Jesuitenschule in Fulda. Im Jahr 1618 trat er sein 2-jähriges Noviziat in Paderborn an, wo er danach auch den 3-jährigen Philosophiekurs (Logik, aristotelische Physik, Metaphysik) begann. Das 4-jährige Theologiestudium absolvierte er in

M. Dokulil, *Die Entwicklung der Limnologie als Wissenschaft In Österreich*,
https://doi.org/10.1007/978-3-662-71747-9_2

Mainz, wo er gleichzeitig als Professor tätig war. Die meiste Zeit seines Lebens lehrte und forschte er aber am Collegium Romanum in Rom. Seine Veröffentlichungen deckten zahlreiche Themen ab. Seine geologischen und geographischen Forschungen gipfelten in seinem Werk *Mundus subterraneus* (1664), worin er die Entstehung der Gezeiten auf Wassermassen zurückführte, die sich zwischen den Meeren und einem unterirdischen Ozean bewegen. Er benützte das gerade erfundene Mikroskop zur Aufklärung der Übertragung von Krankheiten und war der Erfinder des *Organum mathematicum,* eines Vorläufers des Computers. Kircher galt als einer der populärsten Gelehrten der damaligen Welt. Er starb 1680 in Rom. Bild: Wikipedia

Die Fische des Süßwassers waren in früheren Tagen äußerst geschätzte Nahrungsmittel für die Menschen. Die Bäche, Flüsse und Seen lieferten eine solche Überfülle an „Schuppenwild“, dass wir sie uns heute kaum mehr vorstellen können, schreibt Merwald (1975). Die heute selten gewordene Grundel war im Mittelalter als Speisefisch ein begehrter Leckerbissen (Abb. 2.1). Im Tierbuch von Baldner (1666) wird die Grundel sogar als „Herrenfisch“ bezeichnet und aus Briefen von Christiane Vulpius ist zu erfahren, dass sogar Goethe *„... die fetten und vorzüglichen Grundeln“* schätzte. Man züchtete sie in Bächen und kleinen Teichen und erließ Anordnungen zu deren Fütterung und Pflege. Ebenfalls gerne gegessen wurden die Elritzen noch vor wenigen Jahrhunderten, und die Gründlinge, auch Gresslinge genannt, wurden *„... wie andere Fische gebachen und zierlich zu Tisch getragen“* (Merwald 1975). Über die Koppen wird vermeldet, dass sie nicht gesund waren, *„... weillen sie ziemlich schleimig ... werden aber gebachen als gesotten gegessen“*. Am Linzer Fischmarkt wurden sie einst nach Hohlmaßen, „Kandl“, „Seidel“ oder „Maß“ verkauft. Die Rutte oder Aalrutte, der einzige Dorschfisch der Binnengewässer, war vor allem wegen seiner Leber *„... berühmt in der Schlecker-Mäuler-Zunfft, ... ist aber nicht so gesund als beliebt“*. Kaiser Maximilian I. muss das Fleisch der grätenlosen, nur mit winzigen Schuppen bedeckten Fische

Abb. 2.1 Die Grundel. (Aus dem Fischbuch von Baldner (1666). © Biblio Uni Kassel)

sehr geschätzt haben, da er jede Woche einen Zentner von ihnen an seinem Innsbrucker Hof haben wollte. Einen historischen Überblick über den Fischhandel in Linz vom 15. bis ins 19. Jahrhundert, insbesondere als Umschlagplatz für den Hausen, ermöglicht Wacha (1956), der auch weitere Einblicke und Details (Wacha 1964) zum Fischhandel im Land Oberösterreich bietet (dazu auch Hemsen 1965).

Auf dem Hohen Markt in Wien hatten die Fischer in der zweiten Hälfte des 16. Jahrhunderts durch ihre Fischkalter einen so beträchtlichen Wasserverbrauch, dass durch ein eigenes Leitungssystem aus Hernals Wasser herangeführt werden musste. Der Grundeigner verlangte allerdings Barzahlung oder eine angemessene Abgeltung in Fischen. In ähnlicher Weise wie bei der Landwirtschaft und Jagd bestand auch ein „Fischereirobot“, der die Untertanen zum Fischereidienst beim herrschaftlichen Fischfang bzw. zur Abgabe von Fischen verpflichtete. Für Fischdiebstahl, aber auch für Gewässerverunreinigung waren vielerorts empfindliche Strafen festgesetzt (Anonymus 1955). In Hohenberg, Niederösterreich etwa wurde 1572 unerlaubtes Fischen mit Herrschaftsstrafe belegt und in Schönbühel galt 1584 unbefugtes Fischen als Diebstahl. Purgstall drohte schon im 14. Jahrhundert sogar mit Pfändung. Dies sind nur einige Beispiele aus der Geschichte der Fischerei in Österreich, die Brachmann (1951, 1952) in fünf Veröffentlichungen zusammengestellt hat. Für weitere Einzelheiten der Fischerei in den Bundesländern Österreichs sei der interessierte Leser auf diese Artikel verwiesen.

Wie wichtig die Fischerei damals war, mag auch eine monographische Aufarbeitung und Darstellung der damals bekannten Fische aus dem Jahr 1774 belegen (Müller 1774). Darin wird das Natursystem der Fische nach Linné ausführlich erläutert, erklärt und auf elf Kupfertafeln bildlich dargestellt. Das Angelfischen ist keineswegs eine Erfindung des heutigen Tourismus. Bereits vor mehr als 500 Jahren haben die Fürsten diesem Sport gefrönt. Dies belegt eine Gravur aus dem Buch *Weisskunig,* die vermutlich um 1500 durch einen Sekretär von Kaiser Maximilian entstanden ist (siehe Abb. 2.2 aus Pelster 2009). Früher gab es auch verschiedene Formen des Eisfischens, welche Brachmann in seiner Fischereigeschichte und in einer eigenen Publikation beschreibt (Brachmann 1954, 1955).

Die Bedeutung und Wichtigkeit der privaten und kommerziellen Fischerei führte früh zur Einrichtung von Fischereiordnungen. So schreibt etwa eine Verordnung aus der ersten Hälfte des 17. Jahrhunderts in Kärnten vor, dass „*... die welche mit Netzen oder Pere befugt sind zu fischen ...*“, sich abzusprechen haben über die Maschenweite, Gelegenheit und Orte, damit auch andere ihren Bedarf an Fischen decken können (Hauser 1884). Die älteste erhaltene Fischereiordnung aus dem Jahr 1418 (Schmieder 1866) bezog sich nur auf die untere Traun von Lambach bis zur Mündung in die Donau. Nach Brachmann (1953) waren die Fischereirechte mehrerer Besitzer betroffen, für die jeder Untertan entsprechendes Entgelt für die Ausübung einer Berechtigung zu leisten hatte. Neben den „Vollfischern“ gab es auch noch Nebenberechtigte, die bestimmte Aufgaben übernahmen, wie Brachmann (1953) berichtet. Die einzelnen Bestimmungen dieser Fischereiordnung sind in Brachmann (1954) nachzulesen. Dort sind auch die Strafandrohungen bei Übertretungen aufgeführt.

Abb. 2.2 Gravur aus dem Buch *Weisskunig*, um 1500 geschrieben von einem Sekretär von Kaiser Maximilian. (Aus Pelster (2009))

Was man aus historischen Aufzeichnungen über Fischerträge des 17. und 18. Jahrhunderts ableiten kann, hat Nauwerck (1996) gezeigt (Box 2.2). Die Fischer des Mondsees waren früher den Äbten des Klosters Mondsee und dem Bischof von Mondsee dienstverpflichtet. Dieser zu leistende Fischdienst bestand aus der Lieferung einer bestimmten Anzahl von Fischen pro ganzem Fischrecht sowie aus einer Steuer, die in Form von Fisch geleistet wurde. Aus den Angaben in den erhaltenen Rechnungsbüchern des Klosters für die Zeit 1620 bis 1740 konnte Nauwerck (1996) die jährlich abgelieferten Mengen an Saiblingen und Hechten nachweisen und daraus die Populationsschwankungen ableiten (Abb. 2.3). Die Fangmengen waren überraschenderweise insgesamt gering. So konnten pro Jahr durchschnittlich nur knapp 650 Saiblinge geliefert werden. Hechte machten weniger als 1 % aus und Reinanken fanden sich in den Büchern erstaunlicherweise kaum. Frühe Fischereiordnungen von 1507, 1544, 1559 und 1730 wurden von Wacha (1895) beschrieben (Box 2.3).

Arnold Nauwerck (1931–2023) DDr. Limnologe

Geboren in Karlsruhe, verbrachte er seine Jugend im Schwarzwald. Er studierte in Freiburg und absolvierte ein Austauschjahr in Uppsala, Schweden, wo er bei Prof. W. Rhode 1963 seine Dissertation zur Ökologie des Planktons im See Erken abschloss. Danach wirkte er als Dozent an der Universität in Uppsala, bis er zu Richard Vollenweider nach

Burlington, Kanada ging. Zurückgekehrt nach Schweden, war er als Limnologe in der nördlichsten Provinz Schwedens, in Norbotten, tätig und unterrichtete an der Technischen Universität in Lund. Mit Roland Pechlaner, Innsbruck verband ihn eine langjährige Zusammenarbeit, wodurch er letztlich nach Österreich kam. Er war Direktor des Limnologischen Instituts Mondsee der Österreichischen Akademie der Wissenschaften (1987–1997). Aus einem Expertenkurs für Phytoplankton 1974 in Scharfling entwickelte sich die Idee zu einer internationalen Arbeitsgruppe Phytoplankton, die sich in der Folge regelmäßig und bis heute in verschiedenen Ländern getroffen hat. Ihren Namen „International Association of Phytoplankton Ecology and Taxonomy“ (IAP) erhielt sie von Eugen Rott, Innsbruck.

Jagsch A (2013) Personalia. Nachruf Univ.-Prof. DDr. Arnold Nauwerck * 25. Jänner 1931 † 8. Februar 2023. Österr Fischerei 76:87–88

Bild: M. Dokulil, Lunz 1987

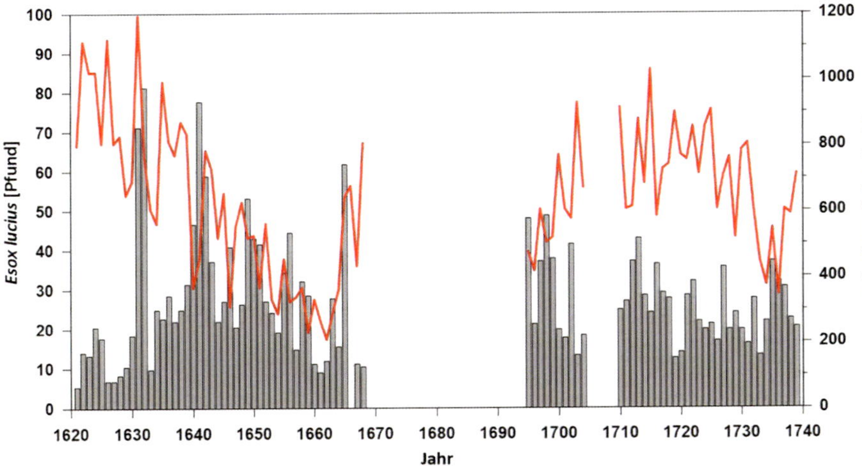

Abb. 2.3 Lieferungen von Hechten *(Esox lucius)* als Gewicht in Pfund (Säulen) und von Seesaiblingen als Individuen an das Kloster Mondsee. Fischdienst durch den Fischer Wesenauer aus Scharfling. Rekonstruiert aus den Rechnungsbüchern des Klosters Mondsee durch Nauwerck (1996). Umgezeichnet und überarbeitet

M. Immanuel Kants
Entwurf und Ankündigung
eines Collegii
der physischen Geographie,
einer kurzen Betrachtung
Ob die Westwinde in unsern Gegenden
darum feucht seyn, weil sie über ein grosses Meer streichen.

Immanuel Kant (1724–1804) Philosoph, Professor für Logik und Metaphysik

Geboren in Memel erlernte er zunächst die klassischen Sprachen am Collegium Fridericianum und begann 1740 sein Studium an der Albertus Universität in Königsberg (heute Kaliningrad, Russland). Kant besuchte Vorlesungen im Bereich Naturwissenschaften und Philosophie. Er beschäftigte sich mit Naturphilosophie und elementarer Mathematik. 1746 veröffentliche er seine erste Schrift. 1757 kündigte er in einem Entwurf (Abb) ein Collegium über physische Geographie an. In dieser erfolgreichen Veranstaltung erwies sich Kant als kritischer Beobachter naturwissenschaftlicher Publikationen seiner Zeit. Aktuelle Einsichten der Naturforschung wurden für das vorwiegend studentische Publikum in den Lehrvortrag integriert und aufbereitet. Kant gilt als einer der größten Denker und Philosophen der Neuzeit. Er starb 1804 in Königsberg.

https://kant.bbaw.de/de/abt-iv/physische-geographie.

In ähnlicher Weise sammelte Honsig-Erlenburg (2009) Hinweise über das Vorkommen von Fischarten in Kärntner Gewässern. Paolo Santonino bereiste 1485–1487 als Reisebegleiter des Bischofs von Caorle die südlichen Landesteile von Kärnten und erwähnt in seinem Reisetagebuch anlässlich von üppigen Mahlzeiten Fische und den Edelkrebs (Egger 1947). Für die obere Drau und die Gail waren demnach Äschen, Bachforellen, Huchen und Aalrutten von großer Bedeutung. Auch wird das Vorkommen der Seeforelle im Weißensee dokumentiert. Ein bedeutendes Zeugnis der autochthonen Fischarten Kärntens sind auch die Aufzeichnungen des Botanikers Franz Xaver Freiherr von Wulfen (1728–1805). In den Beständen der Botanischen Abteilung des Joanneum Graz fand sich ein Manuskript zur Fischfauna Kärntens (Honsig-Erlenburg und Mildner 1996). In diesem, hauptsächlich in lateinischer Sprache verfassten Werk werden Salmoniden in den Seen Kärntens und den umgebenden Regionen behandelt. So wurde die Seeforelle für den Weißensee, Millstätter See und den Ossiacher See von von Wulfen angegeben; der Seesaibling wird unter anderem für die Gebirgsseen im Mölltal, den Stappitzer See bei Mallnitz, den Weißensee, den Friesacher Stadtgraben sowie den Lago del Predil bei Tarvis erwähnt.

Seit dem Spätmittelalter sind Verbote und Strafen für Gewässerverunreinigungen in Rechtsschriften nachweisbar (Kohl 2002). Verschmutzungen von Brunnen waren immer schon verboten, wie schriftliche Zeugnisse seit Mitte des 15. Jahrhunderts bezeugen. Oberflächengewässer und Brunnen waren häufig durch tote Tiere und Aas verunreinigt, da damals die Kadaverbeseitigung ein großes Problem darstellte. Man war sich aber durchaus auch der Gefahr bewusst, dass Verunreinigungen des Wassers Gefahren für Leib und Leben auslösen können, wie u. a. eine Wiener Infektionsordnung von 1680 und die „Vieseuch-Ordnung" von 1742, die von Maria Theresia erlassen wurde, beweisen. Im Gegensatz zu den meisten Gewässern waren große Fließgewässer, wie etwa die Donau, durchaus zum Abtransport von Abfällen vorgesehen und in zahlreichen Rechtsquellen dafür bestimmt. Schlachthäuser wurden dementsprechend an oder über Flüssen angelegt (Abb. 2.4 aus Kohl 2002). Die Entsorgung diverser Abfälle und Fäkalien über die großen Flüsse diente aber auch der Prävention von Krankheiten. Diese Art der Entsorgung war bis in die Mitte des 20. Jahrhunderts geradezu selbstverständlich. Auch die Entleerung von Senkgruben erfolgte über Gewässer. Donauhochwässer und Eisstöße führten immer wieder zur Verunreinigung von Trinkwasser in Wien, sodass nach mehrmaliger Verschiebung 1830 mit dem Bau einer Kanalisation begonnen wurde, welche die Abwässer zunächst ungereinigt der Donau zuführte. Die Wiener Großkläranlage ging erst 1980 in Betrieb.

Die Donau war aber auch bereits Objekt von Regulierungsmaßnahmen zur Verbesserung und Sicherheit der Schifffahrt. So wurden etwa die Arbeiten am Strudel der Donau in den Jahren 1780 bis 1781 von Joseph Edler von Kurzbeck (1781) dokumentiert. Der Strudel bei Wörth im Strudengau, Oberösterreich war damals ein gefürchtetes Hindernis der Donauschifffahrt. Felsen teilten den Strom, wovon nur der Strudel befahrbar war. Die zahlreichen beschriebenen Arbeiten und Vorkehrungen gipfeln am Schluss in folgender Aussage: „*Die Hinwegsprengung der Felsen … wird den Schiffern auch diese letzte Furcht nehmen; und so wird das Werk der lange gewünschten Strudelverbesserung, … ein ewiges Denkmal … bleiben.*"

Abb. 2.4 Die Schiffslände von Linz aus der 1. Hälfte des 18. Jahrhunderts. Links: (1) Schlachthaus, dahinter Fleischbänke. (Aus Fischer, in Kohl (2002))

Weniger bekannt ist wohl, dass Immanuel Kant vom Beginn seiner Privatdozentur (1755) bis zum Ende seiner Lehrtätigkeit im Sommer 1796 Vorlesungen über „Physische Geographie" gehalten hat. Deren Manuskripte sind erst später verlegt worden. Im dritten Band *„der einzig rechtmäßigen Ausgabe"* (Vollmer 1803) erfolgte die „Beschreibung der Flüsse, Seen und der Atmosphäre". Die ersten 15 Kapitel widmeten sich neben der Einteilung verschiedensten Aspekten der Flüsse. Danach folgte ein Abschnitt mit vier Kapiteln über die „Landseen". Zunächst deren Einteilung in früher und später entstandene bzw. nach der Höhenlage, danach diverse „Erscheinungen" wie klare und trübe Seen, Ebbe und Flut, aber auch Salzseen und „unergründliche" Seen.

Literatur

Anonymus (1955) Fischereiliches aus alten Urkunden. Österr Fischerei 8:122–124

Baldner L (1666) Recht natürliche Beschreibung und Abmahlung der Wasser Vögel. Fischen. Vierfüesigen Thier. Insecten und Gewürm etc. Original in der Landesbibliothek Kassel, 256 S

Brachmann G (1951) Beiträge zur Geschichte der Fischerei in Österreich (I). Österr Fischerei 4:74–77. (II). Ebenda 220–222, (III). Ebenda 245–247

Brachmann G (1952) Beiträge zur Geschichte der Fischerei in Österreich (IV). Österr Fischerei 5:112–114. (V). Ebenda 133–135

Brachmann G (1953) Die älteste Fischerei-Ordnung von Oberösterreich. Österr Fischerei 6:159–161; 170–173

Brachmann G (1954) Die älteste Fischerei-Ordnung von Oberösterreich. Österr Fischerei 7:5–6; 24–26

Brachmann G (1955) Von der Eisfischerei. Österr Fischerei 8:10–11

Egger R (1947) Die Reisetagebücher des Paolo Santonino 1485–1487. Kleinmayr, Klagenfurt, 190 S

Hauser K (1884) Eine Jagd- und Fischerei-Ordnung aus dem Jahre 1645. Carinthia I 74:157–164

Hemsen J (1965) Geschichte des Fischhandels in Oberösterreich. Österr Fischerei 18:178–183

Honsig-Erlenburg W (2009) Angewandte Fischforschung in Kärnten von Vincenz Hartmann 1898 bis heute. Österr Fischerei 62:316–322

Honsig-Erlenburg W und Mildner P (1996) Franz Xaver Freiherr von Wulfen als Ichthyologe. Carinthia II, Teil 2, 186/106:349–360

Kircher A (1678) Mundus subterraneus. Amstelodami Janssonius à Waesberge, Weyerstraet, 463 S

Kohl W (2002) Zur Geschichte von Gewässerverschmutzung und Gewässerschutz seit dem Spätmittelalter. Schrift Ver naturwiss Kenntnisse Wien 137–140:223–286

Kurzbeck J Edler von (1781) Nachrichten von den im Jahre 1778, 1779, 1780 und 1781 in dem Strudel der Donau zur Sicherheit der Schiffahrt vorgenommenen Arbeiten durch die kais königl Navigations Direktion an der Donau. Keine Verlagsangabe

Kühn H (1746) Vernünftige Gedanken von dem Ursprung der Quellen und des Grund-Wassers auch von andern damit verknüpften Sachen. Haude & Spener, Berlin und Leipzig

Merwald FF (1975) Von allerley erdencklichem Fisch-Werck. Österr Fischerei 28:135–137

Müller PLS (1774) Des Ritters Carl von Linne königlich schwedischen Leibarztes vollständiges Natursystem nach der zwölften lateinischen Ausgabe. Vierter Theil – Monografien: Vertebrata Pisces 16:1–475

Nauwerck A (1996) Über Fischfänge im Mondsee im 17. und 18. Jahrhundert. In: 20 Jahre Sportfischereiverein Mondsee (Hrsg):14–16 Eigenverlag

Pelster B (2009) Fischforschung an der Universität Innsbruck. Österr Fischerei 62:312–315

Schmieder P (1866) Beiträge zur Landeskunde von Oberösterreich. Jahrb oberösterr Musealver 26:221–243

Steinberg FA von (1758) Gründliche Nachricht von dem in dem Inner-Crain gelegenen Czirknitzer See. Gedruckt bei Anna Elisabetha Reichhardt in Laybach, 339 S

Vollmer G (Hrsg) (1803) Immanuel Kants physische Geographie. 3. Band Die Beschreibung der Flüsse, Seen und der Atmosphäre enthaltend. Einzig rechtmäßige Ausgabe. Vollmer, Mainz, 276 S

Wacha R (1895) Alte Fischerei-Ordnungen für den Mondsee in Oberösterreich. Mitt österr Fischerei-Ver 61:105–116

Wacha G (1956) Fische und Fischhandel im alten Linz. Naturk Jahrb Stadt Linz 2:61–117

Wacha G (1964) Zur Geschichte des Fischhandels in Oberösterreich. Mitt Oberösterr Landesarch 8:416–442

3 Die Anfänge im 19. Jahrhundert – Gewässer als Ressource und Forschungsgegenstand

Die Forschung an Gewässern war in der österreichisch-ungarischen Monarchie im 19. Jahrhundert zunächst auf die Erfassung der Flora und Fauna ausgerichtet. Eine Fülle von Abhandlungen widmete sich der Algenflora. Darunter eine systematische Aufzählung der „Algen Österreichs unter der Enns" (Welwitsch 1857). Unter anderem beschrieb er Algen aus den Schwefelquellen in Baden bei Wien. Eine Übersicht der Algen Böhmens, der Salzwasser-Algenflora, der Bergalgen und der halophilen, thermophilen und thermalen Algen Böhmens veröffentlichte Hansgirg (1884, 1886a, b, 1887, 1888, 1893), der einer der bedeutendsten Botaniker seiner Zeit war (Box 3.1). Beachtenswert ist seine Arbeit über den Polymorphismus, die Vielgestaltigkeit der Algen, der zum Teil bereits auf Kulturen aufbaute (Hansgirg 1885). Dazu ein Zitat von 1884: *„über den genetischen Zusammenhang, den Polymorphismus, ... über die ausserordentlichen Fähigkeiten dieser Algen, sich rasch verschiedenen ... Umständen anzupassen, gedenke ich bald mehr zu publiciren."* Weitere Arbeiten desselben Autors widmeten sich den Algen Kärntens (Hansgirg 1892) und Niederösterreichs (Hansgirg 1905). In Kärnten sind, neben den Algen der großen Seen, vor allem die beiden Rotalgen *Chantransia* und *Hildenbrandia* aus Bächen bei St. Veit an der Glan bemerkenswert, in Niederösterreich die zahlreichen Algen aus Altwässern an der Donau.

Hansgirg, Anton (1854–1917), Univ.-Prof. Dr., Botaniker
Prag (Praha, Böhmen); 16.6.1854; † Wien, 15.2.1917.

Stud. 1872–76 an der Uni Prag, 1876 Lehramtsprüfung; 1879 Dr. phil., Habil. 1885 an der tschechischen Uni Prag für Botanik, 1893 tit. ao. Prof. 1895. 1903 Ruhestand und Übersiedlung nach Wien. Seine wichtigsten Arbeiten gelten jedoch den Algen von denen er viele neue Arten beschreibt, wobei

M. Dokulil, *Die Entwicklung der Limnologie als Wissenschaft In Österreich*,
https://doi.org/10.1007/978-3-662-71747-9_3

er sich nicht nur auf die reine Deskription beschränkt, sondern auch viele wertvolle Beobachtungen mitteilt. Quelle und Bild: Österr Biogr Lexikon.

Pfarrer Kohlmayer (1863) lieferte eine Aufzählung der Fließgewässer, Wasserfälle und Alpenseen des Maltatales in Kärnten. Sauter (1864) listet in seiner Kryptogamen-Flora des Pinzgaus in Salzburg neben den zu den Algen gehörenden Characeen (Armleuchteralgen) hauptsächlich Wasserpflanzen (Makrophyten), da er einleitend festhielt: „*… Wärme und unreines Wasser liebende Algen sind im Pinzgaue nur sparsam vertreten …*" Eine Übersicht über die damals bekannten Algen Salzburgs, 72 Kieselalgen (Diatomeen) und 185 weitere Arten, lieferte derselbe Autor (Sauter 1873).

Ein erstes Verzeichnis der Kryptogamen Tirols verzeichnet neben Algen und Characeen in Seen und Tümpeln bereits die Rotalgen *Batrachospermum* (Froschlaichalge) in einer Quelle am Ufer des Achensees und *Hildenbrandia* im Tulfer Bach (Leithe 1885). Die Untersuchung der Algenflora alpiner Kleingewässer in den Ötztaler Alpen verzeichnete zahllose neue Arten in mehreren Veröffentlichungen (Schmidle 1895, 1896). Reiche Algenausbeute lieferten überrieselte Felsen. Hingegen waren Gletscher, Schneefelder und Gletscherbäche praktisch algenfrei. Der zweite Band der Flora von Tirol, Vorarlberg und Lichtenstein widmete sich den Algen dieser Länder (Dalla Torre und Sarnthein 1901). Eine kurze Zusammenfassung der Forschungsgeschichte und früherer Literatur ergänzt die Auflistung der Arten und Fundorte.

Auf der Basis früherer Erhebungen gab Beck von Managetta (1887) eine Übersicht über die damals bekannten Kryptogamen Niederösterreichs. Darin fanden sich ebenfalls neben den bereits für Tirol genannten Rotalgen auch noch *Bangia*. Beck betonte besonders, dass die Gesamtzahl der Taxa im Vergleich zu früheren Auflistungen um 1085 auf 2303 Arten gestiegen sei.

Eine Bearbeitung der Kieselalgenfunde (Diatomeen, Bacillariophyceen) aus Österreich beinhaltete neben marinen Arten auch solche der Binnengewässer (Grunow 1860). Erwähnt wurden etwa der Erlaufsee, der Traunsee, aber vor allem der Neusiedler See, bei dem halophile (salzliebende) Arten häufig aufzufinden waren, wie einige *Navicula*-Arten oder *Campylodiscus clypeus*. Zwei Jahre danach folgte eine umfangreiche Übersicht über die damals bekannten Diatomeen-Arten Österreichs (Grunow 1862).

In der mehrbändigen Monografie zur wissenschaftlichen Erforschung des Balatonsees in Ungarn untersuchte Pantocsek (1902) die Kieselalgen sowie später auch am Fertö/Neusiedler See (Pantocsek 1912). Erste Listen der Algenarten ohne Diatomeen aus Bosnien/Herzegowina veröffentlichte Gutwiński (1897). Die Kieselalgen wurden von Karliński (1897) bearbeitet, der bereits früher den Borkesee bei Konjica in der Herzegowina ausgelotet hatte (Karliński 1893). Nach seinen Angaben maß der See damals 26,42 ha bei einer größten Tiefe von 17,1 m.

Beiträge zur Algenflora Albaniens sowie Bosniens und der Herzegowina lieferte Protić (1907, 1909). Die Proben aus den albanischen Seen Dukati und Arta dominierten die Diatomeen. Aus Bosnien-Herzegowina berichtete der Autor: *„Der kleine schlammige Kukavicasee und das große Busko Blato überraschten mich durch Algenreichtum,* [wie] *insbesondere der Kukavicasee .... Der Blidinjesee ist dagegen artenarm, denn außer Diatomaceen konnte ich dort nur einige andere Algenarten finden."* Der *Kukavičko jezero* ist ein See in den gleichnamigen Bergen, der *Buško jezero* liegt im südwestlichen Teil von Bosnien.

Die allgemeinen Lebensbedingungen für tierische Lebewesen in Alpenseen, die Fauna, beschrieb Graff (1887). Im Speziellen betrachtete er den Druck, die Wasserbewegung, die Wärme und das Licht. Die Litoralregion, also der Rand des Sees vom Ufer bis zu einer Tiefe von 15–25 m, ist wesentlich von Wellen und Strömungen beeinflusst. Durch die Wasserpflanzen in dieser Region und den Überschuss an Sauerstoff kann sich eine reichhaltige litorale Fauna entwickeln. Den gesamten restlichen Seegrund, die Tiefenregion, charakterisierte er durch fehlende Wasserbewegung, kaum tägliche oder jährliche Temperaturschwankungen und fehlendes Licht. Dementsprechend hielt er diese Region für *„tierarm"*. Hingegen werden viele Tiere des Freiwassers (Pelagial) vom Licht gesteuert und führen tagesperiodische Wanderungen aus (Weismann 1877).

Die Ergebnisse seiner faunistischen Studien in 18 Gewässern von Tirol, Salzburg, Oberösterreich und der Steiermark stellte Imhof (1885) in einer Übersichtstabelle zusammen. Dabei erwies sich der Mondsee als der artenreichste, der Schwarzsee am Fuß des Schafbergs hingegen als artenarm.

Von vier böhmischen Teichen, zwei davon im Böhmerwald, beschrieben Fric und Vávra (1894, 1897) die Flora und Fauna unter Mitberücksichtigung der Umgebung der Seen. Sie führten weiters Messungen der Luft- und Wassertemperatur, der Durchsichtigkeit, der Farbe sowie der chemischen Zusammensetzung von Wasser und Schlamm aus. Die Ergebnisse in den teilweise bebilderten Listen schlossen von den Algen und Protozoen bis zu den Säugetieren praktisch alle Gruppen ein. Neben Tiefenstufen im Freiwasser (fallweise auch Nachtfänge!) erfassten sie die Ufer- und Bodenfauna. Generell beschrieben sie die Teiche als eher artenarm. Eine umfassende Darstellung der Fauna böhmischer Teiche fand sich bei Kafka (1893).

Die Fauna der Cladoceren (Wasserflöhe) und Copepoden (Ruderfußkrebse) der Kärntner Seen untersuchte Steuer (1897a). Darin erwähnt werden aber auch der Neusiedler See, der Plattensee und Seen im heutigen Südtirol. Ergänzend dazu veröffentlichte Steuer (1897b) eine Liste aller bis dato gefundenen Crustaceen (Krebstiere) in Kärntner Seen. Seine Studien zur mikroskopischen Fauna Tirols veröffentlichte Dalla Torre (1889, 1890, 1891) in drei Teilen, in denen er die Rotatorien, Ciliaten (Wimpertierchen) und andere Kleinlebewesen behandelte. Das Zooplankton der Alten Donau bei Wien quantifizierte Steuer (1899, 1901) für die Jahre 1898 und 1899. Es konnten 28 Cladoceren und 12 Copepoden nachgewiesen werden, wobei Daphnien nur in wenigen Exemplaren auftraten. Als Nahrung der pelagischen Crustaceen kam *Clathrocystis* in Betracht, welche in großen Mengen vorkam. Zwei Jahre später veröffentlichte Steuer (1902) eine ethologische Studie über die Entomostrakenfauna der Alten Donau, welche letztendlich zu einer 156-seitigen Monographie des Gewässers und der Tiergruppe anwuchs. Noch 1915 veröffentlichte Hartmann (1915) Ergebnisse zur Gewässerfauna der Bukowina mit dem ausdrücklichen Verweis *„der ... Lage des Fundortes in Österreich"*.

Ein Verzeichnis aller bis dato in Tirol beobachteten Trichopteren (Köcherfliegen) legte Thienemann (1905) vor. Darin führte er Befunde zweier Kollegen mit seinen eigenen zusammen und erstellte ein Verzeichnis der damals vorliegenden Literatur zu dieser Insektengruppe.

Zelebor (1851) publizierte ein systematisches Verzeichnis der Mollusken (Weichtiere) Österreichs, getrennt nach Land- und Wasserschnecken sowie Muscheln. Ein umfassenderes Verzeichnis der Süßwassermollusken des österreichischen Kaiserstaates war in den 10 Veröffentlichungen der Verhandlungen des Vereins für Naturwissenschaften in Hermannstadt enthalten (Bielz 1865/66), worin einleitend die damals bekannte Literatur aus den „Kronländern" gelistet worden ist. Die Mollusken der Tiefenfauna in den Alpenseen beschrieb Clessin (1877) auf der Basis von Material, welches ihm zur Verfügung gestellt worden war. Ausführlich ging er auf die Gattung *Pisidium* ein. Er führte 9 Tiefenformen an, deren Merkmale er so beschrieb: *„... geringe Grösse, sehr wenig hervortretende, aber verhältnissmässig grosse Wirbel, dünne Schale, geringe Aufgeblasenheit und Mangel der Jahresabsätze."* Die dünnen Schalen meinte er auf spärliche Nahrung zuführen zu können.

Die Ufer- und Grundfauna des Attersees, des Zellersees, der Trumerseen und des Wallersees war Gegenstand einer umfangreichen Untersuchung. Es wurden alle Tiergruppen von den Protozoen bis zu den Mollusken und auch die Fische erfasst. Auffällig war die geringe Anzahl an gemeinsamen Formen im Uferbereich der genannten Seen (Micoletzky 1912).

Besonderes Augenmerk und Interesse galt damals der Fischfauna (Svojtka et al. 2012). Im Sommer 1824 unternahm Johann Jakob Heckel (Box 3.2) eine mehrmonatige Reise nach Oberösterreich, Salzburg und Berchtesgaden, um Material für eine ichthyologische Fauna Oberösterreichs zu sammeln. Diesen Nachforschungen folgten Untersuchungen an Donaufischen, an jenen des Neusiedler Sees und Plattensees und später an Fischen der oberösterreichischen Seen. Er untersuchte aber auch die Fische der Salzach (Heckel 1854). Systematische Untersuchungen führte Heckel zumeist gemeinsam mit Leopold Joseph Fitzinger (Box 3.3) durch, der die Amphibien- und Fischsammlung am Naturalienkabinett in Wien verwaltete. Das Erscheinen der großen Monographie über *Die Süßwasserfische der österreichischen Monarchie mit Rücksicht auf die angrenzenden Länder* im Spätherbst 1857, welche zahlreiche Erkenntnisse aus dem wissenschaftlichen Lebenswerk Heckels zusammenfasste und von seinem Schüler Rudolf Kner herausgegeben wurde (Heckel und Kner 1858), erlebte er um wenige Monate nicht mehr (Svojtka et al. 2012). Beiträge zur geographischen Verbreitung der Süßwasserfische Österreichs erschienen in zwei Teilen (Kner 1863). Darin versuchte er die Verbreitung und Vielfalt der vorgefundenen Fischarten durch die Lehre Darwins als Anpassung und Mutation zu erklären.

Heckel, Johann Jakob (1790–1857) Zoologe, Fischkundler (Ichthyologe)
Mannheim 23.1.1790; † Wien 1.3.1857.

Zunächst Studium der Landwirtschaft 1806–1809 in Keszthely. Danach arbeitete er bis 1818 in der Landwirtschaft seiner Eltern in Gumpoldskirchen. Er wandte sich den Naturwissenschaften mit den Schwerpunkten Botanik und Ornithologie zu und arbeitete ab 1820 am k. k. Hofnaturalienkabinett, wo er 1832 als Assistent des Aufsehers angestellt wurde. Seit 1835 selbst Aufseher, übernahm er 1836 die Betreuung der bis dahin wenig ansehnlichen Fischsammlung, die er zu einer Kollektion von wirklichem Rang ausbaute.

Quelle: Österr Biogr Lexikon, Bild: Wikipedia.

Fitzinger, Leopold Joseph (1802–1884) Zoologe
Wien 13.4.1802; † Wien 22.9.1884.

Studierte zunächst Medizin an der Uni Wien, brach das Studium ab und begann 1816 als Lehrling in der Hofapotheke, wechselte aber 1817 ins Hofnaturalienkabinett, wurde 1821 Beamter bei den Niederösterreichischen Landständen. Nachdem ihn die Uni Königsberg 1833 zum Dr. med. et chirurg. h. c. und die Uni Halle 1834 zum Dr. phil. h. c. ernannt hatten, begann er 1844 als Kustos-Adjunkt am Hofnaturalienkabinett. 1863–1866 Direktor des neu errichteten Zoologischen Gartens in Pest. Ab 1848 zuerst korrespondierendes, dann wirkliches Mitglied der Akademie der Wissenschaften.

Quelle: Wien Geschichte Wiki, Bild: Wikipedia.

Die Fische Tirols und Vorarlbergs samt einer tabellarischen Übersicht über alle Einzugsgebiete Österreichs stellte Heller (1871) zusammen. Eine Übersicht über die in Oberösterreich aufgefundenen Fische gab Kukula (1874) mit folgenden zusammenfassenden Angaben: „*Aus der folgenden Aufzählung ergibt sich, daß in den Gewässern Oberösterreichs 43 Fischarten leben. Von diesen kommen ausschließlich in unseren Seen vor Alburnus Mento, Mairenke, Coregonus Hartmanni, Rheinanke, Salmo Salvelinus, Saibling, Trutta lacustris, die Seeforelle und Trutta trutta, die Lachsforelle. Der Donau allein gehören an Lucioperca Sandra, der Sander,*

Acerina Schraitzer, der Schrätzer, Cobitis fossilis, der Schlammbeißer, Pelecus cultratus, der Sichling, Leuciscus rutilus, die Plötze und Acipenser Ruthenus, der Sterlet, Alle übrigen finden sich in allen theils fließenden, theils stehenden Gewässern."

Fitzinger (1876) durchsuchte die Seen des Salzkammergutes und Berchtesgadens nach dem Silberlachs (*Salmo schiffermülleri*) und folgerte aus seinen Beobachtungen, dass diese Tiere unfruchtbare Kreuzungen (Bastarde) anderer Edelfische seien. Besatz mit ausländischen Arten wie etwa *Silurus glanis,* dem Europäischen Wels, erörterte bereits Imhof (1892). Für Kärnten führte Hartmann (1897) an, dass die sechs Arten Salmoniden um zwei amerikanische Edelfische vermehrt wurden, was er positiv bewertete. Es handelte sich um die Regenbogenforelle *Salmo irideus* (heute *Oncorhynchus mykiss*) und den Seesaibling *Salmo fontinalis* (heute *Salvelinus fontinalis*). Er verfasste das erste umfassende Werk über die in Kärnten zur damaligen Zeit vorkommenden Fischarten (Hartmann 1898). Von ihm sind 32 einheimische Fischarten sowie eine Neunaugenart angegeben, weiters werden fünf zur damaligen Zeit eingeführte Fischarten beschrieben. Nach einer anonymen Angabe aus dem Jahr 1899 haben Touristen im über 2500 m hoch gelegenen Glanzsee in Kärnten Saiblinge, *Salmo salvelinus,* von sehr geringer Größe gefangen. Der unbekannte Autor wirft die berechtigte Frage auf, wie in einem solchen Hochgebirgssee überhaupt Saiblinge vorkommen konnten (Anonymus 1899).

In der salzburgischen Fischer- und Seenordnung (Zillner 1865) waren als Erbrechtsseen der Zellersee, der Mattsee sowie der Waller- und der Abersee angeführt. Salzburg hatte damals noch das Hoheitsrecht am Waginger- und Chiemsee. Die Seen im äußeren Salzkammergut Oberösterreichs besaßen Salzburger Fischrechte. In der Abhandlung sind die abzuliefernden Fischmengen aus früheren Jahrhunderten aufgelistet. Einen Einblick in die volkstümliche Fischerei in Bosnien-Herzegowina bot Čurčić (1912). Neben den Pfahlbaugehöften wurden darin auch Fahrzeuge (Einbäume) und diverse Fischereigeräte dargestellt.

In der Epoche der systematischen Bearbeitung der Pflanzen- und Tierwelt galt es zunächst, durch Aufsammeln und Beschreiben der gefundenen Arten einen Überblick über die reiche Formenfülle zu gewinnen. Die Leistungen auf dem systematischen Gebiet aus den zahlreichen Veröffentlichungen zusammenfassend darzustellen, war wohl nicht einfach. *Das Leben der Binnengewässer* bewältigte diese Aufgabe auf fast 1000 Seiten mit 279 Abbildungen und 17 Farbtafeln (Lampert 1899). Die 2. Aufl. erschien 1910, die 3. Aufl. 1925 unter Mitarbeit von Vincenz Brehm und Robert Lauterborn. Das Werk berücksichtigte alle Arten von Gewässern, also auch Bäche und Flüsse. Um dieselbe Zeit erschien das ebenfalls umfassende Werk *Die Tierwelt der Hochgebirgsseen* (Zschokke 1900). Es beinhaltete die Fauna aller Alpenregionen, so auch Seen in Österreich, wie z. B. den Plansee und den Langbathsee. Die Seen der Hohen Tatra boten einen Vergleich. Die äußeren Bedingungen der Hochgebirgsseen inklusive der Winterfauna wurden dargelegt. Beachtlich ist die Liste der 35 untersuchten Tiergruppen, von den Rhizopoden bis zu den Fischen und Amphibien. In den allgemeinen Kapiteln werden die Litoral- und Tiefenfauna ebenso getrennt behandelt wie das Plankton und die Tierwelt der Hochgebirgsbäche. Die Ergebnisse und Erfolge der Botanik und Zoologie der Jahre 1850 bis 1900 fasste auf 716 Seiten die Festschrift zum 50-jährigen Bestand der Botanisch-Zoologischen Gesellschaft in Wien zusammen (Handlirsch und Wettstein 1901).

3.1 Wasserversorgung

Die Wasserversorgung durch Erschließung, Aufbereitung und Verteilung von Trink- und Brauchwasser aus Brunnen (Grundwasser), Quellen, Oberflächenwasser oder Regenwasser (Zisternen) erfolgt im Allgemeinen über Wasserleitungen und Zwischenspeicher.

In der ersten Hälfte des 19. Jahrhundert war die Versorgung mit gutem Trinkwasser in den Städten noch keineswegs selbstverständlich (Box 3.4). So schrieb etwa Mitteregger (1857) *„Die vielseitigen Klagen über den Mangel von öffentlichen, annehmbaren Trinkwasser führenden Brunnen …"* habe ihn veranlasst, drei Brunnen in Klagenfurt zu untersuchen. Nach einer genauen Darstellung der Analysenmethodik stellte der Autor die Resultate tabellarisch dar. Er folgerte, die Temperatur eines guten Wassers sollte nicht höher sein als die mittlere Jahrestemperatur des Ortes und über das Jahr ziemlich konstant bleiben. Für die Güte und erfrischende Eigenschaft sei vor allem die gelöste Kohlensäure wesentlich. In einer späteren Arbeit (Mitteregger 1877) untersuchte er den Härtegrad und andere chemische Parameter des Trinkwassers von Klagenfurt in 80 Brunnen. Im Allgemeinen war die Härte sowie die Menge von Verunreinigungen umso größer, je höher der Grundwasserstand war (Box 3.4).

Die **Wasserhärte** gibt an, wie hoch die Konzentration der Erdalkali-Ionen ist, die in Form ihrer Salze in einem Wasser gelöst sind. Auf nationaler Ebene gibt es dazu unterschiedliche Maßeinheiten. 1 Grad deutscher Härte (1° dH) entspricht so vielen Calcium- oder Magnesium-Ionen pro Liter, wie in 10 Milligramm Calciumoxid (CaO) enthalten sind. Die gelösten Calcium- und Magnesiumionen, die man auch als Härtebildner bezeichnet, können schwerlösliche Verbindungen bilden, darunter vor allem Carbonate und die mit Kernseifen entstehenden sog. Kalkseifen. Diese Tendenz zur Bildung von schwer löslichen Verbindungen ist der Grund, warum die Wasserhärte ein wichtiges Qualitätskriterium ist.

Zwei Berichte über den Zustand des Trinkwassers in Brünn von Habermann (1876, 1878) kamen zu folgenden Schlüssen: Grundsätzlich wäre das Grundwasser nach seiner chemischen Beschaffenheit gut bis vorzüglich zum Trinken geeignet. Allerdings war das Grundwasser durch Kanäle, Senkgruben und Anschüttungen verschmutzt. Von den 26 untersuchten Brunnen waren nur zwei frei von Verunreinigungen und drei mäßig verschmutzt. Alle anderen 21 Brunnen mussten als bedenklich bis unzulässig für den Genuss des Wassers eingestuft werden. Das Wasser einer Wasserleitung wiederum entsprach zwar allen Anforderungen, die Mengen waren jedoch gänzlich unzureichend. Umfangreiche chemisch-analytische Daten zu den Trinkwasserverhältnissen in Mähren und Schlesien sind Habermann (1881) zu entnehmen. Aus den dargelegten Messergebnissen wurden vom Autor allerdings keinerlei Schlussfolgerungen gezogen.

Die wichtigsten Ansprüche an ein gutes Trinkwasser, wie sie von der Wiener Wasserversorgungskommission 1864 gefordert wurden, fasste Tollich (1888) so zusammen: Tadeloses Wasser muss hell, klar und geruchlos sein. Die Temperatur soll übers Jahr nur geringfügig schwanken. Es soll nur wenige feste und lösliche Bestandteile enthalten. Es dürfen keine größeren Mengen an Nitraten und Sulfaten vorhanden sein. Verschmutzte Zuflüsse müssen ferngehalten werden. Dazu ein Zitat von Stur (1889): *„Immerhin wird man die wahre Beschaffenheit des Trinkwassers der Stadt Hainburg erst durch die chemische Analyse sicher feststellen können. Eine bacteriologische Untersuchung des Wassers auf Keime von Krankheiten wäre nicht minder wünschenswert.“* Der Hinweis auf die Wichtigkeit bakteriologischer Befunde ist zu dieser Zeit mehr als beachtenswert.

Wie Gruber (1890) nachwies, ist eine bakteriologische Wasseruntersuchung wichtig und wesentlich für die Abwehr epidemischer Krankheiten wie Cholera und Typhus. Da sich diese häufig über verunreinigtes Trinkwasser verbreiteten, schlug man vor, dem Wasser eine geringe Menge Alaun zuzusetzen, da ein solcher Zusatz die Menge an Bakterien wesentlich verringere (Anonymus 1890).

Franz Ruttner, der gerade an seiner Doktorarbeit bei Hans Molisch in Prag arbeitete, untersuchte in den Jahren 1904 bis 1908 die Mikroflora der Wasserleitung in Prag (Ruttner 1904–1908). Er erfasste die Organismen mikroskopisch, aber auch Bakterien durch Kultivierung auf Nährböden zu verschiedenen Jahreszeiten in ihrer Beziehung zum Plankton der Moldau. Die Biozönose der Wasserleitung wies naturgemäß nichtgrüne Organismen auf, also vornehmlich Wasserpilze und Tiere. Ruttner führte folgende Organismen an:

Leptothrix ochracea Ktzg.	eine Eisenbakterie
Crenothrix polyspora Cohn.	der Brunnenfaden, Stellung unsicher
Cladothrix dichotoma Cohn.	heute *Spaerothilus*, der Abwasserpilz
Clonothrix fusca Schorler.	Scheidenbakterium unsicherer Stellung
Anthophysa vegetans Müll.	Eukaryote Synurophycee
Carchesium Lachmanni Kt.	ein Syn. für *C. spectabile*, ein Wimpertierchen
Epistylis unibellaria L.	das Säulenglöckchen, ein Wimpertierchen

Danach folgte eine ausführliche qualitative und quantitative Analyse (Individuenzahlen) des Planktons sowie des periodischen Auftretens einzelner Arten in der

Prager Wasserleitung. In den Monaten Juni und Juli herrschten Grünalgen (Chlorophyceen) vor mit Arten der Gattung *Scenedesmus* als wesentlichste Komponente. Im Herbst und Frühjahr dominierten hingegen Diatomeen das Plankton mit Anteilen von bis zu über 97 % mit *Melosira* (heute *Aulacoseira*) *granulata* und *Synedra* (heute *Ulnaria*) *delicatissima* als Hauptkomponenten. Alle anderen Gruppen waren unbedeutend (siehe dazu die Tabellen und Graphiken in Ruttner 1904–1908). Zu drei Terminen verglich Ruttner die Menge des Planktons in der Wasserleitung mit der, die aus dem Wasser der Moldau entnommen worden war (Abb. 3.1).

Daraus ließ sich unmittelbar ableiten, dass „*... die für die Individuenzahlen im Flusse gewonnenen Werte im Allgemeinen höher sind als in der Leitung*“. Der Autor führte dies auf die Sedimentation in den Reservoiren und Röhren zurück. Jedenfalls entsprach die Periodizität in der Leitung der in der Moldau. Im Gegensatz zum Phytoplankton spielte das Zooplankton nur eine unbedeutende Rolle im Leitungswasser und war nur durch Ciliaten und Rädertiere (Rotatoria) präsent. Der Charakter der Lebensgemeinschaft wäre unter dem Begriff „Potamoplankton“ einzuordnen. Ruttner wies jedoch bereits darauf hin, dass dieses „*... Potamoplankton keine selbständige Biocoenose ist, sie ist nicht im fliessenden Wasser des Stromes selbst entstanden, sondern sie ist von aussen in den Fluss hineingelangt und die einzelnen Arten können hier höchstens nur noch unter günstigen Verhältnissen eine Vermehrung erfahren*“.

Die Ergebnisse der bakteriologischen Untersuchungen waren überraschend. Die Zählungen ließen eine durchschnittlich doppelt so große Keimzahl im Winter erkennen. Im Mittel wurden etwa 2000 Keime pro cm^3 (min. 500, max. 6500) festgestellt. Ruttner versuchte einige Bakterienarten zu isolieren und zu benennen. Er nennt *Bacterium* (heute *Escherichia*) *coli*, *B. kiliense* (heute *Serratia plymuthica*), *B. janthinum*, *B. violaceum var. pragense* (heute *Chromobacterium janthinum* und *C. violaceum*) und *B. radiatum*. Abschließend hielt Ruttner fest, dass das Wasser weder als Trink- noch als Nutzwasser geeignet sei, da es hygienisch nicht einwandfrei war, weil aus einem Oberflächengewässer stammend. Er erwähnte den Krankheitserreger *B. typhi* (heute *Salmonella typhi*), der im Fluss und

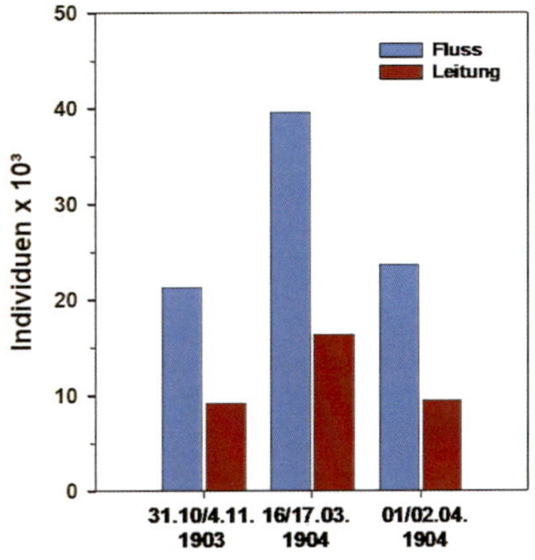

Abb. 3.1 Gesamtzahlen der Phytoplankton-Organismen im Fluss Moldau (blau) und in der Wasserleitung (dunkelrot) als Individuen pro Liter × 10^3. Im Original als Ind. pro 50 L. (Daten: Tabelle II, S 26, Ruttner (1904–1908))

im Leitungswasser aufgefunden wurde. Aus dem biologischen Befund ergäbe sich jedenfalls ein *„… erheblicher Gehalt an organischen Substanzen im Wasser der Leitung“*, worauf auch die stets gelbliche Farbe hingedeutet hatte. Ursache war wohl die Verunreinigung der Moldau durch menschliche Abwässer.

Zusammenhänge des Grazer Trinkwassers mit dem Wasserstand der Mur stellte Wellik (1909) her, als er die Radioaktivität des Wassers untersuchte, und er bemerkte zusammenfassend: *„Das Grazer Trinkwasser ist verhältnismäßig stark aktiv … mit Sicherheit als von Radium stammend anzusprechen. Die Radioaktivität zeigt eine Abhängigkeit von der Höhe des Murstaues derart, daß nach starkem Ansteigen der Mur eine Verminderung der Aktivität des Leitungswassers stattfindet.“* Die Verringerung kam also durch Verdünnung zustande.

Relativ früh wurden bereits Leitungen zur Wasserversorgung der größeren Städte angelegt. Nach dem Brand der Stadt Wien im Jahr 1525 ordnete Ferdinand I. an, fließendes Wasser durch die Stadt zu leiten. Dazu wurden die Quellen der Als (Alserbach) gesammelt und das Wasser aus Hernals bis zum Brunnenhaus am Hohen Markt geleitet. Diese älteste städtische Wasserleitung wurde 1565 in Betrieb genommen. Die „Albertinische Wasserleitung“, benannt nach Albert von Sachsen-Teschen, wurde 1804 fertiggestellt, welche Teile von Gumpendorf, Mariahilf, Schottenfeld und Josefstadt mit Quellwasser aus dem Haltertal nahe Auhof versorgte (Czeike 1997). Diese Wasserleitung speiste insgesamt zwölf öffentliche Brunnen. Zur Versorgung des Schlosses am Wilhelminenberg diente die „Fürstlich Montleart'sche Wasserleitung“ aus dem Jahre 1890, die ihr Wasser aus der sogenannten „Saulacke“ bezog. Die erste Wasserleitung, die das gesamte Stadtgebiet versorgte, ging 1841 in Teilbetrieb. Diese „Kaiser-Ferdinands-Wasserleitung“ war eine Widmung Ferdinand I. Vollendet wurde die Leitung 1846, die das filtrierte Wasser aus dem Schotterboden des Donaukanals nahe der Spittelau über Saugkanäle entnahm. Die dazu notwendige Pumpe wurde mit Dampfkraft betrieben. Die Fördermengen waren von Anfang an unzureichend und die Wasserqualität ließ immer wieder zu wünschen übrig. So kam es 1873 zu einer letzten Choleraepidemie während der Wiener Weltausstellung. Die Wasserleitung wurde 1907 aufgelassen (stillgelegt), nachdem bereits 1866 der Bau der 1. Hochquellenleitung beschlossen worden war. Zahlreiche weitere private und öffentliche Wasserleitungen in Wien sind im Historischen Lexikon Wien zu finden (Czeike 1997).

Eine wesentliche Entspannung der Wiener Wasserversorgung brachte erst die Eröffnung der beiden Wiener Hochquellen-Wasserleitungen 1873 und 1910 (Drennig 1973, 1988). Ein „Technischer Bericht über die Grundwasserverhältnisse in Wien“ (Arnberger und Berger 1882) beginnt zunächst mit einer eher kuriosen Feststellung: *„Die Benützung des im Boden enthaltenen Wassers zu häuslichen Zwecken war von jeher die natürlichste. Durch Einführung der Hochquellenleitung wurden nun jene Wassermassen, welche sonst dem Boden entnommen wurden, in diesem belassen und stellt sich so naturgemäß der Wasserstand in den Brunnen höher als dies früher der Fall war, wo ihnen täglich ein bestimmtes Quantum durch Auspumpen entnommen wurde. Die Erhöhung der Grundwasserstände in den Brunnen wird daher gerade so groß sein, als würde denselben das verbrauchte Wasserquantum der Leitung zugeführt. … Diese Wassermassen kom-*

men aber, da sie nicht zum Abflusse gelangen können, in anderweitig fühlbarer Weise als Eindringen in den Kellern [etc.] *zum Ausdrucke. Durch die Wasserentnahme mittels Pumpbrunnen war die einfachste Regulirung der unten fließenden Wässer geschaffen, es wurde dadurch eine frische Circulation erhalten und war außerdem unbewußter Weise nahezu das erreicht, was nun als Endziel der Grundwasserfrage zu lösen übrig bleibt – die Fixirung des Grundwasserspiegels.*" Tatsächlich ging es danach aber um komplizierte Überlegungen zu hygienischen Fragen in der Stadt und wie sie durch Maßnahmen im Grundwasser sicherzustellen wären. Als Resümee wurde neben baulichen Maßnahmen vorsorglich eine „*... weitere systematische Beobachtung der Grundwässer ...*" verlangt sowie „*Die Errichtung vollständiger meteorologischer Stationen ...*". Die Beobachtungen an den Brunnen sollten halbmonatlich die Grundwasserstände und deren Temperatur erfassen und durch Regenmengen und Pegelstände der Donau und des Donaukanals ergänzt werden.

Für einen umfassenden Blick auf alle Wasserfragen der Stadt Wien sei der Leser auf das umfangreiche Werk von Haidvogel et al. (2019) verwiesen sowie auf Koblizek und Süssenbek (2000), falls die Versorgung der Stadt Wien mit Trinkwasser von den Römern bis heute interessiert.

In Linz bestanden Hausbrunnen, die sich aus dem Grundwasser speisten, bis 1893, obwohl seit 1528 eine städtische Wasserleitung bestand und zwei weitere um 1580 errichtet worden waren. Nachdem ein Gutachten (Linner 1868) grobe Verunreinigungen der Brunnenwässer festgestellt hatte, wurde 1893 das erste Wasserwerk für Linz eröffnet und später weitere in verschiedenen Stadtgebieten errichtet.

Die Wasserversorgung der Stadt Salzburg über den Almkanal hat eine lange Tradition, die bis ins 12. Jahrhundert zurückreicht (Zillner 1864). Der älteste Teil des Almkanals, der heutige Müllner Arm, entstand wahrscheinlich schon im 8. Jahrhundert. Der Hauptarm des 12 km langen Kanals mit dem 1136 bis 1143 durch den Berg geschlagenen, 400 m langen Stollen gilt heute als eines der ältesten Wasser- und Energieversorgungssysteme Mitteleuropas. Der Kanal überwindet eine Höhendifferenz von 46 m. Bemerkenswert ist die Errichtung eines eigenen Systems von Nutzwasserleitungen zur Deckung des steigenden Wasserbedarfs für Toiletten, Bäder und Gewerbebetriebe. Die Versorgung mit Wasser aus der Fürstenbrunnquelle gelang erst 1861. Das Nebeneinander zweier Systeme bewährte sich in der Praxis nicht, weswegen das Almkanalnetz 1931 aufgelassen wurde. Dieses erfüllt seither wichtige Aufgaben im Bereich Energie, Brauchwasser und Entwässerung (Klackl 2002).

Die erste öffentliche Wasserversorgung der Stadt Innsbruck kann mit 1485 festgelegt werden, als ein Brunnen am Stadtplatz durch eine Leitung versorgt worden ist. Der steigende Bedarf an Trinkwasser wurde dann im 16. Jahrhundert durch eine Holzrohrleitung aus dem Mühlauer Quellgebiet gedeckt (Hye 1993). Im Jahr 2016 sind Teile der Wasserleitung wiederentdeckt worden (Die Presse 2016). Erst in den Jahren nach 1880 wurden diese Leitungen gegen Druckrohrleitungen aus Gusseisen ausgetauscht. Versorgungsengpässe führten immer wieder zu Neu- und Umplanungen, die erst 1953 abgeschlossen waren.

In Graz hat zwar bereits 1490 eine erste Wasserleitung bestanden, welche aber nur die kaiserliche Burg versorgte (Sikora 1956). Die kommunale Wasserversorgung begann erst 1870. In Klagenfurt wurde eine hölzerne Rohrleitung Mitte des 16. Jahrhunderts als Folge der Großbrände 1514 und 1535 angelegt. Diese Leitung bestand mit ihren sechs Brunnen bis 1819, wurde mehrfach saniert und erst 1875 modernisiert. Bereits 1921 wurde das Wasser wieder knapp, sodass 1932 ein neu errichtetes Wasserwerk in Dienst trat. Alle obigen Angaben, soweit nicht anders angegeben, auszugsweise aus Wasserwerk.at (http://www.wasserwerk.at/home).

Wer sich noch ausführlicher informieren will, dem sei Kluge und Schramm (1988) empfohlen.

3.2 Heilbäder, Quellen, Grundwasser

Quellen entstehen durch ständig oder zeitweise austretendes Grundwasser auf natürliche Weise. Nach dem hydrostatischen Druck, dem zeitlichen Verlauf der Quellschüttung, der Quelltemperatur (Thermen), dem Gehalt an gelösten gasförmigen und festen Stoffen, nach Strukturmerkmalen oder nach der Art der vom Austritt geschaffenen Lebensräume können Quellen klassifiziert werden.

In der österreichischen Monarchie waren im 18. und zu Beginn des 19. Jahrhunderts zunächst vor allem Quellen mit heilsamem oder mineralischem Wasser als Heilbäder von besonderem Interesse. Die umfangreichen Angaben zu diesem Thema können hier keineswegs erschöpfend, sondern nur höchstens auszugsweise dargestellt werden. Die erste zusammenfassende, ausführliche Darlegung der „Gesundbrunnen der österreichischen Monarchie" stammt von Crantz (1777). In diesem 324 Seiten umfassenden Werk werden die Gesundbrunnen aller Kronländer bis hin zu den Österreichischen Niederlanden umfassend dargestellt. Eine noch umfangreichere Abhandlung der gesamten Mineralquellen im österreichischen Kaiserstaat lieferte Koch (1845) auf 472 Seiten. Darin finden sich auch viele detaillierte Wasseranalysen. Eine wahre Fundgrube für die Geschichte der Bäder und der Badekultur durch die Jahrhunderte seit den Römern stellt das Werk von Melion (1847) dar. Aus der Beschäftigung mit der therapeutischen Anwendung natürlicher Heilquellen entwickelte sich der Wissenschaftszweig der Balneologie (von griech.: βαλανεῖον (balaneion), „Bad, Badeanstalt"), also der Bäderheilkunde. Deren Geschichte seit der Antike schilderte Lersch (1863) ausführlich. Erwähnt seien auch noch die Jahrbücher für Balneologie, Hydrologie und Klimatologie, deren 10 Bände 1871 bis 1880 erschienen sind (https://digitale-sammlungen.de/de/details/bsb11043224).

Von den zahlreichen Einzelangaben aus dem Gebiet der Monarchie werden hier einige angeführt, ohne auf Vollständigkeit Wert zu legen. So analysierte Schnell (1855) die chemischen Inhaltsstoffe einer von ihm im Jahr 1844 entdeckten Quelle in Siebenbürgen bei Zaizon, eine Stunde von Kronstadt entfernt. Das Wasser enthielt Eisenoxid und Natronkalk. Über die chemische Zusammensetzung von einer Kette von Mineral- und Gasquellen bei Kovászna, Siebenbürgen (heute Covasna,

Rumänien), berichtete Folberth (1860) ausführlich, deren Bestandteile er quantitativ analysierte. Im Stadtgebiet treten zahlreiche kohlensäurehaltige Quellen aus, darunter auch Gasaustritte, sogenannte Mofetten, eine Unterart der Fumarolen, mit Temperaturen unter 100 °C.

Die Quellen des Kurortes Dorna Watra in der Bukowina (heute Vatra Dornei in Rumänien) wurden von John (1876) analysiert und als Kohlensäuerlinge eingestuft. Aus dem ungarischen Komitat Sáros beschrieb Chyzer (1864) zahlreiche Mineralquellen und teilte zugleich die Mineralquellen in verschiedene Typen ein. Er nannte Säuerlinge mit und ohne Schwefelwasserstoff (H_2S), Jodwässer, Süßwasserquellen mit Schwefelwasserstoff, Kochsalzsolen mit und ohne H_2S. Seine umfangreiche Arbeit enthielt auch Angaben chemisch-physikalischer Natur zahlreicher Quellen und deren frühere Bearbeiter. Analysen zweier Mineralquellen auf dem Boden der heutigen Slowakei sind in Láng (1858) enthalten. Beide Quellen stellen Säuerlinge dar. Eine als „Otto-Quelle“ bezeichnete Schüttung in Gießhübl-Sauerbrunn (heute Kyselka in Tschechien) wurde aufgrund der chemischen Analyse als „alkalischer Säuerling“ und wenig abweichend von einer im Jahr 1909 vorgenommenen Analyse eingestuft (Krzizan 1925). Die Mineralquellen von Andersdorf in Mähren (heute Ondregow in Tschechien) skizzierte Makowsky (1892) nach einer früheren Analyse aus dem Jahr 1884 als eisenhaltigen, alkalischen Säuerling. Den Reichtum an Mineralquellen in Nord-Böhmen (heute Tschechien) ordnet Kittl (1881) nach Typen. Bereits 1836 berichtete Ehrenberg über „Infusorien“ aus der Mineralquelle in Karlsbad (heute Karlovy Vary in Tschechien). Tatsächlich beschrieb er Organismen, die wir heute zu den Diatomeen (Kieselalgen) zählen (Ehrenberg 1836). Hingegen wies Schwabe (1837) 12 Arten von *Oscillatoriaceen* (Cyanobakterien) in den warmen Quellen Karlsbads nach.

Über verschiedene Thermalalgen Böhmens aus der Gruppe der *Schizophyceen* (heute Cyanobakterien) berichtete Hansgirg (1884). Neben der umfassenden Darstellung der diversen Arten und der zum Teil kritischen Diskussion ihrer Taxonomie ist besonders bemerkenswert, dass der Autor in diesem Zusammenhang die Meinung vertritt, dass eine Zusammenlegung von Gattungen oder ihre Auftrennung erst *„… dann wird erfolgen können, bis der **genetische Zusammenhang** … nachgewiesen werden kann“* (Hansgirg 1884, S. 278; Box 3.5).

> Das Adjektiv „genetisch“ wurde schon um 1800 von Johann Wolfgang von Goethe in dessen Arbeiten zur Morphologie der Pflanzen in seiner ursprünglichen Bedeutung „Abstammung“ (altgriechisch γενεα) verwendet.

In sieben ausführlichen Veröffentlichungen in den Mitteilungen des naturwissenschaftlichen Vereins für die Steiermark beschrieb Reibenschuh zwischen 1885 und 1903 den Chemismus der Mineralquellen der Steiermark (Reibenschuh 1903 und Zitate darin). Eine zusammenfassende Darstellung der analysierten Quellen blieb der Autor leider schuldig. Eine solche fand sich aber in einer Darstellung der Therme Mitterndorf im steirischen Salzkammergut (Aigner 1904), in welcher er alle steirischen Quellen als „indifferent" einordnete und die Analyse mit Quellen außerhalb der Steiermark verglich. Zu den Säuerlingen gehört die 27 °C warme Bitterwasserquelle von Bad Einöd in der Steiermark (Kudernatsch und Arlt 1901). Die Temperatur der Andritzquelle nördlich von Graz variierte zu verschiedenen Jahreszeiten und über mehrere Jahrzehnte mit $10{,}0 \pm 0{,}4°$ C nur geringfügig (Unger 1839, Müllner 1896a, Wonisch 1910). Eine algologische Bearbeitung dieses Quellgebietes und der anschließenden Fischteiche 1909 ergab zwischen 35 und 46 Arten (Wonisch 1911). Die Grünalgen (Chlorophyceen) dominierten die Gewässer, wobei *Conferva bombycina* (derzeit *Tribonema*) vorherrschte. Daneben fanden sich Kieselalgen (Diatomeen) und Cyanobakterien. Armleuchteralgen (Characeen) waren nur mit einer Art, *Chara hispida,* vertreten. Im Ursprung der Andritz fanden sich aber auch zwei Rotalgen (Rhodophyceen), *Hildenbrandia rivularis,* die Krusten-Rotalge, und *Batrachospermum moniliforme,* die Froschlaichalge. Den Johannisbrunnen bei Gleichenberg stufte Reissacher (1867) als Natronsäuerling ein, ebenso wie Gottlieb (1867, 1869) die Emmaquelle, welche er ausführlich chemisch analysierte, sowie die beiden Johannisbrunnen. Die von Clar (1889) analysierten Quellen in Gleichenberg wiesen große chemische Übereinstimmung auf. Die bekannteste Gleichenberger Quelle ist wohl die Konstantinquelle, über deren geringe Radioaktivität Benndorf und Wellik (1908) berichteten. Der Johannisbrunnen wurde später auch biologisch auf Kieselalgen untersucht. Wie Cholnoky und Höfler (1952) feststellten, bereicherte der Zufluss der Mineralquelle wesentlich die Diatomeenflora des Gebietes.

In fünf umfangreichen Arbeiten analysierte Mitteregger (1898 und Zitate darin) zahlreiche Heilquellen Kärntens chemisch, darunter auch die Quellen in Vellach und das Schwefelbad Lussnitz im Canaletal, welches später von Svoboda (1902) als stärkste Schwefelquelle Kärntens bezeichnet wurde. Eine zusammenfassende Darstellung der Bildung, Temperatur und der Bestandteile der Quellen Kärntens verfasste Mitteregger (1883), worin er auch zu den Typen „Indifferente Quellen", „Kalkquellen" und „Schwefelquellen" Listen veröffentlichte. Die chemische Analyse einer Quelle bei Susalitsch in der Nähe des Faaker Sees in Kärnten ergab eine Einstufung als alkalische Schwefelquelle mit großem Schwefelgehalt (Mitteregger 1899). Ebenfalls in Kärnten untersuchte Findenegg (1941, 1944) Oberflächengewässer, Quellen und Grundwässer. In den 25 von ihm untersuchten Quellen war Nitratstickstoff in Mengen zwischen 0,0 und 3,10 mg L^{-1} zu verzeichnen. Nach den Ergebnissen bestand kein Zusammenhang mit dem Untergrund.

Analysen der Mineralquellen in Ischl, Oberösterreich, sind unter anderem in Hauer (1878) zu finden. Darin wies der Autor darauf hin, dass alle von ihm untersuchten Quellen Natrium als wesentlichsten Bestandteil enthielten, aber in ganz unterschiedlichen Mengen. In der Umgebung des Mondsees bei Innerschwand berichtet Bauer (1871) über die Analyse eines Quellwassers, das wohl wegen seiner Reinheit als Trinkwasser geeignet erschien. Mertens (1872) analysierte die Quelle des sogenannten Kalten Brunnens bei Unterach am Attersee, welche die Bevölkerung als eisenhaltige, heilkräftige Mineralquelle bezeichnete. Die Analyse wies einen unbedeutenden Eisengehalt auf. Im Wesentlichen handelte es sich aber um eine Kalkquelle.

Darstellungen der Thermalquellen im Salzburger Gasteinertal wurden bereits 1800 veröffentlicht, worin auch Bäder im Rauris und in anderen Gegenden Salzburgs beschrieben wurden (Vierthaler 1800). Mitte des 19. Jahrhunderts stellte Hönigsberg (1858) in einer Tabelle auf Seite 58 seiner Publikation die Höhenlagen, Temperaturen (35–47 °C) und Wassermengen der Gasteiner Quellen zusammen und verwies auf eine Analyse schwarzen Schlamms, der große Mengen von Manganoxid enthielt. Etwas später ging Reißacher auf die chemische Beschaffenheit der Thermen ein und erwähnte eine erste Analyse von Leonhard Thurneisser aus dem Jahr 1572 (Reißacher 1865, S. 37 ff.). Er verglich in einer Tabelle vier Analysen, ausgeführt von verschiedenen Personen aus den Jahren 1828, 1836, 1846 und 1862, die alle schwefelsaures Natron als Hauptbestandteil auswiesen. Gümbel (1889) wiederum verwies auf den vergleichsweise geringen Gehalt der Gasteiner Quellen an Mineralstoffen. Eine in Gümbel (1889) wiedergegebene Analyse aus dem Jahr 1888 gab ebenfalls Natrium als wesentlichste Komponente an. Zu den Thermalquellen in Gastein besteht eine Fülle von weiteren Informationen, die hier nicht weiterverfolgt werden sollen.

Die Mineralquellen Tirols, insbesondere deren chemische Zusammensetzung, durch zahlreiche Analysen vergleichend darzustellen, versuchte Zehenter (1893). Er kam zu dem Schluss, dass die wichtigeren Quellen in Südtirol zu verorten sind, Nordtirol dagegen nur wenige solcher Quellen aufzuweisen hatte. Zehenter erstellte auch eine Einteilung der Tiroler Mineralquellen aufgrund ihrer chemischen Zusammensetzung, wobei er der Einteilung von Goldberg (1892) folgte. Das Badewesen in Tirol wurde von Nevinny (1905) in seiner weit zurückreichenden historischen und chemisch-analytischen Entwicklung behandelt. Der Autor wies besonders darauf hin, dass von den 119 Bade- und Kurorten 108, also die überwiegende Mehrzahl, in Höhen zwischen 500 und 1500 m liegen. Die etwas weitschweifigen Erörterungen gipfeln schließlich in den Aussagen, dass eigentliche Thermalquellen in Tirol fehlen, es nur vier warme Quellen gibt, das Land aber reich an Eisensäuerlingen sei, ebenso wie in Vorarlberg. Danach werden noch einige andere Quelltypen angeführt und wird ihre Zahl in Tirol und Vorarlberg angegeben (Nevinny 1905, S. 29). Die neuentdeckte Radioaktivität vieler Wässer ist ebenso ein Thema wie die kulturhistorische Darstellung des Badewesens in Tirol und Vorarlberg. In einer Studie zur radioaktiven Wirkung der Brennerbad-Quelle konnte im Thermalwasser, im Sediment der Quelle und auch in der Thermalerde radioaktive Wirkung nachgewiesen werden (Hajek 1906). Eine Gesamtübersicht aller Untersuchungen zur Radioaktivität der Mineralquellen Tirols zwischen 1907 und 1937 findet sich in Krüse (1937). Von den 905 untersuchten Quellwässern hatten mehr als die Hälfte nur einen Radongehalt von unter 2 ME (ME = Mache-Einheit, veraltet. Heute ist 1 ME = 13,4545 Becquerel pro Liter). Weniger als 100 Quellen wiesen mehr als 30 ME auf (Box 3.6).

Für Radon in der Raumluft gilt gemäß Strahlenschutzgesetz ein Referenzwert von 300 Becquerel pro m^3. Ein Referenzwert ist kein Grenzwert, der nicht überschritten werden darf.

Eine Darstellung der Mineralquellen Vorarlbergs findet sich bei Zehenter (1895). Nach einer allgemeinen Einleitung folgt im zweiten Teil eine ausführliche chemisch-analytische Darstellung der diversen Quellen. Zum Schluss erfolgt eine systematische Übersicht nach Quelltypen, wobei sich zeigte, dass Eisenquellen in Vorarlberg vorherrschen.

Aus Wien gab es bis Mitte des 19. Jahrhunderts offenbar nur wenige chemische Wasseranalysen, wie Pohl (1855) vermeldet. Das Brunnenwasser aus einem Haus in der Josefstadt hatte seiner Meinung nach wegen der enthaltenen Salze purgierende Wirkung beim Genuss. Aufgrund einer chemischen Analyse einer Schwefelquelle in Wien-Meidling kommt Hackl (1919) im Vergleich mit anderen Mineralquellen Österreichs zum Schluss, dass diese Quelle mit vorwiegendem Gehalt an Natrium und Hydrokarbonat einen sonst nicht vorkommenden Typ darstellt, da bei vorherrschendem Natrium gewöhnlich auch Chlorid überwiegt und bei vorwiegendem Hydrokarbonat auch Calcium.

Die Entwicklung der wichtigsten Heilquellen im Burgenland in der Zeit zwischen den beiden Kriegen 1924–1938 fasst Bauer (2005) mit zahlreichen alten Abbildungen zusammen.

Zur Biologie der österreichischen Thermalquellen stellte Stockmayer (1929) allgemein fest, dass viele Organismen eine hohe Anpassungsfähigkeit haben und daher weit verbreitet sind. Wichtigste Gruppe seien die Algen, insbesondere die Blaualgen (Cyanophyceen, heute Cyanobakterien), welche besonders in heißen Quellen mit Temperaturen über 40 °C dominieren. Eine ausführliche weltweite Darstellung der Befunde thermaler Mikroorganismen bis 1930 findet sich in Emoto (1933).

Daten und Analysen zu nichtmineralischen natürlichen Quellen sind zunächst eher spärlich. Den Quellenbezirk „Hirschbrunnen“, eine Karstriesenquelle unweit von Hallstatt, einer Region reich an Quellen, beschrieb Schultes (1809). Der Quellbezirk besteht aus mehreren Quellaustritten, von denen einige nur bei starkem Regen oder während der Schneeschmelze anspringen. Erst mehr als ein Jahrhundert später gab Morton (1927a) mit direktem Bezug zu Schultes detaillierte Angaben zu den Temperaturen und zum Sauerstoffgehalt der Hirschbrunnquellen zu verschiedenen Jahreszeiten wieder. Die Temperaturen lagen nach den Angaben aus den Tagebüchern Simonys der Jahre 1847 und 1848 zwischen 5,25 °C und 5,75 °C. Eigene Messungen Mortons aus dem Jahr 1926 ergeben 5,6–6,2 °C und Sauerstoffgehalte zwischen 8,14 und 10,4 mg L^{-1} (Morton 1927b). Eine der interessantesten Karstquellen ist der nahegelegene „Kessel“, dessen kesselförmige Vertiefung normalerweise mit Wasser bis zur Höhe des Wasserstandes im Hallstätter See gefüllt ist. Bei starkem, lang andauerndem Regen läuft der Kessel über und ergießt sich in einem kurzen Wasserlauf in den See. Eine chemische Analyse des austretenden Wassers erbrachte keine Besonderheiten (Morton 1930c). Ein zweiter interessanter Quellenbezirk liegt im sog. Koppenwinkel östlich von Obertraun beim Hallstätter See, dessen Temperaturen von Morton (1927b) ebenfalls mit 5,2 bis 7 °C angegeben wurden. Besonderes Interesse verdient der Quellbezirk des Waldbachursprungs auf 913 m Seehöhe. Die Wasserführung wechselte hier regelmäßig, je nach Entwässerung des Eisfeldes auf dem Dachstein. Vormittags war die Wassermenge gering und schlammreich, wuchs zu Mittag an und erreichte nachmittags ihr Maximum, wobei gleichzeitig die Trübung stark abnahm. Die Temperatur der Quelle betrug + 3,8 °C. Ein in Morton (1930b) wiedergegebener Tagesgang der Temperatur variierte allerdings nur von 3,28 °C am Morgen bis 3,4 °C um die Mittagszeit. Weitere, etwas tiefer liegende Quellaustritte mit regelmäßiger Wasserschüttung hatten Temperaturen um + 3,8 °C.

Periodische Quellen gab es auch anderswo wie etwa Helm (1860) aus Kapsdorf (heute Kaposvár) in Ungarn berichtet. Über die Temperaturverhältnisse zahlreicher Quellen in der Umgebung der Stadt Salzburg, vor allem aber über die Fürstenbrunnquelle, berichtete ausführlich mit zahlreichen Tabellen Fugger (1882). Letztere dient bis heute als wesentliche Wasserversorgung der Stadt Salzburg.

Die umfangreichen Messungen der Quelltemperaturen von Kremsmünster im Jahre 1834/1835 durch Koller (1841) wertete Reslhuber (1854) aus. Alle fünf Quellen der Region wiesen mittlere Jahrestemperaturen zwischen 7,3 und 7,9 °R (9,7–9,9 °C) auf, wobei die Variationsbreite im Mittel bei 0,41 °R (0,57 °C) lag. Die mittlere Jahrestemperatur aller Quellen lag mit 7,68 °R (9,6 °C) um 1,71 °R (2,73 °C) höher als die mittlere Temperatur der Luft (5,97 °R = 7,46 °C). Eine umfassende Darstellung und Erhebung der Quellen in der Umgebung von Kremsmünster in den Jahren 1893–1901 bot Schwab (1902), der auch einen Zusammenhang der Wasserführung mit der Menge der Niederschläge herstellte. Eine Analyse seiner Daten erbringt allerdings keine statistisch signifikante Korrelation. Die Jahresmittel und Spannweiten seiner Messungen an 16 Quellen über 9 Jahre sind in Abb. 3.2 wiedergegeben.

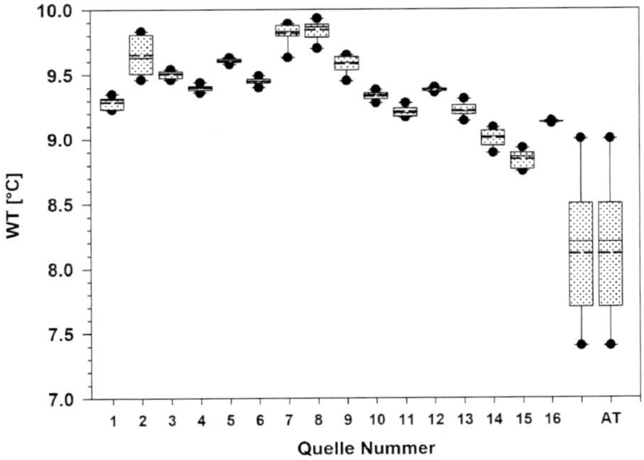

Abb. 3.2 Jahresmittelwerte der Wassertemperatur (WT) für 16 Quellen in der Umgebung von Kremsmünster sowie die Lufttemperatur (AT) für die Jahre 1893 bis 1901 als Kastengraphik. Die Box reicht von der 25 %- bis zur 75 %-Quartile, die Enden stellen Minimum und Maximum dar. In der Box bezeichnet die Linie den Median, die strichlierte Linie den Mittelwert. Daten aus Tabelle III, Seite 25 in Schwab (1902)

Von den mittleren Jahresgängen der 16 Quellen in Abb. 3.2 wiesen zumindest 10 so gut wie keine Schwankungen der Temperatur über das Jahr auf (≤0,1 °C). Von den verbleibenden 6 Quellen ist besonders die Quelle 2 interessant. Ihre Temperatur folgte mit etwa einmonatiger Verzögerung der Lufttemperatur (AT), hatte also die größte Variationsbreite von 3,3 °C (Abb. 3.3). Die Quellen mit den Nummern 1, 7, 8 und 13 erreichen ihr Temperaturmaximum im Spätsommer bis Herbst. Ihre Variationsbreiten sind aber vergleichsweise klein (0,3–1,0 °C). Die Quelle mit der Nummer 14 kühlt über das Jahr hinweg ab und erreicht im August ein Minimum von 8,8 °C (Spannweite 0,24 °C). Schwab (1902) versuchte diese Unterschiede aus der Lage und Exposition der Quellen zu erklären, kam aber zu keinem schlüssigen Ergebnis.

Der Beschreibung und der Bestandsaufnahme von Quellen im ausgehenden 18. und im 19. Jahrhundert folgte die Entwicklung von Quelltypen und deren Gliederung (Haas 1895). Darin werden zunächst die Quellen im Allgemeinen, gefolgt von den Thermal- und Mineralquellen sowie das Grundwasser abgehandelt. Später stellten Keilhack (1912) und Höfer-Heimhalt (1912) Systeme zur Klassifizierung von Quellen auf, wobei letzterer darauf hinweist, dass *„Mineral- und Thermalquellen in jeder seiner Gruppe auftreten können"*. Eine Übersicht über Quellen und die wichtigsten Mineralquellen der Österreichisch-Ungarischen Monarchie findet sich in Umlauft (1897). Darin sind sämtliche damals bekannte Orte mit Quellen oder Thermen mit ihren Wassertemperaturen auf Seite 343 ff. des Werkes aufgelistet. Eine zusammenfassende Darstellung der Systeme für Quellen gibt Zetinigg (1998).

Studien zum Grundwasser beschäftigten sich vor allem mit dessen Bewegung (Schütz 1866; Suess 1866, 1898). Schütz diskutierte zunächst die Frage nach einer geeigneten Methode zur Feststellung des Grundwasserniveaus. Pegelmessungen in einem nahegelegenen Fluss verwarf er wegen deutlichen Unstimmigkeiten. Messungen des atmosphärischen Niederschlags ließen ebenfalls keinen Rückschluss auf das Grundwasser zu, weil gezeigt werden konnte, dass nur etwa ein Drittel des Niederschlags versickert und Grundwasser bildet. Der Rest verdunstet, wird von der Vegetation aufgenommen oder fließt oberirdisch ab. Aus den Ergebnissen von Sueß (1866) schloss Schütz, dass in der Nähe des Gebirges der Zusammen-

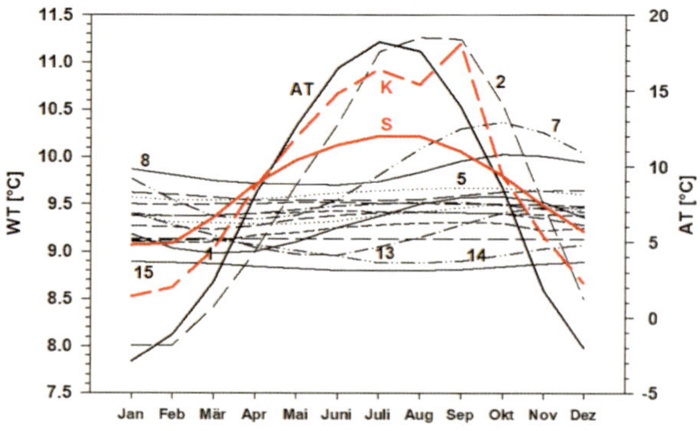

Abb. 3.3 Monatsmittel der Quelltemperaturen von 14 Quellen aus der Umgebung von Kremsmünster (linke Y-Achse) sowie der Lufttemperatur (AT), der Krems (K), des Schönauer Baches (S) (rechte Y-Achse). Daten aus Tabelle IV, Seite 23 in Schwab (1902)

hang des Grundwasserniveaus mit den Jahreszeiten deutlich war. Als Hauptursache machte er den Abfluss vom Gebirge und die Zusickerung (Infiltration) am Gebirgsfuß aus. In den Niederungen hingegen zeigte das Grundwasser eine Beständigkeit im Jahresverlauf. Weiters konnte gezeigt werden, dass das Grundwasser ein bedeutendes Gefälle haben kann und in der Nähe von Strömen beträchtlich ansteigt.

Quellen und Grundwasser Österreichs werden heute vom Hydrographischen Dienst überwacht und die Daten elektronisch unter https://ehyd.gv.at zur Verfügung gestellt beziehungsweise in den Hydrographischen Jahrbüchern abgedruckt (Abfrage unter https://wasser.umweltbundesamt.at/hydjb/. Eine umfassende Übersicht über Vorkommen, Hydrogeologie und -chemie der Mineral- und Heilwässer Österreichs ermöglicht Elster et al. (2018) samt Kartenbeilage.

3.3 Fließgewässer, Moore und Feuchtgebiete

Neben den stehenden Gewässern sind aber auch bereits Fließgewässer untersucht worden. Aus dem Holländischen übersetzte, veränderte und erweiterte Beckmann (1775) einen allgemeinen *„Grundriß zur Kentniß und Verbesserung der Flüsse und Ströme“*, in welchem er umfangreiche allgemeine Angaben über Ströme und Flüsse machte sowie Vorschläge zu deren Verbesserung vorschlug. Im Kapitel 18, § 42 schreibt er: *„… nach dem gegenwärtigen beklagenswürdigen Zustand dieser Flüsse, scheint es nur gar zu gewis, daß wir in eben denselben gar bald wieder unseren allgemeinen und unwiederbringlichen Untergang finden sollen. Denn weil die Ursachen des … beschriebenen Unheils vorhanden bleiben, und von der Art sind, daß sie selbst durch die Folgen täglich genähret und vergrössert werden, dürften dieselben wohl ohne Zweifel von Zeit zu Zeit noch ärger und mannigfaltiger werden.“* Im Verzeichnis am Ende des Buches sind 247(!) hydrotechnische Bücher gelistet. Über einen Versuch der Schiffbarmachung der March mit dem Ziel, die Donau und die Oder über die March zu verbinden, schrieb bereits Hanke (1784). Im Zuge der Diskussion über die Flussmühlen, Wehranlagen und notwendigen Schleuseneinbauten ist sein Satz auf Seite 24 bemerkenswert: *„Ein Fluß, der zur Schiffahrt bestimmet ist, soll nicht verbauet seyn.“* Der Abschluss des Traktates bildet ein Verzeichnis aller 33 Mühlen an der March sowie eine Karte.

Schemerl (1788) ließ keinen Zweifel daran, dass die Schiffbarmachung der Ströme ein wichtiger Gegenstand des Staates sein müsse, um blühend und glücklich zu werden. Neben den der Schifffahrt hinderlichen Naturgegebenheiten und ihrer Beseitigung wies er auf die Notwendigkeit hin, die Ströme durch Kanäle zu vernetzen. Etwa 20 Jahre später berichtete Schemerl (1809) über Erfahrungen im Wasserbau. Neben der zweckmäßigen Behandlung von Strömen und Flüssen ging der Autor umfassend auf verschiedene Methoden der Uferbefestigung bis hin zur Bepflanzung ein.

Entstehung, Eigenschaften und Verheerungen der Wildbäche thematisierte bereits Duile (1826). In den Abschnitten 3 und 4 seines Buches machte er Angaben über Mittel, Bauführungen und Kosten zur Verminderung oder gänzlichen Vermeidung schädlicher Einwirkungen von Wildbächen. Drei Tafeln erklärten verschiedene Arten der Verbauung. Hochinteressant sind die Ausführungen zur Bekämpfung von Wildbächen besonders in der Steiermark (Guttenberg 1905). Bedeutende Wasserkatastrophen seien erst eingetreten, *„... als der Mensch anfing, den von der Natur geschaffenen Schutz, nämlich die auf den Abhängen der Berge stockenden Wälder, zu vernichten“.* Er wies darauf hin, dass Blätterdach, Belaubung und Bodendecker gegen raschen Wasserabfluss schützen. Schlecht gepflegte Wälder seien daher nachteilig. Weiters vermerkt er: *„Nicht ohne nachteiligen Einfluß auf die Schädlichkeit der Wildbäche bleibt auch der Umstand, daß die obere Grenze der Baumvegetation auf unseren Bergen immer mehr herabgedrückt wird, da die Weideberechtigten, die auf den Weidegründen einzeln oder horstweise stehenden Bäume behufs Vermehrung des Graswuchses mehr und mehr zu entfernen pflegen, wodurch auch die natürliche Wiederbestockung unmöglich gemacht wird. Viele solche Flächen waren einst Waldgründe ... sind aber ... als Weiden oder Alpen umgeschrieben worden, weshalb sie sich der Anwendung des Forstgesetzes entziehen. In alter Zeit waren ohne Zweifel alle jetzigen Weideflächen, welche innerhalb der Grenze der Baumvegetation liegen, bewaldet. Die Entwaldung erfolgte ohne Rücksicht auf die Lage dieser Flächen, ...“* Danach folgten Angaben über bedeutsame Katastrophen und Möglichkeiten ihrer Verhinderung bzw. Abschwächung sowie Baumaßnahmen und deren Finanzierung zur Verminderung von Schäden. Die Verheerungen durch Wildbäche im Gebirge stellte Toula (1892) ausführlich an drastischen Beispielen auf 123 Seiten mit zahlreichen Abbildungen dar. Er besprach aber auch notwendige Gegenmaßnahmen wie Sperren, Verbauten und Regulierungen.

Über die Herkunft, also den Anfang von Bächen und Flüssen, denkt Tyndall (1873) in den Kap. 1 und 2 seines Buches über das Wasser nach. Interessant sind dabei folgende Feststellungen: *„Es ist ganz klar, dass wir bis jetzt noch nicht den wirklichen Anfang der Flüsse erreicht haben. Woher entlehnen die allerersten Bächlein ihr Wasser? Ein kurzer Aufenthalt in den Bergen würde Ihnen beweisen, dass sie vom Regen gespeist werden. Bei trockenem Wetter würden Sie die Bäche schwach, zuweilen sogar ganz ausgetrocknet finden. Bei nassem Wetter würden Sie reissende Ströme in ihnen sehen. Gewöhnlich verlieren sich diese Bäche als kleine Wasserfäden auf den Bergabhängen; aber zuweilen können Sie einen Fluss bis zu einer wirklichen Quelle verfolgen.“*, und etwas später: *„Es gibt jedoch Flüsse, deren Quellen etwas verschieden sind von denen der eben erwähnten. Sie haben nicht ihren Ursprung in Wasser, welches von einem Bergabhang heruntersickert, noch kann man sie bis zu einer Quelle verfolgen.“* Hier bezieht er sich auf Fließgewässer, die von Gletschern gespeist werden.

Untersuchungen über Geschiebetransporte und Eintiefung fließender Gewässer veröffentlichte Ritter von Hochenburger (1886). Darin beschreibt er zunächst die hydrographischen Verhältnisse für Enns, Drau und Mur, welche er auf den Seiten 162–165 tabellarisch zusammenfasst, wobei für die Mur die Menge und Größe des Flussgeschiebes und Maßnahmen zur Regulierung ausgeführt wurden. Danach geht der Autor auf Ursachen und Ausmaß von Eintiefungen ein. Den Abschluss bilden mehrere Tafeln mit Karten der Mur und der Enns, dem Längsprofil der Mur sowie Bauten zu deren Regulierung. Ergebnisse zum Wasserhaushalt des Murgebietes lieferte eine umfangreiche hydrographische Studie (Marek 1901). Die Arbeit stellte Beziehungen zwischen Niederschlag, Abfluss und Verdunstung her, die mit 4 Tafeln und 22 Tabellen ergänzt wurden. Am Ende des Artikels vergleicht Marek seine Ergebnisse mit jenen von Hochenburger sowie mit der Elbe (Ruvarac und Penck 1896) und der Traun und Enns (Müllner 1896b). Diese Übersicht ist in Tab. 3.1 wiedergegeben.

Ergänzend dazu sei hier eine Studie zur Auenvegetation der Mur bei Graz angeführt (Scharfetter 1918). Die Wasserführung wurde als wesentlich für die Vegetation der Murauen angeführt, wobei auf tiefgreifende Regulierungen in den Jahren 1875 bis 1891 hingewiesen wurde (Abb. 3.4).

Scharfetter erkannte bereits damals die Eintiefung der Flusssohle und die Verlandung des Gebietes als Folge der Regulierung. Wichtig war weiters die Eisbildung, zum Teil als Grundeis. Eisstöße stellten besondere Gefahren dar, waren aber offenbar an der Mur eher selten. Einen umfangreichen Aufsatz über die Eisverhältnisse an Mur und Drau lieferte Reymann (1910). Darin fand sich eine Gliederung der Arten des Fluss-Eises samt ausführlicher Besprechung ihrer Entstehung. Die beiden Flüsse wurden umfangreich in Text, Tabellen und einer komplexen Graphik dokumentiert. In der Schlussbetrachtung erklärte der Autor: *„daß die eigentliche Eisbildung an der ganzen Oberfläche der Flüsse vor sich geht und durch die Strömung modifiziert wird.“* Gleichzeitig betonte er, dass eine exakte Voraussage des Eintritts der Eisbildung nicht möglich sei, es sei aber wichtig, einen Eiswachdienst einzurichten.

Messungen der Temperatur fließender Gewässer wurden für zahlreiche Flüsse Mitteleuropas von Forster (1894) zusammengeführt und interpretiert. Darin auch die Wassertemperaturen des Wienflusses, deren Jahresgang zusammen mit der Lufttemperatur aus dem Jahr 1854 nach den Daten von Forster (1894, Tabelle VI, B und C) wiedergegeben wird (Abb. 3.5). Der Zusammenhang von Wasser- und Lufttemperatur ist in dieser Abbildung klar ersichtlich, was neben dem täglichen

Tab. 3.1 Niederschlag, Abfluss, Verdunstung und Speisung sowie Faktoren daraus für die Flusseinzugsgebiete Traun und Enns nach [1]Müllner (1896b), Mur nach [2]Hochenburger (1886) und [3]Marek (1901) sowie Elbe nach 4Ruvarac und Penck (1896). Aus Marek (1901), verändert

	Niederschlag	Abfluss	Verdunstung	Abfluss Faktor	Verdunstung Faktor	Betrag Speisung	Niederschlag bei Abflusslosigkeit
Traun[1]	1570	830	740	53	47	9	500
Enns[1]	1450	690	760	48	52	10	630
Mur[2]	917	–	–	67	–	–	–
Mur[3]	1301	573	728	44	56	18	460
Elbe[4]	692	192	500	28	72	11	315

[1]Müllner (1896b), Mur nach [2]Hochenburger (1886) und [3]Marek (1901) sowie Elbe nach [4]Ruvarac und Penck (1896). Aus Marek (1901), verändert

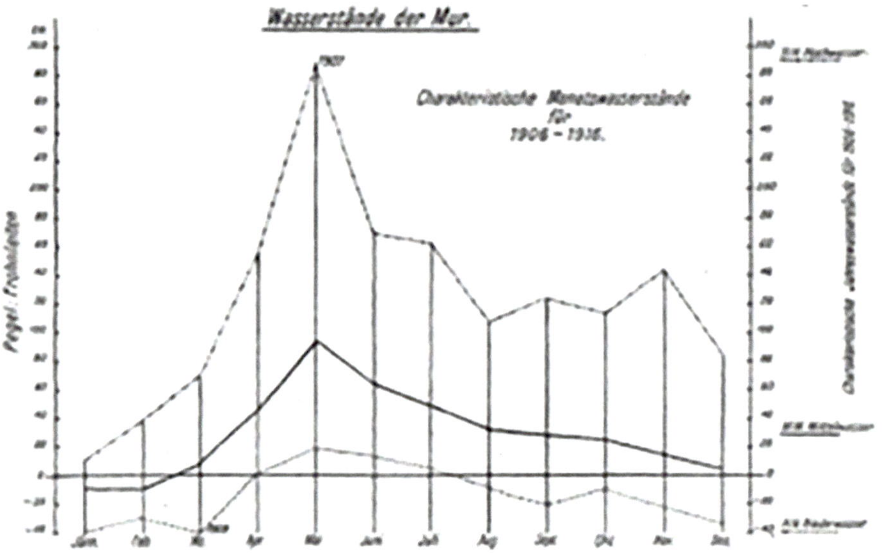

Abb. 3.4 Monatliche minimale, mittlere und maximale Wasserstände der Mur als Durchschnitt der Jahre 1906–1916. Original aus Scharfetter (1918)

Abb. 3.5 Wienfluss: Jahresgang der Lufttemperatur (AT) und Wassertemperatur (SWT) im Jahre 1854. (Aus Forster 1894)

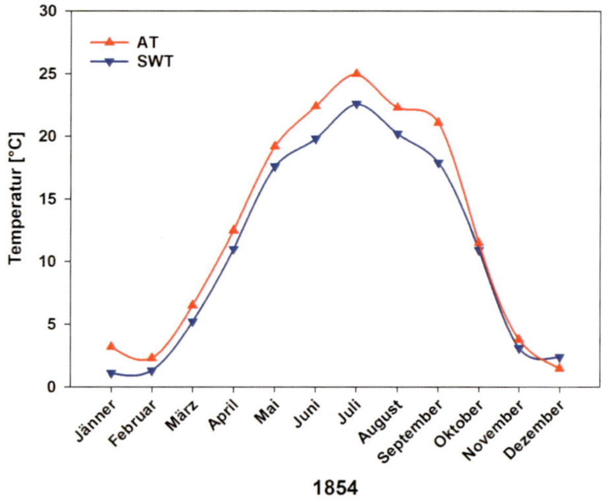

und jährlichen Gang der Gewässertemperatur einen wesentlichen Bestandteil der Arbeit ausmachte.

Alle großen Nebenflüsse der Donau in Österreich, die Donau samt Donaukanal und der Wienfluss, aber auch der Rhein sind bereits in der 2. Hälfte des 19. Jahrhunderts reguliert worden (Übersicht und Literaturangaben bei Baumann 1951).

Für die Salzburger Fließgewässer gibt Woldrich (1867) die folgende Übersicht: *„Sämmtliche Gewässer, welche den Salzburger Alpen entströmen, gehören dem Flussgebiete der Donau an. Der bedeutendste Fluss des Landes ist die Salzach, welche hier einen Weg von 30 Meilen zurücklegt bei einem durchschnittlichen Gefälle von 8 Linien auf eine W.* [Wiener] *Klafter; die Saale hat einen 14 Meilen weiten Lauf mit 1 Zoll Gefälle. Die Bäche, welche sich, aus den Tauern kommend, in die Salzach ergiessen, haben durchschnittlich ein Gefälle* von *1/2 Fuss auf die W. Klafter. Die Enns läuft vom Nordabhange der Radstädter Tauern ostwärts nach Steiermark, nachdem sie das Land auf einem 7/2 Meile langen Wege mit einem Gefälle von 3 Zoll durchlaufen hat. Die Muhr läuft von dem östlichen Gehänge an der Gabelung der Centralalpen und Radstädter Tauern herab und verlässt nach einem Laufe von 4/2 Meilen bei einem Gefälle von 3 Zoll auf die Klafter das Land, um der Drau zuzulaufen. Ausser diesen vier Hauptflüssen hat Salzburg noch auf seiner Area von 130 Q.*[Quadrat]*-Meilen 48 bedeutendere Bäche."* (1 Wiener Klafter = 1,89 m, 1 Zoll = 0,0254 m, 1 Quadratmeile = 2,59 km^2 = 259 ha).

Schon länger war man sich der chemischen Veränderungen fließender Gewässer durch Verschmutzung bewusst (Poleck 1869). Als Sachverständiger hatte der Autor Grubenabwässer des oberschlesischen Kohlereviers und deren Einfluss auf einen Fluss und fischreiche Teiche zu beurteilen. Nach einer Analyse aller beim Austritt der Grubenwässer auftretenden Prozesse kam er zum Schluss, *„... dass Grubenwässer ... weder zum Trinkgebrauch, noch zum Kochen oder Waschen Anwendung finden können ... In allen Teichen und Flüssen ist die Fischzucht gefährdet"*. Sämtliche Analysenergebnisse in tabellarischer Form sowie eine Lageskizze vervollständigten die Schrift. Die oft verheerenden Wirkungen von Fabriksabläufen auf Fließgewässer und Fischteiche thematisierte Gasch (1896) für das Gebiet Gross-Kaniów an der Mündung der Biala in die Weichsel in Schlesien (heute Polen).

Den Chemismus der Fließgewässer in den Einzugsgebieten der Eger und der Elbe in Böhmen stellte Hanamann (1903a, b) umfassend durch mehrere Tabellen mit detaillierten Analysenangaben dar. Für die Eger und die Elbe fassen Übersichtstabellen über die Ergebnisse im Längsverlauf die Veränderungen zusammen. Ergänzung erfuhren diese Erhebungen durch Analysen der Flora und Fauna der Elbe und deren Altwässer (Fric und Vavra 1901). Die Autoren weisen darin unter anderem auf die starke Verunreinigung der Elbe durch die Industrie, vor allem durch die Zuckerfabriken hin. Auch die Petroleumraffinerien beeinträchtigten die Tierwelt erheblich. Dennoch fanden sie 28 Fischarten, 12 Arten tierisches Plankton und eine mannigfaltige Ufer- und Bodenfauna in der Elbe und ihren Altwässern.

3.3.1 Die Donau

Die Donau war und ist die bedeutendste und wichtigste Wasserstraße Österreichs für Transporte, Handel und Erholung. Engstellen, Hindernisse und gefährliche Strömungen behinderten den Verkehr, Hochwässer und Eisstöße bedrohten Umland und Städte immer wieder. Die Regulierung der Donau war daher eines der wichtigsten Projekte nach 1848.

Eine illustrierte Darstellung der Donau und ihrer Sehenswürdigkeiten von Donaueschingen bis Sulina am Schwarzen Meer findet sich bereits in Wolff (1843). Im österreichischen Abschnitt finden sich darin Bemerkungen über den „Strudel" und den „Wirbel" im Strudengau sowie über andere Gefahren wie etwa den Eisstoß 1809. Die Vegetation des Schilfes, *Phragmites communis* (heute *P. australis*) und seine Vergesellschaftung entlang der Donau in Österreich und Ungarn hat Reissek (1859) in extenso erläutert. Bereits 1876, ein Jahr nachdem der Durchstich erfolgte, würdigte von Wex (1876) die Regulierung der Wiener Donau. Darin fand sich ein Plan der Donau von 1706 mit bereits eingezeichnetem Durchstich (Abb. 3.6) sowie die Erwähnung zweier Meinungen zur Regulierung im Raume Wien: *„eine, durch den damaligen Hofbaurath v. Pasetti vertretene, nach welcher der Hauptstrom bei Floridsdorf zu belassen wäre, und die zweite, … welche namentlich durch die Stadt Wien vertreten wurde, der Donau ein neues und kürzeres Bett in der Sehne des Bogens des Stromes durch die Prater-Auen zu geben."*

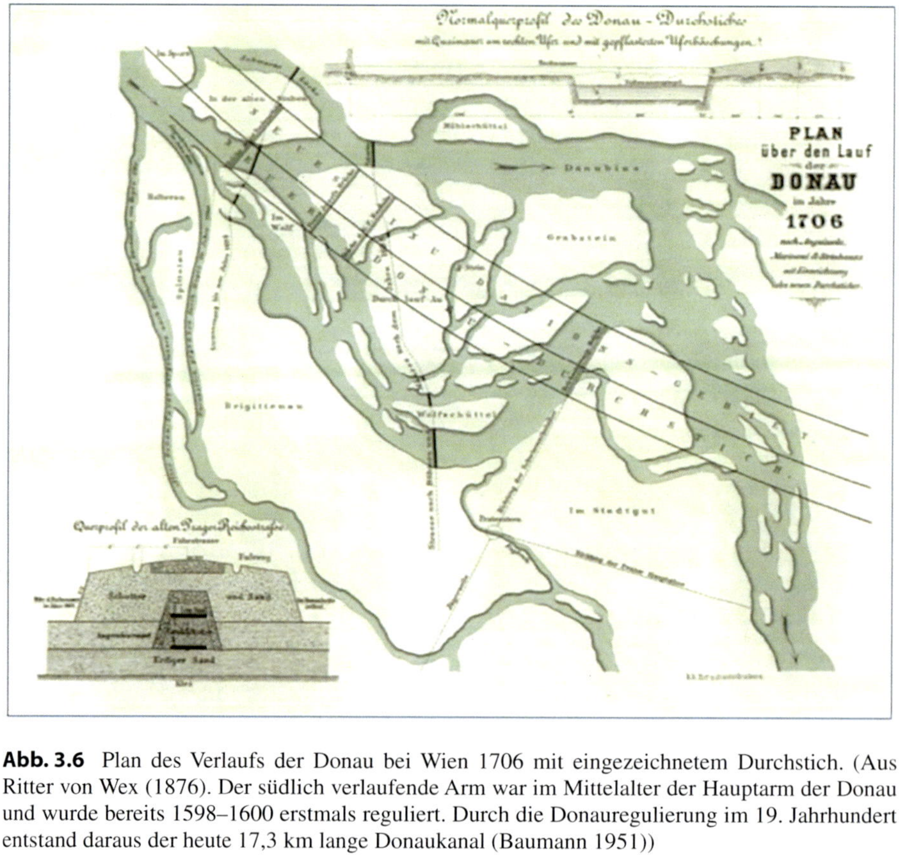

Abb. 3.6 Plan des Verlaufs der Donau bei Wien 1706 mit eingezeichnetem Durchstich. (Aus Ritter von Wex (1876). Der südlich verlaufende Arm war im Mittelalter der Hauptarm der Donau und wurde bereits 1598–1600 erstmals reguliert. Durch die Donauregulierung im 19. Jahrhundert entstand daraus der heute 17,3 km lange Donaukanal (Baumann 1951))

BesagterPasetti (1862) hatte eingehende Notizen zur Donauregulierung und zu der von ihm veranlassten detaillierten Karte des Donaustromes Österreich-Ungarns (Pasetti-Karte) veröffentlicht (Box 3.7). Die Karte zeigt die gesamte, ehemals „österreichische" Donau von Passau bis Orsova (im heutigen Rumänien) um die Mitte des 19. Jahrhunderts. Der Fluss mit dem Uferbereich ist im Maßstab 1:28.800 wiedergegeben. Die Karte hat eine Länge von mehr als 36 m für die 1335 km. Sie erschien in 6 Lieferungen zwischen 1862 und 1867. Diese Karte ist in der Österreichischen Nationalbibliothek zusammen mit zahlreichen Bildern der Donau 2021 ausgestellt worden (Petschar und Zeilinger 2021).

Pasetti, Florian von (1793–1875) Donauregulierungskommissär und k. k. Hofrat
Mathematikstudium in Padua, danach Adjunkt in der Baudirektion der venezianischen Provinzen. Versetzung nach Wien 1848. Leitete ab 1850 die Sektion für den „Straßen- und Wasserbau" im Ministerium.

Plan des Regulierungsentwurfs für die Donau bei Wien von Florian von Pasetti.

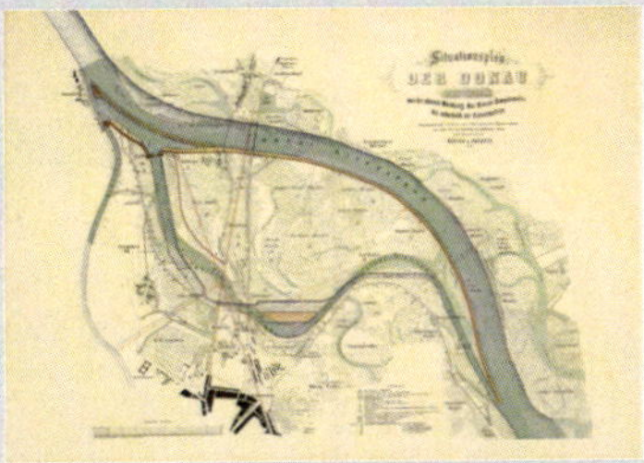

© Wien Museum Onlinesammlung

Den Lauf der Donau nebst allgemeinen Bemerkungen zu Flüssen überhaupt behandelte Sueß (1863), wobei er sich auf die Publikation von v. Pasetti (1862) bezieht. Danach sind „*... 30 Meilen von Gebirgen eingeschlossen ..., während 146 Meilen seines Laufes den Thalweiten den Alluvien zufallen ...*". Weiters ging er auf die Theorie des Einflusses der Erdrotation auf den Lauf des Flusses ein (Baer 1860), um danach den Lauf der Donau in einzelnen Strecken zu beschreiben. Immer wieder wies er auf die Bedeutung des begleitenden Grundwassers hin (Sueß 1866), so auch für die Wasserversorgung und Dürreperioden.

Neben einer ausführlichen Darstellung der Entwicklung und den Problemen des Wiener Donauraumes beschrieb Mitis (1835) die Ursachen der Schifffahrtsprobleme im Donaukanal: „*Die Dürre, welche den heurigen Jahrgang besonders merkwürdig macht, hat endlich auch einen Wassermangel der Donau zur Folge,* ... [wodurch der] *Donau-Canal durch mehrere Tage an seiner seichtesten Stelle vertrocknete.*" Nach 1814 „*... nahm das Besorgnis wegen des Wiener Donau-Canals sehr zu indem nicht nur die Versandung im Inneren ... sondern vorzüglich darum, weil eine Sandbank so gelagert war, dass der Wiener Donau-Canal ... wie durch einen Damm abgeschnitten zu werden bedroet*" war (Zitat S. 10).

Später S. 22: *„Die Höhe, welche die gefürchtete Sandbank bei Nußdorf erreicht hatte, verhinderte … jeden Wasserzufluss aus dem Hauptstrom."* Verschiedene ausführlich geschilderte Ein- und Umbauten im Hauptstrom und am Eingang zum Kanal führten schließlich zu einer besseren Schiffbarkeit, beseitigten aber nicht alle Probleme. Erst der Ausbau im Zuge der Donauregulierung 1868 bis 1875, insbesondere das Einlaufbauwerk bei Nußdorf, verbesserte die Situation. Die historische und weitere Entwicklung des Donaukanals ist dem reich bebilderten Band von Eiblmayr und Payer (2011) zu entnehmen.

Über die Pegelstände der Donau und ihre Veränderung berichtete umfassend bereits Fritsch (1855) und danach Ritter von Wex (1875). Die graphische Darstellung des Jahresganges der mittleren monatlichen Wasserstände bei Fritsch (1855, S. 199) zeigte ein Maximum im Juni und ein Minimum im November. Hingegen traten die Maxima im Rhein und er Elbe bereits im März ein, die Minima bei der Elbe bereits im September, beim Rhein erst im Oktober. Hingegen stellte von Wex (1875, Tafel) die Mittel, Maxima und Minima der jährlichen Pegelstände der Donau für die Jahre 1826 bis 1871 dar. Daraus war eine hohe Varianz zwischen den Jahren ableitbar und von Wex folgerte, dass die Flüsse reguliert werden müssten, um Überschwemmungen hintanzuhalten. Eine allgemeine Beschreibung von Überschwemmungen durch das Meer, die Seen und die Flüsse sowie eine Chronik derselben in Österreich und anderen Ländern Europas sowie Mittel zu ihrer Abwehr verfasste Sonklar (1883). Im letzten Abschnitt seiner Ausführungen macht er klar: *„… dass es gar keine anwendbaren Mittel giebt, um das zeitweilige Auftreten von Ueberschwemmungen zu verhindern. Diese hängen hauptsächlich von der Masse und von der Dauer der atmosphärischen Niederschläge ab, welche beide oft so bedeutend sind, dass sie allen menschlichen Schutzmitteln spotten."* Maßnahmen zur Vorbeugung müssen daher auf die Verlangsamung und Retention des Abflusses abzielen, was durch Aufforstung in allen Höhenlagen, Überwachung der Waldrodungen, geeignete Schutzbauten und Anpflanzungen sowie Talsperren zu geschehen habe. Die Errichtung von Hochwasserschutzdämmen an Flüssen führte zu einer kontroversiellen Diskussion der Vor- und Nachteile. Die Beschleunigung des Abflusses durch Begradigung, Durchstich und andere Maßnahmen wurde gleichfalls debattiert. Sonklar jedenfalls meinte: *„… die allzu weit gehende Einschränkung des Hochwasserbettes (ist) sorgfältig zu vermeiden."*

Das extreme Hochwasser der Donau bei Wien im September 1899 weckte Bedenken in die Aufnahmefähigkeit des Strombettes und die Leistungsfähigkeit der Dämme. Auch die voraussichtlich größte Abflussmenge wurde debattiert. Aufgrund diverser Überlegungen sah das Hydrographische Zentralbüro als brauchbaren Ausweg die Erhöhung der Kapazität des Strombettes vor. Deshalb sollten die Begleitdämme erhöht und das Überschwemmungsgebiet vertieft werden (Müllner 1911).

Die chemische Beschaffenheit des Donauwassers analysierte Wolfbauer (1883) im Jahr 1878 bei Wien, wobei er auch frühere Untersuchungen erwähnte. Interessant ist vor allem, dass er bereits ein einfaches Schöpfgerät zur Entnahme in mittlerer Tiefe verwendete. Neben den gelösten Stoffen finden sich in seinen Listen auch die Mengen an suspendierten Stoffen und deren Zusammensetzung. Die

Graphik der Publikation lässt erkennen, dass die Mengen an gelösten Substanzen im Jahresverlauf nur geringfügig schwankten. Hingegen variierten die Mengen an Schwebstoffen erheblich mit dem Pegel. Die Qualität des Donauwassers bei Linz schätzte Schiedermayr (1887) mittels einer Analyse der mikroskopischen Flora und Fauna ab. Neben einer Liste der Organismen kommt er zu dem Schluss, dass *„die Heranziehung des Donauwassers, in welcher Form und Verwendung immer, erst dann ernstlich in Betracht genommen werden könnte, wenn keine anderen Hilfsquellen … zu Gebote stehen“.*

Eine allgemeine Darstellung der Donau sowie detaillierte Angaben zur Hydrologie lieferte Penck (1891), der die Hochwässer in Beziehung zum Niederschlag setzte (Box 3.8). Bemerkenswert ist der umfangreiche Anhang mit Tabellen und Angaben zur verwendeten Literatur. Pencks Daten bildeten die Grundlage für die chemische und bakteriologische Analyse der Verunreinigung der Donau (Heider 1893). In dieser Arbeit wurden neben den chemischen Analysen des Donaustroms auch solche des Donaukanals und des Wienflusses aufgelistet. Die Trockenrückstände der Donau variierten mit dem Wasserstand, die Chlorkonzentration war generell niedrig und Ammoniak nur in Spuren vorhanden. Der Keimgehalt (Aussaat in Petrischalen) zeigte starke Schwankungen und betrug im Mittel 2000 Keime pro cm^3, was als mäßig verunreinigt galt. Hingegen erwies sich der Donaukanal durch die Einleitung ungeklärter Abwässer als stark verschmutzt. Ein Textauszug zum Thema möge dies illustrieren: *„Wer sich die Mühe nimmt, bei kleinen Wasserständen die Ueberfuhr an der Sofienbrücke öfters zu besuchen, kann in dieser Hinsicht die interessantesten Studien machen. Kothballen, Gemüseblätter, Papierfetzen, Gewebsfetzen (Lumpen), Vogelfedern, Stroh, Holzpartikel, Thiercadaver (Ratten) usw. schwimmen in bunter Mischung am Beschauer vorüber. Von der Menge grober Sinkstoffe, welche der Donaucanal führt, kann man sich aus dem folgenden eine Vorstellung bilden. Ich versenkte im Herbste vorigen Jahres bei der Sofienbrücke 2 Fläschchen an einem Seile ins Wasser, und liess sie einige Stunden lang untergetaucht. Als sie wieder herausgezogen wurden, war das Seil und Fläschchen völlig verschwunden hinter einer Umhüllung von Gemüseblättern, Kartoffelschalen, Papierfetzen (wohl Closetpapier) und ähnlichen schönen Dingen. Gar nicht selten schwimmt auch auf der Oberfläche des Wassers schmutziger Schaum, sowie ein wolkige Figuren bildendes fettig aussehendes Häutchen.“* (So viel zu „Früher war alles besser!“). Die Sedimente des Donaukanals waren dunkel und mit ähnlich groben Stoffen durchsetzt. Die Keimzahlen betrugen ein Vielfaches der Donau (30.000 bis über 120.000 pro cm^3). Die umfangreichen Erhebungen zeigten, dass der Keimgehalt unterhalb Wiens deutlich erhöht war und bis Hainburg nur wenig abnahm, zumal die Zuflüsse Schwechat, Liesing und Fischa erneut Verunreinigungen eintrugen. Aus den erhobenen Daten zog der Autor den Schluss, dass Selbstreinigung in diesem Abschnitt eher zu vernachlässigen sei, die Veränderungen der Zusammensetzung des Wassers unterhalb von Wien also wesentlich auf Verdünnung beruhten. Vom sanitären Standpunkt aus war das Wasser vor allem im Donaukanal gänzlich für menschlichen Gebrauch ungeeignet. Zu dieser Zeit war man sich der natürlichen Reinigung von Fließgewässern bereits bewusst (Gruber 1890, 1893). Gruber zitierte den alten Spruch: „Wenn das Wasser läuft über sieben Stein, dann ist es wieder rein", den er dann auf das Beispiel Donau anwandte.

Penck, Friedrich Karl Albrecht (1858–1945) Univ.-Prof. Dr., Geograph und Geologe
Reudnitz bei Leipzig 25.9.1858; † 7.3.1945 Prag.

Realschule, ab 1875 Studium in Leipzig Chemie, Botanik, Mineralogie und Geologie, 1878 Prom. und diverse Reisen. 1885 nahm er einen Ruf auf die neu geschaffene Lehrkanzel für Physikalische Geographie an der Uni Wien an, wo er neben den üblichen Vorlesungen obligate Exkursionen einführte.

Penck widmete sich besonders der Geomorphologie, den glazialen Landschaftsformen und der Klimatologie. Mehrere Dr. h. c., er war Mitglied der Königlich-Preußischen Akademie der Wissenschaften Berlin und der Deutschen Akademie der Naturforscher, Leopoldina in Halle (Saale).

Sölch J (1948) Albrecht Penck. Wiener Geogr Studien 17:3–37. Bild: Wikipedia.

Zur Frage nach der berühmten „Blauen Donau" veröffentlichte das Hydrographische Central Bureau Wien 1903 (zit. nach Zuna-Kratky 2005 einen interessanten Hinweis: Anton Bruszkay, ein Wiener Gerichtsrat, meldete ab 1900 seine täglichen Beobachtungen des Donauwassers in Mautern oberhalb von Wien. Das Resümee ergab, an 11 Tagen braun, an 46 Tagen lehmgelb, an 59 Tagen schmutzig grün, an 45 hellgrün, an 5 Tagen grasgrün, an 69 Tagen stahlgrün, an 46 Tagen smaragdgrün und an 64 Tagen dunkelgrün. Blau ist die Donau also nur sehr selten .

Der verheerende Eisstoß im Winter 1829/30 und die damit verbundenen Überschwemmungen mit 74 Toten und vielen beschädigten Häusern führten zu zahlreichen weiteren Beobachtungen und Überlegungen. So finden sich vier Einträge in Haidingers Mitteilungen (Haidinger 1848). Zunächst berichtet Haidinger auf Seite 142 über den Zustand des Eises auf der Donau im Dezember 1847 und Jänner 1848. Er stellte eine Liste von Fragen zur Bildung und Zerstörung der Eisdecke auf und empfahl Beobachtungen der Temperatur und der Wetterbedingungen. Die Eisbildung und Eisdicke (12–16 Zoll, 30,48–40,64 cm) in Oberösterreich in diesem Winter beschrieb Columbus auf Seite 163, der auch eine Angabe des Brückenmeisters Leitner aus Linz wiedergab, wonach zwischen 1830–1847 nur 9-mal ein Eisstoß registriert wurde. Im Jahr darauf war der Abgang der Eismassen bei Wien nur mit entsprechenden Arbeiten bzw. Durchstichen zu erreichen. Gleichzeitig wies Forgatsch auf Seite 190 darauf hin, dass solche Eisstaue durch eine Regulierung der Donau nach seinen Plänen vermeidbar wären.

Zur Aufarbeitung früherer Beobachtung listet etwa Fritsch (1855) auf Seite 187 f. die Eisgänge und Überschwemmungen der Donau bei Wien seit dem 12. Jahrhundert. Er beschreibt die Eisverhältnisse an der Donau in den Jahren 1851/52 bis 1861/62 (Fritsch 1863, 1867) und ergänzt damit Haidinger (1861). Schließlich wurden die Daten der Jahre 1850 bis 1890 von Swarowsky (1891) umfassend bearbeitet und dargestellt, wobei er publiziertes und unveröffentlichtes Material zusammenführte. Besonders ausführlich schilderte der Autor die Eisverhältnisse des strengen Winters 1879/80. Mitte Dezember bildete sich bei Temperaturen unter −15 °C in Wien stromauf von Hainburg eine mehr als 700 km lange Standeisbildung. Das Tauwetter, das am 30. Dezember eintrat, führte zur Lockerung der Eismassen, was zu Überschwemmungen stromab unterhalb von Wien führte. Da auch die Nebenflüsse vereist waren, kam es bei Greifenstein zu einem Anstieg des Wasserstandes um 5 m. Aus den vorhandenen Daten errechnete Swarowsky (1891) die Dauer der Eisbildung für die einzelnen Winter. So variierte etwa die Dauer bei Wien zwischen 15 und 42 Tagen. Der Mittelwert betrug 31 Tage für die Jahre 1851 bis 1890. Ähnliche Werte ergaben sich für Linz und Hainburg. Die längste mittlere Vereisung dauerte 40 Tage im bayrischen Deggendorf. Im Durchschnitt aller 32 Donaustationen war die Donau an 26 Tagen vereist. Die Arbeit enthält noch zahlreiche weitere Tabellen zur Eisbildung, die den Schluss zuließen, dass der Eintritt und die Dauer der Vereisung von den Temperaturen, längerfristigen Klimaschwankungen, aber auch vom Gefälle abhingen. Die Wasserstandverhältnisse folgen der Lufttemperatur mit wenigen Tagen Verzögerung.

Eine allgemeine Darstellung der Natur und technischen Vermeidung der Eiserscheinungen in Fließgewässern bot Halter (1916). Er kommunizierte darin zunächst eine wichtige Tatsache: „*Die Eisbildung erfolgt … in Gerinnen später als im stehenden Wasser und um so später, je tiefer das Gerinne ist und je mehr die Art des Bewegungsvorgange des fließenden Wassers die völlige Durchmischung der Wassermasse verzögert.*“ Im Weiteren ging er ausführlich auf die Vorgänge bei der Eisbildung in Fließgewässern ein. Danach führte er die Probleme auf, die dadurch verursacht werden, um schließlich auf die Eisfrage aus der Sicht der Wasserbauingenieure einzugehen, welche „*… die Wassernutzung in den Vordergrund …*“ stellten. Hellsichtig schrieb er: „*Die Regulierung der Flüsse hat durch die Beseitigung der Abflusshindernisse das Transportvermögen für das Eis gesteigert und die Eisgefahren behoben oder doch vermindert. Mit der Ausnutzung der Wasserkräfte des Flusses wird dieser Vorteil wenigstens teilweise und lokal wieder preisgegeben – die Eisfrage rückt wieder neuerlich in den Vordergrund unseres Interesses.*“ Gegen Ende des Artikels besprach er diverse Möglichkeiten der Verhinderung der Eisbildung zur besseren Nutzung der Wasserkraft an Flüssen und im Gebirge.

Einer der größten und längsten Eisstöße bildete sich im Winter 1928/29 bei Temperaturen bis −29 °C und reichte mit 900 km von Rumänien bis zur Wachau

(BMLF 1932). In dieser Schrift finden sich Angaben zu den langandauernden Kälteperioden in Wien seit 1829/30 sowie eine Auflistung der Eisbildungen an der gesamten österreichischen Donau in Tagen von 1893/94 bis 1928/29. Der Eisstoß dauerte in Österreich 37 Tage und bildete eine fast geschlossene Eisdecke von der Wachau bis Hainburg.

Am Morgen des 23. Jänner 1940 erreicht der größte Eisstoß seit dem Jahr 1929 die Wiener Reichsbrücke *„ein Ereignis, das die uns folgenden Generationen nie mehr werden beobachten können"*. Dieses Ereignis war offenbar so wichtig, dass noch 1946 eine Dissertation *„... Abhängigkeit ... von Eisstößen von den meteorologischen Elementen"* approbiert wurde (Schuch 1946). Es konnte aber kein Zusammenhang hergestellt werden zwischen der Menge des Treibeises und dem Tagesmittel der Lufttemperatur. Auch der Versuch einer Vorhersage zur Bildung von Eisstößen scheiterte.

Als Folge, der seit den 1940er-Jahren steigenden Wintertemperaturen frieren die Donau und andere große Flüsse nicht mehr langanhaltend zu. Der letzte große Eisstoß war in Wien im Ausnahmewinter 1955/1956 zu beobachten. Die große Donauregulierung 1870 bis 1875 entschärfte die Lage zwar, aber erst durch den Bau der Neuen Donau 1970 bis 1987 wurde ein weitgehendes Ende der Hochwassergefahr für die Stadt Wien erreicht (https://www.lobaumuseum.wien/cms/?s=eissto%C3%9F).

Eine Auflistung und Beschreibung der Flussgebiete und Flüsse der Donaumonarchie bot Umlauft (1897). Darin wird die Donau ebenfalls ausführlich dargestellt, ihre Nebenflüsse in einer Liste erfasst und besprochen. Eine Flusstabelle fasste die Längen, den Quellabstand, das Stromgebiet und wo sie münden, zusammen. Die Quellen, Flüsse und Seen der Alpen beschrieb er ausführlich im 10. und 11. Kapitel des Handbuchs der Alpenkunde (Umlauft 1887). Auch die Wasserfälle, wie der Gollinger- und der Krimmler-Fall, wurden abgehandelt und gelistet. Es folgt eine Darstellung der Größe und Tiefe der Seen mit zahlreichen Abbildungen österreichischer Seen, darunter auch der Langbathsee.

Wegen der Wichtigkeit der Mühlen an Bächen und Flüssen für die Ernährung der Bevölkerung sollen sie hier nicht unerwähnt bleiben. Die wenigen relevanten Angaben werden hier kurz abgehandelt. Mühlen waren in verschiedensten Ausführungen in Gebrauch. Quer durch die Alpenländer finden sich ober- oder unterschlächtige Mühlen, vertikale Mühlen, Stockmühlen, Schusser bzw. Marbelmühlen und andere mehr (Lanser 1941, Trumler 2014). Über den Algenaufwuchs an den Wasserrädern der Schiffsmühlen bei Wien (Abb. 3.7) berichtete Tscherning (1902). Der Aufwuchs bestand aus Zotten und Rasen diverser fädiger Grünalgen aus der Gruppe der Cladophoralen, die von zahlreichen Kieselalgen (Diatomeen) besiedelt waren. Besonders wies der Autor auf die Rotalge *Bangia atropurpurea*, die Mühlrad-Rotalge hin, die als einzige Süßwasser bewohnt, sowie auf die seltene Art *Cladophora kützingiana*. Für beide befürchtete er ein Verschwinden aus dem Wiener Raum nach Stilllegung des Betriebes von Schiffsmühlen. Er erwähnte auch das Vorkommen des fadenförmigen Cyanobakteriums *Leptothrix rigidula* (heute *Heteroleibleinia r.)* im Aufwuchs sowie das Fehlen von Wassermoosen.

Abb. 3.7 Schiffsmühlen in Wien. (Foto: E. Krottendorfer, um 1920)

Daneben entwickelte die bäuerliche Bevölkerung einige andere Formen der Wasserkraftnutzung, wie etwa Wasserhebe- und Schöpfwerke, Schöpfräder, Schwingen und Brechelmaschinen zur Flachsverarbeitung, Stampfer, Stößel oder Pocher. Alle waren auf den Antrieb durch Wasser vorzüglich durch Bäche unterschiedlichen Gefälles beziehungsweise auf Ausleitungen angewiesen (Lanser 1941).

3.3.2 Künstliche oder regulierte Gewässer, Kanäle

Eine sehr detaillierte Anleitung, wie schiffbare Kanäle entworfen und ausgeführt werden sollten, veröffentlichte Maillard (1817). Er legte Konstruktionsskizzen und Pläne bei (Box 3.9). In seinem Buch über die Österreichisch-Ungarische Monarchie leitete Umlauft (1897) auf Seite 383 den Abschnitt über Kanäle folgendermaßen ein: „*Künstliche Wasserläufe oder ‚Canäle' dienen theils Handels-, theils industriellen oder Agricultur-Interessen, indem sie entweder als schiffbare Straßen oder zur Zuleitung von Wasserkraft, zur Bewässerung oder Entsumpfung angelegt werden.*" Weiters führt er aus: „*In früheren Zeiten hat man der Anlage von schiffbaren Canälen eine viel größere Aufmerksamkeit zugewendet … schon Kaiser Karl IV. hätte eine Canalverbindung zwischen Moldau und Donau angestrebt …*", wie auch Maillard (1817 auf S. 25) ausführt. Umlauft (1897) weiter: „*Zu Anfang des 18. Jahrhunderts wurde ein großer Plan zu einem vollständigen österreichischen Wasserstrassennetz entworfen ….*" Sodann wies er darauf hin, dass die meisten Kanäle der Monarchie in Ungarn zu finden sind, welche er danach auflistete und im Detail besprach. Unter den Kanälen in den anderen Ländern sei der „Wiener Neustädter Kanal" der bedeutendste. Des Weiteren führte er den Traunkanal bei Roitham an, der den 13 m hohen Traunfall schiffbar machte, sowie den Kanal, der die Stadt Klagenfurt mit dem Wörthersee verbindet.

Maillard, Sebastian von (1746–1822) kaiserlicher Feldmarschallleutnant
Lunéville 30.10.1746; † Wien 19.12.1822.

Er erhielt 1795 von Kaiser Franz II. den Auftrag, einen Kanal von Schottwien nach Wien zu nivellieren, dessen Ausführung und Verlauf nach einer Studienreise nach England, wo er britische Kanäle kennenlernte, wesentlich verändert wurde. Von 1797 bis 1799 leitete er den Bau dieses zuerst „Wiener Kanal“ genannten Wasserweges, des heutigen Wiener Neustädter Kanals. Die Fertigstellung des Wiener Neustädter Kanals erfolgte unter der Leitung von Josef Schemerl. Quelle und Bild: Wikipedia.

Zum Traunkanal bemerkte bereits Weidmann (1840) in seiner Beschreibung des Traunkreises in Oberösterreich: „*... der fahrbare Traunkanal am wilden Traunfalle bei Roitham, eines der interessantesten hydrotechnischen Meisterwerke. Die Traun wälzt sich hier in einem tiefen Bette. Gegen das linke* [westliche] *Ufer senkt sich der Boden, und bildet endlich einen 42 Fuß* [13 m] *hohen Abgrund. In diesen stürzt die Traun ihr Gewässer, und bildet den wilden Fall, eine der schönsten Kaskaden Österreichs und Deutschlands. Einen Theil des Stromes leitete nun Seeauer in einen Kanal, in Felsen gesprengt, theilweise von Quadern ausgemauert, 209 Klafter lang* [306 m]. *Außerhalb dieses Kanales vereint sich dieser, der Schifffahrt gewonnene Arm des Stromes wieder mit dem nun ruhig dahingleitenden Hauptarm. In 60 Secunden durchfliegen die Schiffe diesen merkwürdigen Kanal.*“

Ende des 18. Jahrhunderts waren für die Versorgung von Wien mit Holz vor allem Brennholz, Driftanlagen und Schwemmen zur Bringung wichtig. Um einen Urwald im Böhmerwald nutzbar zu machen, hatte der Ingenieur und spätere Schwemmdirektor Josef Rosenauer (1753–1804) um 1774 den Einfall, einen Kanal anzulegen und mit einem Durchstich die Wasserscheide zwischen Moldau und Donau zu überwinden (Box 3.10). Der Kanalbau begann allerdings aufgrund langwieriger Vorbereitungsarbeiten und Verzögerungen wegen bestehender Schwemmrechte auf der Großen Mühl erst im Jahr 1789. Im April 1791 war das Bauwerk dann so weit fertiggestellt, dass damit das Holz über die Mühl zur Donau und damit nach Wien verbracht werden konnte (Trapp 1995). Dieser „Schwarzenbergische Schwemmkanal“ war ein wasserbautechnisches Meisterwerk und galt zu seiner Zeit fast als Weltwunder (Mayer 1831).

Rosenauer, Josef (1735–1804), Kanalbauer
Kalsching (Chvalšiny, Böhmen) 26.2.1735; † Krumau (Český Krumlov) 10.3.1804.

Besuch niederer Schulen, Lehre in der Forstwirtschaft, 1759 Eintritt in den Dienst bei Fürst Joseph Adam Schwarzenberg in Krumau, der ihm bis 1770 die weitere Ausbildung an der Ingenieur-Akademie in Wien ermöglichte. 1771 zum fürstlich Schwarzenbergischen Ingenieur ernannt, wurde Rosenauer mit der Trockenlegung von Sumpfgebieten sowie mit Wege- und Wasserbauarbeiten betraut.

Diverse Quellen und Biographisches Lexikon.

Der Verlauf des Schwemmkanals wird in Abb. 3.8 wiedergegeben (Fritsch 1993). Die Geschichte des Schwemmkanals endete erst 1918 mit dem Zerfall der Donaumonarchie (Záloha 1975). Der Schwemmkanal ist umfangreich dokumentiert. Eine detailreiche Würdigung der Leistung Rosenauers findet sich mit vielen historischen Aufnahmen in Lange (2004).

Es gab noch weitere Schwemmanlagen Rosenauers. Die vier Stauteiche (Stierriegel-, Höllau-, Kolm- und Muckenteich auf ca. 1000 m) und die Quellteiche der Schwarzen Aist oder Waldaist verdanken ebenfalls dem genialen Forstingenieur Rosenauer um die Wende des 18. Jahrhunderts ihre Einrichtung für Triftzwecke. Von 1799 bis 1953 wurden jährlich aus den Karlstifter Forsten etwa 35.000 Raummeter Holz auf einer 75 km langen Strecke über ein Gefälle von etwa 650 m nach Au an der Donau getriftet (Wawrik 1955).

Das Anwachsen der Bevölkerung in Wien zum Ende des 18. Jahrhunderts machte die Versorgung mit Brennholz immer schwieriger. Die Bedarfsdeckung führte zum Raubbau an den Wäldern, da gesetzliche Regelungen fehlten. Schultes (1803) äußerte sich in seinem Wanderbuch über Hügel im Voralpenbereich: *„Abgeholzt sind sie vom Gipfel bis zum Fuß, kein Stamm blieb von der mörderischen Axt unverschont, um dem Wald Gelegenheit zu geben sich selbst zu verjüngen. Welch ein Forstskandal, Berge ganz abzutreiben .... Diese traurige Perspektive in die Zukunft findet man beinahe durchaus in allen Gebirgen Unterösterreichs in herrschaftlichen Wäldern.“*

Gleichzeitig gelang die Etablierung der Kohle als Energielieferant kaum. Dennoch wurde die „Wiener Neustädter Steinkohlengewerkschaft“ gegründet, um die am Brennberg bei Ödenburg (heute Sopron, Ungarn) gepachtete Kohlengrube auszubeuten. Um den Transport nach Wien schneller und kostengünstiger zu gestalten, plante die Gesellschaft 1794, einen Schifffahrtskanal zu errichten. Unter der Direktion von Maillard und unter dem Bauleiter Joseph Schemerl begann der

Abb. 3.8 Verlauf des Schwemmkanals im Böhmerwald. (Aus Fritsch (1993))

Bau des Kanals 1797, der nach dem ursprünglichen Plan Wien mit Triest verbinden sollte (Abb. 3.9).

Tatsächlich wurden nur 63 km bis Wiener Neustadt bis 1803 fertiggestellt. Bis 1910 wurde noch die damalige ungarische Grenze erreicht, das Kohlebergwerk bei Ödenburg aber nicht. Der Kohletransport spielte in der Folge nur eine untergeordnete Rolle. Stattdessen wurde Scheitholz aus den Wäldern der Region transportiert. Auch hier war es ein genialer Schwemmmeister, Georg Hubmer, der

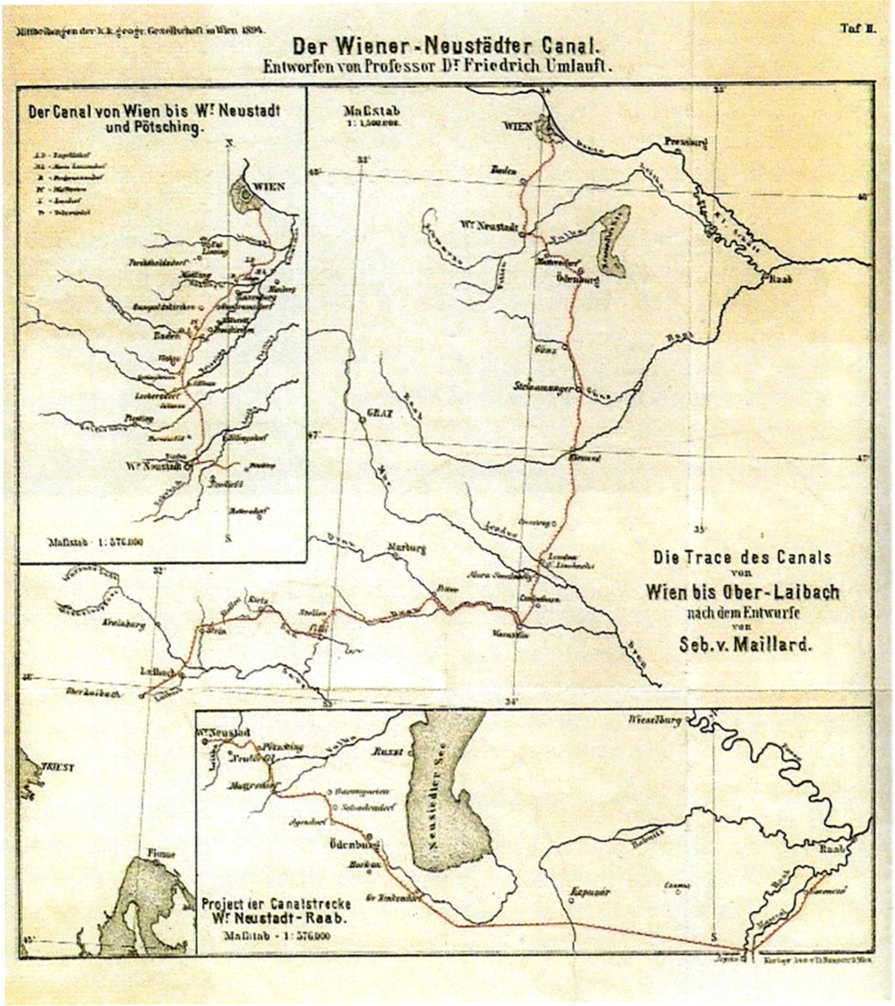

Abb. 3.9 Geplante Trassenführung des Wiener Neustädter Kanals von 1794 bis Laibach bzw. Raab. Im Kasten links oben ist der realisierte Abschnitt dargestellt

neben einem Durchstich, ähnlich dem im Böhmerwald, auch einen Holzlift als Schrägaufzug und die Adaptierung des Kehrbaches als Schwemmkanal herstellte (Fritsch 1991). Neuere, zusammenfassende und reich bebilderte Bände (Tinhofer 2017, Lange 2019).

3.3.3 Moore und Feuchtgebiete

Die Bedeutung der Feuchtgebiete als Wasserspeicher wurde und wird nicht von allen wertgeschätzt. Moore, Sümpfe und Feuchtgebiete können große Mengen Wasser aufnehmen und langsam und zeitversetzt wieder abgeben, wodurch sie in unterliegenden Gebieten die Gefahr von Hochwässern reduzieren. Diese Erkenntnis hat sich aber nur langsam durchgesetzt. Früher wurden Moore und Sümpfe zur Landgewinnung trockengelegt oder aber als Torf zum Heizen, Hausbauen etc. abgebaut.

Dennoch waren Arbeiten über Moore und Feuchtgebiete schon immer zahlreich. Sie können daher hier nur ausschnittsweise wiedergegeben werden. Als Beitrag zur Algenflora untersuchte Grunow (1858) die Gruppen der Desmidiaceen (Zieralgen) und Pediastren (Grünalgen) in kalkgeprägten Wiesenmooren, Tümpeln und Seen (Erlaufsee, Neusiedler See) und in von *Sphagnum* (Torfmoos) geprägten Hochmooren. Ebenfalls 1858 berichtete Pokorny (1858) über zwei ausgedehnte Torfstiche in der Mitterndorfer Senke bei Moosbrunn, wobei er darauf verwies, dass es sich um echte Wiesenmoorbildung handelt. Trockenlegungen haben das Areal wesentlich verkleinert und zersplittert. Zurzeit ist es als Naturdenkmal „Brunnlust" geführt (Gross et al. 2009). Eine allgemeine Übersicht über Österreichs Torfe, ihre Lagerstätten, Typen und mögliche Verwendung verfasste Pokorny (1863). Vierhapper (1882) skizziert die botanischen Aspekte des Ibmer Moores in Oberösterreich und des Waidmoos, dessen westlicher Teil zu Salzburg gehört. Das Naturschutzgebiet Ibmer Moor wird als eines der artenreichsten Moore Mitteleuropas und als größter zusammenhängender Moorkomplex in Österreich bezeichnet. Gleichzeitig ist es, wie das Waidmoos, ein europäisches Vogelschutzgebiet, in dem bisher über 150 Vogelarten festgestellt wurden (Pühringer et al. 2010).

Bereits 1911 wurde im Auftrag des k. k. Ackerbauministeriums eine genormte Moorerhebung von einem Autorenkollektiv veröffentlicht (Bersch (Hrsg.) 1911). Bearbeitet wurden Niederösterreich, Oberösterreich, die Steiermark, Kärnten, Krain, Tirol und Mähren. Insgesamt nachgewiesen wurde eine Fläche von 26.547,4 ha. Die Moore sind mit ihrem Standort und dem jeweiligen Zustand aufgelistet. Für die Moore Böhmens gab Sitenský (1891) rund 25.000 ha an. Reduziert auf die heutigen Bundesländer, also unter Abzug von Krain, Mähren und Südtirol, sollten etwa 14.131 ha verbleiben. Dazuzurechnen wären für Salzburg 4700,85 ha sowie für Vorarlberg 2946,8 ha (Schreiber 1910, 1913), also insgesamt rund 21.778 ha. Nach heutigem Verständnis gab es in Österreich je nach Schätzung vor einigen Jahrhunderten zwischen 150.000 und 300.000 ha Moore,

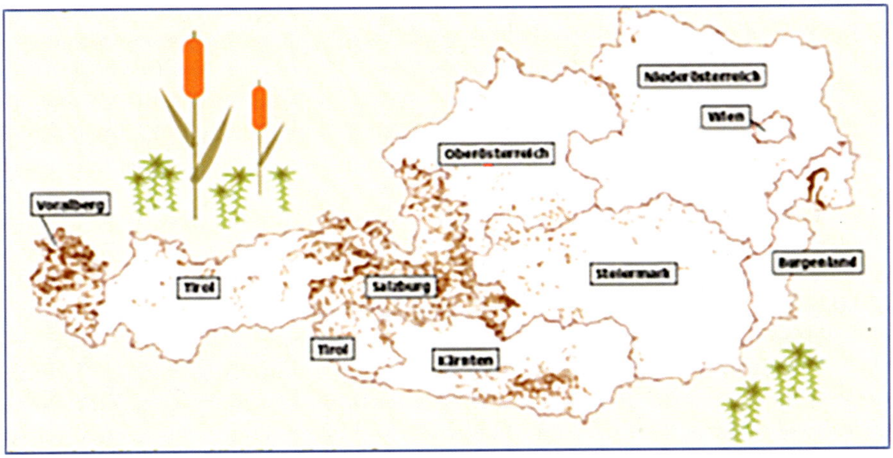

Abb. 3.10 Karte der Verteilung der Moore in Österreich. (Aus: Mooratlas Eimermacher (2023)/*stockmarpluswalter (M), CC BY4)*

wovon rund 17.000–21.000 ha noch erhalten sind. Davon sind aber 2/3 gestört und verfügen daher nicht mehr über die ursprüngliche Wasserversorgung (Niedermair et al. 2010). Österreich besitzt eine Vielfalt an Moortypen, oftmals seltene (Abb. 3.10). Gehäuft treten Moore im Land Salzburg, in Teilen Tirols und Kärntens sowie in Vorarlberg auf (Eimermacher et al. 2023).

Seit 1975 besteht die RAMSAR-Konvention zum Schutz von Feuchtgebieten, die sich für den Erhalt und die nachhaltige Nutzung natürlicher Ressourcen einsetzt. Österreich trat 1983 bei. Derzeit sind 24 Ramsar-Gebiete in Österreich ausgewiesen, mehrere davon limnologisch wichtig. Etwa der Neusiedler See, die Donau-March-Auen, die Untere Lobau, die Waldviertler und Güssinger Teiche oder die Obere Drau.

https://info.bml.gv.at/themen/wasser/wasser-eu-international/europaeische-und-internationale-wasserwirtschaft/feuchtgebiete/ramsar/ransar-gebiete-austria.html

3.4 Stehende Gewässer (Seen, Weiher, Tümpel)

Den Stand des Wissens über die Bedeutung des Wassers für den Haushalt der Natur fasste Stahl (1864) in seinem Buch *Die Wasserwelt* zusammen. Darin wurden die Quellen, das fließende und stehende Wasser der Kontinente ebenso abgehandelt wie das Meer. Die Beschreibung der Krimmler Ache samt Wasserfall, der Gasteiner Ache sowie der Salzach samt Gollinger Wasserfall füllten einen Teil des Kapitels über die Fließgewässer (Stahl 1864, S. 33 f.) Im Abschnitt über die Seen wurden neben den Seen um das Baltische Meer herum vor allem die peri-alpinen

Seen aufgeführt und deren Größe und Lage aufgelistet. Dazu bemerkte der Autor dass: *„... diese Seen fast alle an den Übergängen der wilderhabenen Alpen nach dem Flachlande liegen.“*

Neben dem Traunsee und dem Hallstätter See widmete sich Stahl ausführlich den Besonderheiten des Neusiedler Sees. Weiters führte er in Kapitel 10 und 11 die Pflanzen- und Tierwelt der Gewässer auf, vor allem aber die „unsichtbare Wasserwelt“ (Kapitel 11), worin er neben den Infusorien auch die Diatomeen (Kieselalgen) und die Desmidiaceen (Zieralgen) behandelte.

Über die Seen der Alpenländer und angrenzenden Bezirke informierte bereits Groß (1834) in seinem Handbuch: *„In den südlichen Hochebenen und Alpenlandschaften liegen viele Seen, welche den Fuß der Alpen in einer breiten Zone von Westen nach Osten umgeben und meistens Thalseen sind. Am nördlichen Rand der Alpen liegen: der Bodensee, der St. Wolfgang-, Mond- und Attersee, der Traun – oder Gmundenersee, der höher hinauf unmittelbar unter den Schneebergen liegende Hallstättersee ua., mitten in den Alpenzügen liegen die Seen von Klagenfurt und Millstädt, Wochein und der durch Pater Kircher berühmt gewordene Zirknitzersee, am südlichen Saume der Alpen der Lago Maggiore oder Langensee und die Seen von Lugano, Como, Iseo und Garda. An der östlichen Abdachung der Alpen, schon in der ungarischen Ebene, trifft man die großen Wasserhälter des Neusiedler- und Plattensees, welche an Größe alle oben benannten Alpenseen übertreffen, und zugleich die größten Seen der Monarchie sind. An die beiden letzteren schließen sich große Moräste an.“*

In einer Exkursionsbeschreibung um den Neusiedler See (Hitschmann 1856) klang das so: *„Der Hanság, ein würdiges Seitenstück zu den Maremmen und pontinischen Sümpfen Italiens, ist eine mächtige Fortsetzung des Neusiedler-See's (Fertö To) .... Gleich dem Wasser des Neusiedler-See's ist auch das des Hanság reich an kohlensaurem Natron, und man findet die Pflanzen und die Erde (Sziksö; szik-Soda) in einem ziemlich bedeutenden Umkreise mit einer Kruste dieses Salzes überzogen.“* Hellbach (1858) schrieb zum Hanság: *„Der Hanság, eigentlich die Fortsetzung des Neusiedlersee, ist größer als der See selbst ... verursacht oft so große Überschwemmungen, daß die ganze Gegend ... einem Flußbette gleicht. Schon seit einigen Jahrhunderten wurden Pläne gemacht, den Hanság wenigstens zum Theile trocken zu legen, und dabei zugleich eine Verminderung des Wasserspiegels zu erzielen.“* Eine Inschrift auf einer Tafel in Rust besagte laut Hellbach (1858): *„Der See ist brait 3830 Klafter, anno 1677.“* Das entspricht 7,3 km – der See war also damals vermutlich kleiner als heute. Und weiter Groß (1834): *„Der Neusiedlersee (Fertö), nahe gegen die österreichische Grenze, soll ... erst im 10. oder 11. Jahrhundert, durch den verminderten und endlich ganz gehemmten Fall des Flußes Fertö entstanden seyn; der See ist bei 20,000 Kl. Lang* [ca. 38 km] *und 5 bis 6000 Kl. Breit* [ca. 9–11 km], *meistens 9 bis 13 Fuß* [3–3,9 m] *tief und hat einen Flächenraum von beinahe 5 Geviertmeilen* [gleich 337 km^2]. *Das Fallen und Steigen seines Wassers ist auffallend, so daß es oft um mehr als 1000 Schritt über seine Ufer hinaustritt oder von demselben zurückweicht. Viel größer ist der Plattensee (Balaton, auch das ungarische Meer genannt), der von Südwest noch Nordost eine Länge von mehr als 40.000 und eine sehr abwechselnde Breite von 3 bis 8000*

Kl. hat, an vielen Orten bis 6 Klaftern tief ist [entspricht 11,5 m, tatsächlich 12 m], *und einen Flächenraum von 24 Geviertmeilen (oder 238,922 Joch) einnimmt.“*

Diese erheblichen Veränderungen des Sees führten nach einigen Überschwemmungen unter dem Motto *„Der See muß weg“* dazu, dass der Ingenieur Karl Kecskés 1838 beauftragt wurde, den See trockenzulegen (Havas 2013). Der Plan gelang nur zum Teil, der Wasserspiegel sank zwar, aber im Winter darauf gefror der See bis zum Grund und vernichtete den gesamten Fischbestand. Die vollständige natürliche Austrocknung 1865 und die Wiederfüllung 1871 dokumentierten unter anderem Anonymus (1871, 1975) und Pauer (1871) wie folgt: *„Im Jahre 1830, wo sich die Leitha in den See ergoss, war derselbe besonders wasserreich; aber schon im Jahre 1836 trat das Wasser bedeutend zurück. 1853 war der See zum letzten Male wasserreich und von da angefangen konnte man ein stetes Abnehmen desselben bemerken, bis er im Jahre 1865 gänzlich verschwand. Als Ursache des Austrocknens ist nichts anderes, als die in unserer Gegend seit Jahren anhaltende Dürre anzunehmen …* [siehe dazu Abb. 3.11] *Die Wiederfüllung des Seebeckens begann im Jänner (des laufenden Jahres) und zwar durch Überschwemmung des ‚Hanság' …“*

Dazu noch aus der Aufzeichnung eines Augenzeugen, Herrn Anton Jukovits, des Pfarrers in Apetlon (Kornhuber 1863): „… *wenn wieder ein so schnee- und regenloses heisses Jahr in Aussicht steht, der Neusiedlersee aufhören wird zu sein – die Wasserhöhe des See's beträgt hie und da nicht mehr 2 Schuh* [etwa 60 cm, da 1 Wiener Schuh = 0,316 m] – *Ein Schuhmacher von hier hat am 26. Juli den See in seiner ganzen Breite durchwatet. Die Fische sind abgestorben, alles Wild-Geflügel*

Abb. 3.11 Eine historische Militärkarte von 1872 zeigt nur im Osten einen schmalen blauen Streifen – die verbliebene Wasserfläche des Neusiedler Sees zwischen Rust und Illmitz. (Foto: Österreichische Nationalbibliothek, Stadtarchiv Rust (BVZ, Wagentristl, 15. Mai 2023))

ist verschwunden ... der Seeboden ist ganz flach ... Der Schlamm ist ein zäher, weisser Letten, welchen unsere Dorfleute zum Weissen benutzen. Wo das Wasser seit einem Jahre fehlt, da zeigt sich eine üppige Vegetation.“

Da man den Boden des ausgetrockneten Sees wirtschaftlich nutzen wollte, untersuchte Moser (1866) den Boden. Er führte die Austrocknung als im Wesentlichen auf Verdunstung zurück. Wegen des hohen Salzgehaltes des Bodens, meinte er: *„Die Beschaffenheit des Seeschlammes lasse nicht erwarten, dass derselbe je einen guten Ackerboden geben werde.“* Überdies wies er auf die Möglichkeit hin, der See könne zurückkehren.

Im Jahr 1893 wollte man durch die Errichtung des Einser- oder Hanság-Kanals den See neuerlich trockenlegen. Der Entwässerungskanal wurde tatsächlich 1895 fertiggestellt, entwässerte die Hanság-Sümpfe, legte aber den See nicht trocken. Er dient heute der Regulierung des Wasserstandes (Brettl 2017). Trotz all dieser Rückschläge schrieb Ing. Heinrich Goldemund in der Zeitschrift *Die Stunde* vom 12. Mai 1933 auf Seite 5 unter dem Titel „Was geschieht mit dem Meer der Wiener“, er wolle den See im Süden zur Hälfte trockenlegen und damit 20.000 ha Neuland gewinnen. Möglich sollte das durch einen Querdamm von Rust nach Osten gemacht werden. Gleichzeitig sollte der Seespiegel des Nordteils mittels eines Pumpwerkes bei Rust um 1,30 m angehoben werden. Der Autor begründete das Projekt neben der Arbeitsbeschaffung folgendermaßen: *„In den letzten Jahren pflegte man den Neusiedler-See als das ‚Meer der Wiener‘ zu bezeichnen. Diese Bezeichnung ist gewiß sehr hübsch, jedoch in Wirklichkeit mehr als übertrieben. Denn der Neusiedler-See ist durchschnittlich nur 50 cm tief. Deshalb ist der See derzeit weder für die Schiffahrt, noch für eine planmäßige, großzügige Fischzucht geeignet. Auch ein moderner Badebetrieb ist unter diesen Umständen nicht möglich“* (Goldemund 1933).

In einer Zusammenfassung beschreibt Anonymous (1975) die Vorgänge und Ursachen im Detail und zitiert aus einer alten Chronik: *„Wegen des Salzes im Boden war eine landwirtschaftliche Nutzung unmöglich, die Anrainer litten am Salzstaub und das Mikroklima der gesamten Region veränderte sich nachteilig.“*

3.4.1 Die Epoche Simonys und der Geographen

Die Entwicklung der Gewässerkunde im ausgehenden 19. Jahrhundert ist von Ule (1899; 1900a, b) in drei bemerkenswerten Veröffentlichungen zusammengefasst worden. Der erste Aufsatz beginnt mit dem Hinweis: *„Unter Gewässerkunde begreifen wir die Lehre von den stehenden und fließenden Gewässern auf den Kontinenten. Sie umfasst also ... **Limnologie, ... Potamologie**, und die ... **Gletscherkunde**.“* Hier taucht bereits das Wort „Limnologie“ im deutschen Text auf. Bevor wir uns der Bedeutung des österreichischen Naturforschers Simony zuwenden, sei noch auf Zitate aus Ule (1899) verwiesen: *„Bis vor etwas mehr als einem Jahrzehnt waren die Arbeiten von Simony und Forel fast die Einzigen, welche als wirklich limnologisch bezeichnet werden könnten. ... Einer besonders regen Pflege hat sich die Seenkunde in Österreich-Ungarn ... zu erfreuen gehabt. Sie ist begründet* *durch Friedrich Simony ... Er hat selbst einen großen Teil der österreichischen Alpenseen erforscht.“*

Im Allgemeinen wird François Alphonse Forel (1841–1912) zu Recht als Begründer der Limnologie angesehen. Der Zeitpunkt der Einführung des Begriffes lässt sich in etwa mit dem Jahr 1886 eingrenzen, in dem Forel in einem Forschungsprojekt erstmals das Wort *limnologiques* verwendete (Forel 1886). Später schreibt Forel in seinem „Handbuch der Seenkunde“ (Forel 1901) in einer Fußnote auf Seite 10: *„Ich hätte eigentlich den Ausdruck* LIMNOGRAPHIE *dem ... Wort* LIMNOLOGIE *vorgezogen. Allein das Wort ist schon vergeben: Man bezeichnet ... mit Limnographie die Lehre von den Wasserstandsänderungen der Seen.“* Der Ausdruck Limnographie war von Forel als Parallele zu „Ozeanographie“ und nur für Seenkunde gedacht, da er die Limnologie mit Ozeanographie parallelisiert und das fließende Wasser der „Rheologie“ überlässt. Für ihn ist *„Die Limnologie ... also ein Zweig der Hydrographie, die ihrerseits einen Zweig der Geographie bildet“* (Forel 1901, S. 10). Das Handbuch Forels kann als erstes Lehrbuch der „Allgemeinen Limnologie“ gelten.

Aus österreichischer Sicht muss daher der Geograph und Naturforscher Friedrich Simony (1813–1896) als ein wichtiger Wegbereiter gewässerbezogener Untersuchungen gewürdigt werden (Box 3.11) sowie seine wichtigen Zeitgenossen und Wegbegleiter, wie Albrecht Penck, Johann Müllner, Eduard Richter und Eberhard Fugger.

Simony, Friedrich (1813–1896) Univ.-Prof. Dr., Geograph und Alpenforscher

Hrochowteinitz (Hrochuv Týnec, Böhmen) 30.11.1813; † St. Gallen, Steiermark 20.7.1896.

Er absolvierte eine Apothekerlehre und übte den Beruf einige Jahre aus, 1833 Laborant in Wien, Pharmazie-Studium, Abschluss 1835. Studium der Naturwissenschaften, angeregt durch einen seiner Lehrer, den Botaniker Joseph Franz Freiherr von Jacquin (Kainrath 1996). 1851 erster o. Prof. für Erdkunde an der Uni Wien. Er ist damit Begründer der universitären Geographie in Österreich. Simony war vielseitig naturwissenschaftlich interessiert, wie sein schriftliches Oeuvre beweist. Hier sind vor allem seine umfangreichen seengeographischen und limnologischen Ergebnisse wesentlich.

Penck A (1898) Friedrich Simony. Leben und Wirken eines Alpenforschers. Geogr Abh 6:3–113 + Bildanhang. Bild: Wikipedia.

Eine der frühesten, der Limnologie zuordenbaren Arbeiten von Friedrich Simony (1843) beschreibt und analysiert eine **warme Quelle** im nördlichen Teil des Hallstätter Sees. Die Lage der Quelle war offenbar damals schon mehr als hundert Jahre bekannt (nach Schultes 1809 seit mindestens 1729). Sie war in einer Art „Heilstollen" gefasst und wurde bis in das erste Dezennium des 19. Jahrhunderts zum Baden genutzt. Durch den Straßenbau und dessen Erweiterung wurde der Stollen schließlich verschlossen, aus unbegreiflichen Gründen wie Simony ausführt; und damit geriet die Therme in Vergessenheit.

Im Oktober, November und Dezember 1842 versuchte Simony selbst die genaue Lage der warmen Quelle durch Messungen der Wassertemperatur zu finden, was ihm auch gelang. Im Dezember betrug die Temperatur der Quelle bei Nachgrabungen unter dem Wasserspiegel + 15–16 °R (Reaumur), was etwa 19 °C entspricht. Zur gleichen Zeit lag die Temperatur an der Seeoberfläche bei + 3 °R (3,75 °C). Im Jänner 1843 war der Hallstätter See teilweise zugefroren, der Wasserspiegel deutlich gefallen und die Schneehöhe betrug 8Fuss (2,7 m!). An den Stellen, an denen das wärmere Wasser aus dem Schutt trat, war kaum Schnee vorhanden. Bei einer Nachgrabung ergaben sich wiederum die o. a. + 15–16 °R, obwohl die Temperatur der Luft bei −2,5 °R (-3,1 °C) lag. Im Folgenden diskutierte Simony sodann die Lage am Hang des Ramsaugebirges, ihre Verschüttung und ihren wahren Ausfluss, wobei er zuletzt der Quelle eine Temperatur von 22–23 °R (28 °C) zuschrieb. Im zweiten Teil der Arbeit verbreiterte sich der Autor über Quellen im Allgemeinen, wobei er feststellt, *„… dass man aus den zu Tage gehenden Quellen mit ziemlicher Gewissheit die mittlere Jahrestemperatur eines benachbarten Ortes erkennen kann"*. Weitere Überlegungen zur mittleren Temperatur der Quellen und ihrer Beziehung zur Durchschnittstemperatur der Region sowie zur Höhenlage finden sich in Simony (1847a; 1849a, b). In der Veröffentlichung von 1949 geht Simony wiederum auf *„… das sogenannte warme Wasser … am Hallstätter See …"* ein. Er erwähnt weiters kurz eine *„… Therme … nächst Mitterndorf"* sowie eine warme Schwefelquelle im Weißenbachtal an der Straße zum Attersee. Danach folgt eine detaillierte Beschreibung mehrerer Quellen auf und um den Berg Sandling. Später berichtet Simony (1864a) ausführlich über Mengen und Temperaturen von Quellen im Bereich von Hallstatt (Ursprung des Wald- und des Dürrenbachs, Hirschbrunnen, Koppenbrüller Bach). Er bezeichnete das Gebiet als eines der quellreichsten an der Nordseite des Dachsteinmassivs, deren Wassermenge er im Sommer auf mindestens 79.000 m^3 schätzte (Simony 1865, 1895). Nach seinen Beobachtungen variierten die durchschnittlichen Wassertemperaturen nur von 5,5 °C im Sommer bis 7 °C im Winter vor der Schneeschmelze. Zu guter Letzt ist noch die Übersicht über Kalkalpenquellen zu erwähnen (Simony 1865). Darin fasste Simony seine Beobachtung zur Temperatur und Wassermenge von Quellen nochmals zusammen und erweiterte sie durch die Erwähnung der warmen Quellen am Alpenostrand in Baden, Vöslau und anderen Orten. In diesem Zusammenhang ging er neuerlich auf das seiner Meinung nach *„… merkwürdigste Thermalvorkommen …"*, das warme Wasser am Hallstätter See ein.

Nach längerer Unterbrechung berichtete dann Morton (1932) über das *„warme Wasser"*, welches er im Juni 1930 wieder aufgefunden hatte (Morton 1930a).

Ähnlich wie Simony hat Morton entlang der Uferlinie die Wassertemperatur an einer eisfreien Stelle gemessen, aus der am 12. Februar 1932 Dampf aufstieg. Die höchste gemessene Wassertemperatur betrug + 21,6 °C bei einer gleichzeitigen Lufttemperatur von −10,2 °C. Aus der Temperaturverteilung schloss Morton, dass der Quellbereich ungefähr 6 m Uferlinie umfasst. Eine neuerliche Messung am 15. Juni 1930 ergab + 22,1 °C, was eine nahezu konstante Temperatur nahelegte. Im Bereich des warmen Wassers befanden sich Ansammlungen der fadenbildenden Diatomee *Melosira varians* (Bestimmung durch Geitler). Eine weitere Begehung hat am 21.2.1956 stattgefunden (Hehenwarter und Morton 1956). Der See war komplett zugefroren. Die Stelle, an der das Quellwasser aus dem Uferschutt trat, wies jedoch eine Temperatur von + 21,8 °C auf und war auf einer Länge von 20 m und 2 m landeinwärts schneefrei. Über die weitere Entwicklung, Maßnahmen zur Erschließung, Temperaturmessungen etc. informierte Leutner (2017) mit zahlreichen Bildern und Erklärungen auf seiner Homepage, worin er auch im sogenannten Gottesgabbrunnen die Wassertemperatur von 24 °C angeführt hat.

3.4.1.1 Seen als Forschungsgegenstand

In der **Seenforschung** des 19. Jahrhunderts standen die Entstehung der Seen und morphometrische Fragen, also Größe, Ausformung, Tiefe (Box 3.12), aber auch die Frage des Temperaturverlaufs in der Wassersäule im Vordergrund. Die 20 Seen des Salzkammerguts lobte wegen ihrer Größe und Schönheit bereits Schultes (1809). Der Hauptmann Karl Schmutz hatte schon 1811/12 (zit. nach Weidmann 1849) im Traunsee Lotungen ausgeführt. Im Grundlsee lotete Weidmann (1834) selbst. Umfangreichere Erhebungen der Seetiefen führte Hinterhuber (1839) im Mondsee, Zellersee (auch Irrsee oder Jungfernsee genannt), im G(K) rottensee, Attersee, St. Gilgner- oder Abersee (heute Wolfgangsee) sowie im Fuschlsee aus (Hinterhuber 1869).

Morphologie und Morphometrie von Seen und Flüssen

Die Morphologie analysiert die Form der Gewässer und deren Element. Als Teil der Geomorphologie ist sie eng verbunden mit der Hydrologie und Geologie. Die Morphometrie quantifiziert die Formen und Teilelemente, wie Lage, Form, Größe und Tiefe.

Håkanson L (1981) A manual of Lake Morphometry. Springer, Berlin, 78 S.

Mangelsdorf J, Scheurmann K, Weiß FH (1990) River Morphology. Springer, Berlin, 243 S.

Viele morphometrische Angaben, wie Längen, Breiten, Flächeninhalte und Tiefen zu den Seen des Salzkammerguts finden sich bereits in Weidmann (1834; 1849, S. 26 ff.). Neben den bekannten und von Simony später untersuchten Gewässern werden aber auch die Seen des steirischen Salzkammergutes, der Kammersee („… *Felsdurchschlag im Jahre 1549, um Holz nach dem Töplitzsee zu flöſsen* …), der Toplitzsee, Altausseer See und Grundlsee besprochen. Beim Grundlsee erwähnt er die unterseeischen Quellen sowie die Schwelle für die Holzdrift. Des Weiteren werden der Albensee (Almsee) im Almtal, der Laudachsee, die Gosau- und Langbathseen im Traungebiet, die Gebirgsseen um den Schafberg (Schwarzsee, Münchsee, Mittersee, Haleswiessee) sowie Kleinseen wie der Offensee beziehungsweise der Nussensee besprochen. Der Mond- und der Zellersee (Irrsee) wird bei Weidmann aufgeführt, aber ausdrücklich nicht zum Salzkammergut gerechnet. *„Dieser See [Zellersee], so wie der Mondsee, gehören zwar nicht zum Salzkammergute …“.* Weidmann (1834) erwähnt auch Hochgebirgsseen wie den Oberen und Unteren Giglachsee, den Schwarzensee in den Schladminger Tauern sowie den Vorderen Lahngangsee und den Wildensee im Toten Gebirge. Bei letzterem erwähnt er als Bewohner den Alpensaibling, auch Schwarzreiter genannt. Von den zahlreichen Seen im Sölktal erwähnt er den Hohen See wegen seiner großen Forellen, die bei Nacht gefangen werden, sowie die noch höher gelegenen Gruber Seen, welche köstliche Saiblinge hegten. Die Angaben Weidmanns sowie die umgerechneten Werte sind in Tab. 3.2 zusammengestellt. Sie weichen erstaunlich wenig von den heutigen Angaben ab (BAW 2010).

Im Führer von Konschegg (1883) wurde der Grundlsee mit 423 Hektar und 67 m Tiefe angegeben, was nur wenig von den tatsächlichen Daten abweicht (4,1 km^2 und 64 m). Wie alle Seen hatte auch der Grundlsee eine Seeklause zum Schwallen. Er wurde als *„… ungemein reich an Forellen und … Saiblingen“* beschrieben. Jährlich durften 3000 Stück Saiblinge (!) und 280 kg Forellen gefangen werden. Es mussten aber 30.000 Stück junge Saiblinge jedes Jahr eingesetzt werde. Erwähnt wird auch der kleine Kammersee, dessen Fläche mit 3,7 ha und 6,6 m Wassertiefe angemerkt wurde (tatsächlich maximal 1,5 ha und 18 m tief), der in den Toplitzsee entwässert. Des Weiteren beschrieb Konschegg eine Wanderung zu den beiden Lahngangseen auf fast 1500 m Seehöhe, mit dem Hinweis auf zahlreiche Forellen und Saiblinge. Eine Fahrt zum düsteren Oedensee war ebenso enthalten, wie der Weg zum Sommersberger See, einem natürlichen Moorsee, der keine Fische enthält, wie Konschegg (1883) vermerkte. Den Hallstätter See behandelte der Autor ausführlicher, wobei die Fischerei auf Rheinanken, Forellen und Aalrutten als ergiebig hervorgehoben wurde. Unter anderem empfahl er den Besuch des Hirschbrunnens, eines Trichters, dessen Wasserspiegel normalerweise 1 m unterhalb des Randes steht, nach heftigen Regengüssen jedoch überfließt. Teilweise richtige Angaben zu Größe, Tiefe und sogar der Temperatur der Seen finden sich später in Edlbacher (1888, S. 448 ff.) ohne einen Hinweis auf die systematische Bearbeitung der Salzkammergutseen durch Simony.

In größerem Umfang und systematisch vorgegangen ist aber zum ersten Mal Friedrich Simony. Seine Tätigkeit als Seenforscher begann er 1844/45 mit Lotungen im Hallstätter See (Simony 1847b). Die Ergebnisse veranschaulichte er in der ältesten von ihm angefertigten Karte (Abb. 3.12).

Zu dieser Karte machte er Größen- und Längenangaben, wobei er darauf verwies, dass er weitere Messungen an anderen Seen plane. Die umfangreichen Erhebungen der Größe, Tiefe und Temperatur in den folgenden Jahren sind für zahl-

Tab. 3.2 Morphometrische Angaben für Seen, zusammengestellt aus Weidmann (1834, 1840, 1849). WKlf - Wiener Klafter = 1,8965 Meter; ÖJoch - Österreichisches Joch = 0,005755 km²

See	Länge (WKlf/km)	Breite (WKlf/km)	Fläche (ÖJoch/km^2)	Tiefe (WKlf/m)
Traunsee	6391/**12,12**	1600/**3,03**	4281/**24,6**	99 Fuß/**189**
Hallstättersee	4370/**8,29**	1130/**2.14**	1509/**8.68**	66/**125,1**
Attersee	10.640/**20,17**	1760/**3,34**	8161/**46,96**	90/**170.6**
Wolfgangsee	5440/**10,31**	1050/**1,99**	2344/**13,49**	60/**113,8**
Mondsee	5800/**11,00**	1200/**2,28**	2502/**14,39**	35/**66,4**
Zellersee (Irrsee)	2470/**4,68**	510/**0,97**	600/**3.45**	19/**36,0**
Grundlsee	2866/**5,43**	622/**1,18**	718/**4,13**	
Toplitzsee	902/**1,71**	718/**1,36**	96/**0,55**	
Kammersee	54/**0,10**	51/**0,09**	1/**0,006**	
Altausseer See	1500/**2,84**	550/**1,04**	372/**2,14**	
Albensee (Almsee)	800/**1,52**	300/**0,57**	128/**0,74**	
Laudachsee	230/**0,44**	185/**0,35**	20 ¾/**0,12**	
Vorderer Gosausee	800/**1,52**	240/**0.38**	91/**0,52**	
Hinterer Gosausee	420/**0,80**	246/**0,47**	51 ¼/**0,29**	
Vorderer Langbathsee	600/**1,14**	200/**0,38**	51/**0,29**	
Hinterer Langbathsee	324/**0,64**	187/**0,35**	20/**0,12**	
Schwarzensee	780/**1,48**	235/**0,45**	83/**0,48**	
Münchsee (Münichsee)	110/**0,21**	94/**0,17**	5 ¼/**0,03**	
Mittersee	58/**0,01**	50/**0,009**	1 ¼/**0,007**	
Haleswiessee	111/**0,21**	77/**0,001**	3/**0,02**	
Offensee	450/**0,85**	118/**0,22**	103/**0,60**	
Nussensee	318/**0,60**	400/**0,76**	17/**0,10**	
Wildensee	220/**0,42**	130/**0,25**	12/**0,07**	

reiche Seen des Salzkammergutes in Simony (1850b) zusammengefasst. Von ihm stammen die ersten verlässlichen Tiefenangaben, da sie auf systematischen (50–300 Sondierungen pro See je nach Größe des Sees) und methodisch zuverlässigen Messungen beruhen. In dieser Forschungsrichtung war Simony einer der Wegbereiter. Er stellte sich die Aufgabe die „... *durchgängige Unrichtigkeit* ...“ der Tiefenangeben richtigzustellen. Seine große Genauigkeit soll hier mit seinen eigenen Worten (Simony 1850b) gewürdigt werden: „*Zu diesem Zwecke construirte* [er] *eine zerlegbare, cylindrisch geformte, 31/2 Fuss lange Winde, deren Durchmesser so gross gemacht wurde, dass jede Umwindung der zwei Linien dicken Messchnur genau 4 Fuss Länge hatte. Dadurch konnte die jedesmalige gemessene Tiefe nach der Zahl der Windungen genau bestimmt werden, ohne dass irgend welche Marken an der Schnur selbst nöthig waren. ... Dass bei dem Aufwinden*

Abb. 3.12 Tiefenkarte Hallstätter See. (Nach im Jahre 1845 ausgeführten Messungen entworfen von F. Simony. Maßstab 1 Zoll = 100 Klafter, Tiefen in Klaftern. https://phaidra.univie.ac.at/o:294156)

der Schnur die Windungen neben- und nicht übereinander zu liegen kommen müssen, bedarf wohl keiner weiteren Erwähnung." Zur Straffung benützte er Eisengewichte von 10 bzw. 20 Pfund. In großen Seen führte er 300–500 Sondierungen, in kleineren 50–200 aus. Für den Mondsee ermittelte er so 36,0 Klafter, was 68,04 m entspricht (1 Wiener Klafter = 1,89 m). Neben den Tiefenlotungen machte Simony auch Angaben über Fläche und Maße der Seen.

Als ein weiteres Beispiel wird das Original der Tiefenkarte des Mondsees aus dem Nachlass Berger (Dokulil 2023) in Abb. 3.13a wiedergegeben. Diese Version fand in farbiger Ausfertigung Eingang in den Atlas der Alpenseen (Abb. 3.13b). Später publizierte Müllner (1927) eine verbesserte Version nach Lotungen von Halbfaß (1909a) und zusätzlichen eigenen Erhebungen (Abb. 3.13c), die deutlich mehr Details erkennen ließ (Box 3.13, 3.14).

Müllner, Johann (1869–1952) Hofrat Dr., Geograph, Historiker, Gymnasiallehrer
Geboren in Wien, studierte er nach der Matura an der Universität Wien Geographie, Geschichte und Germanistik. Nach der Lehrbefähigungsprüfung wirkte er zunächst in Graz, dann in Ungarisch-Hradschin (Mähren) und schließlich vier Jahre in Wien als Gymnasiallehrer. In der Wiener Zeit betrieb er geographische und besonders seenkundliche Forschungen. Er erhielt 1905 einen Lehrauftrag als Dozent an der Universität

Wien für „Methodik und Geschichte des geographischen Unterrichtes". Durch seine Forschungen im Salzkammergut knüpfte er an Simony an, der ihm die Lotungsergebnisse der großen Seen des Salzkammergutes zur Auswertung übergab. Es folgten zahlreiche Fachpublikationen und Monographien, insbesondere Kommentare zum „Atlas der österreichischen Alpenseen" von Penck und Richter herausgegeben. Ab 1917 lebte er in Innsbruck und bekleidete die Stellung des Landesinspektors bis 1933. Müllner stand in Verbindung mit Seenforschern wie Simony, Richter, Forel, Ule, Fugger, Halbfaß u. a.

Götzinger G (1952) Zur Erinnerung an Hofrat Dr. Johann Müllner. Mitt Österr Geogr Ges 95:60–63. Bild daraus.

Die verbesserte Tiefenkarte hat offenbar bis heute keinen Eingang in aktuelles Kartenmaterial gefunden. Die wiedergegebenen Tiefenlinien entsprechen meist der Darstellung Simonys. So etwa die Karte in https://data.bev.gv.at/geonetwork/srv/ger/catalog.search#/map Siehe ->Karte ->Ort suchen = Mondsee, dann Zoom mit +

Richter, Eduard (1847–1905) Dr. Geograph, Gletscherforscher und Alpinist

Mannersdorf am Leithagebirge 3.10.1847; † Graz 6.2.1905.

1866 zunächst Studium der Germanistik an der Uni Wien, ab 1867 Geschichts- und Geologiestudium, 1869 Aufnahme in das k. k. Institut für österreichische Geschichtsforschung, als ordentliches Mitglied bis 1871. Danach bis 1886 Gymnasialprofessor in Salzburg. 1885 Dr. phil. (nachgeholt), 1886 o. Prof. für Geographie Uni Graz und Mitglied der Leopoldina. Richter widmete sich vor allem der Geomorphologie des Hochgebirges und der Seenkunde sowie der Gletscherforschung (Glaziologie).

ϒEduard Richter. Mitt Dt österr Alpenver 3:29–31. Bild daraus

Groß (1834) berichtet in seinem Handbuch, *„dass der Gmundner oder Traunsee nach der Meinung des gemeinen Mannes so tief sei als der Traunstein hoch ist. Heise und Gilge setzten die tiefste Tiefe auf 166 Klafter (=314,8 m), Schmutz (1812) stellte hingegen fest, dass er zwischen Traunkirchen und Korbach am tiefs-*

a

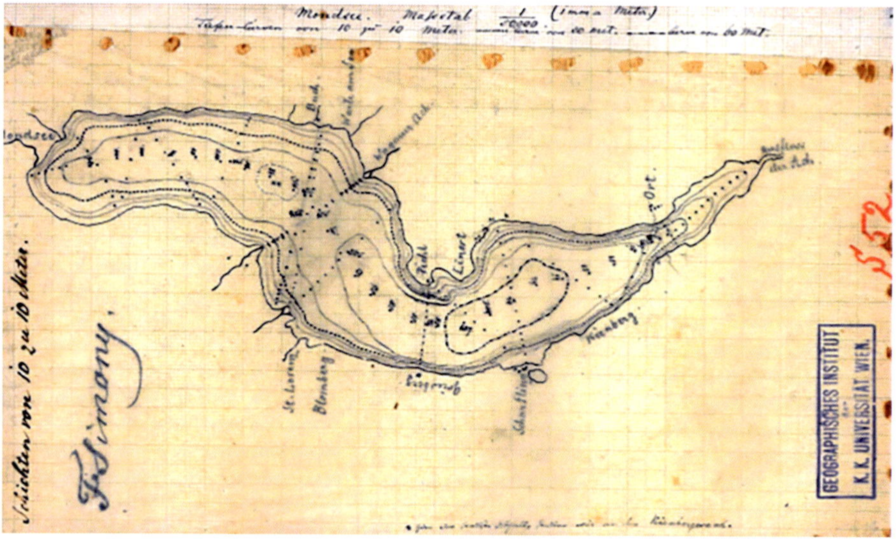

b

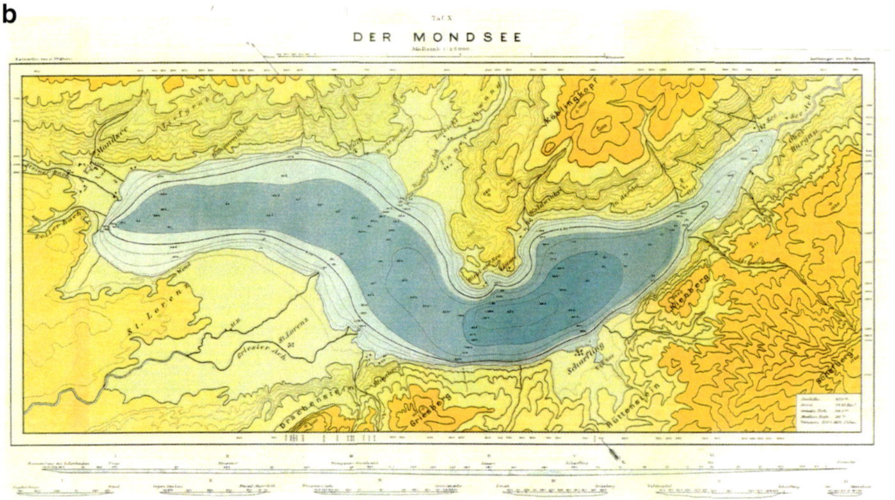

Abb. 3.13 **a** Mondsee Originalzeichnung mit den Ergebnissen der Tiefenlotungen. Originalzeichnung aus dem Nachlass von Dr. Berger, Lunz/See. Elektronisch nachbearbeitet. **b** Tiefenkarte des Mondsees aus dem Seenatlas von Penck und Richter (1895/1896). **c** Verbesserte Karte des Mondsees nach Lotungen von Halbfaß (1909a) und Müllner 1926. (Aus Müllner (1927))

c

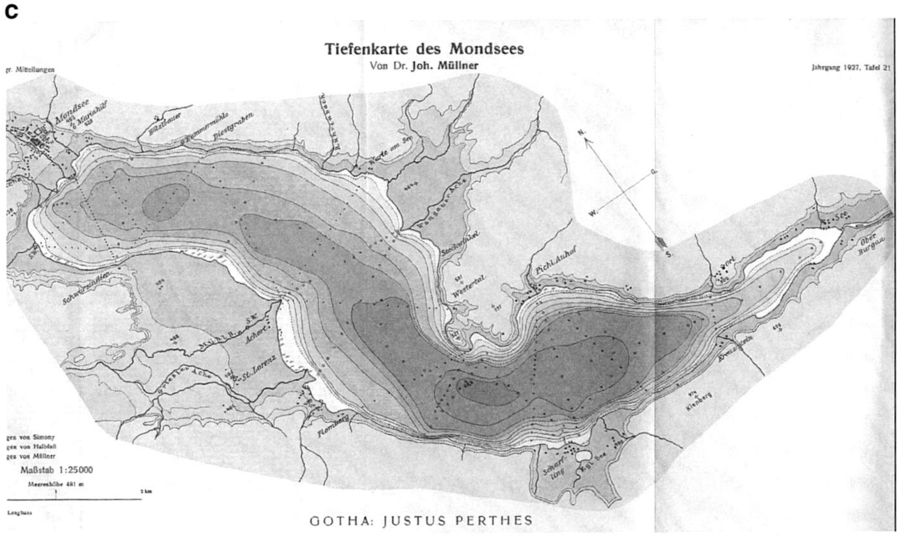

(**Abb. 3.13** Fortsetzung)

ten und dort nur 96 Klafter (182,3 m) tief sei". Simony ermittelte bei seinen Lotungen 190,1 m. Nach der damals allgemeinen Meinung fror der Traunsee um 1900 nur etwa alle 50 Jahre gänzlich zu. Allerdings vermerkte Koch (1895): *„im Verlaufe der letzten 400 Jahre ist der Traunsee … nur sechsmal vollständig zugefroren. Es geschah dies in den Jahren 1477, 1624, 1693, 1740, 1830 und 1880. Am 5. Februar 1830 und am 6. Februar 1880 konnte der See zwischen Gmunden und Ebensee zu Fuss überschritten werden."* Für die winterlichen Verhältnisse und das Zufrieren führte Koch (1895) die Erhebungen der Wintertemperaturen im Traunsee durch Zehden (1895) an. Nach seinen Beobachtungen war die gesamte Wassersäule des Sees am 9. Jänner auf +4 °C abgekühlt. Am 20. Februar betrug die Temperatur an der Oberfläche 1,2 °C und sank bis zum 4. März auf 0,3 °C ab. Gleichzeitig vergrößerte sich die Tiefe der auf 1,2 °C abgekühlten Wasserschicht von 22 m auf 35 m. Das erwartete Zufrieren wurde allerdings durch einen Sturm am Nachmittag des 3. März vereitelt. Am 12. März berichtet Zehden von weiterer Abkühlung (1,2 °C nun in 40 m Tiefe) und schreibt: „*… ist heute der See auch über seiner größten Tiefe … zugefroren und ist … von stürmischen Winden … eine Zertrümmerung der Eisdecke nicht mehr zu erwarten"* (Zehden 1892).

Über das Zufrieren des Achensees erwähnte Simony Ähnliches (1864a, 1879). Nach einer Angabe sollte er 2400 Fuß (758,4 m) tief sein. Eine andere Quelle kam mit 584 Fuß (184,5 m) den von Simony gemessenen 418 Fuß (163,6 m) weitaus am nächsten. Heute wird die maximale Tiefe offiziell mit 133 m angegeben (BAW 2010). Solche übertriebenen Angaben berichtete Simony auch für mehrere Seen im Salzkammergut, wie dem Attersee, Hallstätter See und Wolfgangsee, aber auch für bayerische und oberitalienische Seen. Daran anschließend diskutierte Simony die Beziehung von Tiefe zu Größe von Seen an Beispielen aus Deutschland, der Schweiz und Österreich. Er erwähnt darin, dass etwa der Attersee 13-mal kleiner ist als der Genfer See, aber dennoch dessen halbe Tiefe (171 m) erreicht. Hingegen ist der Gmundner See (heute Traunsee) nur etwa halb so groß wie der Attersee, dennoch übertrifft er ihn an Tiefe mit 191 m um 20 m. Seen in Spaltentälern nennt Simony *„Clusenseen"* und nennt als Typus den Toplitzsee, der bei nur 0,48 km^2 Fläche mit 105,6 m dem Achensee nur wenig nachsteht (heute 103,0 m laut BAW 2010). Die Tiefenverhältnisse und Beckengestaltungen der Seen im Traungebiet besprach Simony (1882) nochmals überblicksartig. Dabei ging es ihm vor allem um die Unterschiede und Ähnlichkeiten der seitlichen Beckenwandungen, welche er mit meist 30–35°/25–45°) einstufte. Dagegen stellte er die Einförmigkeit und Ebnung des Beckengrundes fest.

Simony hatte auch Beziehungen nach Kärnten, wo er ab 1848 erster Kustos des Naturhistorischen Museums in Klagenfurt war (Klemun 1992). Während eines Aufenthaltes in Kärnten lotete er den Wörthersee (Simony 1850a), was seine einzige Arbeit Kärnten betreffend bleiben sollte. Neben seiner durch Lotungen von Richter (1891) ergänzten Tiefenkarte ist zum Vergleich eine Neuvermessung (Schulz und Schulz 1976) in Abb. 3.14a, b abgedruckt (Box 3.17).

Die Neuauslotung hatte sich aus aufgefundenen Unstimmigkeiten ergeben, welche auch im Vergleich der beiden Karten zu erkennen sind. Dieses Beispiel möge auch verdeutlichen, dass morphometrische Fragen bis weit ins 20. Jahrhundert hinein Bedeutung hatten und eigentlich durch die Dynamik der Seeentwicklung nie ganz abgeschlossen sein können.

Angaben und Interpretation des Verhältnisses der größten Tiefe zur mittleren Breite von Seen waren damals en vogue, weil man allgemeine Prinzipien daraus ableiten wollte, um Seetypen zu definieren. Die meisten Seen wiesen Verhältnisse um 1:10 auf. Kleinere, aber tiefe Seen wie z. B. der Toplitz See, liegen im Bereich von 1:2,4 bis 1:6,5. Die Verhältnisse flacherer Seen wie etwa des Mondsees und des Zeller Sees liegen hingegen bei nahe 1:20.

TEMPERATUR (Box 3.15)

Über die Temperatur der Seen machte Simony nach eigenen Angaben *„die umfassendsten und genauesten Untersuchungen"* (Simony 1850b). Erwähnenswert ist die hohe Präzision mit der Simony an die Messungen herangegangen war, wie nachfolgendes Zitat samt Abb. 3.15 beweisen möge:

„Ein Minimum-Thermometer von Kapeller, in einer metallenen, auf einer Seite der Skala offenen Kapsel gegen jede mögliche Beschädigung geschützt, that dabei die trefflichsten Dienste. Um das Instrument in horizontaler Lage einsenken und

a

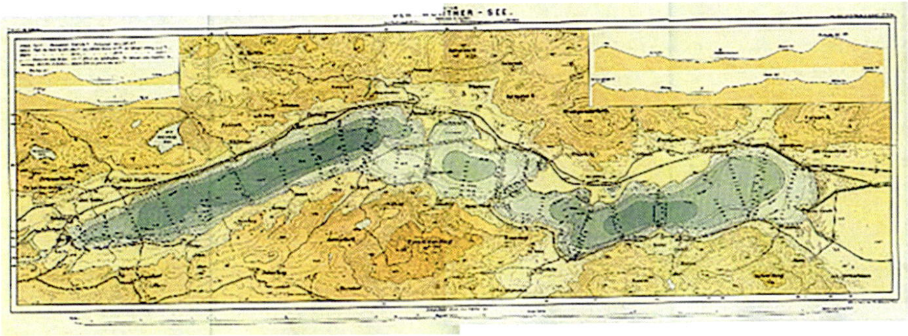

b

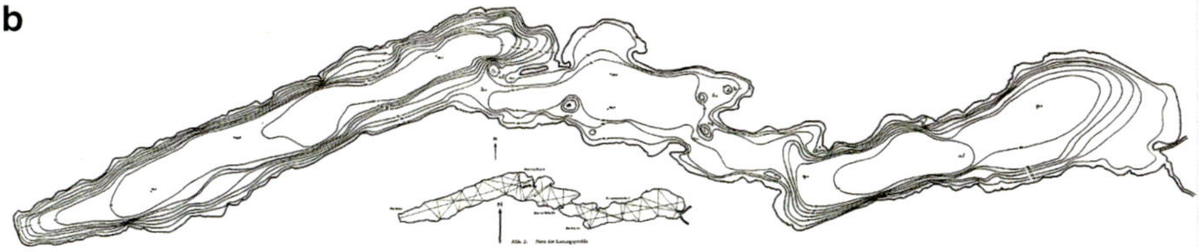

Abb. 3.14 **a** Der Wörthersee. Aus dem Atlas der Alpenseen 1896. (Nach Simony (1850a, b), ergänzt durch Lotungen von Richter (1897). **b** Der Wörthersee nach der Neuauslotung 1975 (Schulz und Schulz 1976))

Abb. 3.15 Thermometer in waagrechter Absenkhaltung. Original aus Simony (1850a, b)

aufwinden zu können und jede Schwankung dabei zu vermeiden, wurde es bei den Messungen mit einem Eisen-Gewicht von 5–10 Pfund in der hier angezeigten Weise verbunden. Zahlreiche, in verschiedensten Tiefen gemachte Vorversuche bewährten die vollkommene Verlässlichkeit des Instrumentes. Auf einem und dem-

selben Puncte in gleichen Tiefen wiederholt gemessen ergaben sich höchstens Differenzen von 0,05 Grad. Acht Minuten reichten aus, um das Instrument vollkommen in die Temperatur der zu untersuchenden Wasserschichte zu versetzen.“

Temperatur

Schon vor Simony erfolgten Messungen der Temperatur in Gewässern. Erste *Temperaturmessungen* im Tiefenwasser Schweizer Seen unternahm der Naturforscher Horace Bénédict Saussure, der in seinen „Voyages dans les Alps“ 1780 darüber berichtete. Die Erwärmung des Thermometers beim Heraufziehen auszuschließen, war durch eine dicke Ummantelung mit Holz gelöst, was allerdings lange Expositionszeiten in der Tiefe erforderlich machte. Das überraschende Resultat war, dass die tiefen Wasserschichten auch im Sommer nur 4–5 °C aufwiesen. Saussure (1798) maß die Temperatur auch im Fluss l’Arve, der bei Genf linksseitig in die Rhone mündet. Er stellte in diesem Fließgewässer Schwankungen von morgens 9 °C bis mittags 14 °C fest.

Den eigentlichen *Temperaturverlauf* mit der Tiefe in Seen erkundete der Geologe De la Beche bereits zwischen 1819 und 1821 ebenfalls in Schweizer Seen. Er verwendete dafür ein selbstregistrierendes Thermometer. In seiner Arbeit 1820 findet sich eine Karte mit Tiefenlotungen im Genfer See. Später untersuchte er wie auch Saussure andere Schweizer Seen.

Beche HT De la (1820) On the depth and temperature of the Lake of Geneva. Edinb Phil J 2:106–110.

Beche HT De la (1821) Temperature de quelques lacs de la Suisse. Ann chim Par XIX:77–83.

Saussure HB de (1780) Voyages dans les Alpes, précédés d’un ’essai sur l’histoire naturelle des environs de Geneve. Tome premier. S Fauche, Neuchatel, 367 S.

Saussure HB de (1798) Sur les variations de hauteur et de temperature de l ’Arve. J phys Par XLVII:50–55.

Mit dieser Messanordnung ermittelte Simony Tiefenprofile der Wassertemperatur in zehn Seen des Salzkammergutes. Aus Vergleichsgründen erfolgten die Messungen im Spätsommer 1848 in einem kurzen Zeitabstand zwischen 20. August und 6. September. Die Temperaturen sind im Original in Grad Reaumur, die Tiefen in Wiener Fuß angegeben (Abb. 3.16). Die Oberflächentemperaturen lagen zwischen 15 °C im Hallstätter See und 19,5 °C im Mondsee. In manchen Seen, wie z. B. dem Altausseer See, fiel die Temperatur mehr oder weniger kontinuierlich zur Tiefe hin ab, im Hallstätter See besonders rasch. In einigen anderen bildete sich eine warme Oberflächenschicht (Epilimnion) und eine thermische Sprungschicht (Metalimnion) aus, in der die Temperatur rasch abnahm, so etwa im Mondsee, Wolfgangsee und Attersee. Im Traunsee waren mehrere Schichten zu beobachten, die wohl durch wärmere und kühlere Wetterereignisse verursacht worden waren.

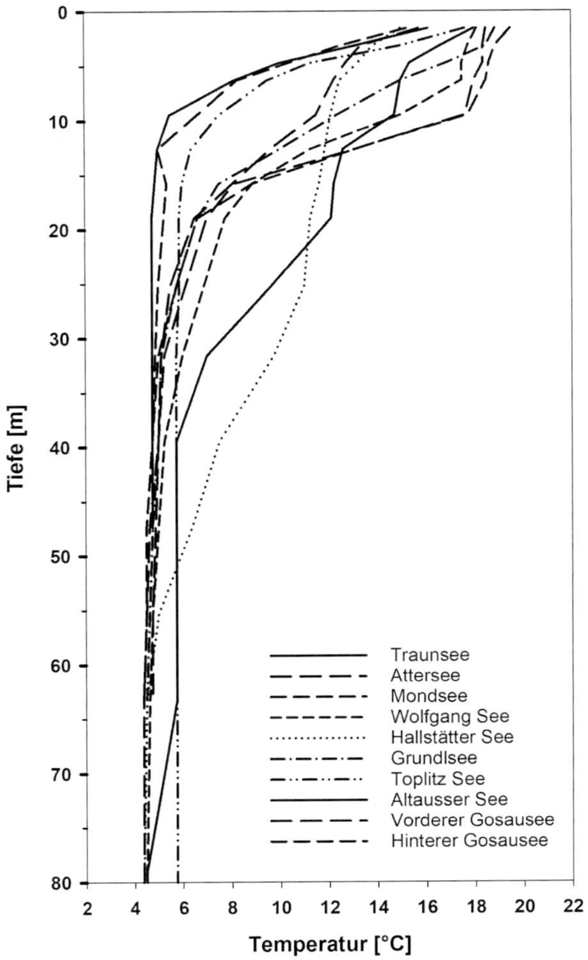

Abb. 3.16 Temperaturlotungen 1848 in den in der Legende angegebenen Salzkammergutseen (Tiefen nur bis 80 m berücksichtigt). Werte aus Tabelle zwischen Seite 557 und 558 in Simony (1850b). Werte der Tiefe umgerechnet aus Wiener Fuß in Meter und der Temperatur aus Réaumur in Celsius

Die Temperatur der Tiefenschicht (Hypolimnion) änderte sich wenig und fällt mit dem Dichtemaximum des Wassers zusammen (Schlagintweit 1867). Fallweise wurden aber auch Temperaturen unter und über 4 °C registriert, was Simony (1870, 1875) zum einen auf Wärmeabgabe, zum anderen auf Wärmeeintrag etwa durch Zufluss oder den Druck in den tiefen Wasserschichten zurückführte.

Nach Aufsess (1905) ist *„die Temperatur in der Tiefe nicht so konstant, wie bisher angenommen … Temperaturänderungen in der Nähe des Grundes rühren … von Quellen her“*, wie er meinte. Temperaturen über 4 °C in tiefen Wasserschichten ließen sich nach Hamberg (1911) durch Änderungen der Dichte als

Abb. 3.17 Saisonale Temperaturprofile des Hallstätter Sees zu Terminen aus dem Jahr 1849. Daten aus Simony (1850a, b, Tabelle auf S. 560)

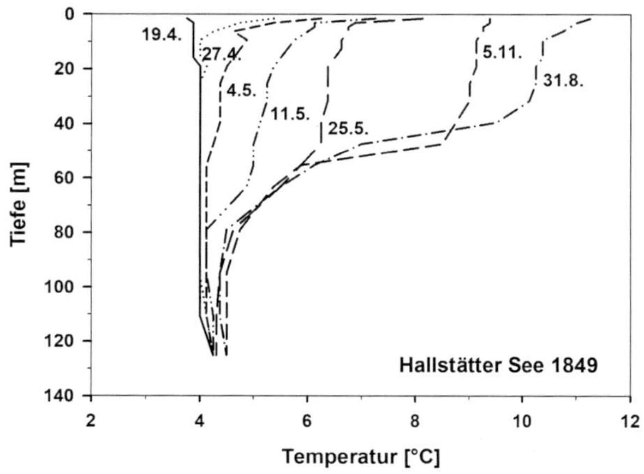

Folge von Salzgehalt und Druck erklären. Noch 1946 war das Thema der erhöhten Temperatur über Grund in tiefen Seen Müllner (1946) eine ausführliche Darstellung wert.

Den Jahresverlauf der Temperatur verfolgte Simony (1850b) in Profilen des Hallstätter Sees (Abb. 3.17). Diese Abbildung beweist, dass Simony fast alle für Seen typischen Profile erfasst hatte. Nur die heutige Nomenklatur war noch nicht entwickelt.

Aus den Temperaturprofilen mehrerer Seen folgerte Simony, dass die tiefste Temperatur in der Tiefe der Seen in der Nähe des Dichtemaximums liegen dürfte (Simony 1850a, 1870, 1875). Die unterschiedlichen Profile der Temperatur in den untersuchten Seen führte er auf die Durchströmung zurück; auch erkannte er die Frühjahrsdurchmischung an der einheitlichen Temperatur in der gesamten Wassersäule. Die geringere Neigung großer, tiefer Seen im Winter selten bis gar nicht zuzufrieren, begründete er mit dem größeren Wasservolumen. Bezüglich der Organismen im See führte Simony aus, dass Wasserpflanzen und Algen nur in den obersten Schichten bis etwa 10 m anzutreffen seien. Ähnliches führt er für Mollusken und Fische aus, wobei er im Wesentlichen die Temperatur als begrenzend ansah. Befremdlich mutet die ausführliche Darstellung niedersinkender menschlicher Leichname an, welche mehr als 2 Seiten einnimmt (Simony 1850b S. 565 f.). In dieser Arbeit bezeichnet Simony die größeren Tiefen der Seen als „*… ganz leblose Wasserwüsten …*“, revidiert aber seine Meinung, als er im Sediment des Hallstätter Sees Larven entdeckte, die einer *Chironomus*-Art (det. Schiner 1869) zuzuordnen waren (Simony 1869).

Die Untersuchungen Simonys über die Temperaturverhältnisse der Seen des Salzkammergutes aus verschiedenen Abhandlungen fasste Müllner (1895) übersichtlich in Tabellen zusammen und erläuterte die Ergebnisse : Sämtliche 21 untersuchte Seen lassen sich als „gemäßigte Seen“ charakterisieren. Die Tiefe eines Sees hat einen erheblichen Einfluss auf seine Temperaturverhältnisse. In tiefen

Seen kommt es im Sommer zu einer thermischen Schichtung des Wasserkörpers, im Winter kehrt sich bei Eisbildung die Schichtung um (inverse Stratifikation). Tiefe Seen weisen eine geringere mittlere Jahrestemperatur auf. In sehr tiefen Seen kann der Wasserdruck das Dichtemaximum beeinflussen und damit die Temperatur. Tiefe Seen frieren seltener und später zu als flache Gewässer.

Müllner stellte auch die Vereisungsdaten der Seen zusammen. Die längste Dauer der Eisbedeckung war 6 Monate im Schwarzensee, Wildensee und Augstsee, die kürzeste dauerte 2,5 Monate im Altausseer See, Toplitzsee und Gmundner See (Traunsee). Zudem berichtete Müllner über eigene Temperaturmessungen aus dem Vorderen Lahngangsee, einem kleinen Bergsee im Toten Gebirge auf 1494 m Seehöhe. Wie er dazu anmerkt, war der See im Jahr 1892 bis 8. Juli eisbedeckt und konnte sich danach wegen der nasskalten Witterung nur zögerlich erwärmen. Eine Darstellung des Vereisungsverlaufes, der Bedeutung der geographischen Lage sowie eine umfangreiche Dokumentation der Vereisungsdaten der österreichischen Alpenseen für die Winter 1895/96 bis 1900/01 legte Müllner (1903b) vor. Darin geht er auf Beginn und Ende der Vereisung, Verlauf und Dicke des Eises in zahlreichen Seen ein. Die Arbeit fand ihre Fortsetzung in einer Darstellung und Auflistung der Vereisungsdaten für die Seen der Ostalpen unter Verwendung eigener Daten und solcher anderer Autoren (Müllner 1924). Die Eisdaten mancher Seen sind fortlaufend vorhanden, wie die des Fuschlsees von 1900/01 bis 1917/18, andere hingegen nur bruchstückhaft wie z. B. die des Mondsees. Trotz des lückenhaften Beobachtungsmaterials zog Müllner zwei wichtige Schlüsse. Zum einen fand er seine Ansicht bestätigt, dass jeder See ein Individuum sei, zum anderen habe die Art und Dauer der Vereisung Beweiskraft für Änderungen des Klimas. Zwei Jahre später befasste Müllner sich nochmals mit dem Problem des Beginns der Vereisung (Müllner 1926). Auch hier kam er zu dem Schluss, dass neben der Fehlerhaftigkeit der Beobachtungen die Individualität der Seen zur Variabilität des Vereisungsbeginns beiträgt. Zudem verwies er auf die Ergebnisse an Kärntner Seen, lehnte aber die Folgerung Haßlers ab, dass die Stärke der Durchflutung eine wesentliche Rolle spiele (Haßler 1921).

THERMISCHE ENTWICKLUNG

Die Änderungen der Temperaturverhältnisse verschiedener Wassertiefen ergeben Veränderungen je nach Jahreszeit, wie in den Abb. 3.16 und 3.17 ersichtlich gemacht wurde. Aus diesen Veränderungen lässt sich der Wärmeinhalt und damit auch der Wärmeumsatz ermitteln. In seiner Thermik der Alpenseen erwähnt Brückner (1909) die großen Unterschiede zwischen den Sommer- und Wintertemperaturen. Dabei spielen neben der Seehöhe, der Größe und der Tiefe auch lokale Gegebenheiten, wie Beschattung oder Durchfluss eine bestimmende Rolle. Brückner zieht aus seiner Analyse großer Seen den Schluss, es gäbe in den Alpen zwei Typen von Seen, unabhängig von klimatisch verschiedenen Regionen der Alpen. Einen Typ mit kühlen Sommer- und hohen Wintertemperaturen an der Oberfläche, also geringen Jahresunterschieden (11,3 bis 15,4 °C), wie unter anderem z. B. der Hallstätter See. Der andere Typ ist der mit hohen Sommer- und tiefen Wintertemperaturen, somit großer Schwankungsbreite (17,8 bis 21,4 °C), wie der Zellersee, Wörthersee, Millstätter See und andere. Als eine wesentliche Komponente für den Wärmeinhalt arbeitete er die Durchflussverhältnisse heraus (Brückner 1909, Tabelle II, S. 314) und widersprach damit Halbfaß (1905), der auf der Grundlage umfangreicher Messungen in zahlreichen Seen meinte, die Theorie Forels zur Zunahme des Wärmeinhalts mit zunehmender geographischer Breite widerlegen zu können.

Eine gute Übersicht über die einzelnen Komponenten, welche die Thermik in Seen beeinflussen, bot Groll (1903) in der Monographie über den Öschinensee in der Schweiz. Als wichtig führte er an: die Wärmeein- und -ausstrahlung, die Wärmeleitung, Wärmemischung durch Konvektion, Dichteunterschiede, Temperaturschichtungen und Störungen (Wind). Eine weitere Darstellung der damaligen Kenntnisse der Thermik und der Eisverhältnisse von Seen findet sich in Schnabl (1911), ergänzt durch eigene Beobachtungen am Millstätter See im September 1909/10. Dementsprechend verglich er in einer Tabelle Septemberprofile von 23 Seen nach Literaturangaben. Wichtiger war aber seine Beobachtung zur Windwirkung im Tagesgang. Der zunehmenden Erwärmung in den Oberflächenschichten vom Morgen bis etwa 3 Uhr nachmittags folgte eine Abkühlungsphase durch den aufkommenden Wind.

Es soll nicht unerwähnt bleiben, dass Simony neben den Gewässertemperaturen auch die Lufttemperaturen der Stadt Wien für die Jahre 1775–1882 aus Daten der ZAMG (Julius Hann 1876) ausgewertet hat (Simony 1883). In diesem Zeitraum variierte die Jahresmitteltemperatur von 6,8 bis 11,2 °C und nahm dabei pro Dekade um 0,03 °C ab.

SEICHES

Periodische Schwankungen der Temperatur bzw. des Wasserstandes im See werden „Seiches“ genannt. Bereits 1899 konnten mit einem registrierenden Pegel am Traunsee erstmals im Salzkammergut über eine längere Zeit (10. Oktober bis 25. November) Schwankungen von bis zu 10 cm nachgewiesen werden (Richter 1899). Aus den fünf Schwankungen pro Stunde errechnete sich die Periode einer Seiche zu 6,53 min. Ein Jahr später führten Messungen täglicher Temperaturschwankungen im Wolfgangsee und später folgende Registrierungen zum Nachweis von Seiches auch in diesem See (Exner 1900, 1908a, b). In den benachbarten bayerischen Voralpen lagen Messungen aus dem Starnberger See vor (Ebert 1905). Seine 19,6 km lange schmal gestreckte Beckenform war dafür bestens geeignet. Die gemessene Dauer der Seiche von 25 min stimmte nahezu perfekt mit der aus einer Formel voraus berechneten von 24 min überein. Fortlaufende Messungen über zwei Monate ergaben einknotige, uninodale Perioden von 24,76 bis 25,87 min und mittlere Spiegelschwankungen von 5 bis 22 mm. Die Aufzeichnungen ließen weiters eine zweiknotige, binodale Oberschwingung von im Mittel 15,78 min erkennen. Es konnte nachgewiesen werden, dass starke Änderungen des Luftdrucks zu verstärkten Schwingungen führen.

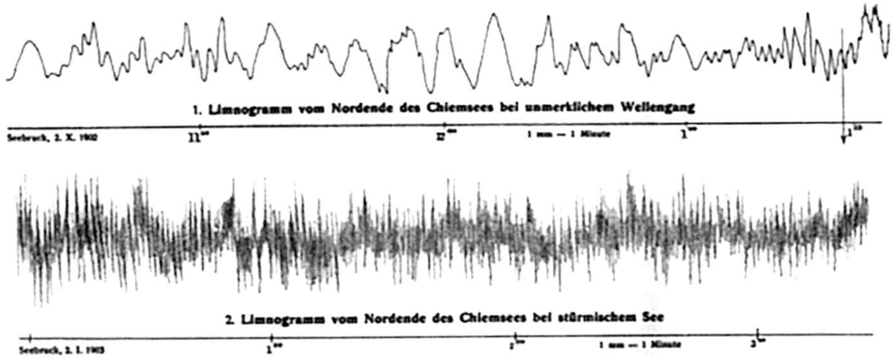

Abb. 3.18 Vibrations-Limnogramme aus dem Chiemsee (Endrös 1912)

Umfangreiche Beobachtungen zu den Seiches in den größeren Seen des Salzkammergutes führte Endrös (1906) mit einem Limnimeter durch, welches in Endrös (1904) beschrieben wurde. Abb. 3.18 zeigt als Beispiel zwei Limmnogramme vom Chiemsee aus Endrös (1912). Beobachtungen im Mondsee über zwei Tage ergaben: *„Die uninodale Längsschwingung … hat eine Dauer von 15,4 min. Der Knoten der Schwingung befindet sich etwas nördlich des Ufervorsprunges bei Bichl. … die Seiche von 3,3 min … halte ich für eine Querschwingung …“* Ähnliche Resultate, aber mit anderer Schwingungsdauer, zeigten sich in den in Tab. 3.3 zusammengefassten Seen.

Für derartige Messungen ist ein einigermaßen gleichmäßiges Wetter vonnöten. Eine weitere Messkampagne zwischen dem 9. und 18. Juli 1909 (Halbfaß 1909b) war von wechselnden Verhältnissen (Ruhe, Wind, Regen) geprägt. Immerhin legten die negativen Ergebnisse nahe, dass sich *„Temperaturseiche … nicht zeigen, wenn die Witterung einen veränderlichen Charakter zeigt“*. Eine Zusammenstellung von gemessenen Seichesperioden zahlreicher Seen sowie eine

Tab. 3.3 Originaltabelle aus Endrös (1906, S. 256). T_1 = uninodal, T_2 = binodal. T_3 = trinodal

Tabelle der beobachteten und berechneten Seiches-Periodendauern der größeren Seen des Salzkammergutes.

See	l in km	h in m	T_1 in Min.	T_2 in Min.	T_3 in Min.	d T in %	T_2 in %
Altausseer See	2,80	52,8	5,0	(3,0)	—	(+53)	(60)
Mondsee	11,0	68	15,4	9,6	7,5	+30	62
Grundlsee	5,925	64	9,5	—	—	+26	—
Zellersee	4,74	32	11,2	6,5	—	+23	58
Attersee	20,675	171	22,4	11,80	7,4	+3	53
Hallstätter See	8,825	125	16,4	6,4	—	−12	39
St. Wolfgangsee	11,225	114	32,0	6,24	—	−44	19

Beschreibung der Theorie präsentierte Endrös (1908) in einer Gegenüberstellung und Bewertung. Die etwas längere Seichesperiode die Halbfaß feststellte, wurde von Endrös (1911) kritisch diskutiert. Seiches spielen heute höchstens noch in der Limnophysik eine Rolle. Tatsächlich sollten sie aber bei den derzeit aktuellen hochfrequenten Messungen automatischer Messprofile fallweise berücksichtigt werden, um Interpretationsfehler auszuschließen.

UNTERWASSER-STRAHLUNG (LICHT)

Untersuchungen zur Farbe der Gewässer und zu den Lichtverhältnissen unter Wasser begannen zunächst im Meer (Zusammenfassung bei Krümmel 1889). Dabei versenkte man unter anderem verschiedene farbige Objekte, meist Scheiben, die schon bald als Secchi-Scheiben nach ihrem Erfinder, dem Jesuitenpater Angelo Secchi, bezeichnet wurden. Das Mittel aus den Tiefen, in welchen die Scheiben beim Versenken gerade verschwinden und beim Heraufholen eben wieder sichtbar werden, hat man später als „Sichttiefe" bezeichnet. Diese Methode ist heute noch in Gebrauch, ermöglicht meist gute Abschätzungen der durchlichteten (euphotischen Zone) und kann auch von Amateuren angewandt werden.

Erste Versuche zur Durchsichtigkeit (horizontale Transparenz) erfolgten mit versenkten Leuchtkörpern im Genfer See (1864c). Diffuses Licht war doppelt so weit erkennbar wie direktes. Zum Beispiel 46,8 m zu 23,60 m. Den überraschenden Effekt konnte man nur mit der Abschirmung des direkten Lichtes an den im Wasser vorhandenen Partikeln erklären, was versucht wurde, im Labor zu beweisen.

Der österreichische Botaniker Ludwig Linsbauer veröffentlichte einen „Vorschlag zur Verbesserung der Bestimmung der Lichtverhältnisse unter Wasser" (Linsbauer 1895). Es handelte sich dabei um eine Weiterentwicklung eines photometrischen Verfahrens. Folgende Fragen wollte er beantworten: *„In welcher Weise ändert sich die Zusammensetzung des Lichtes mit der Zunahme der Tiefe, d. h., welche Strahlen werden am frühesten absorbiert, welche dringen am weitesten in die Tiefe ein? Wie gross ist die jeweilig herrschende Intensität der einzelnen Spectralantheile in den verschiedenen Tiefen? Welches ist die grösste Tiefe, in welche Lichtstrahlen noch einzudringen vermögen? Aber noch grösseres Interesse gewinnt die Lösung dieser Fragen, wenn man die Biologie, resp. Physiologie der im Wasser lebenden Organismen ins Auge fasst."*

Klärung dieser Fragen sollte hochempfindliches, auf bestimmte Einheiten der Intensität geeichtes photographisches Material ermöglichen. Dadurch wäre die Abnahme der Intensität des Lichtes mit der Tiefe auch mengenmäßig erfassbar. Zur Erfassung der Zusammensetzung des Lichtes in der jeweiligen Tiefe, also deren Qualität, schlug der Autor die Verwendung für bestimmte „Farben" sensibilisierendes Photomaterial vor. *„Indem man nun in derselben Tiefe nach der angegebenen Methode alle Theile des Spectrums einzeln nacheinander prüft, wird man erkennen, ob und welche Spectraltheile in dieser Tiefe fehlen (d. h. zu schwach sind, um noch chemisch wirksam zu sein). Somit lässt sich die Zusammensetzung des Lichtes in jeder Tiefe eruieren."*

Die oben angeführten Fragestellungen und die grundsätzliche Idee zur Ausführung erwiesen sich in der Folgezeit als richtungsweisend, auch wenn die hier vorgeschlagene Methode sich als zu kompliziert nicht durchsetzen konnte. Eine ähnliche photographische Methode sollte das Eindringen der Wärmestrahlung in einen See erfassen (Aufsess 1906).

In einem weiteren Artikel (Linsbauer 1898) wiederholte er im Wesentlichen das bereits Gesagte, ging aber insofern darüber hinaus, als er die Grenzen des Pflanzen- und Algenwachstums im See als Indikator für das eindringende Licht auffasste. Tatsächliche Messungen mit seiner photometrischen Methode sind erst 1905 für den Traunsee veröffentlicht worden (Linsbauer 1905). Darin beschrieb er zunächst ausführlich die Konstruktion zweier Apparate unterschiedlicher Größe. Danach führte er die Resultate seiner Messungen im Detail aus und berechnete daraus die prozentuelle Schwächung des Lichtes in den einzelnen Tiefen, indem er die Helligkeit an der Oberfläche gleich 100 % setzte. Nach seinen Angaben waren im Traunsee in 5 m Tiefe nur mehr 1,4 % der Oberflächenintensität vorhanden. In einem flachen Wasserbecken in Schönbrunn waren in 2 m Tiefe noch 14 % der einfallenden Strahlung zu verzeichnen.

3.4.1.2 Entstehung der Seebecken

Die Frage der Entstehung der Seebecken war um die Mitte des 19. Jahrhunderts noch heftig umstritten. Noch 1864 schrieb Simony: „*... so erscheinen die Seen der Alpen ... immer noch als merkwürdig tiefe Einsenkungen des Thalbodens ... umso merkwürdiger, als seit ... Jahrtausenden die sie durchströmenden Gewässer ... an ihrer Ebnung und Ausfüllung gearbeitet haben*“ (Simony 1864b, c). Daher folgerte Simony, dass Störungen während der Hebung der Alpen zu Spaltenbildung geführt haben, deren tiefste Stellen zu Sammelbecken für Seen dienten. In einem Vortrag an der Akademie der Wissenschaften in Wien (Simony 1868) bezweifelte er die bereits von Ramsay (1862) vertretene und von Marr (1897) erhärtete Ansicht, dass die alpinen Seebecken als ein Werk der Erosion durch die Gletscher der Eiszeit zu betrachten seien. Simony hingegen vertrat die Ansicht „*... dass die erosirende Kraft der Gletscher von mancher Seite weit überschätzt werde, und dass es Gletscher von einer schwer nachzuweisenden Mächtigkeit hatten sein müssen, um meilenlange Seebecken von mehreren hundert Fuss Tiefe noch in Gegenden auszuhöhlen, welche schon weit ausserhalb des Bereiches grösserer Gebirgserhebungen liegen. Die gegenwärtigen Gletscher zeigen eine solche erosirende, auspflügende Kraft nicht ...*“. All dies, obwohl er selbst (Simony 1847c) schrieb: „*Noch immer findet die Hypothese, dass ... das Alpenland unter grossen Gletschermeeren begraben lag ... zahlreiche Widersacher.*“

Eine ambivalente Stellung nahm Wallmann (1868) in seiner Abhandlung „Die Seen der Alpen“ zur Entstehung derselben ein. Die Erhebung der Alpen setzte er als wesentlich voraus, war aber der Ansicht, dass sowohl erosive Kräfte als auch diluviale Schuttmassen der Eiszeit wichtig wären (Hellwald 1867). Ergänzend wies er auf die Ausführungen Sonklars (1866) zur Seenentstehung in den Hohen Tauern hin. Es folgten zahlreiche Beispiele zu den unterschiedlichen Entstehungen von Seen, wie Moränenseen, Erosionsseen u. a. Danach verbreiterte er sich aber vor allem über die Auswirkung der Gletscher in der Eiszeit. Aus der Verteilung der Seen in den Alpen ergab sich die Frage nach der Ursache für die ungleiche Anordnung. In diesem Zusammenhang systematisierte er die größeren und bekannteren Seen nach ihrer geologischen Zuordnung, Höhenlage, Größe und Ausdehnung. Als Abschluss und Übersicht bot er dem Leser eine Liste physischer Größen für 100 Seen. Die Gewässer der Zillertaler Alpen, Bäche, Flüsse, Wasserfälle, Seen und Quellen waren auf den Seiten 36 bis 39 in Sonklar (1872) enthalten.

Noch 1878 erwähnte Boué (1878) in seinen Darlegungen über die wahrscheinliche Bildung der Seen mit keinem Wort die Eiszeit oder die Vergletscherung als eine der Ursachen. Hingegen war sich Böhm (1886) bereits sicher, dass das gehäufte Auftreten von Seen in bestimmten Höhenlagen und Breitengraden der Alpen auf die Vergletscherung während der Eiszeit zurückzuführen ist. Die Zahl der verzeichneten Seen der Ostalpen gab er mit nicht weniger als 2460 an und schätzte die Zahl der Seen in den gesamten Alpen auf an die 5000. Er unterschied große „Thallseen" an der Peripherie des eiszeitlichen Gletscherbereiches, wo diese ihre größte Kraft entfalten konnten, und meist kleine Bergseen in größerer Höhe und bestimmten Höhenstufen der Gebirge. Erstere bilden also eine horizontale Zone am Fuße des Gebirges, letztere einen seenreichen vertikalen Gürtel, welche er „Hochseen" nannte. *„Diese sonderbare gürtelförmige Anordnung der Hochseen …"*, die er zu erkennen meinte *„… muss in der Entwicklungsgeschichte der Seen gesucht werden."* Im Weiteren ging er der Frage nach der Entstehung von Seen nach und folgerte, dass die Verteilung der alpinen Seen durch Vorstoß und Rückzug der Vergletscherung zu erklären sei.

Die Existenz von Moränen in den Gebirgstälern, die einstmals vergletschert waren, trugen zur Seebildung jedenfalls erheblich bei, wie Lüddecke (1881) basierend auf den Untersuchungen seiner Doktorarbeit ausführte. Aber auch in den Gebieten am Fuß der Alpen findet man Moränen, welche Desor (1874) daher als „Moränenlandschaft" bezeichnete. Lüddecke beschrieb die Voralpenseen Italiens, Frankreichs und in Bayern, besprach Moränenseen in Norddeutschland, Russland inklusive der baltischen Staaten und in Skandinavien. Er meinte, die Abtragung, Moränen oder Zerstörung von Moränen bedeute das Ende für manche Seen. Seine Beobachtung *„In den Gebieten, welche Spuren einer früheren Vergletscherung an sich tragen, ist … die Erscheinung, dass die Flüsse meist als Aneinanderreihungen von vielen Seen auftreten, sehr verbreitet. Diese Aufstauung der Flüsse zu Seen wird in den erwähnten Gebieten oft durch Moränendämme, die sich quer durch das Flussthal lagern, veranlasst"*, hat sich als im Wesentlichen als richtig herausgestellt.

Die Entstehung von Hochseen führte Richter folgerichtig auf die erosive Wirkung der Gletscher während der Eiszeiten zurück. Der Ansicht Fuggers zur Bildung durch innerirdische Auswaschungen konnte Richter (1900, S. 55) nichts abgewinnen. Erst Penck und Brückner (1909) beschrieben die Ausgestaltung und Übertiefung der Seen im Salzkammergut durch glaziale Erosion der Gletscher während des Eiszeitalters sowie Abdämmung durch deren Moränen. Die Erklärung der Bildung alpiner Randseen oder Talseen durch „Rücksinken der Alpen" (Heim 1894) lehnte Penck strikt ab.

3.4.2 Eberhard Fugger

Wenig später als Simony lebte und forschte der heute weniger bekannte Eberhard Fugger (Box 3.16). Nachdem Woldrich (1867) in seiner Klimatographie die Anzahl der Seen im Land Salzburg wie folgt abschätzte *„Die Zahl der Seen im Salzburgischen dürfte sich gegen 50 erheben, darunter gehören 7 dem Flachlande an; der tiefstgelegene ist der Wallersee in einer Seehöhe von 1592 W. Fuss, die übrigen liegen theils im Flachlande, theils auf dem Hochgebirge, darunter der Rasbergersee in einer Seehöhe von 6790 W. Fuss. Die meisten haben einen Zu- und Abfluss, der Zeller See hat jedoch einen Zufluss und keinen deutlichen Abfluss"*, ist die Vermessung von Seen im Land Salzburg, welche Fugger 1890 begann, thematisch interessant.

Fugger, Eberhard (1842–1919) Naturforscher
Stadt Salzburg 3.1.1842; † ebenda 18.8.1919.

Schulausbildung in Salzburg. Ab 1860 studierte er Naturwissenschaften an der Uni Wien, 1863 Lehramtsprüfung, 1864–1899 Lehrer zunächst in Stockerau, später in Salzburg. 1877 Mitglied des Verwaltungsrates des Salzburger Museums Carolino-Augusteum und als Geologe mit der Leitung der mineralogisch-geologischen Sammlungen betraut. 1881 wurde Fugger auch Kustos des Botanischen Gartens (heute Wilhelm-Furtwängler-Garten), am 1. Jänner 1884 „Chefmeteorologe" der meteorologischen Beobachtungen in der Station Salzburg und 1896 Erdbeben-Referent. 1904 erfolgte die Ernennung zum Korrespondenten der k. k. Zentralanstalt für Meteorologie und Geodynamik. 1880 trat er in die Gesellschaft für Salzburger Landeskunde ein, deren Vorstand er von 1888 bis 1916 war. 1902–1904 Direktor des Museums Carolino-Augusteum. 1912 Dr. h. c. Uni Innsbruck. Seine vielfältige wissenschaftliche Tätigkeit ist am einfachsten seinem ausführlichen Nachruf bzw. seinem vielfältigen Publikationsverzeichnis zu entnehmen.

Jäger J, Pillwein E (1919) Dr. Eberhard Fugger (Nachruf). Mitt Ges Salzb Landesk 59:65–80. Bild daraus.

Vogeltanz R (1971) Die Publikationen Eberhard Fuggers. Mitt Ges Salzb Landesk 110–111_2:495–504.

Fugger beruft sich ausdrücklich auf Simony, den *„Nestor der österreichischen Geographen ...“* (Fugger 1890). Ob Fugger Simony persönlich gekannt hat, muss offenbleiben. In einer ausführlichen Biographie Fuggers erwähnt Schramm (2019) jedenfalls Simony mit keinem Wort. Fugger erwähnt weiters die Vermessung großer Salzburger Seen durch verschiedene Personen auf Veranlassung von Hofrat Adolf Ritter von Steinhauser, deren Karten er verwendet und ergänzt hat. Für seine eigenen Untersuchungen, häufig zusammen mit Karl Kastner, entwickelte Fugger ein eigenes Gerät zur Messung der Seetiefen. Weiters beschreibt er dessen Verwendung und den Vorgang der Vermessung (Fugger 1890, S 136 f.). In den folgenden Jahren haben Fugger und Kastner zahlreiche Seen im Land Salzburg in ihrer Topographie und Tiefe vermessen und in 66 Graphiken und 52 farbigen Tafeln dargestellt (Fugger 1891, 1893, 1895, 1899, 1903, 1905, 1908, 1911), darunter Teiche, Klein- und Hochgebirgsseen. Ebenso wurden Angaben anderer Untersucher eingearbeitet. So etwa der Wallersee und die Trumer Seen nach Daten von Josef Sigl, der Zellersee nach Josef Scheirl, der Fuschl- und der Abersee nach Ludwig Zeller. Fugger und Kastner haben aber auch eine Vorstellung über die Entstehung der Seen entwickelt und dabei vor allem auf die Wirkung der Vergletscherung hingewiesen (Fugger 1896) Zu diesen umfangreichen Erhebungen im Land Salzburg sind beispielhaft Darstellungen zweier Seen im Original wiedergegeben (Abb. 3.19). Mehrere Dezennien später wurden diese Erhebungen mit Bezug zu Fugger fortgeführt und erweitert (Müller 1971, 1973a, b, 1976). Eine umfassende Aufarbeitung aller Daten der Seen im Bundesland Salzburg lieferte Schaber (2019), wobei er die morphometrischen Angaben den Daten von Fugger, unveröffentlichten Messungen des Paracelsus Forschungsinstituts und privaten Erhebungen gegenüberstellte und Vergleichsbilder anfertigte.

Die in Fuggers Seestudien enthaltenen beiden Pochhartseen (heute Bockartseen) auf über 1800 m über der Adria in Sportgastein wurden bereits früher beschrieben (Reißacher 1862). Da der obere See Grubenwässer des alten Goldbergbaus erhielt, war er nach Meinung des Autors für Fische nicht geeignet. Der untere See sollte nach Meinung der Einheimischen „unergründlich“ tief sein. Lotungen durch Johann Stöckl im April vom Eis aus ergaben als größte Tiefe 24 Klafter (43 m), nach Messungen von Ingenieur Pick 1897 waren es 46 m (Fugger 1911). Der obere Pochhartsee war hingegen nur 3,3 m tief (Fugger 1911). Laut Angaben des Fischereivereins Gastein soll er derzeit etwa 6 m tief sein. (https://www.fischerverein-gastein.at/oberer-bockhartsee.html).

Bedeutsam sind weiters die **täglichen** Messungen der Wassertemperatur und des Pegelstandes der Salzach sowie der Lufttemperatur in der Stadt Salzburg (Fugger 1893 bis 1918). Im Zeitraum 1879 bis 1918 beobachtete er die Witterung in der Stadt Salzburg, welche bereits vor ihm Woldrich, Fritsch und andere seit 1863 aufgezeichnet hatten. Alle erhobenen Werte wurden jährlich in den Mitteilungen der Gesellschaft für Landeskunde Salzburg veröffentlicht. Siehe dazu die Gesamtliste der Publikationen Fuggers in Schramm (2019) bzw. die Mitteilungen der Gesellschaft. Alle diese Aktivitäten endeten erst ein Jahr vor seinem Tod.

Ein Vergleich der durchschnittlichen Jahresgänge der Wassertemperatur der Salzach der Jahre 1892 bis 1917 mit denen der Jahre 1992 bis 2017 weist nur geringfügige Veränderungen der Temperatur auf (Abb. 3.20). Dies ist insofern er-

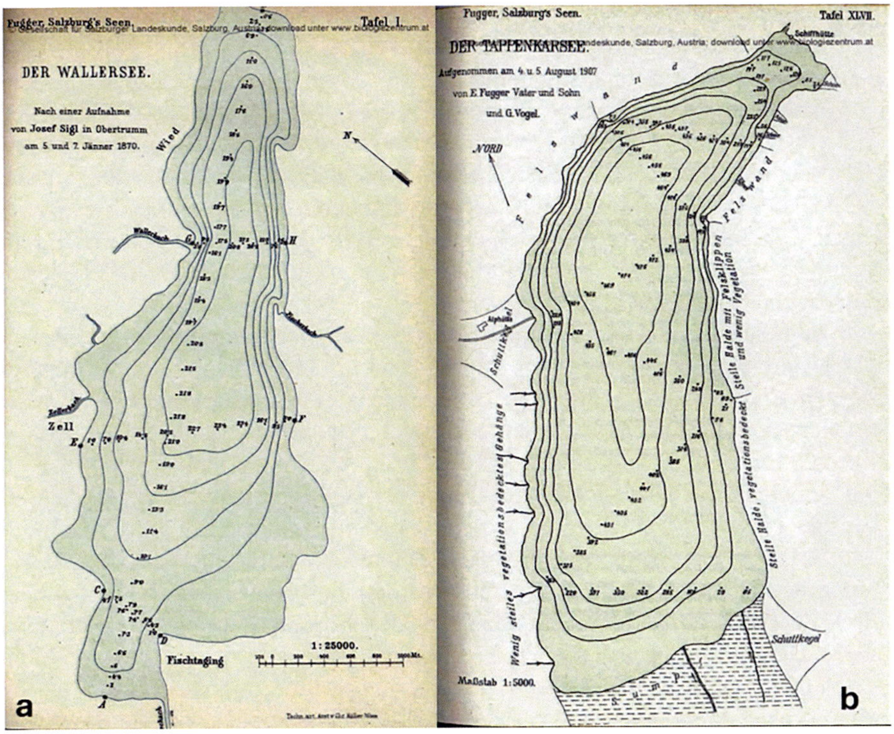

Abb. 3.19 Originalgraphiken: Wallersee **a** aus Fugger (1890) und Tappenkarsee **b** aus Fugger (1908)

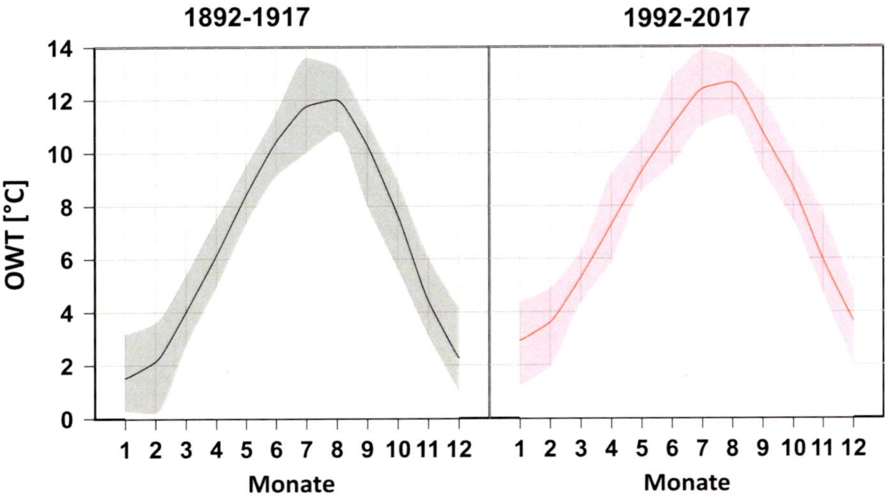

Abb. 3.20 Vergleich der mittleren, minimalen und maximalen Jahresgänge 1892–1917 der Salzach (Daten aus Fugger) mit den entsprechenden Daten 1992–2017 (Hydrographische Jahrbücher)

staunlich, als im dazwischenliegenden Zeitraum zahlreiche Veränderungen der Struktur des Flusses erfolgten, wie Begradigungen, die Errichtung von mehreren Laufstauen sowie Ein- und Ableitungen.

Ein Langzeitvergleich der mittleren Jahrestemperaturen seit 1892 lässt jedoch Änderungen erkennen (Abb. 3.21). Insgesamt sind die Wassertemperaturen stochastisch, also von Jahr zu Jahr recht unterschiedlich, sie bewegen sich zwischen 1920 und etwa 1945 auf einem unwesentlich höheren Niveau, sinken bis 1960 ab, um danach fortschreitend anzusteigen (0,3 °C pro Dekade). Tatsächlich lag der Mittelwert der Jahre 1992 bis 2017 mit 7,8 °C um 1,1 °C höher als im Vergleichszeitraum 1892 bis 1927.

Schon früher untersuchte Woldrich (1865) die Temperaturverhältnisse der Gewässer in der Stadt Salzburg von August 1863 bis Juli 1864, wobei er neben der Salzach und der Alm vor allem Wasserleitungen, Haus-, Zieh- und Grundwasserbrunnen erfasste. Die monatlichen Messungen an der Salzach und der Alm erbrachten Jahresmittelwerte von 5,59 °C (0,0–11,5 °C) bzw. 5,64 °C (0,0–11,5 °C). Die Temperatur des Wassers aus der Quelle des städtischen Brunnenhauses, als ein Beispiel von vielen, variierte von Monat zu Monat nur geringfügig (Jahresmittel 7,45 °C). Die Temperatur des Grundwassers aus einem Ziehbrunnen im Aiglhofgarten betrug im Jahresmittel 7,89 °C, was deutlich weniger ist als die heute für die Umgebung der Stadt Salzburg angegebenen 12,1 bis 16,0 °C (Brielmann et al. 2023). Der dort angegebene Trend der Grundwassertemperatur für 2003–2022 von etwa + 0,3 °C pro Dekade ist identisch mit dem errechneten Trend des Salzachflus-

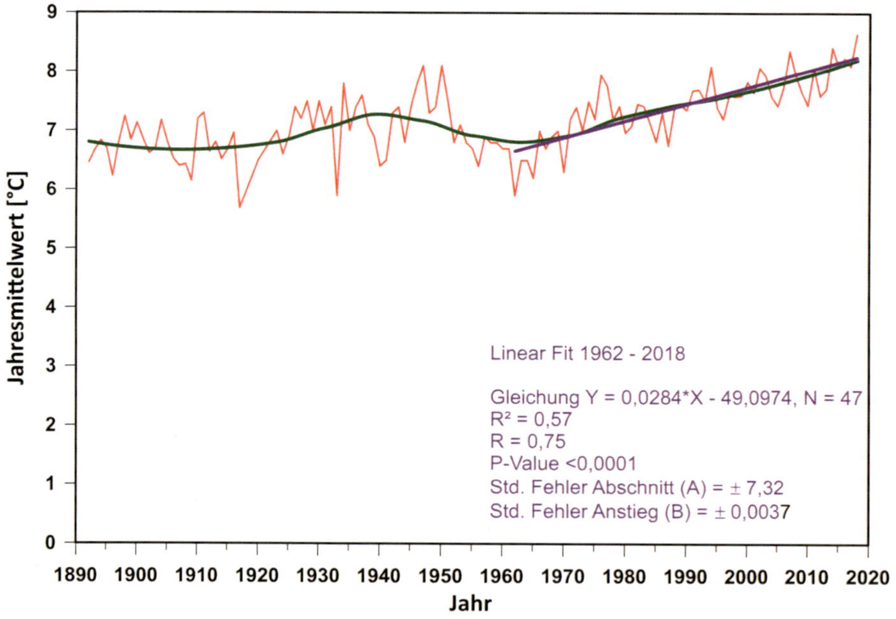

Abb. 3.21 Langzeittrend der Wassertemperatur der Salzach 1892–2017. Daten aus Fugger und den Hydrographischen Jahrbüchern

ses. Eine detailliertere Darlegung des Verlaufes der Stadtgewässer, vor allem der Fließgewässer, findet sich bei Gerabek (1971).

Basierend auf Erhebungen des Wasserstandes der Salzach bei Salzburg und Oberndorf aus den Jahren 1855 bis 1871 erarbeitete Fritsch (1873) die durchschnittliche tägliche und jährliche Periodizität des Wasserstandes und ihrer auslösenden Faktoren. Seine Ergebnisse zeigen Spitzenwerte des Abflusses im Sommer, welche er richtigerweise auf die Niederschläge bzw. die Schneeschmelze zurückführte.

Fugger hat aber nicht nur die See- und Flusstemperaturen erhoben, er befasste sich ebenso mit den Quellen im Umfeld der Stadt Salzburg, wobei er über ein Jahr *„29 Quellen am Fuße des Untersberges regelmäßig jeden Monat gemessen"* [hat] (Fugger 1882). Mit den fünf Quellen vom Westabhang des Gaisberges kam er insgesamt auf 34 Messorte, deren Temperatur im Mittel bei 7,4 °C (5,4–8,9 °C) lag. Diese Werte entsprachen etwa der Lufttemperatur (Mittel 7,1 °C; 6,4–8,1 °C). Anzufügen wäre noch, dass 17 der 34 Werte, also 50 %, in einem engen Bereich von 7,1 bis 7,6 °C bei den Quellen und 6,8 bis 7,4 °C in der Luft lagen. Dies zeigt die enge Abhängigkeit der Quelltemperaturen von der Lufttemperatur. In weiterer Folge berichtete Fugger noch über Quellen in Bayern und im Land Salzburg, so auch über die Gasteiner Thermen. Im Anhang zu Fugger (1882) finden sich chemische Analysen einiger Quell- und Thermalwässer.

Die umfangreichen Erhebungen der Witterung der Stadt Salzburg in den Jahren 1843 bis 1917 durch mehrere Autoren fordern geradezu einen Vergleich mit den Jahren 1943 bis 2017 heraus und sind daher zumindest für die Lufttemperatur als eine wesentliche Komponente für die Gewässer dargestellt (Abb. 3.22).

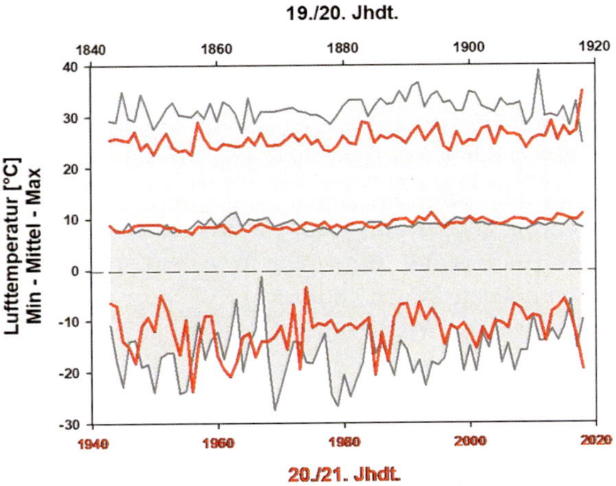

Abb. 3.22 Entwicklung der absoluten Maxima und Minima sowie der Jahresmittel der Lufttemperatur in der Stadt Salzburg für die Jahre 1843 bis 1917 (grau) und 1943 bis 2017 (rot). Daten für 1843–1863 aus Woldrich (1863) und 1863–1917 nach zahlreichen Autoren in den Mitteilungen der Gesellschaft für Salzburger Landeskunde beziehungsweise nach den Angaben in den Hydrographischen Jahrbüchern von Österreich für 1943–2017

Der Vergleich lässt erkennen, dass sich die Jahresmitteltemperaturen nicht wesentlich geändert haben. Tatsächlich zeigt aber eine detaillierte Analyse der Mittelwerte nur eine sehr geringe Änderung der Temperatur von 0,01 °C pro Dekade zwischen 1843 und 1917. Hingegen änderte sich die Temperatur von 1943 bis 1980 um etwa 0,07 °C pro Dekade, um danach auf 0,2 °C pro Dekade zu steigen. Die absoluten Minima der Temperatur lagen früher viel häufiger niedriger als heute, sanken sogar bis 1880 um 0,3 °C pro Dekade ab und stiegen danach rasch an (~2 °C pro Dekade). Die mittleren Anstiege der Minimaltemperatur pro Dekade betrugen 0,02 °C für 1943 bis 1980 bzw. 0,2 °C für 1980 bis 2017. Die absoluten Maxima aber lagen im 19. Jahrhundert meist über den heutigen höchsten Temperaturen, was erstaunlich ist.

Den Aber- oder Wolfgangsee und seine Umgebung, der zum größeren Teil zu Salzburg gehört, aber auch einen Teil in Oberösterreich hat, beschrieb Zelinka (1880). Der aus ältester Zeit urkundlich erwähnte Name „Abersee“ wurde darin bereits richtig vom Keltischen *aber* (Flussmündung/Delta) abgeleitet. Zelinka führte weiters an: *„Der Abersee liegt 540 m über dem Meere ... Flächenraum 1348 ha; Tiefe: 84 m im Oberen, 74 m im unteren Theile, und die tiefste Stelle sogar 113 m ... Der See ist von grünblauer Farbe und erreicht schon Ende Mai eine Temperatur von 13 bis 14* °[C]*, die sich dann im Sommer oft bis zu 20° steigert und den See so durchwärmt, dass sie ... selbst noch im October das Baden angenehm macht.“* Im Winter fror der See nach den Angaben Zelinkas im Durchschnitt nur alle drei Jahre zu.

Den Zeller See im Pinzgau, Land Salzburg, würdigte Schjerning (1893) in einer Monographie. Zunächst beschrieb der Autor die geographisch-geologischen Gegebenheiten sowie die Entstehung durch die Vergletscherung. Sodann geht er auf die Witterungsverhältnisse und das Einzugsgebiet ein. Für die Zuflüsse und die Tiefenangaben beruft er sich auf Fugger (1890), für physikalisch-chemische Eigenschaften auf Wallmann (1868). Ergänzend führte er ein Temperaturprofil vom August 1891 an (Richter pers Mitt.), aus dem er eine Sprungschicht zwischen 11 und 17 m ableitete. Nach vorliegenden Beobachtungen blieb er durchschnittlich etwa 80–90 Tage so festgefroren, dass er mit Schlitten, Wagen und Pferden überquert werden konnte. 1869/70 war der See 108 Tage zugefroren, dafür 1876/77 gar nicht (Riemann 1877). Wegen stark unterschiedlicher Angaben zur maximalen Tiefe des Sees vermaß Schjerning den See eigenhändig. Als größte Tiefe gab er 69,5 m an (mittlere Tiefe 37 m) und für das errechnete Wasservolumen 173,7 Mio. m^3. Zum Vergleich die Angaben aus dem Seenatlas (BAW 2010): 68 m (39,2 m), 178 Mio. m^3.

3.4.3 Lorenz von Liburnau – Monographie Hallstätter See

Etwa 50 Jahre nach den bahnbrechenden Untersuchungen von Simony fühlte sich Lorenz von Liburnau (1898) veranlasst, eine umfangreiche monographisch-limnologische Studie über den Hallstätter See zu verfassen. Er nannte den See einen „Fluss-See“. Zunächst ging er auf die Morphometrie des Sees ein, vor allem auf die Höhen-Nivellements und die diversen Tiefenlotungen. Frühere und eigene

Lotungen (Lorenz von Liburnau 1899) hat er mit einer umstrittenen Karte zusammengeführt, die Heidler 1880 angefertigt hat, wie im Insert zu lesen ist (Abb. 3.23).

Diskutabel ist diese Karte vor allem wegen der von den Lotungen Simonys (1847b) abweichenden Tiefenangaben. Die größeren Tiefen bei Heidler sah Lorenz von Liburnau nicht als Fehler an, sondern bezeichnete sie als „Unsicherheiten" der Methode. Bereits Simony selbst attestierte Heidler eine gute allgemeine Übereinstimmung der Beckengestaltung, wies aber auf die 4 bis 8 % höheren Tiefenangaben hin. Die bei Heidler als Maximaltiefe angegebenen 134,65 m waren jedenfalls um mindestens 8 m zu hoch gegriffen (Simony 1882). Mögliche Ursache sei die Kontraktion der nassen Schnur um etwa 10 %. Die Kontroverse mit Lorenz von Liburnau über die Tiefen des Hallstätter Sees veranlasste Penck (1898c) zusammen mit Richter und Forster zu neuerlichen Lotungen im Hallstätter und Gmundner See. Deren Lotungen bestätigten die Angaben Simonys und verwarfen jene Heidlers beziehungsweise Zehdens. Damit nicht genug, verfasste Penck (1900) noch einen längeren Beitrag zu den Lotungen im Hallstätter See. Darin wehrte er sich umfassend gegen die Kritik von Lorenz von Liburnau an seinen Beobachtungen und versuchte dessen Argumente zu entkräften, wobei er jenen durchaus zu diskreditieren versuchte, wie das damals oft gängige Praxis war. Über 80 Jahre später wurde die Tiefenkarte Heidlers 1981 dennoch von Untersberger überarbeitet und im Internet zur Verfügung gestellt (seekarte-pdf unter https://www.fischerverein-hallstatt.at/downloads/).

In der Monographie von Lorenz von Liburnau (1898) folgten weitere Details zum Seebecken, wobei er den Litoralbereich als „Schwelle", die Halde als „Declivium" und das Profundal als „Seeboden" bezeichnete. Später ging er auf die Gliederung der litoralen Zone ein. Es folgten Darlegungen zur Gestalt des Sees und zur Gliederung in ein südliches und nördliches Becken, getrennt durch die Enge bei der Gosaumühle. Die relative Mächtigkeit der Zuflüsse betrug nach langjährigen Beobachtungen für die Gosau-Ache 60, den Waldbach 35, den Zlanbach 15 und den Mühlbach 5, wenn man die Traun gleich 100 setzt. Zur Traun verweist der Autor auf Müllner (1896b), insbesondere auf die dort erwähnte Sanskritwurzel *dru* des Wortes „Traun", das rasche, stürzende Wasser bedeuten soll. Lorenz meinte zum Zlanbach, dass der wohl eher Slanbach hieß, da *Slan* im Slawischen etwas Salzhaltiges bezeichnet, also Slanbach als Salzbach zu verstehen sei, was besser zu der bachaufwärts zu Tage tretenden Salzformation passen würde. Die chemische Zusammensetzung des Seewassers ließ er im Sommer und Winter von seinem Sohn an der k.k. Versuchsstation untersuchen. Der Vergleich zeigte in der Sommerprobe einen höheren Gesamtrückstand. Die gefundenen Mengen an Chlor wiesen auf Einschwemmungen von Salz hin.

Am Abfluss des Sees befindet sich heute noch ein Klauswehr, welches der Autor samt der 1883 erlassenen Betriebsvorschrift eingehend beschrieb. Das „Klauswasser" diente vor allem zur Sicherstellung genügender Wassermengen zum Flößen auf der Traun bis Ebensee. Dazu diente auch das Pegelwesen am Hallstätter See. Des Weiteren behandelte Lorenz die Strömungen und Wellen im See sowie die Beschaffenheit des Seegrundes, dessen Schlamm er chemisch charakterisieren

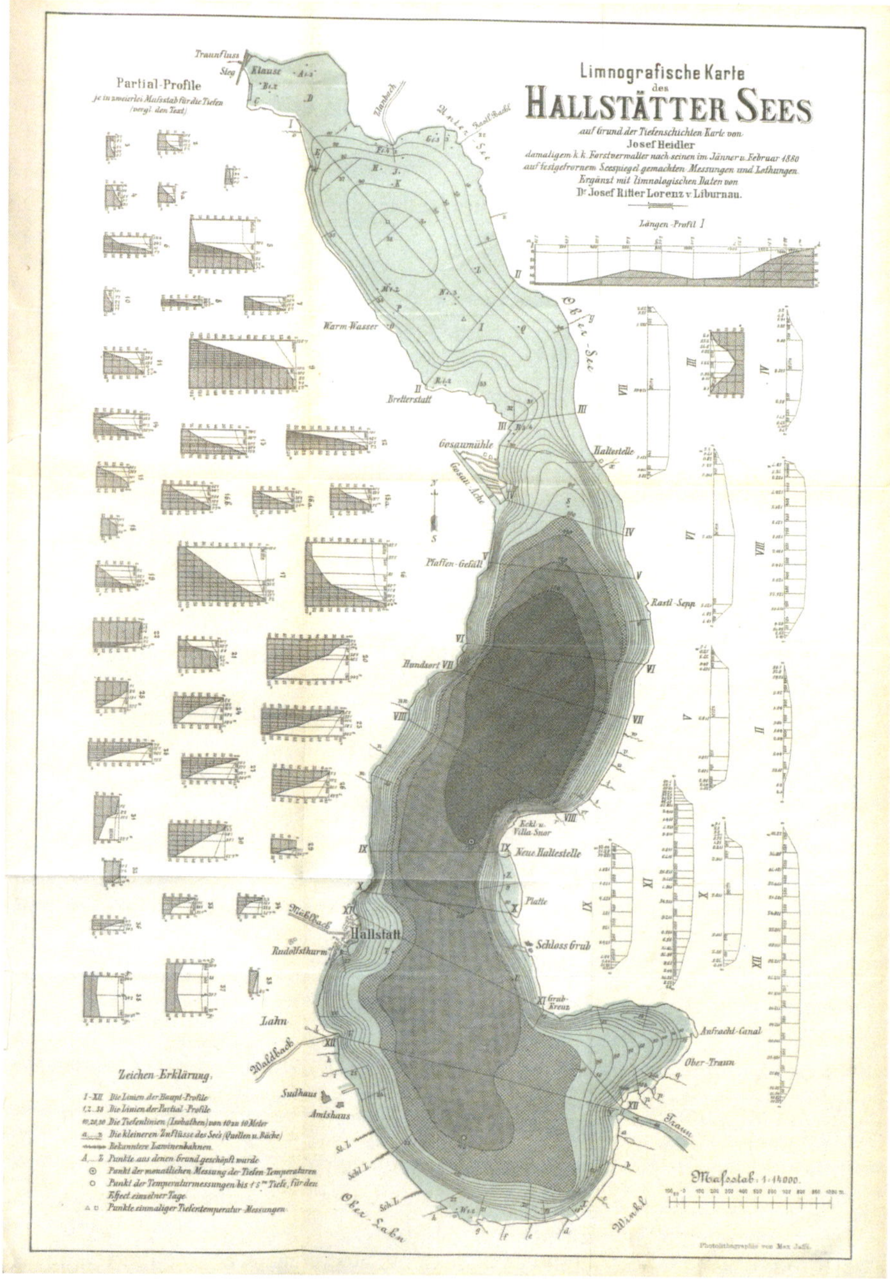

Abb. 3.23 Tiefenkarte des Hallstätter Sees. Erstellt von Lorenz von Liburnau (1898), ergänzt mit den Lotungen von Heidler (1880)

ließ (op. cit., S. 56–59). Auffällig war der erhöhte Eisengehalt im Sediment (Vergleichstabelle, S. 61 op. cit.). Im Bereich des „warmen Wassers" war der Kalkgehalt mit 43 % bei weitem am höchsten, wohl als Folge der Lösung des Kalkes.

Die Durchsichtigkeit des Wassers bestimmte Lorenz von Liburnau (1898) mit einer weißen Scheibe, welche er seinen Angaben nach bereits 1858, sieben Jahre vor Secchi, im Quarnero (Kvarner-Bucht, Kroatien) anwandte (Lorenz von Liburnau 1863). Die Erhebung der heute Sichttiefen genannten Durchsichtigkeit erfolgte von Juni 1896 bis Juni 1897 in kurzen Abständen, oft sogar täglich oder sogar morgens und abends. Die graphische Darstellung der Messergebnisse (Lorenz von Liburnau (1898)) wird mit Sichttiefen der Jahre 1996/97 verglichen (Abb. 3.24). Der Verlauf der beiden Kurven ist überraschend ähnlich. In der Monographie folgte eine langwierige Ausführung über die Farbe der Gewässer mit der Feststellung, dass die Farbe des in die Tiefe eindringenden Lichtes wichtiger wäre als die Eigenfarbe des Wassers. Witterung, gelöste Substanzen und Planktongehalt nannte er als Ursachen für unterschiedliche Farbeindrücke. Ein Vergleich der Temperaturprofile der Jahre 1896/97 mit 1996 als Isoplethen-Graphiken lässt nur geringe Unterschiede in der vertikalen Schichtung und im Jahresgang erkennen (Abb. 3.25).

Neben den Algen und Kleinkrebsen wurden auch die höhere Wasservegetation und ein Teil der Fauna behandelt, wobei die Artbestimmungen jeweils von Spezialisten vorgenommen wurden.

3.4.4 Gewässerforschung in der Zeit nach Simony

Tiefenmessungen an Seen in Kärnten und Krain führte Hochstetter (1865) durch. Für den Ossiacher See gab er 145 Fuß = 46,1 m an (heute 52 m). Wegen eines zu kurzen Lotdrahtes konnte er im Millstätter See keine größte Tiefe ermitteln und

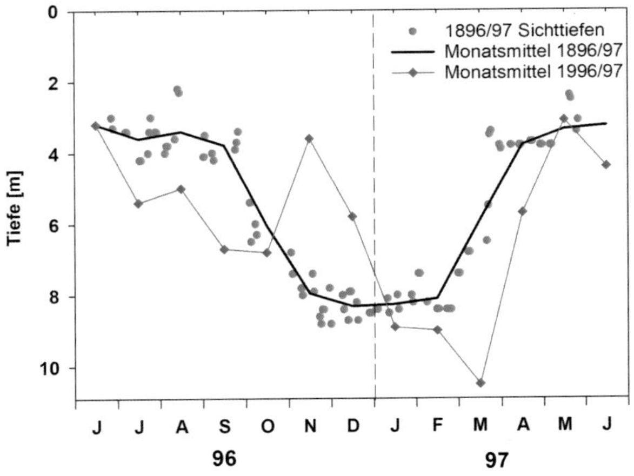

Abb. 3.24 Sichttiefen im Hallstätter See 1896/97 nach Daten der Tabellen S. 70–74 in Lorenz von Liburnau (1863) und Monatsmittel 1996/97. (Daten von Jagsch, pers Mittlg)

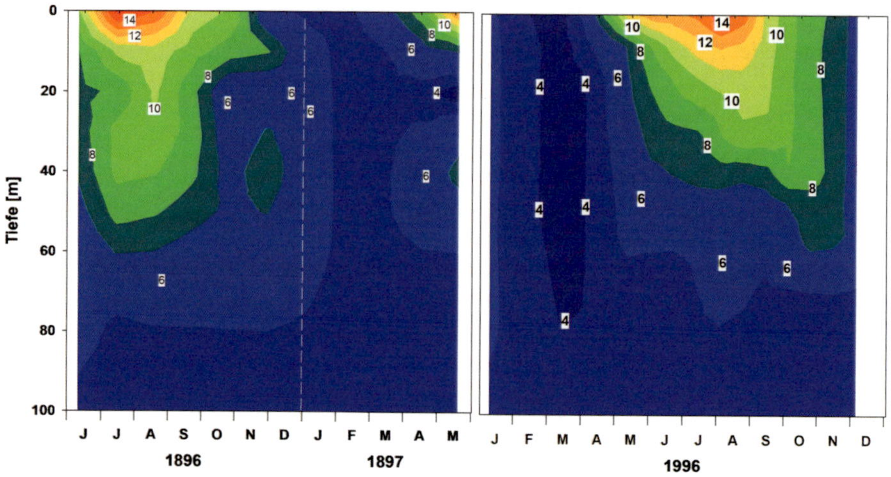

Abb. 3.25 Hallstätter See, Isoplethen der Wassertemperatur 1896/97 und 1996. (Daten aus Lorenz von Liburnau (1898; S. 113–115) und Jagsch (pers Mittlg))

spekulierte, sie sei etwa der Tiefe des Traunsees vergleichbar. Tatsächlich ist der Millstätter See mit 141 m der tiefste See Kärntens. Die Tiefenangabe für den Weißensee fehlt im Text. Der Vollständigkeit halber führte er für den Wörthersee die Messungen Simonys an, der als größte Tiefe 44 Klafter und 3 Fuß angab (entspricht ca. 84,4 m), was nur 0,8 m weniger war als die von Schulz und Schulz (1976) ermittelten 85,2 m. Den Veldeser See (Bleder See) gab er mit 31,6 m, den Wocheiner See (Bohinjer See) mit 44,9 m an. Diese Angaben für die beiden Seen in Krain, heute Slowenien, sind annähernd richtig. Der Zirknitzer See in Krain (Slowenien) wies erhebliche Schwankungen des Wasserstandes auf. Er ist der größte See im Gebiet und war bei niederem Wasserstand 12 bis 18 km^2, bei hohem 26 bis 38 km^2 groß (Perko 1908). Periodisch verschwand er ganz. Seine maximale Tiefe betrug 10 m. Bereits im späten 19. Jahrhundert wurden Überlegungen angestellt, wie das Austrocknen bzw. Überflutungen zu verhindern wären. Trotz der erheblichen Seespiegelschwankung hatte der See einen reichen Fischbestand. Im Jahr 1897 sollen etwa 40.000 kg Fisch gefangen worden sein (Berko 1908).

Die kleineren Seen im Klagenfurter Becken, der Klopeiner See, Zablatnigsee und Gösselsdorfer See, wurden in einer naturgeschichtlichen Studie behandelt (Hoffer und Krauß 1909). Der Klopeiner See verfügt über kein nennenswertes Einzugsgebiet. Nur ein kleines Rinnsal und einige Quellen speisen den See. Ebenso gering ist der Abfluss, der sich mit dem Kleinsee vereinigt. Die Autoren merkten an *„daß nach der Meinung des Volkes der See zum Teile unterirdisch entwässert wird …"*, konnten diesen Standpunkt aber aus grundsätzlichen Erwägungen verwerfen. Hoffer konnte die originalen Seekarten nach den Lotungen Martin Wertheimsteins vom 31.12.1886, vermutlich vom Eis aus, welche auch Richter (1897) benützte, im Landesmuseum Klagenfurt einsehen. Deren Angaben stimmten allerdings zum Teil nicht mit Richters Angaben im Seenatlas überein.

Der anschließende Kleinsee bildete den Rest eines einst größeren Seebeckens, das damals einen Flächeninhalt von 12,5 ha hatte. Im Süden des Klopeiner Sees erreicht der Rest eines früher viel größeren Sees, der Zablatnigsee, eine Fläche von 42,75 ha und eine maximale Tiefe von 7 m (Hoffer und Krauß 1909). Dieser See firmiert heute unter dem Namen Turnersee mit 44 ha und 13 m Tiefe. Schließlich wurde noch der Gösselsdorfer See mit einer Fläche von 31,25 ha und nur 2 m Tiefe besprochen. Derzeit wird der See mit 32 ha und 3 m ausgewiesen. Tiefenprofile der Temperatur im Klopeiner See im August 1908 wiesen eine Sprungschicht zwischen 8 und 12 m auf, welche in den anderen drei flacheren Seen nicht zu beobachten war. Die Flora und die Fauna der Seen beschrieb Krauß in der oben zitierten Arbeit. Als Folge der starken Versumpfung der Ufer war die Flora üppig. Am Westufer des Gösselsdorfer Sees bestand ein „... *dschungelartiges Schilfdickicht ... aus Phragmites, Typha und Carex ...*“. Alle aufgefundenen Arten in oder an den drei Seen wurden sodann in einer Liste erfasst. Die Auflistung des pflanzlichen und tierischen Planktons erfolgte nach Keißler (1906) beziehungsweise Imhof (1890). Der Autor wies auch speziell auf den Fund des Süßwasserschwammes *(Eu)Spongilla lacustris*, den Geweihschwamm hin (Prohaska 1896). Danach folgten Angaben zu Weichtieren, Libellen, Käfern, Fischen, Reptilien und Amphibien. Zur näheren Kenntnis der Kärntner Seen lieferte Hartmann (1882, 1883, 1886, 1890) Beschreibungen der Talungen des Ossiacher Sees, Weißensees, Faaker Sees und Keutschacher Sees. Ausführlich behandelte Hartmann in jedem Fall topographische, geologische, botanische und vor allem ichthyologische Gegebenheiten. Der Ossiacher See wurde mit einer Fläche von 1043,3 ha und einer größten Tiefe von 47 m als seichtester der vier großen Seen ausgewiesen. Der See wies zwei Becken auf. Bemerkenswert erschien dem Autor die schwarzgrüne Färbung des Wassers, welche er auf das grüne von den umliegenden Bäumen reflektierte Licht zurückführte. Der Ossiacher See hat nur etwa den halben Flächeninhalt und ist halb so tief wie der Wörthersee (Simony 1850a). Der Weißensee wurde hingegen mit 664,66 ha als der kleinste See der vier großen bezeichnet. Nach Hartmann ist der See mit 98 m maximaler Tiefe um mehr als 12 m tiefer als der Wörthersee und doppelt so tief wie der Ossiacher See, die Wassertemperatur hingegen ist immer geringer als im Wörthersee. Besonders beachtenswert erschien dem Autor das tiefe Blau des Wassers. Der Faaker See wurde als einer der kleineren Seen (Fläche 238,8 ha), dafür aber mit einer Insel beschrieben. Nach der damaligen Generalstabskarte war die Höhe über dem Meer mit 561 m angegeben (heute 554 m). Der tiefste Punkt wurde zu 29,5 m ausgelotet. Im Anhang besprach Hartmann noch den Aichwalder See, den er als Rest des vorzeitlichen Faaker Sees deutete. Der See war etwas über 4 ha groß und weniger als 8 m tief. Der heute als Aichwaldsee bezeichnete Moorsee wird mit 3,32 ha und 7,2 m Tiefe angegeben. In der vierten den Kärntner Seen gewidmeten Arbeit (Hartmann 1890) wurden die Seen des Keutschachertales besprochen. Es sind dies der Hafnersee, der Keutschacher See, der Baßgeigen- und Rauschelesee. Das längliche Rechteck des Hafnersees 513 m ü. NN füllte eine Fläche von 17,15 ha und soll 10 m tief gewesen sein. Wesentlich größer war der Keutschacher See mit 144,62 ha, dessen Tiefe aber nur 6 m betrug. Der See besaß drei Zuflüsse und einen Abfluss, welcher damals

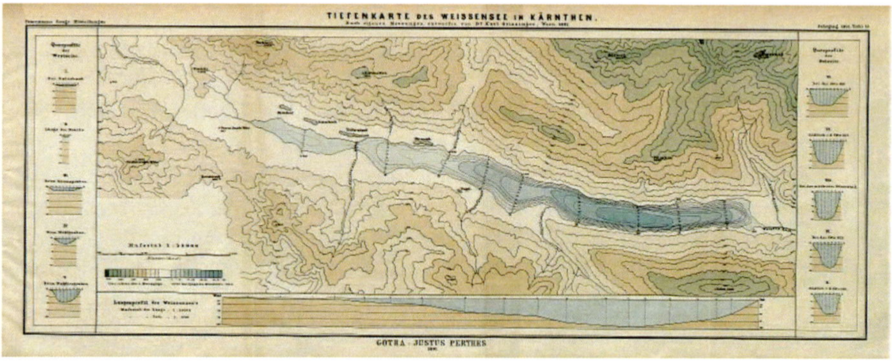

Abb. 3.26 Tiefenkarte des Weißensees. Aus: Grissinger (1892)

mehrere Mühlen und Sägewerke antrieb. Der Baßgeigensee ist auch als Müllnersee bezeichnet worden. Er ist der kleinste und seichteste Restsee im Keutschachtal (2,05 ha, 7 m Tiefe). Sein Ausfluss ergießt sich bereits nach 1 km in den Rauschelesee (Fläche 19,98 ha, 11 m Tiefe). Für alle die vorgenannten Seen finden sich ausführliche Angaben zur Vegetation, vor allem aber zur Fischfauna in den vier oben zitierten Hartmann'schen Werken.

Die wenigen Tiefenangaben für den Weißensee von Hochstetter und Hartmann (beide op. cit.) sowie das Fehlen einer Tiefenkarte führten zu einer Auslotung im Sommer 1891 (Grissinger 1892). Gleichzeitig wurden auch die Temperaturverhältnisse erhoben. In der Karte sind deutlich die Flachwasser- und Tiefenwasserbereiche zu erkennen (Abb. 3.26). Die Tiefenverteilung der Wärme (Abb. 3.27) ist ungewöhnlich. Grissinger nahm an, dass die Wärmeleitung im Laufe von 24 h bis in 35 m Tiefe wirksam sei. Nach Groll (1903–1904) müssen aber andere Ursachen zur Erklärung der Fernwirkung herangezogen werden. Tatsächlich dürfte die Darstellung der tatsächlichen Verhältnisse, wegen zu weniger oder fehlender Profile, unrichtig wiedergegeben sein. Hier sei noch angeführt, dass der Weißensee besonders häufig und lange zufriert, wie das, im Gegensatz zu den Seen des Salzkammergutes, charakteristisch ist für viele Kärntner Seen.

Die Algenflora und Kleinkrebsfauna der größeren und kleineren Kärntner Seen bearbeitete Keißler 1906) in mehreren kleineren Beiträgen. Darunter war der Wörthersee, Ossiacher See, Faaker See und der Klopeiner See, nebst einigen weiteren kleineren Gewässern. Der qualitative Bestand des Planktons erwies sich in allen Fällen als ähnlich (Box 3.17).

Karl von Keissler, auch Karl Ritter von Keissler (1872–1965) Hofrat Dr.
Geboren und aufgewachsen in Wien, studierte Keissler an der Universität Wien Botanik und Zoologie. Als Botaniker arbeitete er am Naturhistorischen Museum in Wien über Kryptogamen, insbesondere über Pilze und Flechten. Nach seiner Promotion im Jahr 1895 wandte er sich bald dem Studium der Pilze zu, studierte aber zwischen 1900 und 1911 immer wieder das Plankton österreichischer Seen im Lunzer See und im Salzkammergut, sowohl die großen als auch mehrere kleinere Seen. In Kärnten untersuchte Keißler den Brennsee, den Millstätter See, den Ossiacher See, den Wörthersee und einige kleinere Seen. Es folgten Beiträge zum Gardasee, zum Plankton einiger Seen in den Julischen Alpen von Krain und dem Zeller See in Salzburg. Die letzte Planktonarbeit untersuchte die Periodizität des Phytoplanktons des Leopoldsteiner Sees in der Steiermark. Sie war als vorläufige Mitteilung angelegt, es folgte aber keine weitere.

Keissler K (1905) Mitteilungen über das Plankton des Ossiachersees in Kärnten. Öster Bot Z55:189–192.

Keissler K (1906) Beitrag zur Kenntnis des Planktons einiger kleinerer Seen in Kärnten. Sowie Planktonstudien über den Wörther-See in Kärnten. Österr Bot Z 56:53–60 und 195–202.

Petrak F (1967) Karl von Keissler (1872–1965). Sydowia 20:1–8. Bild: Wikipedia.

Die Tiefenverhältnisse zweier Seen in der Schobergruppe, den Wangenitzsee und den Kreuzsee, wollte Wissert (1905) im Zuge eines Sommeraufenthalts bearbeiten. Die größte Schwierigkeit war, dabei ein Boot zu den Seen zu schaffen. Bis auf die Göriachalm auf über 2000 m konnte das Boot mit einem Gefährt gebracht werden. Danach aber musste der Kahn über steiniges Gelände auf 2410 m getragen werden, wie die Originalabbildung beweist (Abb. 3.28). Die Vermessung und Lotungen ergaben folgende Werte. Wangenitzsee: Umfang 2 km, größte Länge 760 m, größte Breite 400 m, Fläche 21,57 ha, Wasservolumen 3.487.000 m^3, größte Tiefe 48 m, mittlere Tiefe 16,5 m, OF-Temperatur 9,6 °C.

Kreuzsee: Umfang 1,3 km, Fläche 5,12 ha, Wasservolumen 226.700 m^3, größte Tiefe 13 m, mittlere Tiefe 4 m.

Die Kreuzeckgruppe, ein dem Hauptkamm der Hohen Tauern südlich vorgelagerter Gebirgsstock, beherbergt zahlreiche Kleinseen (Polscher 1910). Die Arbeit stellt die Arealprofile und Isobathenkarten der insgesamt 18 untersuchten Seen dar, deren morphometrische Angaben in einer Tabelle aufgeführt sind. Über

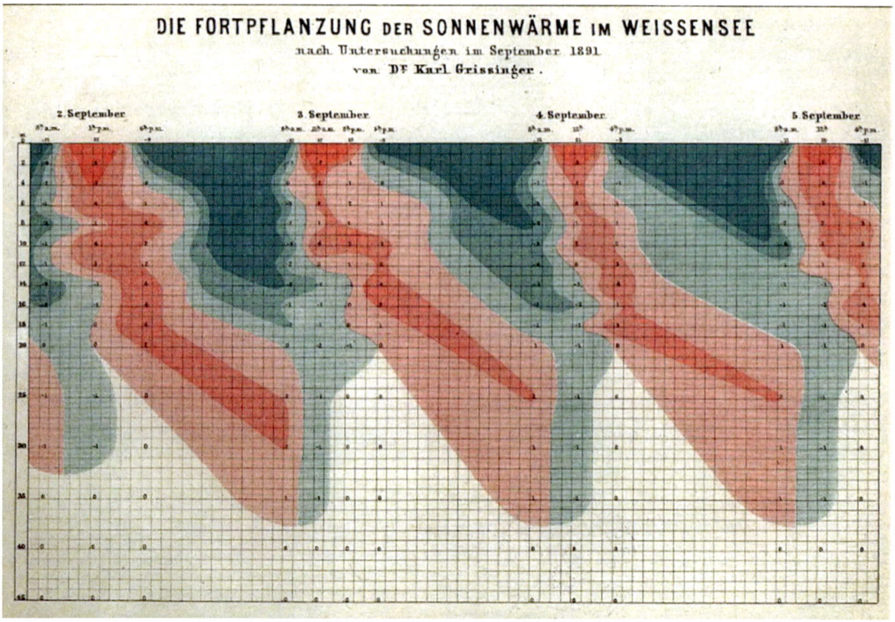

Abb. 3.27 Tiefenverteilung der Wärme im Weißensee. Aus: Grissinger (1892)

Abb. 3.28 Bootstransport zum Wangenitzsee. Original aus Wissert (1905)

Seestudien in den Niederen Tauern berichtet Merz (1909). Am Riesachsee maß er die Temperaturen in verschiedenen Tiefen des Sees sowie des Zu- und Ablaufs im Tagesgang. Ihm fiel auf, dass der Temperaturgang der Zuflüsse große Ähnlichkeit hatte mit dem Temperaturgang in der Tiefe des Sees. Er folgerte daraus das Absinken des Zuflusses in die Tiefe (entsprechend der Dichte!). Hingegen spiegelte der Temperaturgang des Ausflusses die Änderungen der Temperatur an der Oberfläche wider.

Der ACHENSEE ist der größte und tiefste See Tirols und dient seit 1924 als natürlicher Speicher für das gleichnamige Kraftwerk im Inntal. Im Zuge eines Gutachtens für die Tiroler Wasserkraftwerke untersuchte Hacker (1928) den südlichen Abschnitt des Achensees. Ergänzend zu den Lotungen erhob er ein Sauerstoff- und Temperaturprofil, wobei er letzteres mit den Ergebnissen von Geistbeck (1885) und Richter (1897) verglich. Alle 3 Profile der Jahre 1881, 1891 und 1926 stammen aus dem Monat September und unterscheiden sich nur wenig. Die größten Unterschiede von bis zu 3 °C ergaben sich in der Oberflächenschicht bis etwa 12 Meter. Die Tiefentemperaturen unterhalb von 40 m unterschieden sich nur geringfügig. Die Sprungschicht reichte in den ersten beiden Jahren von 12 bis 25 m, begann allerdings im Jahr 1926 bereits unterhalb von 5 m. Im Jahr 1935 erfolgte eine Neuauslotung des Achensees (Schätz 1936). Gegenüber den Angaben von Simony (1878) stieg die maximale Tiefe auf 133 m, die mittlere Tiefe sank auf 67 m, was den heutigen Angaben entspricht. Die Auswirkungen der Stauhaltung auf die Temperatur der Seeoberfläche analysierte Müllner (1936) an einem umfangreichen Datensatz. Aus seinen Ergebnissen schloss er, dass die Sperrung des Abflusses keinen wesentlichen Einfluss auf die Oberflächentemperatur hatte, da der Jahresgang im Wesentlichen von Ein- und Ausstrahlungs- und Windverhältnissen abhängt.

Im Zooplankton des Achensees fehlten manche Arten, die sonst in Alpenseen allgemein verbreitet waren, wie *Diaptomus*, *Triarthra*, *Leptodora* und *Bythotrephes* (Brehm 1902). Diese Arten kamen hingegen im bayerischen Tegernsee sehr wohl vor. Im Phytoplankton fiel der Mangel der Gattung *Dinobryon* sowie der Kieselalgen *Asterionella* und *Fragilaria* auf. Leitform im Winter war *Peridinium* und nicht *Ceratium*, wie in anderen Seen (Zederbauer 1904). Während einer vom Ministerium finanzierten Studienreise untersuchte Brehm (1908) Seen in Bayern, im Tiroler Unterinntal und den Kitzbüheler Alpen.

Der zweitgrößte natürliche See Tirols, der PLANSEE, mit einer Fläche von 2,9 km^2 liegt auf 976 m Seehöhe im Bezirk Reutte innerhalb der Ammergauer Alpen und ist über einen 300 m langen Kanal mit dem Heiterwanger See verbunden. Beide dienen heute der Stromerzeugung. Den Heiterwanger See besuchte schon Kaiser Maximilian im 16. Jahrhundert zum Fischen und Jagen. Die Tiefen und Profile beider Seen wurden bereits im Werk *Die Seen der deutschen Alpen* aufgezeichnet, welches in zwei Versionen erschien (Geistbeck 1884, 1885). Tiefenkarten, hypsographische Kurven, Profile und zahlreiche weitere Details können der Studie über den Plansee entnommen werden (Fels 1913). Obwohl nicht in Österreich, sondern im benachbarten Allgäu, sei hier auf eine morphometrische Studie über die Seen des Illergebietes hingewiesen, da darin Tiefenkarten mehrerer Seen zu finden sind (Reissinger 1913).

Den heute überstauten und in einen Speichersee verwandelten Seen am Reschen-Scheideck widmete Müllner (1900) eine „limnologische"(!) Studie. Zum Zeitpunkt der Untersuchung gab es drei Seen, Müllner beschreibt deren Morphometrie nach eigenen Lotungen in Tabellen und drei Tiefenkarten. Der Reschensee hatte ein Areal von 0,91 km^2 und war 22,5 m tief, der Mittersee besaß eine Fläche von 0,61 km^2 bei 17 m Tiefe und der Haidersee war 0,89 km^2 groß bei einer Tiefe von 16,5 m. Müllner berichtet über mehrjährige Wasserstands- und Niederschlagsbeobachtungen, woraus er den Schluss zieht, dass Temperatur und Schneeschmelze wichtiger für den Jahresgang waren als der Niederschlag. Die Eisbedeckung betrug im Mittel 5 Monate bzw. 153 Tage (109–174 Tage). Diese Studie wurde im September 2022 im Internet wiederentdeckt (https://www.vinschgerwind.it/privacy/item/34366-nationalpark) und mit einem alten Foto versehen, das die drei Seen zeigt (Abb. 3.29).

Eine weitere umfangreiche Studie befasste sich mit der Lage und Morphometrie der weniger bekannten Seen des unteren Inntales (Müllner 1903a). Auf dem linken Innufer sind dies Reintaler-, Krumm-, Buch- und Frauensee am Brandenberg auf 560 m oberhalb Rattenberg. Sodann nahe Kramsach im Bezirk Kufstein der Berglsteiner See, ein nur 2 m tiefes Gewässer, 713 m ü. NN. Mehrere Kleingewässer und Weiher wurden erwähnt, welche heute entweder nicht mehr existieren oder als Fischteiche genutzt werden. Bei Kufstein wurde der Thiersee oder Schrecksee auf ca. 600 m Seehöhe erwähnt und auf seine Entstehung eingegangen. Seine Tiefe von 13,2 m ließ den Schluss zu, dass seit Bildung des Sees bereits 2,8 m Sediment darin abgelagert wurden. Der Haarsee ist heute verlandet bzw. bereits ein Verlandungsmoor auf dem Maistaller Berg, rund 100 m vom Pfrillsee entfernt, der seinen Namen von der Pfrille (Elritze) bekommen hat. Der im Wald gelegene Längsee ist der wenigst zugängliche der sechs Seen westlich von Kufstein. Müllner ermittelte ein Areal von 4,6 ha bei einer größten Tiefe von 10,5 m. Der größte und bedeutendste See ist aber der Hechtensee, der nach Messungen Müllners 56,5 m tief war. Zuletzt wurde noch der Egelsee genannt.

Am rechten Ufer des Inns erörterte Müllner (1903a) den Hintersteiner See und den Walchsee. Der Hintersteiner See ist ein Gebirgssee im Wilden Kaiser auf einer Höhe von 883 m. Nach Angaben des Autors betrug die Fläche 47,2 ha und die maximale Tiefe 35,6 m (heute 56 ha und 35 m). Der Walchsee in einem Trogtal

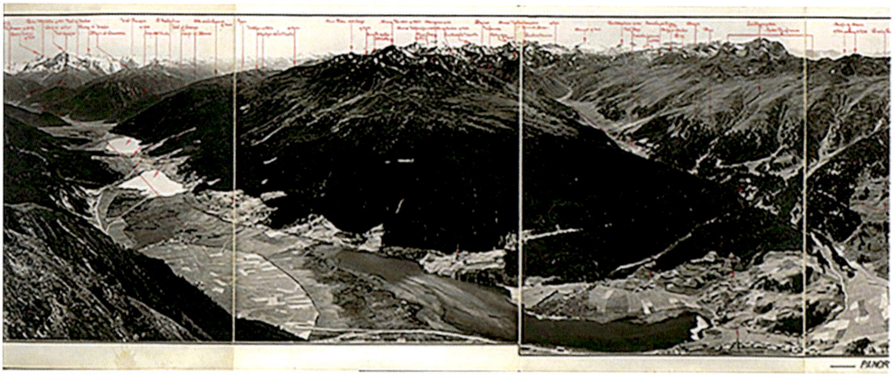

Abb. 3.29 Reschen-, Mitter- und Haidersee vor dem Bau der Staumauer. Aus: Platter W. Bilder aus der Sammlung Dr. H. Folie, Reschen

westlich von Kufstein hingegen ist ein Niederungssee von nur 20,9 m Tiefe und 95 ha Fläche, was annähernd den heutigen Angaben entspricht. Die Seen waren ein wichtiger Teil der Arbeit, hat Müller doch die meisten davon ausgelotet, vermessen, die Ergebnisse tabellarisch und graphisch abgebildet (Abb. 3.30). Ausführlich wurden aber auch die Geländemorphologie, Geologie, die Entstehung des Gebietes und der Seen sowie die Bachläufe und Quellen abgehandelt. Als abschließendes Kapitel verbreitert sich Müllner über den Hechtensee und dessen Beziehung zum Erdbeben von Lissabon am 1. November 1755. Das Anschwellen des Sees, eine Schlammlawine und Überflutungen verband er mit diesem Beben.

Die Tiefenverhältnisse zweier anderer Tiroler Seen, des Durnholzersees im Sarntal (heute Südtirol) und des Brennersees wurden in der Zeitschrift des Tiroler Landesmuseums *Ferdinandeum* behandelt (Damian 1913). Der dreieckige Durnholzersee sollte eine Fläche von 16,4 ha bei einer größten Tiefe von nur 12,8 m haben und liegt auf 1545 m Höhe. Starke Quellen speisten den See, wovon eine zum Betrieb einer Mühle verwandt wurde. Mehr als 200 m niedriger liegt der Brennersee auf 1309 m nur wenig unter dem Talübergang. Auf früheren Karten war er als Dornsee eingezeichnet. Nach Damian war der See 8,4 ha groß (heute 5,5 ha), wobei er früher eine noch größere Ausdehnung gehabt haben soll. Seine maximale Tiefe wurde zu 11 m bestimmt. Wie bei anderen Seen hat man auch bei diesem See die Tiefe für viel größer gehalten. Zum Zeitpunkt der Untersuchung 1896 war er teils mit Schilf bestanden.

Beiträge zur Biologie der Tiroler Seen findet man für den Plansee und den Achensee bei Imhof (1885). Die pelagische Fauna bestand aus insgesamt 10 Arten (3 Protozoen, 1 Rädertier, 4 Cladoceren und 2 Copepoden). Die Tiefenfauna war artenarm. Für den Achensee gab er nur Tiefenbewohner aus 64 m Tiefe an. Die Fauna der Gebirgsseen Tirols behandelte Pesta in mehreren kleinen Veröffentlichungen,

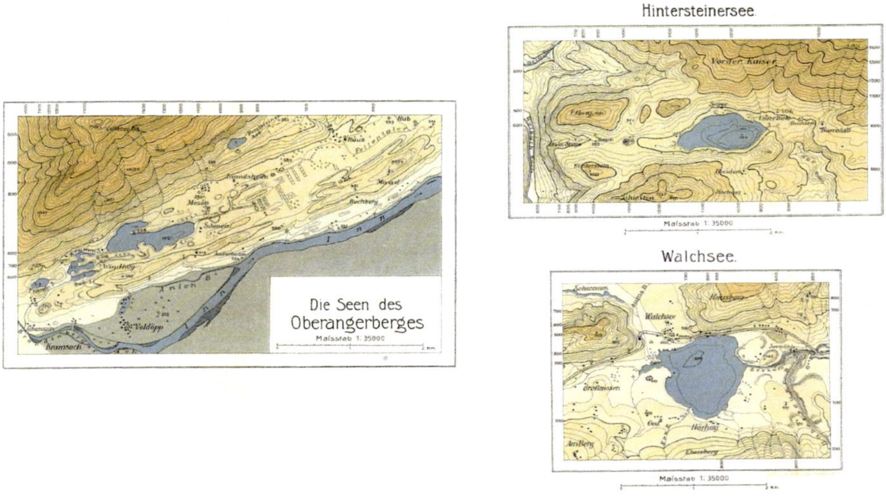

Abb. 3.30 Seen im Unterinntal. Aus Müllner (1903)

oft nur einzelner Seen, zum Teil auch mit Angaben zur Wasserchemie. Einen guten Überblick über diese verstreuten Angaben und die Fauna von Hochgebirgsseen der Ostalpen ermöglichen zwei Hauptwerke (Pesta 1923, 1929). Pesta kommt 1929 zu folgender Zusammenfassung: „*Die makrophytischen Vertreter der Wasserflora sowie der Mikrophyten, welche im typischen alpinen Hochgebirgssee als Charakterformen vorkommen …, gehören zu Organismen, die auch in der Ebene weitverbreitet angetroffen werden; sie repräsentieren eine Auswahl jenes Florenbestandes* … [der] *geeignet* [ist], *die oberhalb der Waldgrenze liegenden Seebecken der Alpen dauernd zu besiedeln. Die in diesen Biotopen typische Wasserfauna setzt sich aus drei Arten von Elementen zusammen … 1. Kosmopolitische Warm- und Kaltwasserformen, 2. … kosmopolitische Ubiquisten, 3. Kaltwasserliebende Arten mit beschränktem Verbreitungsareal.*“ Detaillierte Angaben zu den Fischen Tirols und Vorarlbergs samt einem Bestimmungsschlüssel der Arten sind in Heller (1871) zu finden. Morphometrische Messungen und Wassertemperaturen dreier Seen in den Lechthaler Alpen wurden in der Zeitschrift *Globus* abgedruckt (Halbfaß 1903), darunter auch der Spullersee, der 1919 zur Gewinnung von Elektrizität für die Arlbergbahn aufgestaut wurde.

Im April 1906 unternahm der Schweizer Paul Steinmann zusammen mit Zschokke und zwei Studenten eine Fußreise nach Tirol in die Umgebung von Innsbruck, ins Kaunertal und zum Fernpass zur Erkundung der Fauna der Gebirgsbäche. Die Ergebnisse aus den Alpen veröffentlichte er zusammen mit jenen aus dem Jura, Schwarzwald und Karst in „Die Tierwelt der Gebirgsbäche – eine faunistisch-biologische Studie“ (Steinmann 1907/08). Nach der Definition und Beschreibung der Unterschiede von Hochgebirgsbach, Gletscherbach und Mittelgebirgsbach erfolgte die spezielle Behandlung einzelner Tiergruppen von den Protozoen bis zu den Mollusken. Einige Gruppen wie etwa die Hydracarinen und Ephemeriden (Eintagsfliegen) sind ausführlicher beschrieben worden. Kam eine Art in Tirol vor, ist dies im Begleittext vermerkt. Insgesamt weist das Material nach dem damaligen Stand der Taxonomie 121 Gattungen und 223 Arten auf. Die Zusammenfassung charakterisierte die Bäche, die Anpassungen der Tierwelt, wie Zusammensetzung, Körpergestalt und Lebensweise, und fasste Gebirgsbachformen als Glazialrelikte auf.

Ergänzend soll hier auf eine limnologische Untersuchung weniger bekannter Hochgebirgseen auf über 2000 m Meereshöhe aus dem benachbarten Italien hingewiesen werden (Monti 1904). Diese Studie spannte einen Bogen von Algen und Einzellern bis zur Fischfauna. Bemerkenswert ist vor allem, dass die Autorin Überlegungen anstellte, wie die Bedingungen für die Fischzucht in diesen hochgelegenen Seen günstig gestaltet werden könnten.

3.5 Fortschritte der Gewässerkunde

Die Errichtung eines k. k. Hydrographischen Centralbureaus in Wien vermeldete die *Amtliche Wiener Zeitung* im Oktober 1893. Diesem Büro war die Aufgabe zur Errichtung eines landesweiten hydrographischen Dienstes aufgetragen, um systematische Beobachtungen einzuleiten (Weissel 1994). Das erste Jahrbuch des Zentralbüros erschien 1893. Zuvor hatte es bereits vereinzelt Beobachtungen des Wasserstands gegeben. So führten etwa die Hochwässer in Kärnten 1878 zu gezielten Beobachtungen. Wiederkehrende Hochwässer im Einzugsgebiet der Traun beeinflussten den Raum des Salzkammerguts immer wieder. Besonders katastrophal waren die Überflutungen 1897 (Hydrographisches Zentral-Bureau 1898). Infolge heftiger Niederschläge stieg der Pegel des Traunsees in Gmunden innerhalb weniger Tage auf 2 m ü. NN, sodass der Rathausplatz mit Booten zu befahren war. Der Mondsee, dessen Pegel um 1,78 m anstieg, überflutete große Teile der sogenannten Seewiesen (Abb. 3.31a, b). Ein Vergleich der Hochwässer 1897 und 2013 am Traunsee und Mondsee (Abb. 3.32) zeigt vergleichbare Anstiege. Im Jahr 1897 standen weite Gebiete in Österreich, an der Elbe und der Oder unter Wasser. Die Schäden waren enorm. So wurde etwa die Bahnstrecke über den Koppenpass unterspült und teilweise weggerissen. Diese Situation führte zu Überlegungen durch Flussregulierungen (Herbst 1895, 1900) und Erhöhung der Retention der Seen Hochwassergefahren zu mildern (Hydrographisches Zentral-Bureau 1904). Dargestellt wurden darin ausführliche Erhebungen von Messdaten aus den Jahren 1876 bis 1900, Berechnungen und Kalkulationen des Zu- und Abflusses und des Retentionsvermögens der Gewässer im Traungebiet. Daraus abgeleitet wurden Vorhersagen von Hochwässern und Vorschläge zur Kontrolle der Retention durch Bauten zur Abflussregelung, wie Staudämme und Sperrwerke. Dazu wurden Erläuterungen samt Diskussion veröffentlicht (Lauda 1905).

Etwa um die Wende vom 19. zum 20 Jahrhundert waren so viele morphometrische Angaben zu europäischen Seen verfügbar, dass mehrere Werke die Angaben für Alpen- bzw. europäische Seen, zum Teil mit umfangreichen Listen, zusammenfassten (Geistbeck 1884, 1985; Puchstein 1886; Peucker 1896; Halbfaß 1903a, b/04).

Dem Vorbild des Atlas des lacs francais von A. Delebecq 1892 und 1893 folgend, krönten Penck und Richter (1895/96) die grundlegenden Studien Simonys durch die gemeinsame Herausgabe des Atlas der österreichischen Alpenseen in zwei Bänden (Wien, Ed. Hölzel, 1895–96). In den beiden Lieferungen sind 25 große und kleinere österreichische Seen sowie einer im heutigen Italien bzw. zwei in Slowenien in Farbe mit ihren Tiefenlinien und einer großen Zahl von Profilen abgebildet. Die erste Lieferung nach den Lotungen von Simony (Zeichnungen von Müllner) enthielt die Tiefenkarten des Salzkammergutes. Die Erläuterungen dazu verfasste Müllner (1895). Die zweite Lieferung, basierend auf und entworfen von Richter, folgte ein Jahr später, wobei die Kärntner Seen sowie die Seen in Slowenien und Italien hauptsächlich auf Lotungen von Richter basierten (Penck und Richter 1895). Die Erläuterungen zur zweiten Lieferung kamen von Richter (1897).

Ergänzend stellte Götzinger (1916) mit Hinweis auf Müllner (1902/03) fest: *„... waren nur mehr wenige größere Alpenseen zu loten und zu kartieren (Leopoldsteiner-, Erlaf-, Lunzer Seen) und einige kleinere des Salzkammergutes, des südlichen Toten Gebirges und des Hochschwabs. ... Dagegen ist groß die Zahl der noch zu kartierenden Hochseen trotz der fleißigen Arbeiten von E. Fugger (Salz-*

a

b

Abb. 3.31 **a** Gmunden: Rathausplatz 1897 **b** Mondsee: Ufer 1897

burgs Seen) und H. Polscher (Kreuzeckgruppe). A. Wissert lotete ferner zwei Seen in der Schobergruppe. Infolge der zahlreichen kartographischen Arbeiten mußte mit der Annahme einer großen, ‚unergründlichen' Tiefe der Alpenseen aufgeräumt werden.

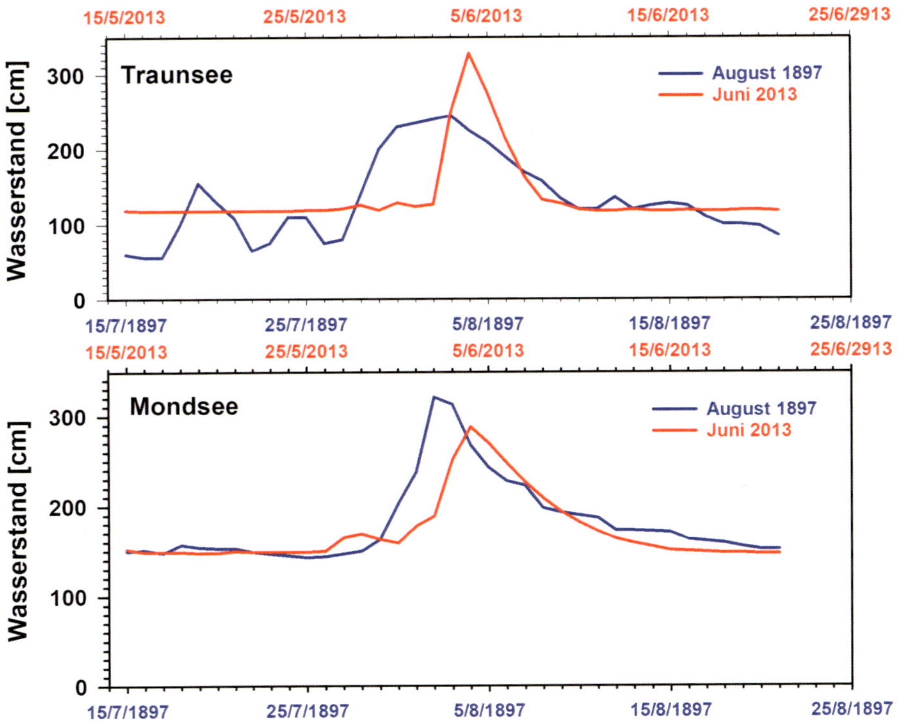

Abb. 3.32 Hochwasser am Traunsee und Mondsee im August 1897 und im Juni 2013

Bezüglich der Entstehung der Seen ist die Erkenntnis wichtig … Die Mehrheit der Alpenseen dankt die Entstehung sowohl erosiven wie aufschüttenden Vorgängen (Seen in eiszeitlichen Zungenbecken, von Endmoränen umsäumt ….

Das Studium der Temperaturverhältnisse der Alpenseen wurde fast von allen Seenforschern in den Vordergrund gerückt. Die allgemeinen Gesetze des jahreszeitlichen Temperaturganges in einem Alpensee sind aufgeklärt. … Physikalischen Faktoren, welche die Thermik der Seen regeln: Strahlung an erster Stelle. Die Wärmeleitung ist gänzlich ohne Bedeutung. Hingegen spielt die Wärmemischung eine große Rolle, als Folge von Wellengang und Wind.“ Weitere Abschnitte behandelten die Sedimentation im See, die Wirkung von Zu- und Abflüssen und Strömungen. Breiteren Raum nahmen die Eisverhältnisse ein. Zum Schluss wurde das Fehlen von Seemonographien nach dem Vorbild Forels über den Genfer See bedauert.

Die Gründung erster wissenschaftlicher Zeitschriften für das Arbeitsfeld erfolgte 1898 als *Zeitschrift für Gewässerkunde* herausgegeben von Grevelius, 1906 *Archiv für Hydrobiologie und Planktonkunde* und 1908 herausgegeben von Zacharias und 1908 *Internationale Revue der gesamten Hydrobiologie und Hydrographie*. Sowohl der erste Band des Archivs als auch der Revue enthielten Arbeiten aus Österreich von Brehm, Zederbauer und Götzinger.

Die Entwicklung der Limnologie war zu diesem Zeitpunkt so weit fortgeschritten, dass eine Darlegung der Entstehungsformen von Seen *(Origin of lakes)* (Marr 1897) mit dem Satz began *„The study of lakes has recently attracted so much attention that* ***Limnology*** *is now recognized as a special branch of geography ....* Dazu Ule (1899): *„Die Seekunde oder Limnologie hat innerhalb des letzten Jahrzehntes einen vielfach geradezu erstaunlichen Aufschwung genommen. Sie hat sich nunmehr zu einer selbständigen Wissenschaft entwickelt, zu deren weiterem Ausbau freilich noch viel Material herbeigetragen werden muss, für die aber ein festes Fundament geschaffen ist."*

Müllner hatte bereits 1903 (op. cit.) Erfahrungen und Wünsche für die Seenforschung formuliert. Darin beruft er sich gleich zu Beginn auf eine Ausstellung 1894 der Gruppe „Alpine Seenforschung" in München. Ein Bericht über Fortschritte der Seenforschung (Sieger 1894) formuliert „... [dass] *die Seenforschung im Alpengebiete im Übergange begriffen sei von der ... mühseligen Arbeit des einzelnen zur systematischen ..."* Bearbeitung. Mit anderen Worten: vom Einzelforscher zum Team, von extensiver Forschung zu intensiver, was auch Richter (1897) forderte. Aus wissenschaftlichen und wirtschaftlichen Gründen sollte daher die Errichtung limnologischer Landesanstalten angeregt werden. Im weiteren Verlauf der Arbeit fasste Müllner Methoden und frühere Ergebnisse zusammen und führte zahlreiche *„unerforschte Seen"* an, darunter auch den Lunzer See, für den er angibt: *„Im Lunzersee wurden 1902 zwar zum Zwecke biologischer Studien von Dr. Stockmayer Lotungen vorgenommen, doch ist über den Umfang bisher nicht Näheres bekannt geworden."*

Einen weiteren Rück- und Ausblick auf die Leistungen der Gewässerforschung verfasste der Begründer des Labors in Plön (Zacharias 1904). Er verwies auf das zunächst „richtungslose" Interesse an der Tier- und Pflanzenwelt der Binnengewässer. Im Vordergrund standen die detaillierte Beschreibung sowie die Bearbeitung von Floren und Faunen einzelner Gebiete. Danach würdigte er ausführlich Forel als Bahnbrecher. Wichtig war ihm, auf die Bedeutung von Biologischen Stationen in unmittelbarer Wassernähe hinzuweisen, die er ausführlich für Nordamerika und Europa ausführte. Für Österreich verwies er auf A. Fritsch in Böhmen und seine mobile Station. Lauterborn plante, seinen Angaben zufolge, eine schwimmende, verankerungsfähige Fließwasserstation, die auf dem Rhein eingesetzt werden sollte (Lauterborn 1902). Dieses Vorhaben ist aber nie ausgeführt worden. Als wichtiges Forschungsfeld im Sinne Darwins nannte er die Anpassung, die bei Planktonorganismen bequem zu beobachten sei, wie etwa bei den Schwebalgen, die ja des Auftriebs bedürfen (Wesenberg-Lund 1900).

Dem Vorbild Ules folgend, erschien 1915 eine Übersicht über die seenkundliche Literatur von Österreich für die Jahre 1897–1912 (Götzinger 1915). Als Resümee über die bisherigen Ergebnisse der Seenforschung kann die Publikation von Götzinger (1916) gelten. Es folgen einige wesentliche Punkte als Zitate: *„Die Seenforschung hat ... in den letzten Jahrzehnten bedeutungsvolle Fortschritte zu verzeichnen. Dies umso mehr, als die Seenforschung ja nicht Selbstzweck ist, sondern wieder eine wichtige Grundlage für physikalische, chemische und biologische Untersuchungen bildet und aus diesen Disziplinen vielfache Anregungen schöpft.*

... Die Detailkartierung der Alpenseen ist rüstig vorgeschritten. Es ... *wurde eine Tiefenkarte vom Bodensee 1:25.000 fertiggestellt. ... Penck und Richter haben in dem Atlas der österreichischen Alpenseen Tiefenkarten der größeren Alpenseen geliefert."*

Den Stand der damaligen Seenforschung in den außereuropäischen und europäischen Ländern vermittelten detailreich zwei Veröffentlichungen in Abderhaldens Reihe „Fortschritte der naturwissenschaftlichen Forschung" (Halbfaß 1912, 1913).

Alle diese Zusammenfassungen beschäftigten sich ausschließlich mit Seenkunde, obwohl bereits Penck (1898a) die Flusskunde (**Potamologie**) als eigenen Zweig der physikalischen Geographie betrachtete. Ule (1900b) resümierte dazu: *„Was wir einleitend ... über die Unzulänglichkeit unserer Kenntnis von den Gewässern bemerkt haben, gilt ... von dem Zweig der Wissenschaft, welcher sich mit dem fließenden Wasser beschäftigt, von der* ***Flusskunde*** *oder* ***Potamologie.*** *Sie hat noch kaum Eingang gefunden in unsere Lehrbücher und ist ... das Stiefkind der Erdkunde geblieben."* Danach referierte er den Stand des Wissens über Flüsse mit ausdrücklichem Bezug zu Penck (Box 3.18).

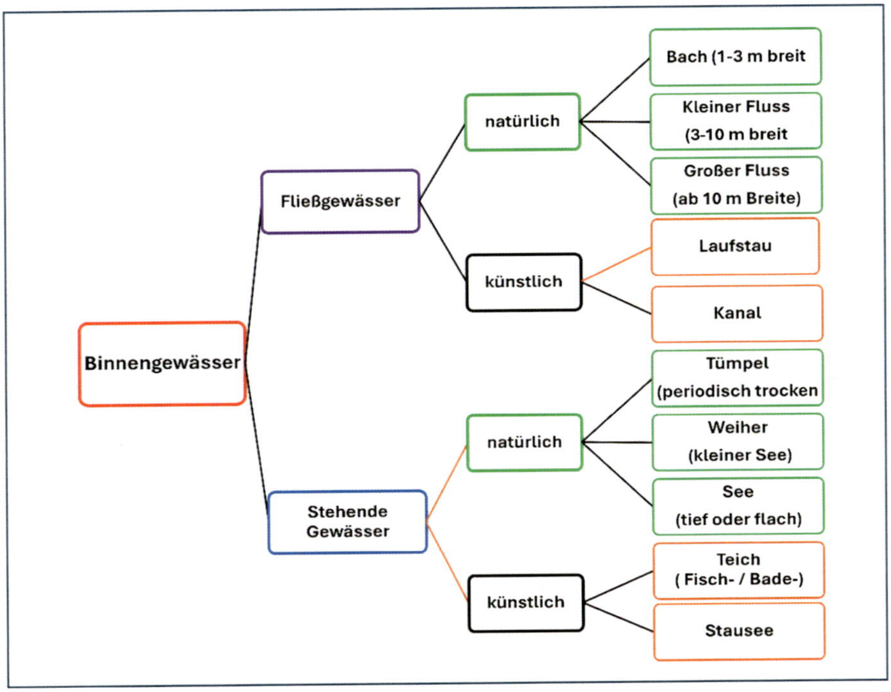

Die Errungenschaften der Gewässerforschung des 19. Jahrhunderts lassen sich am besten durch Zitate aus einem Museumsvortrag zur „Entwicklung des naturwissenschaftlichen Lebens" veranschaulichen, der anlässlich des Regierungsjubiläums Kaiser Franz Josephs gehalten wurde (Braumüller 1898). Der Autor würdigte Friedrich Simony als ersten Kustos des Museums und als Geographen.

Mit Hinweis auf die *„durchwärmten Gewässer"* hieß es gleich zu Beginn: *„Die ... Durchforschung unserer Gebirgsseen haben das Salzkammergut wie die Kärntner Seen zu Colonisationspunkten für die Sommermonate umgestaltet ..."* Weiters verwies er auf den wissenschaftlichen Ausbau der Systematik, Morphologie und Physiologie in der Naturkunde und erwähnte auch die Fischzucht. Die chemischen Analysen des Grundwassers, der Quellen und Hausbrunnen sowie des Flusswassers als *„Brutstätten von mancherlei Krankheitskeimen"* führten zur erfolgreichen Errichtung von Wasserleitungen, welche *„reine Gebirgswässer in Städte leiten"*. Zusammen mit der Erschließung von Mineralquellen kam es zur *„Hebung des allgemeinen Gesundheitszustandes"*. Die zunehmende Bedeutung der Gewässerforschung auch für die Öffentlichkeit wird damit unverkennbar.

Literatur

Anonymus (1871) Die Wiederfüllung des Neusiedler Sees. Lotos Z. für Naturwissenschaften 21:80–82

Anonymus (1890) Reinigung von Trinkwasser. Carinthia I 80:238

Anonymus (1899) Ein neuer Fundort von *Salmo salvenilus* L. (Saibling) in Kärnten Carinthia II 89:208

Anonymus (1975) Die letzte Trockenperiode des Neusiedler See 1865–1871 (aus einer alten Chronik). Österr. Fischerei 28:88–93

Aigner A (1904) Über die Therme von Mitterndorf im steirischen Salzkammergut. Mitt nat-wiss Ver. Steiermark 40:261–279

Arnberger H Berger F (1882) Technischer Bericht über die Grundwasser-Verhältnisse in Wien. Wallishausser Wien 59 S. http://data.onb.ac.at/imgk/AZ00036568SZ00444854SZ01290239

Aufsess O von (1905) Untersuchungen über die Erhöhung der Temperatur am Grunde der Seen. Petermann's Geogr Mitt 51:258–259

Aufsess O von (1906) Eine photographische Methode zur Bestimmung des Eindringens der Wärme-strahlung in einen See. Petermann's Geogr Mitt 52:184–186

Baer KE von (1860) Über ein allgemeines Gesetz in der Gestaltung der Flußbetten. Kaspische Stud. 8:1–6.

Bauer A (1871) Analyse eines Quellwassers aus der Gegend von Mondsee. Verh Geol. Bundesanst. 1871:326–327

Bauer U (2005) Die burgenländischen Heilquellen- und Kurorte (1924–1938). Burgenl Heimatbl. 67:25–50

Baumann F (1951) Vom älteren Flußbau in Österreich. Schriftenr Österr WWV 20:1–44

BAW (Bundesamt für Wasserwirtschaft) (2010) Natürliche und künstliche Seen Österreichs größer als 50 ha. Stand 2009. Schriftenreihe BA Wasserwirt. 33:1–425

Beck G von Mannagetta (1887) Übersicht der bisher bekannten Kryptogamen Niederösterreichs. Verh Zoo-Bot Ver Wien 37:253–378

Beckmann N (1775) Grundriß zur Kentniß und Verbesserung der Flüsse und Ströme. Verlag Witwe Vandenhöck. Göttingen 105 S

Benndorf H Wellik A (1908) Über die Radioaktivität der Konstantinquelle in Gleichenberg. Mitt nat-wiss Ver Steiermark 44:195–197

Berko GA (1908) Der Zirknitzer See in Krain – Österreich. Prometheus. Illustr. Wochenschrift Jg (19. H 40. Nr 976:625–630; H 41. Nr 977:643–647; H 42. Nr 978:664–667

Bersch E (Hg) (1911) Nachweis der Moore in Niederösterreich. Oberösterreich. Steiermark. Kärnten. Krain. Tirol und Mähren. Verlag W. Frick. Wien 109 S

Bielz EA (1865/66) Systematisches Verzeichnis der Land- und Süßwasser-Mollusken des österreichischen Kaiserstaates. Verh Mitt Siebenbürgischen Ver Nat Wiss Hermannstadt 16:132–138. 158–162. 173–186. 204–210. 223–234; 17:14–18. 37–38. 55–58. 77–78

BMLF (1932) Der Eisstoß an der österreichischen Donau im Winter (1928/29. Die Wasserwirtschaft 8–10:1–10

Boué A (1878) Über die unterirdischen grossen Wasserläufe und Behälter und die Reinheit sowie Durchsichtigkeit gewisser Seen. dann über die wahrscheinliche Bildung der Seen überhaupt. Sitz. Ber. Akad. Wiss. math.-nat. Kl. 77: 393–402

Böhm A (1886) Die Hochseen der Ostalpen. Mitt. kk Geogr. Ges. Wien 29: 625–647

Braumüller J (1898) Die Entwicklung des naturwissenschaftlichen Lebens während der Regierung des Kaisers Franz Joseph I. Carinthia II 88:214–233

Brehm V (1902) Zusammensetzung. Verteilung und Periodicität des Zooplanktons im Achensee. Z. Tiroler Landesmus Ferdinandeum (1902. F3. Bd46: 1–70

Brehm V (1908) Beiträge zur faunistischen Durchforschung der Seen Nordtirols. Ber nat-wiss med Ver Innsbruck 31:97–120

Brettl H (2017) Trockenlegung des Neusiedler Seebeckens. Burgenland History Blog. 11.5.2017 https://www.brettl.at/blog/trockenlegung-des-neusiedler-seebeckens/

Brielmann H Rosmann T Grath J et al (2023) Situation und Entwicklung der Grundwassertemperaturen in Österreich. BMLFRW Wien 86 S

Brückner E (1909). Zur Thermik der Alpenseen und einiger Seen Nord-Europas. Geogr Z 15:305–315

Cholnoky B Höfler K (1952) Diatomeen vom Johannisbrunnen bei Bad Gleichenberg in der Südoststeiermark. Mitt nat-wiss Ver Steiermark 81_82:13–27

Chyzer C (1864) Ueber die Mineralquellen des Saroser Comitates in Ober-Ungarn. Jahrb Geol Bundesanst 14: 79–212

Clar E (1889) Zur Hydrologie von Gleichenberg. Verh Geol Bundesanst 1889:147–151

Clessin S (1877). Die Mollusken der Tiefenfanua unserer Alpenseen. Malakozool Bl 24:159–185

Crantz HJN (1777) Gesundbrunnen der österreichischen Monarchie. J. Gerold. Wien 324 S

Čurčić V (1912) Die volkstümliche Fischerei in Bosnien und der Herzegowina. Wiss Mitt Bosnien Herzegowina 12:490–589

Czeike F (1997) Historisches Lexikon Wien in 6 Bänden. Kremayr und Scheriau. Wien

Dalla Torre C (1889) Studien über die mikroskopische Thierwelt Tirols. I. Theil. Veröff Tiroler Landesmus Ferdinandeum 3_33:237–252

Dalla Torre C (1890) Studien über die mikroskopische Thierwelt Tirols. II. Theil. Veröff Tiroler Landesmus Ferdinandeum 3_34:257–279

Dalla Torre C (1891) Studien über die mikroskopische Thierwelt Tirols. III. Theil. Veröff Tiroler Landesmus Ferdinandeum 3_35:(191–209

Dalla Torre KW von Sarnthein L Graf (1901) Die Algen von Tirol. Vorarlberg und Liechtenstein. Wagner'sche Univ. Buchhandlung. Innsbruck 210 S

Damian J (1913) Der Durnholzersee im Sarntale und der Brennersee. Z. Tiroler Landesmus Ferdinandeum Folge 3 Bd 57:1–12

Desor E (1874) Die Moränenlandschaft. Verh schweiz nat forsch Ges Schaffhausen. Jahresb 1872–73:121–131

Die Presse (2016) Jahrhundertealte Wasserleitungen entdeckt. Artikel vom 05.09.2016.

Dokulil M (2023) Die Lunzer Seen – ein wissenschaftlich-historischer Exkurs. Hommage an Prof. Dr. Franz Berger. Acta ZooBot Austria 159:229–271

Drennig A (1973) Die 1. Wiener Hochquellen Wasserleitung. Festschrift 100 Jahre 1. Wiener Hochquellen Wasserleitung. MA 31 – Wasserwerke. Wien http://www.digital.wienbibliothek.at/wbrobv/content/titleinfo/1797202

Drennig A (1988) Die 2. Wiener Hochquellenwasserleitung. Festschrift 75 Jahre 2. Wiener Hochquellen Wasserleitung. MA 31 – Wasserwerke. Wien https://www.digital.wienbibliothek.at/wbrobv/content/titleinfo/1797555

Duile J (1826) Verbauung der Wildbäche in Gebirgs-Ländern vorzüglich in der Provinz Tirol. und Vorarlberg. Rauchische Schriften Innsbruck 179 S.

Ebert H (1905). Periodische Seespiegelschwankungen (Seiches) beobachtet am Starnberger See. Sitz. Ber. math- physik Kl kb Akad Wiss München 1:435–462

Edlbacher L (1888) Landeskunde von Oberösterreich. Geschichtlich-geographisches Handbuch für Leser aller Stände. 2. Auflage. Verlag Karl Graeser. Wien 628 S

Ehrenberg CG (1836) Vorläufige Mittheilung über die Infusorien der Carlsbader Mineralquellen Arch Naturgeschichte 2–1:240–244

Eiblmayr J Payer P (2011) Der Donaukanal. Die Entdeckung einer Wiener Stadtlandschaft. Metroverlag St. Stefan im Lavanttal 153 S

Eimermacher M et al (2023) Mooratlas. Janetschek GmbH Heidenreichstein 50 S

Elster D Fischer L Hann S et al (2018) Österreichs Mineral- und Heilwässer. Teil I und II + Karte. Geol BA Wien 448 S

Emoto Y (1933) Die Mikroorganismen der Thermen. Eine historische Übersicht über die Erforschung der Thermalmikroorganismen. Bot Mag 47:268–295

Endrös A (1904) Seichesforschung am Chiemsee. Z. Instrumentenkunde 24:180–191

Endrös A (1906) Seichesbeobachtungen an den größeren Seen des Salzkammergutes Petermann's Geogr Mitt 52: 252–256

Endrös A (1908) Vergleichende Zusammenstellung der Hauptseiches-Perioden der bis jetzt untersuchten Seen mit Anwendung auf verwandte Probleme Petermann's Geogr Mitt 54: 39–47; 60–68

Endrös A (1911) Zur Tiefe des Mondsees und der Periodendauer seiner einknotigen Seiche Petermann's Geogr Mitt 57: 205

Endrös A (1912) Die Vibrationen der Seen Petermann's Geogr Mitt 58: 257–258

Exner FM (1900) Messungen der täglichen Temperaturschwankungen in verschiedenen Tiefen des Wolfgangsees Sitz Ber Akad Wiss math-nat K109: 905–922; 117:9–26

Exner FM (1908a) Über eigentümliche Temperaturschwankungen von eintägiger Periode im Wolfgangsee Sitz Ber Akad Wiss math-naturw Kl 117:9–26

Exner FM (1908b) Ergebnisse einiger Temperaturregistrierungen im Wolfgangsee Sitz Ber Akad Wiss math-nat Kl 117:1295–1315

Fels E (1913) Der Plansee: Eine geographische Seenstudie. Landeskundliche Forschungen Geogr Ges München 20:1–83

Findenegg I (1941) Einige physikalische und chemische Beobachtungen an Kärntner Gewässern Carinthia II 131–51:33–53

Findenegg I (1944) Vergleichende physikalische und biochemische Untersuchungen von Grund- und Quellwässern in Kärnten Carinthia II 134–54:14–36

Fitzinger LJ (1876) Bericht über die an den Seen des Salzkammergutes, Salzburgs und Berchtesgadens gepflogenen Nachsuchungen über die Natur des Silberlachses (*Salmo Schiffermülleri* Bloch). Sitz Ber Akad Wiss math-nat Kl 72:235–240

Folberth F (1860) Die Mineral- und Gasquellen von Kovaszna. Verh Mitt Siebenbürgischen Ver Naturw Hermannstadt 11:78–100

Forel FA (1901) Handbuch der Seenkunde: Allgemeine Limnologie. Engelhorn, Stuttgart

Forster AE (1894) Die Temperatur fließender Gewässer Mitteleuropas. Pencks Geogr Abh Bd 5, H4

Fric A Vavra V (1894) Untersuchungen über die Fauna der Gewässer Böhmens IV. Die Thierwelt des Unterpocernitzer und Gatterschlager Teiches. Arch naturwiss Landesdurchforsch Böhmen 9:1–12

Fric A Vavra V (1897) Untersuchungen über die Fauna der Gewässer Böhmens III. Untersuchung zweier Böhmerwaldseen des Schwarzen Sees und des Teufelssees. Arch naturwiss Landesdurchforsch Böhmen 10:1–84

Fric A Vavra V (1901) Untersuchungen über die Fauna der Gewässer Böhmens. V. Untersuchung des Elbeflusses und seiner Altwässer. Arch nat-wiss Landesdurchforschung Böhmen 11:1–154

Fritsch C (1855) Vorträge über die constanten Verhältnisse des Wasserstandes der Donau bei Wien. Sitz Ber Akad Wiss math-nat Kl 15:169–199

Fritsch C (1863) Die Eisverhältnisse der Donau in Östereeich ob und unter der Enns und Ungarn in den Jahren 1851/52 bis1860/61. Denkschr oest Akad Wiss math nat Kl 23–1:121–244

Fritsch C (1867) Die Eisverhältnisse der Donau in den beiden Jahren 1960/61 und 1861/62. Sitz Ber Akad Wiss math-nat Kl 55–2:432–479
Fritsch E (1991) Der Hubmersche Durchschlag NÖ. Mitt Landesver Höhlenkd Oberösterreich 96:15–20
Fritsch E (1993) Der Schwarzenbergsche Schwemmkanal im Wandel der Zeit. Mitt Landesver Höhlenk Oberösterr 98:43–74
Fugger E (1882) Über Quellentemperaturen. Pustet Regensburg 80 S
Fugger E (1890) Salzburg's Seen. Mitt Ges Salzburger Landeskd 30:135–153
Fugger E (1891) Salzburg's Seen II. Ebenda 31:241–248
Fugger E (1893) Salzburg's Seen III. Ebenda 33:27–38
Fugger E (1895) Salzburg's Seen IV. Ebenda 35:203–225
Fugger E (1896) Die Hochseen .Mitt kk Geogr Ges Wien 39 [29 N F] 8–9:638–672
Fugger E (1899) :Salzburg's Seen V. Mitt Ges Salzburger Landeskd 39:1–16
Fugger E (1903) Salzburg's Seen VI. Ebenda 43:1–15
Fugger E (1905) Salzburg's Seen VII. Ebenda 45:129–141
Fugger E (1908) Salzburg's Seen VIII. Ebenda 48:1–24
Fugger E (1911) Salzburg's Seen IX. Ebenda 51:1–24
Gasch A (1896) Beiträge zur Teichwirtschaft. Sammelband mit vier Beiträgen. Verlag Herrecke und Lebeling, Stetin. 94 S. Nachdruck: Salzwasser Verlag, Paderborn 2011. ISBN 978-3-86195-876-5
Geistbeck A (1884) Die Seen der deutschen Alpen. Mitt Ver Erdkunde Leipzig 1884:203–387
Geistbeck A (1885) Die Seen der deutschen Alpen. Eine geographische Monographie. Ver Erdkunde Leipzig, Verlag Duncker und Humblot, Leipzig
Gerabek K (1971) Die Gewässer im Stadtbereich von Salzburg. Mitt Ges Salzburger Landeskd 110–111:381–395
Goldberg A (1892) Die natürlichen und künstlichen Mineralwässer. Ein Handbuch. BF Voigt Weimar 219 S
Goldemund H (1933) Was geschieht mit dem Meer der Wiener. Das Projekt zur Nutzbarmachung des Neusiedler Sees. Die Stunde 12. Mai 1933 S5 [Anno]
Gottlieb J (1867) Analyse der Emmaquelle zu Gleichenberg in Steiermark. Sitz Ber Akad Wiss math-nat Kl 55–2:836–840
Gottlieb J (1869) Analyse der beiden Johannisbrunnen nächst Straden bei Gleichenberg in Steiermark. Sitz Ber Akad Wiss math-nat Kl 60–2:349–356
Götzinger G (1915) Die seenkundliche Literatur von Österreich 1897–1912. Geogr :Jahresber Österreich 0:31–65
Götzinger G (1916) Neuere Ergebnisse österreichischer Alpenseeforschung. Schr Ver Verbreit naturwiss Kenntnisse Wien 56:75 – 93
Graff L (1887) Die Fauna der Alpenseen. Mitt naturwiss Ver Steiermark 23:47–68
Grissinger K (1892) Untersuchungen über die Tiefen- und Temperatur-Verhältnisse des Weißensees in Kärnten. Petermann's Geogr Mitt 38:153–158
Groll M (1903) Der Öschinensee. Jahresber Geogr Ges Bern (19:1–78 + 2 Karten
Gross M Pfunder G Sauberer N et al. (2009) Pflegekonzept für das Naturdenkmal Brunnlust. Endber Naturschutzb NÖ 90 S https://www.noe-naturschutzbund.at/unsere-grundstuecke.html
Groß AJ (1834) Handbuch für Reisende durch die österreichische Monarchie mit besonderer Rücksicht auf die südlichen und Gebirgsländer 2 Aufl J Lindauer'sche Buchhandlung München
Gruber M (1890) Die bacteriologische Wasseruntersuchung und ihre Ergebnisse. Schrift Ver naturwiss Kenntnisse Wien 30:127–162
Gruber M (1893) Die natürliche Reinigung des Wassers. Schrift Ver naturwiss Kenntnisse Wien 33:185–210
Grunow A (1858) Die Desmidiaceen und Pediastreen einiger österreichischen Moore nebst einigen Bemerkungen über Familien im Allgemeinen. Verh Zoo-Bot Ver Wien 8:489–502
Grunow A (1860) Ueber neue oder ungenügend gekannte Algen. Verh Zoo-Bot Ver Wien 10:503–582

Grunow A (1862 Die österreichischen Diatomaceen nebst Anschluss einiger neuen Arten von anderen Lokalitäten und einer kritischen Uebersicht der bisher bekannten Gattungen und Arten. Verh Zoo-Bot Ver Wien 12:315–472; 545–588

Guttenberg H Ritter von (1905) Über Entstehung und Bekämpfung der Wildbäche mit besonderer Berücksichtigung Steiermarks. Mitt naturwiss Ver Steiermark 41:188–202

Gutwiński R (1897) Über die bis jetzt in Bosnien und der Hercegovina entdeckten Algen (mit Ausschluss der Diatomaceen) Wiss Mitt Bosnien Herzegowina 5:453–463

Gümbel CW von (1889) Geologische Bemerkungen über die warmen Quellen von Gastein und ihre Umgebung. Sitz Ber math-phys Klasse kk Akad Wiss München 19:341–408

Haas HJ (1895) Quellenkunde Lehre von der Bildung und vom Vorkommen der Quellen und des Grundwassers. Verlagsbuchh JJ Weber Leipzig 220 S

Habermann J (1876) Das Trinkwasser Brünns Bericht der vom naturforschenden Vereine in Brünn eingesetzten Commission. Verh nat-forsch Ver Brünn 15:36–121

Habermann J (1878) Das Trinkwasser Brünns (1. Fortsetzung) Verh nat-forsch Ver Brünn 17:327–329

Habermann J (1881) Beiträge zur Erforschung der Trinkwasser-Verhältnisse Mährens und Schlesiens Verh nat-forsch Ver Brünn 20:150–169

Hacker W (1928) Neue Lotungen und Temperaturmessungen im Südlichen Teile des Achensees. Mitt k-k Geogr Ges 71:97–114

Hackl O (1919) Chemische Analyse der Schwefelquelle in Meidling-Wien. Verh Geol Bundesanst 1919:198–206

Haidinger W. (1848) Ber Mitth Freunden Naturwiss Wien IV Band Nr 1–6: 3 Beiträge:Haidinger S 142 Columbus S 163 Forgatsch S 190

Haidinger W (1861) Das Eis der Donau bei Wien und das Eis des Rheins bei Koblenz. Sitz Ber Akad Wiss math-nat Kl 42:739–363

Haidvogel G Hauer F Hohensinner S et al (2019) Wasser-Stadt Wien Eine Umweltgeschichte. Zentrum für Umweltgeschichte (Hg), Holzhausen Druck GmbH Wien 495 S

Hajek H (1906) Untersuchung der Thermalquelle des Brennerbades auf Radioaktivität. Veröff Tiroler Landesmus Ferdinandeum 3–50:524–539

Halbfaß W (1903) Beiträge zur Kenntnis der Seen der Lechthaler Alpen. Globus 83:21–23

Halbfaß W (1903/04) Die Morphometrie der europäischen Seen. Z Ges Erdkunde Berlin 1903:592–623; 706–729; 784–813; 1905:204–223

Halbfaß W (1905) Zur Thermik der Binnen-Seen und das Klima. Petermann's Geogr Mitt 51:219–233

Halbfaß W (1909a) Die Tiefe des Mondsees im Salzkammergut Petermann's Geogr Mitt 55:364

Halbfaß W (1909b) Zur Frage des Temperaturseiches Petermann's Geogr Mitt 55:364–365

Halbfaß W (1912) Der gegenwärtige Stand der Seenforschung. I. Topographie, Hydrographie, Geologie der außereuropäischen Seen. In Abderhalden E (Hg) Fortschritte der Naturwissenschaftlichen Forschung, Urban & Schwarzenberg Berlin Wien 1–66

Halbfaß W (1913) Der gegenwärtige Stand der Seenforschung. II. Topographie, Hydrographie, Geologie der europäischen Seen. In Abderhalden E (Hg) Fortschritte der Naturwissenschaftlichen Forschung, Urban & Schwarzenberg Berlin Wien 1–72

Halter R (1916) Eiserscheinungen in fließenden Gewässern. Schr Ver Verbreit naturwiss Kenntnisse Wien 56:181–210

Hamberg A (1911) Dichteunterschiede und Temperaturverteilung hauptsächlich der Binnenseen. Petermann's Geogr Mitt 2:306–312

Hanamann J (1903a) Die chemische Beschaffenheit der fliessenden Gewässer Böhmens. Arch naturwiss Landesdurchforschung Böhmen 9:1–101

Hanamann J (1903b) Die chemische Beschaffenheit der fliessenden Gewässer Böhmens II. Theil Hydrochemie der Elbe. Arch naturwiss Landesdurchforschung Böhmen 10:1–100

Handlirsch A Wettstein R von Hg (1901) Botanik und Zoologie in Österreich in den Jahren 1850 bis 1900. A Hölder Wien 716 S

Hanke JA 1784 Versuch der Schiffbarmachung des Flusses March und Handlung der Mährer Brünn Siedlerische Schriften brünn 71 S

Hann J (1877) Ueber die Temperatur von Wien nach 100jährigen Beobachtungen. Sitz Ber k Akad Wissensch II. Abt 76:1-63
Hansgirg A (1884) Beiträge zur Kenntnis der böhmischen Thermalalgenflora. Öster Bot Z 34:276–284
Hansgirg A (1885) Ueber den Polymorphismus der Algen. Bot Centralbl 22:385–406
Hansgirg A (1886a) Prodromus der Algenflora von Böhmen Erster Theil. Arch naturwiss Landesdurchforschung Böhmen 5:1–209
Hansgirg A (1886b) Beiträge zur Kenntnis der Salzwasser-Algenflora Böhmens. Österr Bot Z 36:331–336
Hansgirg A (1887) Beiträge zur Kenntnis der Bergalgenflora Böhmens. Österr Bot Z 37:13–17
Hansgirg A (1888) Neue Beiträge zur Kenntnis der halophilen der thermophilen und der Berg-Algenflora sowie der thermophilen Spaltpilzflora Böhmens. Österr Bot Z 38:149–151
Hansgirg A (1892) Süsswasseralgen aus Kärnten Jahrb Nat hist Landesmus Kärnten 22:161–173
Hansgirg A (1893) Prodromus der Algenflora von Böhmen. Zweiter Theil Arch naturwiss Landesdurchforschung Böhmen 8:1–268
Hansgirg A (1905) Grundzüge der Algenflora von Niederösterreich. Bot Centralblatt 18:417–522
Hartmann V (1882) Das Ossiacher Seethal und seine Ränder. Ein Beitrag zur näheren Kenntnis der Kärntner Seen. Jahresb Staats-Oberrealschule Klagenfurt 25:1–45
Hartmann V (1883 Das Thal des Weißensees in Kärnten. Ebenda 26:1–50
Hartmann V (1886) Das Kärntner Faakerseethal der Gegenwart und der Vorzeit. Ebenda 29:1–47
Hartmann V (1890) Das seenreiche Keutschachthal in Kärnten. Ebenda33:1–40
Hartmann V (1897) Amerikanische Edelfische in Gewässern Kärntens. Carinthia II 87:186–189
Hartmann V (1898) Fische Kärntens Jahrb Nat hist Landesmus Kärnten 25:1–48
Hartmann V (1915) Rotatorien, Copepoden und Cladoceren aus der Bukowina. Verh Zoo-Bot Ver Wien 65:231–237
Haßler J (1921) Ein Kärntner Versuchssee (Der Forstsee als technischer Versuchssee für hydrologisch-thermische Fragen der Kärntner Seekraftwerke. Klagenfurter Z 112:842–843; 113:847–849; 114:855–856
Hauer K (1878) Die Mineralquellen von Ischl Verh Geol Bundesanst 1878:123–127
Havas H (2013) Der Mann, der den Neusiedlersee trockenlegen wollte. Metroverlag Wien 221 S
Heckel J (1854) Die Fische der Salzach. Verh Zoo-Bot Ver Wien 4:189–196
Heckel J Kner R (1858) Die Süßwasserfische der österreichischen Monarchie mit Rücksicht auf die angrenzenden Länder. Verlag W Engelmann, Leipzig
Hehenwarter E Morton F (1956) Weitere Beobachtungen am „Warmen Wasser" am Hallstätter See. Arch Hydrobiol 52:449–450
Heider A (1893) Untersuchungen über die Verunreinigung der Donau. Österr Sanitätwesen Beilagezu 31:53–94
Heim A (1894 Die Entstehung der alpinen Randseen. Vierteljahresschr Nat forsch Ges Zürich 39:66–84
Hellbach R (1858) Der Führer zum Neusiedlersee, auf den Schneeberg und die Raxalpe. Ein Handbuch für Reisende. Wien, Verlag A.A. Wenedikt, 273 S. + 1 Karte
Heller C (1871) Die Fische Tirols und Vorarlbergs Veröff Tiroler Landesmus Ferdinandeum Folge3 Bd 16:295–369
Hellwald F von (1867) Die Eiszeit der Alpen Jahrb österr Alpenver 3:1–24
Helm E (1860) Die periodische Quelle von Kapsdorf im Zipser Comitate. Verh Ver Naturk Presburg 5:96–103
Herbst A (1895) Traunregulierung. Monatsschrift für den öffentlichen Baudienst 1895 H4 S124
Herbst A (1900) Die Ergebnisse der Expertise über die Regulierungsarbeiten an der unteren Traun. Allg BauZ 1900:34–46
Hinterhuber R (1839) Mondsee in topographischer naturhistorischer und archäologischer Hinsicht. Oberer'schen Buchhandlung Salzburg 73 S
Hinterhuber R (1869) Mondsee und seine Umgebungen. Eduin Müller, Wien
Hitschmann HH (1856) Eine Excursion um den Neusiedler See. Österr Bot Z 8:221–228

Hochenburger F Ritter von (1886) Über Geschiebsbewegung und Eintiefung fliessender Gewässer nebst Darstellung der Mur-Regulierung und anderer grösserer Flusskorrektionen in Steiermark. W. Engelmann Leipzig 171 S
Hochstetter F (1865) Tiefenmessungen in den Seen von Kärnten und Krain Jahrb Österr Alpenver 1:313–315
Hoffer M und Krauß H (1909) Eine naturgeschichtliche Studie über den Klopeiner-, Zablatnig- und Gösselsdorfersee Carinthia II 99:67–100
Höfer-Heimhalt H (1912) Grundwasser und Quellen Eine Hydrogeologie des Untergrundes Vieweg u Sohn, Braunschweig
Hönigsberg B von (1858) Wildbad Gastein im Jahre 1857. KK Hof- und Staatsdruckerei 105 S
Hydrographisches Zentral-Bureau (Hg) (1898) Die Hochwasserkatastrophe des Jahres 1897. Hydrogr Österr 2:1–103
Hydrographisches Zentral-Bureau (Hg) (1904) Das Traungebiet und die Verwertung des Retentionsvermögens der Salzkammergut-Seen zur Milderung der Hochwassergefahren. Beitr Hydrogr Österr 7:1–188
Hye FH (1993) Geschichte der Trinkwasserversorgung der Landeshauptstadt Innsbruck, Stadtmuseum Innsbruck 264 S
Imhof OE (1885) Faunistische Studien in achtzehn kleineren und größeren österreichischen Süßwasserbecken. Sitz Ber Akad Wiss math-nat Kl 91:203–226
Imhof OE (1890) Notizen über die pelagische Thierwelt der Seen in Kärnthen und in der Krain. Zoo Anz 13:261–263; 347–349; 372–377
Imhof OE (1892) Die Verbreitung von *Silurus glanis* L in den stehenden Gewässern der europäischen Alpenkette. Biol Zentralbl 12:716–718
Jäger V Pillwein E (1919) Dr Eberhard Fugger (Nachruf). Mitt Ges Salzburger Landeskunde 59:65–80
John K (1876) Die Mineralwässer von Dorna Watra in der Bukowina. Verh Geol Bundesanst 1876:209–210
Kafka J (1893) Untersuchungen über die Fauna der Gewässer Böhmens II. Die Fauna der böhmischen Teiche Arch nat-wiss Landesdurchforschung Böhmen 8:1–115
Karliński J (1893) Die Messungen der Tiefe des Borkesees bei Konjiea. Wiss Mitt Bosnien Herzegowina 1: 542–548
Karliński J (1897) Kieselalgen- (Diatomeen-) Flora Bosniens und der Hercegovina. Wiss Mitt Bosnien Herzegowina 5:464–479
Keilhack K (1912) Lehrbuch der Grundwasser- und Quellenkunde. Bornträger, Berlin
Keißler C von (1906) Beitrag zur Kenntnis des Planktons einiger kleinerer Seen in Kärnten. Österr Bot Z 56:53–60
Kittl EAL (1881) Ueber die Mineralquellen Nordböhmens. Verh Geol Bundesanst 1881:149–152
Klackl H (2002) Der Almkanal: seine Nutzung einst und jetzt Eigenverl 172 S
Klemun M (1992) Friedrich Simony (1813–(1896) 1 Kustos des Naturhistorischen Museums in Klagenfurt (1848–1850) Carinthia II 182:375–391
Kluge T, Schramm E (1988) Wassernöte: zur Geschichte des Trinkwassers. Volksblatt Verlag Köln 237 S
Kner R (1863) Über die geographische Verbreitung der Süßwasserfische Österreichs. Österr Rev 2:254–259; 6:276–282
Koch EJ (1845) Die Mineralquellen des gesammten österreichischen Kaiserstaates in topographischer historischer physikalisch-chemischer und therapeutischer Beziehung. 2 Auflage, C Gerold, Wien 472 S
Koch GA (1895) Die Temperaturbewegung des Gmundner- oder Traunsee's und Traunabflusses im Winter (1894–95). Mit vorzüglicher Benützung der Messungen von Capitain Fr Zehden. Mitt Geogr Ges Wien 38:119–150
Koblizek R, Süssenbek N (2000) Die Trinkwasserversorgung der Stadt Wien von ihren Anfängen bis zur Gegenwart Diss Univ Wien 591 S
Kohlmayer P (1863) Das Maltathal Gestaltung. Gewässer Clima und Flora. Jahrb Nat hist Landesmus Kärnten 6:63–94

Koller MW (1841): Beiträge zur Landeskunde von Österreich ob der Enns und Salzburg. Über den Gang der Wärme in Oberösterreich. Jahrb Oberöst Musealver 5:1–29

Konschegg V (1883) Führer in Aussee Grundlsee, Alt-Aussee und Hallstatt. 2. Aufl W Braumüller Wien 90 S

Kornhuber GA (1863) Vereinsversammlung am 9.11.1863. Verh Ver Naturk Presburg 7:222–225

Krümmel O (1889) Die Plankton-Expedition im Sommer 1889. Verh Ges Erdk Berlin 10:502–514

Krüse K (1937) Beiträge zur Kenntnis der Radioaktivität der Mineralquellen Tirols.VIII. Mitteilung mit einer Gesamtübersicht der bisherigen Untersuchungen. Jahrb Geo Bundesanst 87:41–56

Krzizan R (1925) Chemische Untersuchung der Otto-Quelle in Gießhübl Sauerbrunn. Lotos Z Naturwiss 73:97–102

Kudernatsch R Arlt F von (1901) Die Zusammensetzung des Mineralwassers aus der St Georgs-Quelle zu Bad Einöd in Steiermark. Mitt naturwiss Ver Steiermark 37:267–269

Kukula W (1874) Die Fischfauna Oberösterreichs. Jahrb Ver Naturk Österr ob der Enns Linz 5:17–25

Lampert K (1899) Das Leben der Binnengewässer. CH Tauchnitz Leipzig 944 S

Láng EE (1858) Analyse zweier Mineralquellen im nordwestlichen Ungarn Verh Ver Naturk Preßburg 3:37–50

Lange F (2004) Von Böhmen nach Wien. Der Schwarzenbergische Schwemmkanal. Sutton, Erfurt

Lange F (2019) Der Wiener Neustädter Kanal. Vergessenes und wiederentdecktes in einzigartigen Bildern. Sutton, Erfurt

Lanser O (1941) Bäuerliche Wasserkraftnutzung in den Alpenländern. Z dtsch Alpenver 72:86–95

Lauda E (1905) Die Verwertung des Retentionsvermögens der Salzkammergut-Seen zur Milderung der Hochwassergefahren im Traungebiete. Z Österr Ing Arch Ver 57:253–261, 269–280

Lauterborn R (1902) Das Projekt einer schwimmenden biologischen Station zur Erforschung des Tier- und Pflanzenlebens unserer Ströme. Verh 5. Internat zool Kongr 1901, Berlin 1902:307–312

Leithe F (1885) Beiträge zur Kenntnis der Kryptogamenflora von Tirol. Österr Bot Z 35:8–12

Lersch BM (1863) Geschichte der Balneologie, Hydroposie und Pegologie, oder Der Gebrauch des Wassers zu religiösen, diätetischen und medicinischen Zwecken. Ein Beitrag zur Geschichte des Cultus und der Medicin. Stahel'sche Buchhandlung Würzburg 242 S

Leutner N (2017) Das Warmwasser am Hallstätter See https://www.norbertleutner/2017/05/17

Linner R (1868) Die Salubritäts-Verhältnisse der Stadt Linz Auszug aus dem vom städtischen Ingenieur R Linner in Graz an die Gemeindevertretung von Linz in deren Auftrage erstatteten Berichte. Stadtgemeinde Linz. J Feichtingers Erben Linz 42 S

Linsbauer L (1895) Vorschlag einer verbesserten Methode zur Bestimmung der Lichtverhältnisse im Wasser. Ein Beitrag zum Studium der Lebensbedingungen der wasserbewohnenden Organismen. Verh Zool-Bot Ver Wien 45:383–390

Linsbauer L (1898) Die Lichtverhältnisse des Wassers speciell mit Rücksicht auf deren biologische Bedeutung. Naturwiss Wochenschr 30:349–357

Linsbauer L (1905) Photometrische Untersuchungen über die Beleuchtungsverhältnisse im Wasser. (Ein Beitrag zur Hydrobiologie). Sitz Beri Akad Wiss math-naturwiss Kl 114:51–75

Lorenz Liburnau JR von (1863) Physicalische Verhältnisse und Vertheilung der Organismen im Quarnerischen Golfe. KK Akad Wiss Wien 12:379 II S1–6

Lorenz Liburnau JR von (1898) Der Hallstätter See. Eine limnologische Studie Mitt kk Geogr Gese Wien 41 No 1 u 2, R Lechner Wien

Lorenz Liburnau JR von (1899) Ältere und neuere Lothungen im Hallstätter See. Abh kk Geogr Ges Wien Sonderaus, R Lechner Wien

Lüddecke R (1881) Ueber Moränenseen. Ein Beitrag zur allgemeinen Erdkunde. Max Niemeyer, Halle

Maillard S (1817) Anleitung zu dem Entwurf und der Ausführung schiffbarer Canäle: mit zwölf Plänen. Hartleben, Pesth 392 S

Makowsky A (1892) Die Mineralquellen von Andersdorf in Mähren. Verh naturf Ver Brünn 31:137–141

Marek R (1901) Der Wasserhaushalt im Murgebiete. (Ein Beitrag zur Hydrographie der Mur). Mitt nat-wiss Ver Steiermark 37:3–57
Marr JE (1897) The origin of lakes. Sci. Progr. Quart.Rev. VI:218–228
Mayer E (1831) Beschreibung der großen Schwemm-Anstalt auf der Herrschaft Krumau in Böhmen. Allgem österr Z Landwirth, Forstmann Gärtner 2: 1–69
Melion JV (1847) Geschichte der Mineral-Quellen des österreichischen Kaiserthums. G Hasse Söhne Wien 163 S
Mertens von P (1872) Analyse des Wassers vom sogenannten Kalten Brunnen bei Unterach am Attersee. Verh Geol Bundesanst 1872:162–163
Merz A (1909) Seestudien in den Niederen Tauern. Mitt kk Geogr Gest 52:539–558
Micoletzky H (1912) Beiträge zur Kenntnis der Ufer- und Grundfauna einiger Seen Salzburgs sowie des Attersees. Zool Jahrb Abt Syst Geogr Biol Tiere 33:421–444
Mitis FR Ritter von (1835) Geschichte des Wiener Donau-Canals und Darstellung der Ursachen seines unvollkommen schiffbaren Zustandes. Beck'sche Univ-Buchh Wien
Mitteregger J (1857) Analysen von Klagenfurter Brunnenwasser. Jahrb Nat hist Landesmus Kärnten 4:106–109
Mitteregger J (1877) Beiträge zur Statistik des Klagenfurter Trinkwassers. Carinthia I 67:231–235
Mitteregger J (1883) Beiträge zur Quellenkunde Kärntens. Jahrb Staats-Oberrealsch Klagenfurt 26:1–21
Mitteregger J (1898) Kärntens Mineral- und Heilquellen. Arch Hydrobiol 25:159–180
Mitteregger J (1899) Die Schwefelquelle bei Susalitsch oberhalb Fürnitz. Carinthia II 89:182–184
Monti R (1904) Limnologische Untersuchungen über einige italienische Alpenseen. Forsch Ber Biol Stat Plön 11:252–275
Morton F (1927a) Der Hirschbrunn-Quellenbezirk. Mitt Höhlen- und Karstforsch 1927 H4:125–130
Morton F (1927b) Der Sauerstoffgehalt einiger Quellen des Hallstätter Gebietes (Vorläufige Mitteilung). Arch Hydrobiol 18:65–70
Morton F (1930a) Allerhand aus dem Leben des Hallstätter Sees IV Ein verschollenes Warmbad am Hallstätter See. Neueste Post Gmunden Nr 4068 vom 25 6 1930
Morton F (1930b) Der Waldbachursprung. Arch Hydrobiol 21:731–733
Morton F (1930c) Der Kessel bei Hallstatt. Bilder Woche Linzer Tagesp 21:127–130
Morton F (1932) Das „Warme Wasser" am Hallstätter See. Arch Hydrobiol 24:543–546
Moser I (1866) Der abgetrocknete Boden des Neusiedler See's. Jahrb Geol Bundesanst 16:338–344
Müller G (1971) Salzburgs Seen. Eberhard Fuggers Anteil an ihrer Erforschung. Mitt Ges Salzburger Landesk 110–111:479–489
Müller G (1973a). Salzburgs Seen XI Ebenda 112–113:567–574
Müller G (1973b) Salzburgs Seen XII Ebenda 112–113:575 – 588
Müller G (1976) Salzburgs Seen XIII Ebenda 116:277–289
Müllner J (1895) Die Temperaturverhältnisse der Seen des Salzkammergutes 23. Jahrb kk Staats-Oberrealsch Graz 23:3–35
Müllner J (1896a) Temperaturstudien im Andritzursprunge. Grazer Tagesp 17 Mai 1896
Müllner J (1896b) Die Seen des Salzkammergutes und die österreichische Traun. Erläuterungen zur ersten Lieferung des österreichischen Seenatlasses. Pencks Geogr Abh 4:1–115
Müllner J (1900) Die Seen am Reschen-Scheideck. Eine limnologische Studie. Pencks Geogr Abh 7:1–44
Ferdinandeum 3:145–278
Müllner J (1902/03) Einige Erfahrungen und wünsche auf dem Gebiete der Seenforschung. Jahrb kk Max Gym Wien 1902/03:1–24
Müllner J (1903a) Die Seen des unteren Inntales in der Umgebung von Rattenberg und Kufstein. Z Ferdinandeum 3:145–278
Müllner J (1903b) Die Vereisung der Österreichischen Alpenseen in den Wintern 1894/5 bis 1900/1. Pencks Geogr Abh 7: 67

Müllner J (1911) Der Schutz Wiens gegen Donauüberflutung. Peterm Geogr Mitt 57:203–204
Müllner J (1924) Zur Vereisung der Seen der Ostalpen. Geogr Ann 6:131–179
Müllner J (1926) Problematisches im Vereisungsbeginn der Binnenseen. Geogr Ann 8:177–216
Müllner J (1927) Die Wannenform des Mondsees im Salzkammergut. Peterm Geogr Mitt 73:358–360
Müllner J (1936) Der Einfluß der Sperrung des natürlichen Abflusses auf die Oberflächenwärme des Achensees. Mitt kk Geogr Ges 79:225–270
Müllner J (1946) Zum Problem der Temperaturerhöhung am Grunde tiefer Seen. Sitz Ber Akad Wiss mathh-nate Kl 155:205–230
Nevinny J (1905) Das Badewesen Tirols und die Heilquellen dieses Landes insbesondere des Brennerbades. Vortr kl Stadtsaal 17 September 1905. Innsbr Nachr 47 S
Niedermair M Platner G et al (2010) Moore im Klimawandel. Studie WWF, Österr Bundesforste, UBA 22 S
Pantocsek J (1902) Die Bacillarien des Balaton In: Balatonsee-Commission (Hg) Resultate der wissenschaftlichen Erforschung des Balatonsees 2. Band Die Biologie des Balatonsees 2. Teil. Die Flora 1. Section: Anhang 114 S, Hölzel Wien
Pantocsek J (1912) A Ferto to kovamoszat viranya (Die Kieselalge des Neusiedler Sees) Verh Ver Naturk Presburg 1912:3–48
Pasetti F (1862) Notizen über die Donauregulierung im österreichischen Kaiserstaate bis zu Ende des Jahres 1861 mit Bezug auf die im KK-Staatsministerium herausgegebene Übersichts-Karte der Donau. KK Hof- und Staatsarchiv Wien 39 S
Pauer J (1871) Über den Neusiedler See. Verh Geol Bundesanst 1871:110–111
Penck A (1891) Die Donau. Schrift Ver Verbreitung nat-wiss Kenntnisse Wien 31:1–101
Penck A (1898a) Die Flusskunde als ein Zweig der physikalischen Geographie. Z Gewässerk 1:1–9
Penck A (1898b) Friedrich Simony: Leben und Wirken eines Alpenforschers; ein Beitrag zur Geschichte der Geographie in Österreich. Geogr Abh 6 H 3 124 S Hölzel Wien
Penck A (1898c) Die Tiefen des Hallstätter- und Gmundnersees. Mitt Dt und Oesterr Alpenver 24(9):112–113 und 24(10):123–125
Penck A (1900) Alte und neue Lothungen im Hallstätter See. Abh kk Geogr Ges Wien 11(4):3–7
Penck A und Brückner E (1909) Die Alpen im Eiszeitalter. 1. Band Die Eiszeiten in den nördlichen Ostalpen. CH Tauchnitz Leipzig 420 S
Penck A und Richter E (1895/96) Atlas der österreichischen Alpenseen. Geogr Abh 7 H 1 und 2
Pesta O (1923) Hydrobiologische Studien über Ostalpenseen. Arch Hydrobiol Suppl III:1–595
Pesta O (1929) Der Hochgebirgssee der Alpen. In:Thienemann A (Hg) Die Binnengewässer Band VIII E Schweizerbartsche Verlagsbuchh Stuttgart 156 S
Perko GA (1908) Der Zirknitzer See in Krain – Österreich. Prometheus 19 H976: 625, H977:643, H978:664
Petschar H und Zeitlinger E (Hg) (2021) Die Donau – eine Reise in die Vergangenheit. Kremayer Scheriau Wien 256 S
Peucker K (1896) Europäische Seen nach Meereshöhe Größe und Tiefe. Hettners Geogr Z 2:606–616
Pohl JJ (1855) Analyse des Brunnenwassers aus dem Hause Nr 42 Josefstadt Wien. Sitz Ber Akad Wiss math-nat Kl 15:303–311
Pokorny A (1858) Nachricht über die Moosbrunner Torfmoore nächst Wien. Verh Zoo-Bot Ver Wien 8:309–314
Pokorny A (1863) Österreichs Torfe und Bildungsstätten. Österr Rev 3:252–262
Poleck T (1869) Beiträge zur Kenntnis der chemischen Veränderungen fließender Gewässer. Habilschrift Breslau Maruscke Berendt 87 S
Polscher H (1910) Die Hochseen der Kreuzeckgruppe. Geogr Jahrb Österr 8 201–245
Prohaska K (1896) Ein Süßwasserschwamm im Klopeinersee. Carinthia II 86:253
Protić G (1907) Beitrag zur Kenntnis der Algenflora Albaniens. Wiss Mitt Bosnien Herzegowina 10:611–621

Protić G (1909) Zweiter und dritter Beitrag zur Kenntnis der Algenflora Bosniens und der Herzegowina. Wiss Mitt Bosnien Herzegowina 11:499–517

Puchstein H (1886) Die mittlere Tiefe und das Volumen der Seen der deutschen Alpen. Z Geographen Univ Wien 12:

Pühringer N Brader M Ragger C (2010) Vogelparadies Weidmoos ein Überblick über die Entwicklung der Avifauna seit dem Jahr 2000. Salzburger Vogelkundl Ber 14:2–23

Ramsay FRS (1862) On the Glacial origin of certain lakes in Switzerland the black forest Great Britain Sweden North America and elsewhere. Quart J Geol Soc August 1862:185–205

Reibenschuh FA (1903) Chemische Untersuchung neuer Mineral-Quellen Steiermarks. Mitt nat-wiss Ver Steiermark 39:379–389

Reissacher K (1867): Der Johannisbrunnen bei Gleichenberg. Jahrb Geol Bundesanst 017: 461–464

Reissek S (1859) Vegetations-Geschichte des Rohres an der Donau in Oesterreich und Ungarn. Verh Zoo-Bot Ver Wien 9:55–74

Reissinger A (1913) Die Seen des Illergebietes. Eine morphometrische Studie. Landesk Forsch Geogr Ges München 20:1–19

Reißacher K (1862) Der Pochhartsee in Gastein. Mitt Ges Salzburger Landesk 2:124–126

Reißacher K (1865) Die Thermalquellen von Gastein. Mitt Ges Salzburger Landesk 5:1–59

Reslhuber PA (1854) Über die Temperaturen der Quellen von Kremsmünster. Sit Ber Akad Wiss math-nat Kl 14:385–396

Reymann F (1910) Die Eisverhältnisse der Mur und Drau. Eine kritisch-methodische Untersuchung. Mitt kk Geogr Ges Wien 53:509–579

Richter E (1891) Die Temperaturverhältnisse der Alpenseen. Verh IX dt Geogr Tagung Wien 1891:189–197

Richter E (1897) Seestudien. Erläuterungen zur zweiten Lieferung des Atlas der österreichischen Alpenseen. Pencks Geogr Abh 6(2):1–72 Hölzel Wien

Richter E (1899) Stehende Seespiegelschwankungen (Seiches) auf dem Traunsee. Peterm Geogr Mitt 45:41–42

Richter E (1900) Geomorphologische Untersuchungen in den Hochalpen. Peterm Geogr Mitt Ergänzungsb XXIX H Nr 132 820 S Justus Perthes Gotha

Riemann R (1877) Aus dem Pinzgau. Mitt Dt Öster Alpenver 3:171–172

Ruttner F (1904–1908) Die Mikroflora der Prager Wasserleitung Arch nat-wiss Landesdurchforsch Böhmen 13:1–47

Ruvarac V Penck A (1896) Die Abfluss- und Niederschlagsverhältnisse von Böhmen nebst Untersuchungen über Verdunstung und Abfluss von größeren Landflächen. Pencks Geogr Abh V. B 5. H:430–508

Sauter AE (1864) Kryptogamen-Flora des Pinzgaues Mitt Ges Salzburger Landesk 4:163–216

Sauter AE (1873) Flora des Herzogthums Salzburg. Mitt Ges Salzburger Landesk 13:17–28

Schaber P (2019) Seen im Bundesland Salzburg: Morphometrische hydrologische geographische, physikalische chemische und biologische Daten. Ber nat-wiss-med Ver Salzburg 19:7–195

Scharfetter R (1918) Die Murauen bei Graz. Ein Beitrag zur Kenntnis der Vegetation in Überschwemmungsgebieten. Mitt nat-wiss Ver Steiermark 54:179–223

Schätz H (1936) Die Auslotung des Achensees im Jahre 1835. Z dt österr Alpenv 1936:60–66

Schemerl J (1788) Abhandlung über die Schiffbarmachung der Ströme Wien JP Krauß 196 S

Schemerl J (1809) Erfahrungen im Wasserbau Wien und Triest. Geistinger's Buchhandlung 366 S

Schiedermayr K (1887) Das Wasser der Donau bei Linz. Jahrb Ver Naturk Österr ob der Enns 17:1–13

Schjerning W (1893) Der Zeller See im Pinzgau. Z Ges Erdk Berlin 28:367–392

Schlagintweit H (1867) Ueber die Temperatur von Alpenseen in grossenTiefen nach Beobachtungen im Starnbergersee und im Chiemsee. Sitzungsberichte Bayr. Akad. Wiss 1867,1,14:305–316

Schmidle W (1895) Beiträge zur alpinen Algenflora. Algen aus den Oetzthaler Alpen 1–4. Österr Bot Z 45:249–263 305–311 346–350 387–391

Schmidle W (1896) Beiträge zur alpinen Algenflora. Algen aus den Oetzthaler Alpen 5–7. Österr Bot Z 46:20–25 59–65 94–96
Schnabl F (1911) Die Thermik der Alpenseen. Jahrb städt Kaiser Franz Joseph- Jubiläums-Unter-Realgym Korneuburg 13:1–38
Schnell P (1855) Chemische Analyse der Ludwigs-Quelle in Zaizon. Verh Mitt Siebenb Ver Naturwiss Hermannstadt 6:27–29
Schramm J-M (2019) Eberhard Friedrich Fugger (1842–1919) und die Humboldt'sche Geobiodiversität. Eine Würdigung des Salzburger Naturforschers zu seinem hundertsten Todesjahr. Ber Geol Bundesanst 137:117 S
Schreiber H (Hg) (1910) Die Moore Vorarlbergs und des Fürstentums Lichtenstein. Moorverein Staab Böhmen 179 S
Schreiber H (Hg) (1913) Die Moore Salzburgs II Band der Moorerhebung. Moorverein Staab Böhmen 272 S
Schuch M (1946) Untersuchung über die Abhängigkeit des Auftretens von Eisstößen auf der niederösterreichischen Donaustrecke von den meteorologischen Elementen. Diss Univ Wien 66 S
Schultes J A (1802) Ausflüge nach dem Schneeberge in Unterösterreich. JW Degen Wien 305 S
Schultes J A (1809) Reisen durch Oberösterreich in den Jahren 1794 1795, 1802, 1803, 1804 und 1808. Cotta'sche Buchhandlung Tübingen 260 S
Schulz N und Schulz L (1976) Neuauslotung des Wörthersees (Kärnten Österreich) mit Hilfe eines Echographen. Carinthia II 166:463–466
Schütz J (1866) Heber das Grundwasser und seine Bewegungen. Z Nat Wiss 16:58–63, 67–72
Schwab F (1902) Über die Quellen in der Umgebung von Kremsmünster. Jahresberichte des Vereins für Naturkunde in Österreich ob der Enns zu Linz 31: 1–24.
Schwabe H (1837) Über die Algen der Karlsbader warmen Quellen. Linnaea 11:109–127
Sieger R (1894) Die Fortschritte der Seenforschung. Globus 67:80–85
Sikora A (1956) Die älteste Wasserleitung in Graz. Ver Steiermark 47:96–111
Simony F (1843) Bericht über die warme Quelle am Hallstätter See im österreichischen Salzkammergut. Wiener Z 173:1333–1334 und 1347
Simony F (1847a) Die Temperatur der Quellen im Hallstätter Bezirk. Haidingers Ber Mitt Freunden Naturwiss Wien 12:329–332
Simony F (1847b) Vorlage der Karte Hallstätter See (in Oberösterreich). Haidingers Ber Mitt Freunden Naturwiss Wien 1:13–17
Simony F (1847c) Üeber die Spuren der vorgeschichtlichen Eiszeit im Salzkammergute. Haidingers Ber Mitt Freunden Naturwiss Wien 1:215–248
Simony F (1849a) Üeber die Temperatur der Quellen im Salzkammergut und dessen nächsten Umgebungen. Ann Physik 154:135–143
Simony F (1849b) Über die Temperatur der Quellen im Salzkammergut und dessen nächsten Umgebungen. Haidingers Mitt Freunden Naturwiss Wien 5:258–266
Simony F (1850a) Das Becken des Wörthersees Carinthia 1850–18
Simony F (1850b) Die Seen des Salzkammergutes. Sitz Ber K Akad Wiss Wien math-nat Kl 4:542–566
Simony F (1864a) Ueber die Schwankungen der Temperatur und der Wassermengen der Quellen des Salzkammergutes. Anz k Akad Wiss Wien math-nat Klasse 1:1–144
Simony F (1864b) Die Seen der Alpen I Allgemeines. Österr Rev 1:186–197
Simony F (1864c) Die Seen der Alpen. II. Die Seen des Traungebietes. Österr Rev 5:191–208
Simony F (1865) Über Kalkalpenquellen. Öster Rev 1:185–195
Simony F (1868) Untersuchungen der Seen des Traungebietes. Notiz im Anz k Akad Wiss math-nat Kl 5:126–128
Simony F (1869) Mittheilung über das Vorkommen von Larven am Grunde des Hallstätter Sees. Verh zoo-bot Ges 19:58–59
Simony F (1870) Temperatur und Wasserdruck in größeren Tiefen. Mitt Gebiete Nautik des Schiffsbau- und Maschinenwesens der Artillerie Wasserbauten etc 1870 6:205–206

Simony F (1875) Über die Grenzen des Temperaturwechsels in den tiefsten Schichten des Gmundner Sees und Attersees. Sitz Ber Akad Wiss Wien math-nat Kl 71:429–440
Simony F (1878) Untersuchungen im Achensee. Mitt Dt Österr Alpenver 4:190–191
Simony F (1879) Über Alpenseen. Schrift Ver Verbr naturwiss Kenntnisse Wien 19:525–565
Simony F (1882) Über die Tiefenverhältnisse und die Beckengestaltung der Seen des Traungebietes. Der Tourist 14 Nr 5:1–5 Nr 6:1–3
Simony F (1883) Die Temperaturverhältnisse Wiens in der Periode 1775–1882. Schrift Ver Verbr naturwiss Kenntnisse Wien 23:527–578
Simony F (1895) Das Dachsteingebiet. Ein geographisches Charakterbild aus den österreichischen Nordalpen. Hölzel Wien Olmütz 152 S
Sitenský RF (1891) Torfmoore Böhmens. I. Abt Naturwiss Theil. Arch Landesdurchforsch Böhmen VI B Nr 1 Comm Buchhandlung Řivnáč Prag 226 S
Sonklar K von (1883) Von den Überschwemmungen. Hartleben Wien Pest Leipzig S 151
Sonklar K von (1866) Die Gebirgsruppe der Hohen Tauern mit besonderer Rücksicht auf Orographie, Gletscherkunde und Meteorologie; nach eigenen Untersuchungen dargestellt. Beck'sche Univ Buchhandlung. A Hölder 408 S + 1 Karte
Sonklar K von (1872) Die Zillerthaler Alpen. Ptermann's Geogr Mitt Ergänzungsheft 32:IV+61S+3 Karten
Stahl H (1864) Die Wasserwelt. Das Wasser in allen seinen Gestalten und Formen in Quelle, Strom, See und Ozean als Eis, Regen, Niederschlag usw. 2 Auflage O Spamer Leipzig 276 S
Steinmann P (1907/08) Die Tierwelt der Gebirgsbäche, eine faunistisch-biologische Studie. Ann Biol Lacustre 2:30–162
Steuer A (1897a) Ein Beitrag zur Kenntnis der Cladoceren- und Copepodenfauna Kärntens. Verh Zoo-Bot Ver Wien 47:495–541
Steuer A (1897b) Liste aller bisher in Kärnten gefundenen Cladoceren und Copepoden. Carinthia II 87:160–170
Steuer A (1899) Das Zoo -Plankton der „alten Donau" bei Wien. Biol Centralb 20:25–32
Steuer A (1901) Die Entomostrakenfauna der alten Donau bei Wien. Zool Jahrb 15:1–156
Steuer A (1902) Die Entomostrakenfauna der „alten Donau" bei Wien. Eine ethologische Studie. Zoolog Jahrb 15:1–156 bzw Mono Evertebrata Crustacea 17:1–156 (1901)
Stockmayer S (1928) Biologie und Naturschutz der Mineralquellen. Z wiss Bäderk 244
Stur DRJ (1889) Die Trinkwasserversorgung der Stadt Hainburg. Jahrb Geol Bundesanst 39:35–44
Sueß E (1863) Über den Lauf der Donau. Österr Rev 1863–4:262–272
Sueß E (1866) Über das Grundwasser der Donau. Österr Rev 1866–1:128–134
Sueß E (1898) Studien über unterirdische Wasserbewegung. Jahrb Geol Bundesan 48:425–516
Svojtka M Salvini-Plawen L und Mikschi E (2012) Johann Jakob Heckel (1790–1857), der Begründer der systematischen Ichthyologie in Österreich: Ein biographischer Überblick. Schrift Ver naturwiss Kenntnisse 148–150:43–74
Svoboda H (1902) Eine neue Schwefelquelle bei Lussnitz im Canalthale. Carinthia II 92:236–240
Swarowsky A (1891) Die Eisverhältnisse der Donau in Bayern und Österreich von 1850–90. Arb Geogr Inst KK Univ Wien 5:1–68
Thienemann A (1905) Tiroler Trichopteren Z Tiroler Landesmus Ferdinandeum Folge 3 B49: 411–423
Tinhofer H (2017) Die 40 Wasserfälle Richtung Wien. Der Wiener Neustädter Kanal. Die Achse des Industrieviertels. Kral-Verlag Berndorf 260 S
Tollich C (1888) Das Trinkwasser von Mährisch-Weisskirchen. Verh naturforsch Ver Brünn 27:153–170
Toula F (1892) Über Wildbach-Verbauungen und die Mittel ihnen vorzubeugen. Ver Verbreitung nat-wiss Kenntnisse Wien 32:1–124
Trapp R (1995) Der Schwarzenbergische Schwemmkanal im Böhmerwald – eine forstliche Transportanlage des 18. und 19. Jahrhunderts. Schrift Ver Verbreitung nat-wisse Kenntnisse Wien 133–134:149–196

Trumler G (2014) Alte Mühlen in Österreich. Weitra Bibliothek der Provinz 224 S
Tscherning FA (1902) Über die Algenvegetation an den Wasserrädern der Schiffsmühlen bei Wien. Österr bot Z 52:48–49
Tyndall J (1873 Das Wasser in seinen Formen als Wolken und Flüsse Eis und Gletscher Internat-wiss Biblio 1. Bd Brockhaus Leipzig 228 S
Ule W (1899) Die Gewässerkunde im letzten Jahrzehnt. I Die Seenkunde. Geogr Z 5:434–456
Ule W (1900a) Die Gewässerkunde im letzten Jahrzehnt II Gletscherkunde. Ebenda 6:97–104
Ule W (1900b) Die Gewässerkunde im letzten Jahrzehnt III Die Flußkunde. Ebenda 6:148–170
Umlauft F (1887) Die Alpen Handbuch der gesamten Alpenkunde. Hartleben's Verlag Wien Pest Leipzig 488 S
Umlauft F (1897) Die Österreichisch-Ungarische Monarchie. Geographisch-statistisches Handbuch. 3. Aufl Hartleben Wien 1192 S
Unger F (1839) Die Antritzquelle bei Grätz in Bezug auf ihre Vegetation. Linnaea J Botanik in ihrem ganzen Umfang 13:339–356
Vierhapper F (1882) Das Ibmer- und Waidmoos in Oberösterreich – Salzburg. Jahrb Ver Naturk Österr ob der Enns Linz 12:1–27
Vierthaler FM (1800) Von den Gesundbädern im Erzstifte Salzburg. Intelligenzblatt Salzburg 1800: 625–632 641–646 657–664
Wallmann H (1868) Die Seen in den Alpen. Jahrb österr Alpenver 1870:1–76
Wawrik F (1955) Waldviertler Fischteiche. Sitz Ber kais Akad Wiss Wien Math-nat Kl 164:887–907
Weidmann FC (1834) Darstellungen aus dem Steyermärk'schen Oberlande. C Gerold Wien 228 S
Weidmann FC (1840) Der Traunkreis im Lande Österreich ob der Enns. HF Müller Wien 39 S
Weidmann FC (1849) Der Führer nach und um Ischl. 2. Aufl C. Gerold Wien 580 S
Weismann A (1877) Das Thierleben im Bodensee. Gemeinverständlicher Vortrag Stettner Lindau 31 S
Weissel G (1994) Die Geschichte des hydrographischen Dienstes in Kärnten. Carinthia II 184:391–405
Welwitsch FMJ (1857) Systematische Aufzählung der Süßwasser-Algen Unterösterreichs. Verh Zoo-Bot Ges Wien 7:49–68
Wellik A (1909) Über die Radioaktivität des Grazer Trinkwassers und ihre Abhängigkeit vom Wasserstande der Mur. Mitt nat-wiss Ver Steiermark 45:257–263
Wesenberg-Lund C (1900) Von dem Abhängigkeitsverhältnis zwischen dem Bau der Planktonorganismen und dem spezifischen Gewicht des Süßwassers. Biol Zentralbl 20:644–656
Wex G Ritter von (1875) Ueber die Abnahme der Wässer in den Quellen Flüssen und Strömen bei gleichzeitiger Steigerung der Hochwässer in den Culturländern. Schrift Ver Verbr naturwiss Kenntnisse Wien 15:323–362
Wex G Ritter von (1876) Die Wiener Donauregulierung. Schrift Ver Verbr naturwiss Kenntnisse Wien 16:89–130
Wissert A (1905) Das Angernitzkar in der Schobergruppe. Mitt kk Geogr Ges Wien 48:561–570
Woldrich JN (1863) Verlauf der Witterung in den letzten einundzwanzig Jahren 1842–1863 zu Salzburg. Verlag Zaunrith 36 S
Woldrich JN (1865) Untersuchungen über die Temperatur-Verhältnisse der Gewässer in der Stadt Salzburg Mitt Ges Salzburger Landesk 5:131–145
Woldrich JN (1867) Versuch zu einer Klimatographie des Salzburgischen Alpenlandes. G Winter'sche Verlagsbuchh Leipzig Heidelberg 152 S
Wolfbauer JF (1883) Die chemische Zusammensetzung des Wassers der Donau vor Wien im Jahre 1878 Sitz Ber k Akad Wiss Wien Math-nat Cl 87:404–422
Wolff OLB (1843) Die Donau, ihre Anwohner, Ufer, Städte, Burgen und Schlösser von ihrer Quelle bis zu Ihrer Mündung. Weber`s Verlagsbuchh Leipzig 244 S
Wonisch F (1910) Die Temperaturverhältnisse in Andritz-Ursprung. Mitt Dt nat-wiss Ver Hochsch Graz 4:14–17
Wonisch F (1911) Zur Algenflora des Andritzer Quellgebietes. Mitt nat-wiss Ver Steiermark 47:3–10

Zacharias O (1904) Über die systematische Durchforschung der Binnengewässer und ihre Beziehung zu den Aufgaben der allgemeinen Wissenschaft vom Leben. Biol Zentralbl 24:660–672

Záloha J (1975) Zur Geschichte der Holzausfuhr aus Böhmen nach Österreich in der 2 Hälfte des 19. Jahrhunderts (Wiener oder Schwarzenbergischer Holzschwemmkanal) Jahrb Oberösterr Musealver 120a:257–269

Zehden F (1892) Tag- und Nachtwinde am Gmundner See (= *Traunsee*) Mete Z März 1892 9 Jahrgang S 116 S

Zehden F (1895) Vom Traunsee. Gmundner Wochenb Jg 45 Nr 10 11 und 12

Zederbauer E (1904) *Ceratium hirundinella* in den österreichischen Alpenseen. Österr Bot Z 54:124–128 und 167–172

Zehenter J (1893) Die Mineralquellen Tirols. Veröff Tiroler Landesmus Ferdinandeum 3_37:1–141

Zehenter J (1895) Die Mineralquellen Vorarlbergs. Veröff Tiroler Landesmus Ferdinandeum 3_39:143–180

Zelebor J (1851) Systematisches Verzeichniss der im Erzherzogthume Oesterreich bisher entdeckten Land und Süsswasser- Mollusken. Ber Mitt Freunden der Naturwiss Wien 7:211–232

Zelinka Th (1880) Der Aber- oder St Wolfgangsee bei Ischl mit den Sommerfrischen St. Gilgen, Strobl, St Wolfgang und mit dem Schafberge. A Hölder Verlag Wien 73 S

Zetinigg H (1998) Bemerkungen zu Klassifizierungssystemen für Quellen. Mitt Ref Geol Paläont Landesmus Joanneum SH 2:371–386

Zillner FV (1864): Die Wasserleitung der Alm. Kurze Geschichte und Beschreibung. Mitt Ges Salzburger Landesk4: 5–128.

Zillner FV (1865) Salzburgische Fischer- und See-Ordnungen. Mitt Ges Salzburger Landesk 5:80–104

Zschokke F (1900) Die Tierwelt der Hochgebirgsseen. Zürcher Furrer Zürich 400 S

Zuna-Kratky G (2005) Vorwort S 9. In: Limbeck-Lilienau E Zwettler A Koini A (Hg) blau Die Erfindung der Donau. Fotohof Edition Bd 59 Fotohof Salzburg 203

4 Entwicklung der Limnologie im 20. Jahrhundert

Im ausgehenden 19. Jahrhundert stellte sich zunehmend heraus, dass das Sammeln, Beschreiben und museale Archivieren biologischer Objekte allein nicht mehr genügten. Klassische Zweige wie Morphologie, Anatomie, Systematik und Entwicklungslehre, die ihre Studienobjekte losgelöst vom Lebensraum untersuchten, mussten durch Problemstellungen der Ökologie ergänzt und erweitert werden. Dazu erschien es notwendig, die Forschungsinstitute näher an ihre Objekte heranzubringen. Erste biologische Stationen wurden bevorzugt am Meer oder an Binnengewässern errichtet, weil man meinte, deren Umweltbedingungen seien gleichförmiger und daher leichter zu erfassen. Dazu kamen neuere Erkenntnisse wie die Entdeckung des Planktons und die Frage nach der Zugehörigkeit der Potamologie (Flusskunde) zur Limnologie. Flüsse waren zu dieser Zeit eine Domäne der Hydrologie, obwohl bereits Penck (1898) für die Flusskunde als eigenständige Disziplin plädiert hatte.

4.1 Die Entdeckung des Planktons

Die besonderen Lebensformen der freien Wasserkörper, gekennzeichnet durch mangelnde Eigenbewegung, wurden erst in der Mitte des 19. Jahrhunderts durch Johann Müller zuerst im Meer erkannt (Lohff 1992). Der Begriff „Plankton“, vom griechischen πλανκτοσ (*planktos*) = umherirrend, wurde erst 1887 eingeführt und mit einer verbindlichen Definition (alles, was im Wasser treibt) versehen (Hensen 1887). Von Anfang an forderte Hensen die konsequente wissenschaftliche Erforschung des

M. Dokulil, *Die Entwicklung der Limnologie als Wissenschaft In Österreich*,
https://doi.org/10.1007/978-3-662-71747-9_4

Planktons mit allen verfügbaren Methoden, was ihm einen Konflikt mit Haeckel bescherte (Haeckel 1890, Porep 1972). Das Forschungskonzept und die Vorgehensweise von Hensen konnten sich als das erfolgreichere für die Planktonforschung durchsetzen. Letztlich führten die Entdeckungen im marinen Plankton ebenfalls zu einem Aufschwung der Planktologie der Binnengewässer, vor allem, nachdem Apstein (1896) den Begriff eingeführt hatte. Aus seinen quantitativen Ergebnissen im Schwentine-Gebiet bei Plön zog Apstein den Schluss, dass die Verteilung des Planktons im Süßwasser so wie im Meer recht gleichmäßig ist. Von essenzieller Bedeutung war die Frage nach dem Schwebevermögen, dem Bau der Organismen und der Dichte des Wassers (Wesenberg-Lund 1900). Theoretische Überlegungen umfassten die physikalischen Bedingungen des Sinkens und Schwebens, die Anpassung an das Schweben und die Reaktion auf Veränderungen der Umgebungsbedingungen (Ostwald 1903). Seine Arbeit hatte entscheidende Bedeutung für die weitere Entwicklung der experimentellen Planktonkunde bis weit in das 20. Jahrhundert hinein.

Die pelagische und die Tiefenfauna waren aber bereits Gegenstand einer Untersuchung im August und September 1885 in 18 österreichischer Seen (Imhof 1885). Es waren dies der Plansee und der Achensee in Tirol, Zellersee, Wallersee, Wolfgangsee und der Krotten- oder Hüttensteiner See in Salzburg, Grundlsee und Altausseer See in der Steiermark, sowie Hallstätter See, Vordere Gosausee, Schwarzsee, Traunsee, Offensee, Vorderer Langbathsee, Fuschlsee, Mondsee, Attersee, sowie der Röthelsee ein unterirdisches Gewässer im Erlakogel. Für alle diese Gewässer wird die pelagische Fauna und die ‚Tiefsee'-Fauna von den Protozoen bis zu den Mollusken gelistet. Anzumerken ist hier, dass damals Algenarten des Pelagials, wie *Dinobryon, Ceratium* oder P*eridinium* den Protozoen zugerechnet wurden (Tab. 4.1).

Einige Jahre später folgte eine Studie der pelagischen Tierwelt des Wörthersees, Ossiacher Sees, Millstätter Sees, Plaschischen Sees (Keutschacher Sees), Faaker Sees und mehrerer kleinerer Seen in Kärnten (Imhof 1890). Eine seespezifische Liste aller in Kärnten gefundenen Cladoceren und Copepoden nach eigenen Funden, von anderen Personen gesammeltes Material und aus der Literatur ergab 40 Cladoceren und 12 Copepoden (Steuer 1897a). In der Folge nutzte er das Material für eine umfassende Zusammenstellung einer Fundortliste der Arten aus Österreich-Ungarn, samt einem Verzeichnis der bis dahin erschienenen Publikationen (Steuer 1897b).

Die Wichtigkeit der Planktologie mag der Satz unterstreichen: *„Das rege Interesse, welches man gegenwärtig ganz allgemein und seit kurzem auch in Deutsch-Oesterreich der modernen Planktonforschung entgegenbringt, …"*, am Beginn der Arbeit über das Zooplankton der Alten Donau (Steuer 1899). Darin wurden nicht nur die Ergebnisse der seit 1897 laufenden Untersuchungen dargestellt, sondern auch Ansätze für eine quantitative Erfassung des Planktons und eine graphische Darrstellung des Planktonvolumens geboten. Schließlich fasste der Zoologe und

Tab. 4.1 Originaltabelle über das Vorkommen der Protozoen und Rotatorien in der pelagischen Fauna von 16 österreichischen Seen (Imhof,.Sitz Ber Akad Wiss math-nat Kl 91:203–226, 1885; S. 222)

	Plansee	Zellersee	Wallersee	Grundlsee	Altausseer See	Hallstätter See	Gosausee	St. Wolfgangsee	Krotensee	Schwarzsee	Gmundener See	Offensee	Langbathsee	Fuschelsee	Mondsee	Kammersee
1. *Dinobryon sertularia* Ehrenberg			+						+						+	
2. „ *sociale* Ehrenberg			+												+	
3. „ *divergens* Imhof	+	+			+		+	+	+					+	+	+
4. „ *elongatum* Imhof			+					+						+	+	
5. *Salpingoeca convallaria* Stein		+														
6. *Peridinium tabulatum* Clap. u. Lach.	+															
7. „ *privum* Imhof			+					+	+		+		+		+	
8. *Ceratium cornutum* Ehrenberg								+								+
9. „ *hirundinella* Müller	+		+	+		+	+	+	+		+	+	+	+	+	+
10. *Vorticella* spec.							+							+	+	+
11. *Epistylis lacustris* Imhof				+	+										+	
12. *Acineta robusta* Imhof											+					
13. *Conochilus volvox* Ehrenberg															+	+
14. *Triarthra longiseta* Ehrenberg			+													+
15. *Polyarthra platyptera* Ehrenberg			+				+									
16. *Monocerca cornuta* Eyferth															+	
17. *Euchlanis* spec.															+	
18. *Anuraea cochlearis* Gosse		+	+				+						+	+		
19. „ *longispina* Kellicott	+	+	+	+	+	+	+	+	+	+	+	+	+		+	+
20. „ *aculeata* Ehrenberg																
var. regalis Imhof			+													
21. *Asplanchna helvetica* Imhof					+			+	+	+			+	+	+	+
Meter über Meer	977	751	504	709	709	494	908	549	—	717	422	651	675	661	479	465

Marinbiologe das Wissen der Planktonforschung in zwei bahnbrechenden Büchern, der Planktonkunde (Steuer 1910) und dem Leitfaden der Planktonkunde (Steuer 1911), zusammen. Ersteres ging weit über das marine und limnische Plankton hinaus, indem es neben der Methodik auch die physikalischen und chemischen Verhältnisse abhandelte. Danach wurde die temporale und geographische Verbreitung besprochen. Den Abschluss bildeten Kapitel über die Bedeutung des Planktons im Haushalt der Natur und für die Menschen. Das Werk darf also ruhig als Nachschlagewerk, wie in der Einleitung erwähnt, bezeichnet werden. Das zweite Buch, der Leitfaden, stellte im Wesentlichen eine auf Wunsch des Verlages gekürzte Fassung der Planktonkunde dar, um damit ein breiteres Publikum zu erreichen (Box 4.1).

Plankton

Funktionelle Untereinheiten

- Phytoplankton pflanzliches Plankton (inklusive Cyanobakterien)
- Zooplankton tierisches Plankton
- Bakterioplankton bakterielles Plankton
- Mykoplankton planktische Pilze
- Virenplankton planktische Viren/Bakteriophagen

Lebenszyklus

- **Holoplankton** Organismen immer im Plankton vorkommend, Lebenszyklus ausschließlich planktisch
- **Meroplankton** (Hemiplankton) Organismen, die fallweise im Plankton vorkommen. Mindestens ein Stadium des Lebenszyklus nichtplanktisch
- **Tychoplankton** (Pseudoplankton) ins Plankton zufällig eingetragene Organismen (z. B. durch Turbulenz)

Größenklassen

Bezeichnung	Untergrenze	Obergrenze	Organismengruppen
Femtoplankton		0,2 µm	Viren, Phagen
Picoplankton	0,2 µm	2 µm	Bakterien, Kleinste Phytoplankter und Protozoen
Nanoplankton	2 µm	20 µm	Phytoplankton, Protozoen, größte Bakterien
Mikroplankton	20 µm	200 µm	große Phytoplankter und Protozoen, kleine Metazoen (z. B. Rotatorien,
Mesoplankton	200 µm	2 mm	größte Einzeller, Phytoplanktonkolonien, viele Metazoen (z. B. Cladoceren und Copepoden)
Makroplankton	2 mm	2 cm	extrem große Phytoplanktonkolonien, große planktische Crustaceen, andere Zooplankter
Megaplankton	>2 cm		größte Zooplankter (z. B. Quallen)

Die Erforschung der Planktonorganismen nahm daher um die Jahrhundertwende des 19. zum 20. Jahrhundert auch in Österreich einen vehementen Aufschwung. Bereits 1899/1900 fanden Beratungen einer Kommission „*... zu dem Zwecke statt, um die Frage einer planmäßigen, allgemein naturwissenschaftlichen Erforschung der österreichischen Alpenseen zu erörtern und eventuell einer Beantwortung zuzuführen*“ (Brunnthaler et al. 1901). Bei einer orientierenden Voruntersuchung berichteten sie über das Plankton und die Litoralvegetation des Attersees.

Der Botaniker Keißler, eigentlich ein Pilzspezialist, beprobte zwischen 1900 und 1910 das pflanzliche Plankton vieler Seen im Salzkammergut, in Salzburg, in der Steiermark, in Kärnten, Krain und Südtirol, darunter mehrere kleinere, wenig untersuchte Seen. Die Ergebnisse veröffentlichte er in 17 Schriften mit Anmerkungen zum tierischen Plankton. Der Zoologe Vincenz Brehm, dem wir im nächsten Abschnitt wieder begegnen werden, untersuchte etwa zur selben Zeit ebenfalls zahlreiche Seen Österreichs und des Umlandes. Neben dem Achensee interessierten ihn vor allem die Seen Nordtirols und später die Lunzer Seen. Zusammen mit Zederbauer beschrieb er das Plankton des Erlaufsees in der Steiermark und veröffentlichte fünf Werke über das Plankton alpiner Seen. Das Hauptinteresse galt dabei dem tierischen Plankton. Arten des Phytoplanktons wurden jedoch immer mitgenannt. Danach folgten zwischen 1911 und 1918 Beiträge von Otto Pesta zur Fauna der Gebirgsseen in Kärnten und Tirol sowie drei Abhandlungen über die Hochgebirgsseen Tirols, die auch chemische Angaben enthielten. Alle diese Aktivitäten kulminierten in einer 595 Seiten starken Monographie, welche ausgehend von den frühen Untersuchungen Othmar Imhofs alle Untersuchungen der vorgenannten und anderer Autoren über Ostalpenseen zusammenfasste (Pesta 1924). Enthalten sind darin auch die Aufarbeitung älterer Aufsammlungen aus dem Bestand des Naturhistorischen Museums Wien und eigenes Material durch Langhans (1911) und sogar eine frühe Angabe zur Faunistik des Neusiedler Sees (Daday 1891). Das Buch enthält ein Verzeichnis aller untersuchten Seen mit Angaben zum Flussgebiet, der Seehöhe, der größten Tiefe und fallweise der Wassertemperatur an der Oberfläche (S. 424–435). Ebenso sind sämtliche Zitate der vorher genannten Autoren im Literaturnachweis nachzuschlagen. Mehrere Seen sind von mehr als einem Forscher zu unterschiedlichen Zeiten und Frequenzen untersucht worden. Entsprechende Angaben finden sich bei den einzelnen Seen.

Als ein Beispiel möge der Zeller See in Salzburg dienen (Schjerning 1893). Interessant ist hier, dass Ende Dezember 1901 *Oscillatoria rubescens* (heute *Planktothrix r.*) wie im Wolfgangsee und im Mondsee als sehr häufig angeführt wurde (Brehm und Zederbauer 1906a). In diesen drei Seen spielte Dezennien später *O. rubescens* eine entscheidende Rolle, wie noch zu zeigen sein wird. Ende August 1902 dominierte im Zeller See *Fragilaria* zusammen mit *Asterionella* und *Ceratium*. Von Anfang Juni bis Ende August 1909 wechselten die Hauptvertreter des Phytoplanktons von *Asterionella* zunächst im Juli zu *Cyclotella* und schließlich im August zur alleinigen Dominanz von *Fragilaria* (Keißler 1910).

Eine Übersicht über das pflanzliche Plankton alpiner Seen Österreichs bieten Brehm und Zederbauer (1906b). Die tierische Lebewelt der Tümpel des Hochgebirges bildete einen Schwerpunkt mehrerer Arbeiten Pestas aus den Jahren 1912 bis 1915. Als Beispiel werden hier die Erhebungen im Glocknergebiet angeführt (Pesta 1933). Als ein charakteristisches Planktonelement alpiner Gewässer wird der häufig sehr rot gefärbte *Cyclops strenuus* angeführt (heute *Cyclops abyssorum tatricus*, Reed 1970), so auch im Weißsee bei der Rudolfshütte im Land Salzburg (Abb. 4.1). Bereits einige Jahre zuvor versuchte Pesta (1929) in einer Monographie eine allgemein limnologische Charakterisierung von Hochgebirgsseen der

Abb. 4.1 Ansicht des Weißsees im Glocknergebiet (Pesta 1933)

Alpen. Er beschrieb darin den Lebensraum, die Organismen, deren Biologie und Ökologie und versuchte den Gebirgssee in die damals aktuelle Seetypenlehre einzugliedern.

Es soll nicht unerwähnt bleiben, dass bereits damals das Plankton der Flüsse, das Potamoplankton, Aufmerksamkeit erfuhr (Brehm 1911). Zunächst wurde allerdings der Begriff durch das Argument, dass das Plankton der Flüsse aus Buchten, Altwässern und Zuflüssen stamme, und die Zusammensetzung sei daher „… *ein Spiel des Zufalls*“, infrage gestellt (Box 4.2).

Vincenz Brehm (1879–1972) Prof. Dr.
Brehm wurde in Duppau, Böhmen geboren, nach der Matura belegte er ein Studium der Naturwissenschaften und Mathematik in Innsbruck. Seine Dissertation schrieb er 1902 über das Plankton des Achensees. Danach war er Gymnasiallehrer in Pettau, Elbogen und Eger, wo er von 1910–1940 lebte. Als freier Mitarbeiter der Biologischen Station Lunz bearbeitete er dort ab 1906 und bald weltweit die Plankton-Krebse. Aus Böhmen vertrieben, lebte er ab 1945 bis zu seinem Tode in Lunz am See. Sein biographisches Tagebuch, herausgegeben von Adamicka, ermöglicht eine vergnügliche Zeitreise (Brehm 1954). Bild: aus Brehm 1954.

4.2 Die Biologische Station Lunz am See, Niederösterreich

Im zu Ende gehenden 19. und beginnenden 20. Jahrhundert kam es zur Gründung mehrerer Forschungseinrichtungen. Vorbild war unter anderem die von Felix Anton Dohrn 1873 gegründete, überaus anerkannte Zoologische Station Neapel. So unterbreitete etwa Zacharias (1888) einen Vorschlag zur Gründung zoologischer Stationen zur Beobachtung der Süßwasserfauna. Wegen des 30 km^2 großen Sees und der zahlreichen anderen Gewässer im Gebiet bot sich in Deutschland die Stadt Plön in Schleswig–Holstein als Standort an. Die Plöner Station wurde tatsächlich 1892 eröffnet. Fast zur selben Zeit etablierte Anton Fritsch in Prag eine mobile Forschungsstätte zur Untersuchung der böhmischen Seen. Wenige Jahre nach der Eröffnung der Plöner Anstalt wurde bei Berlin am Müggelsee eine kleinere Station errichtet. Um die Ergebnisse der hydrobiologischen Forschungen zu nutzen, wurde 1901 in Berlin die staatliche Versuchs- und Prüfanstalt für Wasserversorgung und Abwasserbeseitigung eingerichtet (Zacharias 1903). Zacharias erwähnte Stationen in mehreren anderen Ländern, wobei vor allem der Verweis auf den Engländer F. E. Fritsch (1902) bemerkenswert ist, der in einer Studie über das Phytoplankton der Themse 1902 eine Station vom botanischen Standpunkt aus forderte.

In Österreich hat der Botaniker Professor Richard von Wettstein in einem Vortrag über die Zukunft der Biologie bereits 1899 darauf hingewiesen, dass ein geeigneter Standort für eine Biologische Station in Lunz am See läge (Gruber V 2012, S. 88). Dabei stützte er sich auf eigene Erfahrungen sowie auf Forschungsergebnisse aus der Region aus der zweiten Hälfte des 19. Jahrhunderts. So etwa Pötsch (1856, 1857), der Moose, vor allem Arten der Gattung *Sphagnum*, sowie ein folioses Lebermoos vom Schwingrasen am Lunzer Obersee (LOS) beschreibt. Über die Fische des Lunzer Sees berichtet bereits Fitzinger (1879). Er beschreibt den Lunzer See sowie den Erlaufsee mit sechs beziehungsweise fünf Arten als vergleichsweise artenarm. Vor allem ist aber die erste Planktonuntersuchung des Lunzer Untersees (LUS) durch Keißler (1900) zu erwähnen. Der Autor wies auf die große Transparenz des Wassers hin, war doch sein Planktonnetz bis 12 m sichtbar. Irritierend war für ihn das Fehlen von Chroococcaceen und Diatomeen sowie die Dominanz der Desmidiaceen. Letztere waren hauptsächlich durch die Gattung *Staurastrum* vertreten, wobei *St. paradoxum* an Individuenzahlen sogar das häufige *Ceratium hirundinella* übertraf. Insgesamt gibt Keißler (1900) an, 20 pflanzliche Arten aus 11 Gattungen vorgefunden zu haben, aber nur 7 Vertreter des Zooplanktons (3 Rotatorien, 2 Copepoden und 2 Cladoceren). Neben dem Plankton widmete sich Keißler auch der Uferregion, den Zonierungen der aquatischen Vegetation und den Algen in Ufernähe. Hier verwies er auf die vergleichsweise größeren Zahlen an Arten und vor allem auf das Vorkommen von Diatomeen. Der Autor versuchte auch das Planktonvolumen quantitativ zu bestimmen (Tabelle auf S. 549 in Keißler 1900). Da es sich um Netzfänge und Absetzvolumina handelte, sind die Ergebnisse nur mit Vorbehalt mit späteren Resultaten zu vergleichen. Trotzdem sind seine Vergleiche zu anderen Seen interessant, da mit gleichen Methoden erarbeitet. Die von ihm im September 1900 ermittelten 137 cm^3 Plankton unter einem Quadratmeter bis 20 m Tiefe waren nach seinen Angaben dreimal mehr als im Attersee, aber neunmal weniger als im Dobersdorfer See bei Kiel. Zur Frage der horizontalen Verteilung schloss Keißler aus seinen Beobachtungen, dass diese im Lunzer See praktisch vernachlässigbar sei, sich aber sehr wohl die Vertikalwanderung des tierischen Planktons in der Tiefenverteilung von Tag- und Nachtfängen niederschlägt. Zum besseren Verständnis der jahreszeitlichen Abfolge des Phyto- und Zooplanktons im Erlaufsee sollte eine monatliche Untersuchung dienen (Brehm und Zederbauer 1902), deren Ergebnisse eine auffallende Artenarmut des Phytoplanktons erbrachte, bei gleichzeitiger Vielfalt im Zooplankton. Weitere Angaben zu Algenarten im Oberen und Unteren Lunzersee, im Erlaufsee und Hechtensee finden sich in der Algenflora von Niederösterreich (Hansgirg 1905).

Kurz bevor die Station in Lunz am See Gestalt annahm, veröffentlichte Ruttner, der bei Molisch in Prag arbeitete (siehe Abschn. 3.1) und von diesem nach Plön entsandt wurde, eine Studie über das Verhalten des Oberflächenplanktons zu verschiedenen Tageszeiten (Ruttner 1905). Die Ergebnisse zeigten, dass eine Vertikalwanderung des Zooplanktons sowohl in großen tiefen Seen als auch in kleinen Teichen stattfindet. Keine Wanderung zeigte hingegen das Phytoplankton und die Mehrzahl der Rotatorien in den untersuchten Gewässern.

Bestärkt durch seinen Sohn Hans, der Zoologie in Leipzig studierte, ging der Besitzer des Gutes Seehof in Lunz am See, Carl Kupelwieser (1841–1925), auf die Empfehlung Wettsteins ein (Gruber 2012). Zu Weihnachten 1905 lud Kupelwieser interessierte Wissenschaftler zu einer Präsentation seiner Vorstellungen für eine Biologische Station ein. Anwesend waren, neben Dr. Carl und Dr. Hans Kupelwieser (1879–1939), die Professoren Chun, Zschokke, Woltereck, Kreidl, Wesenberg-Lund, Fischel, Brücke und Hofmann sowie Dr. Wittmann, Dr. Scourfield und Dr. Ruttner sowie weitere Gäste, darunter Vincenz Brehm (Schiemer 2014). Aus der Autobiographie von Vincenz Brehm (Brehm 1954, Adamicka (Hrsg) 1984) erfahren wir dazu noch Folgendes: *„Prof. Cori schrieb mir: Ein Dr. Kupelwieser wolle in Lunz am See, Niederösterreich, eine Biologische Station gründen; da Kupelwieser zur Zeit in Indien und sein Sohn, der Zoologe Hans Kupelwieser in Kalifornien weilten, habe Prof. Woltereck in Kupelwieserschem Auftrage die Sache in die Hand genommen; zu Weihnachten wolle man im Lunzer Schloß Seehof die erforderlichen Besprechungen abhalten. Cori lud mich in dem Schreiben ein, Mitarbeiter zu werden und mich, wenn ich dazu Lust hätte, also zu Weihnachten in Lunz einzufinden.“*

Tatsächlich kam es zur Gründung und Einrichtung einer Biologischen Station in Lunz am See als private Stiftung durch Carl und Hans Kupelwieser. Die anfängliche Planung, Leitung und Koordination der unterschiedlichsten Fachbereiche wurde dem jungen Zoologen Richard Woltereck aus Leipzig übertragen, der allerdings die Leitung bereits 1908 wegen Überlastung an Dr. Hans Kupelwieser weitergab. Ab diesem Zeitpunkt lenkte der ursprünglich als Assistent gewonnene Botaniker Dr. Franz Ruttner praktisch allein als Direktor für über 40 Jahre die Geschicke der Station.

***Franz Ruttner* (Box 4.3)**

Das Institut war zwar von Anbeginn als „**Biologische Station**“ offen für alle Themen konzipiert worden (Ruttner 1956), doch durch Wolterecks und Ruttners

Aktivitäten kristallisierte sich rasch die Ökologie der Gewässer (Limnologie) als Schwerpunkt heraus. Ab 1912 wurden jedes Jahr im Sommer dreiwöchige Ausbildungskurse in Hydrobiologie angeboten, die mit wenigen Unterbrechungen bis zur Mitte der 1970er-Jahre durchgeführt wurden. Zusätzlich vermittelte Franz Berger, Chemiker der Station seit 1934, zahlreichen Limnologen in einwöchigen Kursen sein vielseitiges Wissen.

Franz Ruttner (1882–1961) Prof. Dr., Direktor
Geboren in Vápenný Podol, Ostböhmen, studierte er in Prag und schloss seine Dissertation „Die Kleinstlebewesen der Prager Wasserleitung" bei dem Botaniker Hans Molisch 1906 ab. Er wurde 1908 zum administrativen Leiter der im Jahr 1905 durch Carl Kupelwieser gegründeten Biologischen Station in Lunz am See ernannt. Die Station war während des 1. Weltkrieges vorübergehend geschlossen. 1924 wurde sie durch die Kaiser-Wilhelm-Gesellschaft (heutige Max-Planck-Gesellschaft), die die Österreichische Akademie der Wissenschaften unterstützte, neu gegründet und Franz Ruttner wurde Direktor des Instituts. Die Forschungsreise nach Indonesien 1937, die Wahl zum Mitglied der Leopoldina, der Deutschen Akademie der Naturforscher 1937, der Limnologen-Kongress 1959 und sein Lehrbuch „Grundriss der Limnologie" 1940 waren Höhepunkte seiner wissenschaftlichen Laufbahn. Er dominierte viele Jahre die Entwicklung der österreichischen Limnologie, wodurch er zum Vorbild mehrerer Forschergenerationen wurde. Foto: Zoobodat, nachbearbeitet.

Seine Schwiegertochter *Prof. Dr. Agnes Ruttner-Kolisko (1911–1991),* die mit seinem Sohn Anton verheiratet war, ist eine führende Rädertier-Spezialistin gewesen, die viele Jahre mit ihrem Schwiegervater in der Biologischen Station zusammengearbeitet hat.

Adamicka P (1993) Professor Dr. Agnes Ruttner zum Gedenken. Jber Biol Stat Lunz 14:30–36. Bild: Dokulil, Lunz ca. 1976.

Noch im Jahr der Gründung der Biologischen Station Lunz erschienen erste Publikationen zur Bekanntmachung der neuen Station, der Umgebung und der Seen (Woltereck 1906). Eine Notiz darin ist besonders interessant: Bis zum Jahr 1903 war der „Schaarberg", heute die Halde des Untersees, vollständig mit Chara-Wiesen bewachsen, die nach Keißler (1900) *„den Seegrund dicht … wiesenartig überzogen"*. Dies lässt den Schluss zu, dass genügend Licht bis zum Seegrund gedrungen war (Sichttiefe oft ≥10 m). Dazu Woltereck: *„Das ist heute* *anders geworden. … das ‚Characetum' ist großenteils verschwunden und hat einem … üppigen Polsterwuchs von Elodea canadensis Platz gemacht.*" In einer Fußnote dazu warnte er Besucher und meinte, man solle das Dickicht beim Schwimmen meiden. *Elodea* trat bereits 1902, offenbar durch Fischtransport eingeschleppt, in einem Teich auf. Weiters erwähnte er die walnuss- bis apfelgroßen grünen Gallertkolonien von *Ophrydium,* einer Kolonie von Wimpertieren, die ein Indikator für sehr gute Wasserqualität sind.

Die veralteten Begriffe Schaar, Schaarberg und Schaarrand stammten von Seligo (1890) und bezeichnen die Uferbank, die Halde bzw. den Übergang (siehe Graphik S. 543 in Keißler 1900). Laut Duden kommt das Wort aus dem Niederdeutschen von *schare* = Küste.

Ebenfalls 1906 erschien eine (erste) Mitteilung der Biologischen Station Lunz über die Copepoden *Diaptomus tatricus* und *D. kupelwieseri* in den Ostalpen (Brehm 1906). Die ausführlichste Beschreibung der Lunzer Süßwasserstation lieferte wohl Brehm (1907). Bemerkenswert darin ist die Abbildung des strauch- und baumfreien Vorgeländes des Seehofs mit seinen Teichen zur Fischzucht, die bis an den See reichten. Heute sieht das Gelände ganz anders aus, wie ein Vergleich zeigt (Abb. 4.2).

Die Arbeit Brehms ging zunächst auf die gesamte Region ein, beschrieb die Almtümpel, alle drei Seen sowie die Teiche und listete jeweils den Bestand an Phyto- und Zooplankton auf. Danach wurde erst die Station selbst besprochen, deren Umbau gerade erfolgte. Damals war die Station noch im Südwestflügel des Schlosses Seehof untergebracht. Für die Arbeiten am Obersee wurde eine Jagdhütte adaptiert und ein Boot hinaufgeschafft. Die Hütte besteht bis heute. Brehm schloss mit einem positiven Ausblick auf „… *die Bearbeitung der … kausalen Probleme, deren Zahl infolge der biologischen Verschiedenheiten der Gewässer und der Möglichkeit, diese Differenzen künstlich zu präzisieren und experimentell in großem Stile auszunützen, eine fast unbegrenzte ist*".

Abb. 4.2 **a** Biologische Station Lunz. Brehm (1907). **b** Foto: Lukeneder 202

Die Station machte es sich zur Aufgabe, Resultate aus dem Freiland mit gezielten Experimenten zu verknüpfen, um so auf induktivem Wege zu einem Verständnis der Zusammenhänge von Umweltbedingungen und Beantwortung durch die Organismen zu gelangen. Beide Betrachtungsweisen wurden als gleichwertig und unentbehrlich angesehen (Ruttner 1946).

Anfänglich konzentrierten sich die Untersuchungen der Station auf die drei Lunzer Seen und den Seebach, sollten aber auch zur Kenntnis der Alpenseen im Allgemeinen beitragen. Dazu konnte eine Reihe von Mitarbeitern gewonnen werden (Woltereck 1906, Brehm 1907). Eine zusammenfassende Übersicht bot unter anderem das Vorwort zum hydrographischen Bericht (Götzinger 1911). Darin nannte Hans Kupelwieser explizit Gustav Götzinger, Wien, für die Geologie, Geomorphologie und Hydrographie, Mulley und Wittman, Wien, für die Chemie, Vincenz Brehm, Eger, für die Zoologie, Knoll, Graz, und Ruttner, Lunz, für die Botanik sowie Ruttner auch für Planktonstatistik und Bakteriologie. Die dort angeführte Gliederung der gesamten Publikation mit dem Titel „Die Lunzer Seen. Bericht über die Ergebnisse der naturwissenschaftlichen Aufnahme im Arbeitsgebiet der Biologischen Station Lunz“, Teil I: Physik und Teil 2: Biologie, ist nie vollständig umgesetzt worden. In der Fußnote auf Seite IV wurden die bis dahin erschienenen Spezialstudien und ihre Bearbeiter aufgeführt, wobei Kupelwieser Fischel (1908) als Nr. 1 benannte (siehe Biologische Station Lunz 1955). Aus den frühen experimentellen Arbeiten seien die Vitalfärbung von Organsystemen, Studien zur Artbildung und Varietäten bei Daphnien und die Zyklomorphose bei einem Rädertier genannt (Fischel 1908, Woltereck 1908, 1909, Krätzschmar 1908). Zahlreiche der frühen Arbeiten sind in der Zeitschrift *Internationale Revue der gesamten Hydrobiologie und Hydrographie* erschienen, weil sie eine der wenigen möglichen Publikationsorgane und Richard Woltereck der Herausgeber war. Eine weitere einschlägige Zeitschrift war das *Archiv für Hydrobiologie und Planktonkunde*, dessen Herausgeber Otto Zacharias der Station ebenfalls nahestand.

Es soll nicht unerwähnt bleiben, dass der Zoologe Hans Kupelwieser neben seinen wissenschaftlichen Arbeiten über marine Organismen auch eine Veröffentlichung über die Lichtreaktion bei Daphnien verfasst hat (Frisch und Kupelwieser 1913). Die Autoren wiesen nach, dass neben der Intensität des Lichtes auch die Farbe einen Einfluss auf *Daphnia magna, D. pulex* und *Artemia salina* hat. Die Steigerung der Weißlicht-Intensität löst negativ-phototaktisch Bewegungen aus. Zusätzliches gelbes Licht erzeugt positive Reaktionen, die Tiere haben also einen Farbensinn.

Begleitend zu den Untersuchungen im Freiland entwickelte vor allem Karl Hermann, der Mechaniker der Station, neue Instrumente und modifizierte vorhandene. Andere Mitarbeiter verbesserten Entnahme- und Untersuchungsmethoden (Ruttner 1909a, 1913, 1924).

Analysen des Chemismus des Lunzer Ober- und Untersees wurden bereits im Jahr 1905 an der k. k. landwirtschaftlichen Versuchsstation von Wittmann ausgeführt (siehe Woltereck 1906, S. 473) und danach 1908/09 weitergeführt und erweitert (Mulley et al. 1914). Die Ergebnisse umfassten Analysen des Wassers und Schlammes, des elektrischen Leitvermögens und der Menge an gelösten Gasen, vor allem Sauerstoff. Die Autoren meinten, die Ergebnisse der Sauerstoffverteilung seien nicht verlässlich (Abb. 2 in Dokulil 2023). Untersuchungen der Sauerstoffkonzentrationen aus den Jahren 1911/12 zeigten allerdings nicht wesentlich andere Werte (Götzinger 1914).

Von 1906 bis 1909 erfolgten auch schon bakteriologische Untersuchungen nach der Plattenmethode im Lunzer Untersee, die 1926 bis 1929 fortgesetzt wurden (Zih und Ruttner 1932). Neben dem Untersee untersuchte Zih auch den Lunzer Obersee, wobei er Wasser- und Schlammproben analysierte. Die Keimzahlen waren in beiden Seen im Freiwasser sehr niedrig, im Mittel 21 Keime pro cm^3 mit nur geringen vertikalen Unterschieden. Im Obersee führten heftige Niederschläge am 3. September 1926 zu einer starken Erhöhung der Keimzahlen oberhalb der Sprungschicht. Bereits 7 Tage danach waren wiederum Werte wie vor der Störung erreicht. Die Bakterien im Schlamm beider Seen waren um ein Vielfaches höher als im Freiwasser (im Mittel 1773 bzw. 1431 pro cm^3). Ruttner schloss aus seinen frühen Untersuchungen, dass der Keimgehalt des Sees im Wesentlichen durch Zuflüsse, Zirkulation und Strömungen bedingt wurde. Weiters schreibt er: *„Die echten Planktonbakterien scheinen auf den gebräuchlichen Agar- und Gelatine-Platten nicht zu wachsen und sind uns zum allergrößten Teile noch unbekannt.“*

Der Dynamik des Stickstoff- und Sulfatumsatzes widmeten sich Klein und Steiner (1929), die zahlreiche beteiligte Organismengruppen nachweisen konnten, wobei sie bereits auf wesentlich höhere Keimgehalte im Schlamm hinwiesen. Die dabei aufgefundenen Schichtungsbilder von Nitrit und Ammoniak und ihre Abhängigkeit von der Sauerstoffkonzentration untersuchte im Detail danach Müller (1934) in einigen Alpenseen, insbesondere im Lunzer Obersee. Diese frühen Befunde fanden lange keine Fortsetzung. Erst Anfang der 1980er-Jahre findet sich wieder eine Erhebung der benthischen Bakterien (Zibuschka 1981).

Bald nach Eröffnung der Station begannen 1908 bis 1912 ganzjährige Untersuchungen des Phyto- und Zooplanktons, die zunächst als 10-seitiger Bericht (Ruttner 1914) wiedergegeben worden sind. Die Ergebnisse aus dem Lunzer Untersee sind erst Jahre später als „II. Teil, Biologie“ der Reihe die „Lunzer Seen“ ausführlich auf 264 Seiten dargestellt worden (Ruttner 1930). Trotz der umfangreichen und detaillierten Darstellung von 23 Taxa des Phytoplanktons fehlten vor allem detaillierte Angaben und eine Zusammenstellung der gesamten Individuenzahlen, welche sehr wohl für das Zooplankton angeführt werden. Um einen Vergleich zu späteren Analysen zu ermöglichen, sind die Gesamtzahlen aus dem vorhandenen Material rekonstruiert worden, die erhaltenen Werte mit realistischen Zellvolumina in Biovolumen umgerechnet und daraus Biomassen unter dem Quadratmeter für die Wassersäule 0 bis 20 Meter extrapoliert worden. Wie die Abb. 4.3 verdeutlicht, lagen die Biomassen in den Jahren 1909 bis 1912 unter den Werten für die Jahre 1970 bis 1985.

Die Ergebnisse der konservativen Rekonstruktion 1909 bis 1912 resultierten möglicherweise in zu geringen Werten. Allerdings sind die Biomassen in der Wassersäule auch in den 1980er-Jahren im Zuge der Oligotrophierung ähnlich niedrig. Die Angaben zu den Sichttiefen der frühen Jahre von 10 bis 14 m unterscheiden sich nur

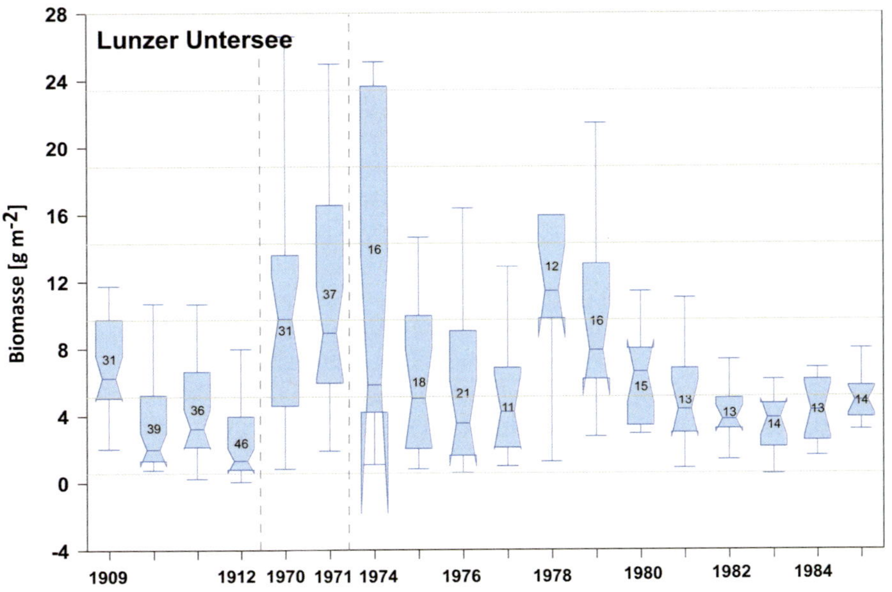

Abb. 4.3 Phytoplankton-Biomassen unter 1 m^2 in der Wassersäule 0 bis 20 m in g Fischgewicht für die Jahre 1909 bis 1912, rekonstruiert aus Daten von Ruttner (1930). Die Jahre 1970/71 (Pivoda 1975), 1974 bis 1977 (Ruttner-Kolisko und Malicky 1988) und 1978 bis 1985 (Malicky 1987). Die Daten sind als gekerbte Kastengraphiken dargestellt: 50 % der Werte sind jeweils in der Box, die Kerbe gibt den Bereich der 95 % Vertrauensgrenze des Medians an, die Striche enden beim Maximum bzw. Minimum. Die Zahlen in der Box bezeichnen die Anzahl an Profilen im Jahr

unwesentlich von den späteren Beobachtungen, die im Mittel um 9 m (Maxima bis 14 m) betrugen. Daraus lässt sich ableiten, dass in den dazwischenliegenden beinahe 60 Jahren mengenmäßig nur Veränderungen während der Eutrophierungsphase 1970 bis 1978 aufgetreten sind. Das dürfte sich auch bis dato kaum geändert haben. Anders sieht es wohl mit der Artenzusammensetzung aus.

Wer meint, der Winter sei eine Ruhezeit im Gewässer, der irrt. Studien zur Eisbildung im LUS und LOS (Götzinger 1909) und zur Vertikalwanderung der Planktontiere unter dem Eis fanden bereits 1909 statt (Ruttner 1909b). Am Untersee setzte die Eisbildung damals fast regelmäßig zu Weihnachten ein, das Eis wuchs danach ziemlich rasch, um schließlich in mehreren Phasen Ende März/Anfang April hauptsächlich durch Windwirkung aufzubrechen. Der Obersee fror hingegen bereits im November zu, um erst im Mai aufzubrechen, war also rund zwei Monate länger zugefroren. Die Tiefenwanderung der Plankter ist stark abhängig von der Bedeckung mit Schnee, wie experimentell am Obersee nachgewiesen werden konnte (Ruttner 1909b). Dazu wurden künstliche „Fenster“ in der Schneedecke geschaffen und mit schneebedeckten Stellen verglichen. *„Aus allen den geschilderten Versuchen geht also übereinstimmend hervor, daß es möglich ist, durch Entfernen des Schnees von einer kleinen, nur wenige m² umfassenden Stelle der Eisoberflache die vertikale Verteilung des Planktons in der darunter liegenden*

Wassersäule sehr stark zu beeinflussen und eine Tiefenwanderung gewisser Formen daselbst auszulösen", wobei offenbar die Intensität des Lichts eine wesentliche Rolle spielte, wie Verdunklungsexperimente erkennen ließen (Abb. 4.4).

Der Obersee war bis über die Mitte des 20. Jahrhunderts nur zu Fuß erreichbar. Als Folge davon sind die Daten zeitlich meist stark fragmentiert. Es finden sich aber auch zusammenhängende Zeiträume mit dichterer Beprobung. So etwa die Jahre 1910 bis 1912 (Mulley et al. 1914), 1930/31 (Müller 1938), 1970/71 (Berger unpubl.) und 1985 bis 1987 (Manlik 1988, Mikschi 1990). Eine zusammenfassende, detaillierte Darstellung der Ergebnisse vom Lunzer Obersee dieser Autoren findet sich bei Dokulil (2023).

Eine fragmentierte Zeitreihe aller Oberflächen-Wassertemperaturen aus den in Protokollbüchern Bergers aufgefundenen Daten lässt bis Mitte der 1980er-Jahre keinen Trend erkennen (Abb. 4.5). Die maximal gemessenen Temperaturen an der Oberfläche lagen in allen Fällen unter 20 °C, meist zwischen 15 und 19 °C. Nur in den 1950er- und 1960er-Jahren erreichten die Maxima nur um und unter 15 °C, was aber an den eher zufälligen Terminen liegen kann. Ähnliches gilt für die sporadischen Messungen der Sichttiefe, die meist zwischen 4 und 6 m betrugen.

Plankton-Profile aus dem Lunzer Obersee als Beispiel für die Wirkung chemischer Faktoren (sauerstofffreie Tiefenzone) sind in Ruttner (1914) abgebildet. Dazu bemerkt Ruttner: *„Inwieweit chemische Faktoren die vertikale Verteilung des Planktons beeinflussen können, dafür bietet der Obersee ein schönes Beispiel. Das Wasser dieses Sees zeigt in seinen oberen Schichten einen ziemlich normalen Sauerstoffgehalt von 6 bis 7 mg im Liter. In größerer Tiefe tritt eine rasche Abnahme ein und die Zone von 10 bis 16 m können wir im Sommer als praktisch frei*

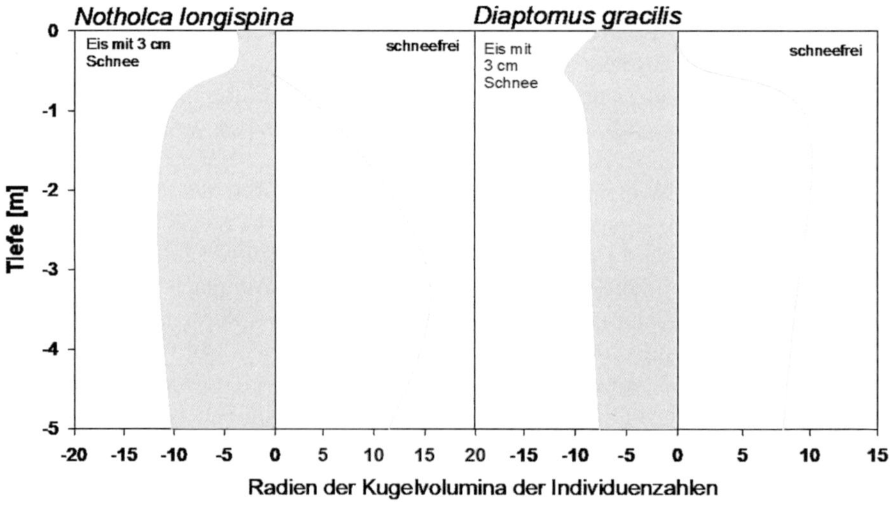

Abb. 4.4 Vertikalwanderung des Rädertieres *Notholca longispina* und des Copepoden *Diaptomus gracilis* im Lunzer Obersee unter der Eisdecke mit und ohne Schnee am 22.03.1909. Werte als Radien des Kugelvolumens (siehe Box), Kurve geglättet (Spline). Daten aus Ruttner (1909b, Tabelle VI, S. 316). Neu berechnet und umgezeichnet

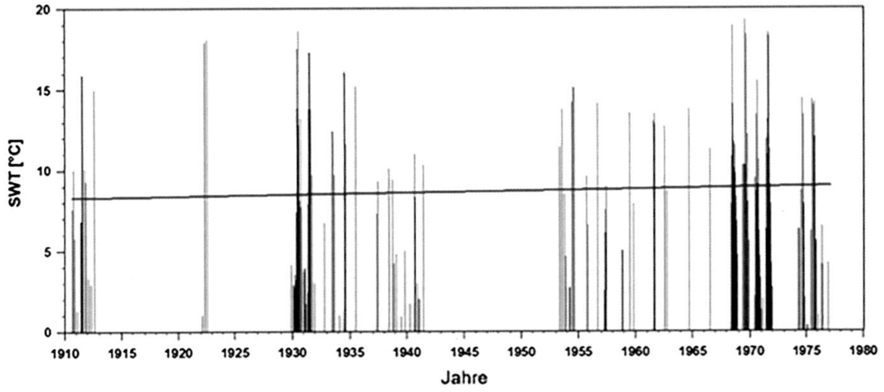

Abb. 4.5 Wassertemperaturen an der Oberfläche des Lunzer Obersees (SWT in °C). (Aus dem Nachlass Berger zusammengestellt (Dokulil 2023))

von gelöstem Sauerstoff bezeichnen". Dazu seine Originalgraphik als Kugelkurven (Abb. 4.6 und Box 4.4).

Kugelkurven
Kugel- oder Volumenkurven sind heute nicht mehr gebräuchliche Darstellungen in der Planktologie, obwohl sie ihren Wert darin haben, dass bedeutungslose Schwankungen unterdrückt werden, kleine Werte aber gegenüber großen im selben Diagramm nicht verschwinden. Zur Berechnung und zu weiteren Angaben siehe unter anderem Thomasson (1973). Heute bedient man sich dafür meist einer logarithmischen Darstellung, dem Durchmesser von Kreisen oder Isolinien. Beispiele in Halbach 1974.

Thomasson K (1963) Die Kugelkurven in der Planktologie. Int Rev ges Hydrobiol 47:627–628.

Halbach U (1974) Methoden der Populationsökologie. Verh Ges Ökol 4:1–24.

Neuanfang 1923
Während der Kriegsjahre 1915 bis 1918 war der Institutsbetrieb vollständig lahmgelegt, da alle Angestellten zum Kriegsdienst eingezogen waren. Die Wiederaufnahme der Forschungen gestaltete sich nach dem Krieg nicht nur wegen der entstandenen Schäden als äußerst schwierig (Box 4.5). Bereits 1920 plante man, den Lunzer Untersee als Speicher für ein Kraftwerk zu nutzen. Die geplanten Spiegelschwankungen hätten den Charakter des Sees weitgehend verändert und sinnvolle Untersuchungen eines natürlichen Sees unmöglich gemacht. Langwierige Verhandlungen sollten schließlich die Verlegung an einen noch unberührten See auf Kosten der Unternehmung ermöglichen. Zu diesem Zweck erwarb Dr. Hans Kupelwieser ein Grundstück am Mondsee in Scharfling. Pläne für die Bauten und die

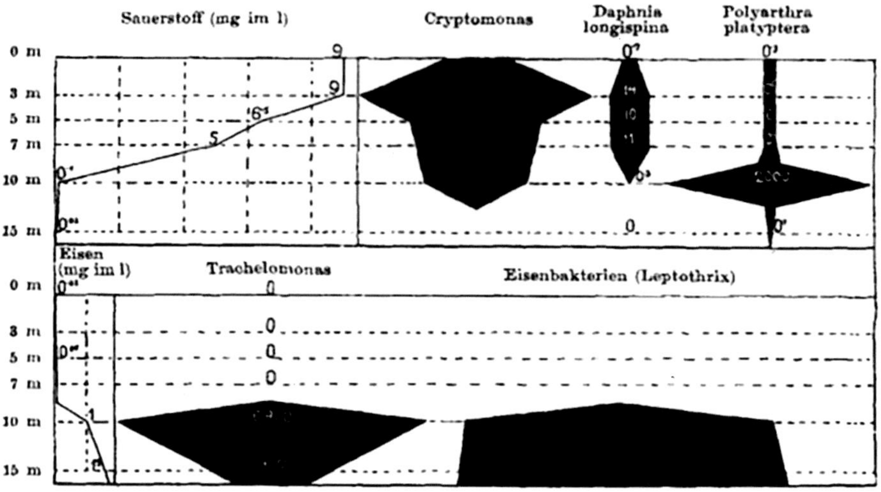

Abb. 4.6 Der Einfluss von Sauerstoff- und Eisengehalt des Wassers auf die Verteilung einiger Planktonorganismen im Lunzer Obersee zur Zeit der Sommerstagnation. Original aus Ruttner (1914)

Übersiedlung kamen nicht mehr zur Ausführung, da das Kraftwerksprojekt nicht weiterverfolgt wurde. Das Grundstück verblieb im Besitz der Station, bis es 1949 an das Bundesministerium für Land- und Forstwirtschaft verkauft werden konnte, das dort eine Bundesanstalt errichtete.

Folgen der Grenzziehungen nach 1918

Die veränderten Grenzziehungen nach 1918 bedingten Änderungen in der Wasserwirtschaft in Teilen Österreichs. Der damalige Leiter der Hydrographischen Landesabteilung in Kärnten, Ing. Jakob Haßler, befasste sich eingehend und vehement mit dem Thema. Basierend auf mehrjährigen Daten (1910–1920) veröffentlichte er als „Wärme- und Eisbild" 1921 thermische Studien von Kärntner Seen in mehreren Beiträgen der Klagenfurter Zeitung. Ergänzt wurden die Studien durch zusammenfassende Zahlentafeln. Selbige haben sich in einem Gesamtpaket erhalten (Nachlass Berger an den Autor), welches als Sammelwerk angeboten worden war (Haßler 1922). Seine Theorie der „Normalseen" lässt sich nicht mehr rekonstruieren, da eine geplante Schrift dazu anscheinend nie erschien. Auch das „thermische Jahr", das er vom Zeitpunkt der Unterschreitung von 4 °C bis zum Wiedereintritt des Vereisungsbeginns rechnete, hat keinen Eingang in die Limnologie gefunden. Seine Schlussfolgerungen zur Vereisung der Seen wurden bereits früher angeführt. Erwähnt sei noch das Projekt „Der Wörthersee als Speicher für ein Draukraftwerk" aus dem Jahr 1919 (Weissel 1994), das in die Umgestaltung des Forstsees zu einem Speichersee zu Versuchszwecken mündete (Haßler 1921). Zum Kraftwerk 1928 ausgebaut, gilt es heute als ältestes Speicherkraftwerk Kärntens, wobei interessant ist, dass nirgends der Name Haßler auftaucht (https://www.kelag.at/schaukraftwerk).

Da der größte Teil des Vermögens der Familie Kupelwieser dem Krieg und der Inflation zum Opfer gefallen war, konnte sie die Station nicht weiter finanzieren. Die Krise konnte durch Verhandlungen mit der Deutschen Kaiser-Wilhelm-Gesellschaft, der Österreichischen Akademie der Wissenschaften (ÖAW) und der österreichischen Regierung erfolgreich gelöst werden. Juristisch abgesichert wurde die Konstruktion durch die Gründung des Vereins „Biologische Station Lunz" sowie durch eine Stiftung der Liegenschaften, Gebäude etc. durch Vater und Sohn Kupelwieser. Gleichzeitig erfolgte die Ernennung von Dr. Franz Ruttner zum Leiter der Station. Auf dieser Grundlage konnte die Forschungstätigkeit fortgesetzt werden. Es war in der Folge sogar möglich, das Gebäude auszubauen und Dr. Hans Müller als Assistenten anzustellen, der seine Position 1934 an den Chemiker Dr. Franz Berger weitergab. Die Entwicklung neuer Feldmethoden und empfindlicher Nachweisverfahren für Phosphor- und Stickstoffverbindungen durch diese beiden Mitarbeiter ermöglichte eine Erweiterung und Verbesserung der Untersuchungen des Stoffumsatzes in Gewässern. In den folgenden Jahren weitete sich die Zusammenarbeit mit Forschern anderer Institutionen so umfangreich aus, dass eine umfassende Darstellung hier unmöglich ist. Der interessierte Leser sei auf die Veröffentlichungsliste verwiesen (Biologische Station Lunz 1955).

Nicht unerheblich für die weitere Entwicklung der Station war wohl auch die Gründung der *Societas Internationalis Limnologiae Theoreticae et Applicatae* (SIL) bzw. *Internationalen Vereinigung für Theoretische und Angewandte Limnologie (IVL)* durch August Thienemann und Einar Naumann im Jahr 1922, bei der Franz Ruttner als Repräsentant für Österreich gewählt und das „Archiv für Hydrobiologie" als Organ der Vereinigung bestimmt wurde. Die SIL ist übrigens eine der ältesten internationalen wissenschaftlichen Gesellschaften. Seit 1922 finden internationale Tagungen jeweils in einem anderen Land statt. Die Vorträge und Ergebnisse der „Mitgliederversammlungen" erschienen regelmäßig in den „Verhandlungen" der SIL (seit 2011 weitergeführt als „Inland Waters"). Die Proceedings bis 2010 sind abrufbar unter: https://limnology.org/publications/congress-proceedings/. Obwohl 1922 in Kiel kein Österreicher dabei war, enthielt Band 1 einen Beitrag von Helmut Gams zu den Gewässertypen des Alpengebiets (Gams 1922). Das 2. Treffen fand auf Anregung Pestas 1924 in Innsbruck statt, bei dem neben Franz Ruttner zahlreiche Gäste aus Innsbruck teilnahmen. Einer der Vorträge befasste sich mit der Entwicklungsgeschichte der Seetypen in den Alpen (Gams 1924). Interessant daran ist die Diskussion zu Klimaänderungen. Beim 5. Treffen in Budapest 1931 waren erstmals Teilnehmer aus China anwesend. Das individuelle Mitgliederverzeichnis der 8. Tagung in Paris 1937 weist 22 Mitglieder aus Österreich aus, davon drei Institutionen aus Wien (Bot. Inst. Univ., Zool. Abt. Nat. Hist. Mus., Zool-Bot Ges.). Da die Proceedings aber erst 1938 erschienen sind, wurden die österreichischen Mitglieder im Verzeichnis nach Staaten bereits unter dem Deutschem Reich aufgelistet. Auf die Bedeutung der Limnologie als ganzheitliche Wissenschaft ging August Thienemann in seiner Eröffnungsansprache 1933 ausführlich ein, betonte zugleich die Wichtigkeit des angewandten Bereichs (Thienemann 1933). Als wesentlich erachtete er bei letzterem (1) die Produktion der Gewässer, (2) die Verwertung des Wassers und der Gewässer und

(3) die Wasserversorgung; deren Probleme thematisierten Heymann (1933) und Minder (1938).

In der Reihe „Die Binnengewässer“, herausgegeben von August Thienemann und erschienen bei Schweizerbart in Stuttgart, behandelten 19 Bände ab 1926 Themen der Limnologie und ihrer Nachbargebiete in Einzeldarstellungen. In der Einleitung zum ersten Band mit dem Titel „Die Binnengewässer Mitteleuropas. Eine limnologische Charakterisierung ihrer Haupttypen“ erläuterte Thienemann das „Wesen der Limnologie“. Als einen Zweck der Reihe bezeichnete er darin, Grundlagen für ein zukünftiges „Lehrbuch der Hydrobiologie der Binnengewässer“ zu schaffen, für das er die Zeit noch nicht gekommen sah. Mit seinen eigenen Worten: *„... es ist eigentlich selbstverständlich, daß eine so junge Wissenschaft, wie es die Limnologie ist, in den Zusammenfassungen der verschiedenen Forscher eine recht verschiedene Gestaltung annimmt und noch nicht ... zu einem einheitlichen Schema der lehrbuchmäßigen Darstellung gekommen ist.“* Zum Wesen und der Bedeutung der Limnologie bezog er sich später (Thienemann 1950) auf Forbes, der den See als *„Mikrokosmos“* bezeichnete, führte aber weiter aus *„... der Binnensee ist doch kein autarker Mikrokosmos ... sondern ist inbegriffen in die umgebende Landschaft, von der er abhängt ... Die Limnologie wird damit ... Teil ... der allgemeinen Ökologie“*. Er hob sodann die Vorreiterrolle der Limnologie in der Betonung der ganzheitlichen Zusammenhänge hervor.

Durch die persönliche Bekanntschaft mit Thienemann im Jahr 1905 kam es bei einem Besuch Ruttners 1925 in Plön, als Folge von wissenschaftlichen Diskussionen, zur Idee einer limnologischen Tropenexpedition, die bei einem Gegenbesuch Thienemanns in Lunz konkretisiert wurde. Die Notwendigkeit einer solchen Expedition ergab sich aus der Tatsache, dass die Limnologie der Seen in der temperierten Zone halbwegs gut bekannt geworden war, jedoch über Seen in den Tropen kaum Kenntnisse bestanden, nicht einmal über deren Temperatur. Dem Antrag an die Notgemeinschaft der Deutschen Wissenschaft und die Kaiser-Wilhelm-Gesellschaft folgend, sollte die Wissenslücke durch Entsendung einer Expedition zu den Sundainseln, damals Niederländisch-Indien, heute Indonesien, gefüllt werden. Die Teilnehmer, Prof. August Thienemann, Plön, und Prof. Jakob Feuerborn, Münster, aus Deutschland sowie Prof. Franz Ruttner und Laborant Karl Hermann, wissenschaftlicher Mitarbeiter der BSL, aus Österreich, waren 1928–1929 zehn Monate lang unterwegs. Da der Leiter der BSL auf ein Jahr Europa verließ, bestimmte die Geschäftsführung der Station Dr. Vincenz Brehm zu seinem Stellvertreter für die Zeit der Abwesenheit (Brehm 1954).

Auf Java, Sumatra und Bali wurden 40 Seen und zahlreiche weitere Gewässer untersucht und limnologisches, botanisches und zoologisches Material gesammelt, das Generationen von Wissenschaftlern beschäftigte. Zwischen 1930 und 1960 entstanden über 230 wissenschaftliche Arbeiten als Grundlagen der tropischen Limnologie. Die Fülle und Diversität des gesammelten Materials konnten nur mithilfe von Spezialisten bewältigt werden, deren wissenschaftliche Ergebnisse als eigenständige Publikationen, zum Teil aber auch in den Ergänzungsbänden des Archivs für Hydrobiologie, unter dem Titel „Tropische Binnengewässer“ veröffentlicht worden sind; insgesamt erschienen elf Bände, darin mehrere Aufsätze von Ruttner; so etwa zu den Cyanophyceen (Geitler und Ruttner 1935/36) oder zu Planktonstudien der Sunda-Expedition (Ruttner 1952). Bereits kurz nach der Rückkehr erschienen zwei Artikel über die Expedition (Thienemann 1930, Ruttner 1931). Darin wurden neben der Gründung der SIL, die Bedeutung der Erforschung der Binnengewässer, insbesondere der Seen, und die Wechselbeziehungen zwischen Umwelt und Lebewesen betont. Erste Ergebnisse wurden besprochen und mit Graphiken belegt, Reiseeindrücke dargestellt und Resultate allgemeinerer Natur dargelegt. Untersucht wurden vor allem Seen, aber auch Flüsse, Moore und Reisfelder. In der Reihe „Tropische Binnengewässer" (op. cit.) gingen die floristischen und faunistischen Ergebnisse weit über taxonomische Beschreibung und Artenlisten hinaus, indem sie Verbindungen zur Struktur, Umwelt und Geographie der Ökosysteme herstellten (Box 4.6). Es wurden Seen verglichen und daraus eine Typologie abgeleitet. Geklärt werden konnte die thermische Schichtung von tropischen im Vergleich zu temperierten Seen sowie deren Bedeutung für den Chemismus in den tieferen Schichten.

Ökosysteme

Der Begriff wurde 1928 zunächst als „ökologisches System" von Richard Woltereck eingeführt. Der britische Botaniker Georg Tansley übertrug den Begriff als *ecosystem* 1935 ins Englische, der dann aus der englischsprachigen Literatur wieder als „Ökosystem" übernommen wurde.

Ökosysteme sind die grundlegenden Funktionseinheiten in der Ökologie. Sie bestehen aus Lebensgemeinschaften (Biozönosen) mehrerer Organismen und ihrer Umwelt (Habitat oder Biotop). Beide Komponenten beeinflussen einander und beide sind notwendig für den Erhalt des Lebens auf der Erde.

Die traditionelle Ansicht, Ökosysteme seien im ökologischen Gleichgewicht (*steady state*), wird zunehmend in Zweifel gezogen. Schon 1953 hatte der österreichische Biologe und Biophysiker den Begriff „Fließgleichgewicht", später „Ungleichgewicht" für offene Systeme eingeführt. Derzeit firmiert eher „dynamisches Gleichgewicht" (*dynamic equilibrium or stability*).

Odum EP (1983) Grundlagen der Ökologie. Übers von Overbeck J, Overbeck E., 2. Aufl, Thieme, Stuttgart, 2 Bde, 836 S.

Klötzli FA (1989) Ökosysteme. UTB Fischer, Stuttgart, 464 S.

Reichholf JH (2008) Stabile Ungleichgewichte: Die Ökologie der Zukunft. Suhrkamp, Frankfurt, 139 S.

Guichard F, Gouhier T (2014) Review: Non-equilibrium spatial dynamics of ecosystems. Mathematical Biosciences 255:1–10

Die Geschichte und die einzelnen Stationen der Expedition sind, basierend auf den Erinnerungen und Tagebuchblättern (Ruttner 1935, Thienemann 1959), als Buch mit dem Titel „Tropische Limnologie" herausgekommen (Gölthenboth et al. 1996a, b). Ergänzend dazu bereiste die Enkelin von Laborant Hermann im Winter 2015/16 die Route ihres Großvaters bis Sumatra (Hermann 2018).

Welch starke Nachwirkungen diese Expedition in der österreichischen Limnologie haben sollte, wird im Folgenden noch mehrfach zu zeigen sein. Wegen des unmittelbaren Bezugs im Vorwort, „*... 65 anniversary of the Limnological Sunda expedition*" hier gleich der Hinweis auf den Tagungsband „Perspectives in Tropical Limnology" (Schiemer und Boland (Hrsg), 1996). Als eine Art Erinnerungsveranstaltung fand diese Spezialtagung in Salatiga in Zentraljava statt, mit dem erklärten Ziel, die unterrepräsentierte tropische Limnologie mehr in den Focus der Forschung zu bringen. Der Einleitungsartikel blickte mit zahlreichen Originalbildern auf die Expedition von 1928/29 zurück (Gölthenboth 1996a, b). Jack Talling, ein Pionier der afrikanischen Tropenlimnologie, fasste den Stand des damaligen Wissens über tropische Seen sowie die Wichtigkeit, den zeitlichen Zusammenhang und die wesentlichsten Ergebnisse der Expedition zusammen (Talling 1996). Die Deutsche Sunda-Expedition fiel in einen Zeitabschnitt, in dem zumindest vier andere Expeditionen in die Tropen stattfanden. Auslöser war das mangelnde Wissen um tropische Gewässer (Wesenberg-Lund 1910), speziell in Ostasien (Van Oye 1922, Wolozyńska 1912). Die weiteren mehr als 20 Beiträge im Buch befassen sich mit tropischen Seen, Stauhaltungen (Reservoiren), Fließgewässern, Auen, Feuchtgebieten bis hin zu Reisfeldern und natürlich der Fischerei als wichtige Nahrungsressource.

Ein lang gehegter Wunsch ging im Herbst 1931 in Erfüllung. Dank der Zusammenarbeit mit Prof. Dr. Wilhelm Schmidt, dem Direktor der Zentralanstalt für Meteorologie und Geodynamik in Wien, und mit Unterstützung der Notgemeinschaft der Deutschen Wissenschaft und des österreichischen Bundesministeriums für Forst- und Landwirtschaft war es möglich geworden, ein fahrbares Laboratorium für die vergleichende Untersuchung der Alpenseen durch Meteorologen und Limnologen zu beschaffen (Ruttner 1933a). Darin beschreibt der Autor ausführlich die Einrichtung des Fahrzeugs (Abb. 4.7).

Im Oktober 1932, nach einer ausgeprägten Schichtungssphase, konnte die erste limnologische Untersuchungsfahrt von Lunz aus ins Salzkammergut angetreten werden. Ziel war die Untersuchung der physikalisch-chemischen und biologischen Verhältnisse des Pelagials. An der Fahrt nahmen der Chemiker Müller, der Laborant Hermann, Franz Ruttner und, als Student, sein Sohn Anton teil. In zwei Wochen bearbeiteten diese vier Personen acht Seen, und zwar den Grundlsee, Toplitzsee, Kammersee, Altausseer See, Hallstätter See, Wolfgangsee, Krottensee und Traunsee. Der Mondsee und der Fuschlsee wurden nur flüchtig untersucht. Über die wichtigsten Ergebnisse der Temperatur- und der chemischen Schichtung dieser Ausfahrt berichtete Ruttner (1933b). Er ging dabei vor allem auf das Ausmaß und die Tiefe der Sprungschicht sowie die daraus resultierende Stabilität ein, die ein Maß ist für die Arbeit, die der Wind leisten muss, um die Wassersäule zu durchmischen. Kleinere Seen wie der Krotten-, Toplitz- und Altausseer See neigten danach zu Dauerstagnation und wiesen eine „*pseudoeutrophe Schichtung*" auf, geprägt durch Sauerstoffschwund in der Tiefe als Folge mangelnder Durchmischung (Findenegg 1933, 1934).

Findenegg (Box 4.7) konnte bereits in seinen ersten Untersuchungsjahren die besonderen Verhältnisse der Seen Kärntens nachweisen (Findenegg 1932). Das

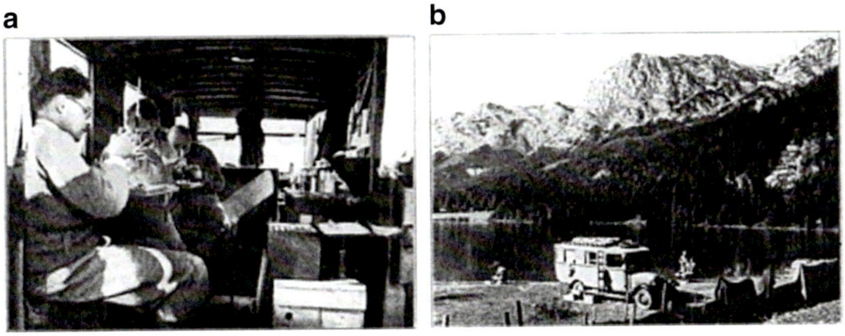

Abb. 4.7 **a** der Innenraum des Laborwagens und **b** der Laborwagen am Grundlsee. (Aus Ruttner (1933a))

windarme Klima ermöglicht hohe Oberflächentemperaturen im Sommer. Dadurch mischen viele Kärntner Seen während der herbstlichen Zirkulationsperiode nur teilweise und nicht bis in die größten Tiefen, wie man dies zuvor nicht anders gekannt hatte. Größere Tiefenbereiche bleiben dabei von den jährlich ausgleichenden Zirkulationsströmungen unberührt und verbleiben in ständiger Stagnation (Abb. 4.8). Für die Teildurchmischung hat Findenegg den Ausdruck „Meromixis" geprägt und den daraus resultierenden Bereich der dauernden Stagnation als „Monimolimnion" bezeichnet, beides heute Standardbegriffe der Limnologie. Findenegg hatte also bereits mit 37 Jahren seine vielleicht bedeutendsten Entdeckungen gemacht.

Ingo Findenegg (1896–1974), Prof. Dr. Dr. h. c.
In Villach geboren, studierte Findenegg an der Universität in Graz Naturwissenschaften, legte 1823 die Lehramtsprüfung ab und arbeitete in der Folge als Lehrer an der Bundesrealschule und von 1927 bis 1957 am Bundesgymnasium in Klagenfurt. Neben dem Beruf arbeitete er an seiner Dissertation über eine Gruppe der Turbellarien, welche er 1927 mit dem Doktortitel abschloss. Kurz danach begann er 1928/29 mit limnologischen Untersuchungen am Wörthersee und anderen Kärntner Seen. Die notwendigen Geräte erwarb er aus eigenen Mitteln und benützte seine Privatwohnung als Labor (Sampl 1974). Als eine der ersten Arbeiten erschien „Beobachtungen an Kärntner Seen" (Findenegg 1932). Neben den Angaben zur Planktonzusammensetzung war vor allem der starke Schwund des Sauerstoffs in der Tiefe der Seen im Sommer 1931 von Interesse, der bei drei der untersuchten Seen bis auf 0 mg L^{-1} zurückging (Abb. 48). Es folgten in rascher Folge: „Alpenseen ohne Vollzirkulation", „Zur Frage der Entstehung pseudoeutropher Schichtungsverhältnisse in Seen" und „Zur

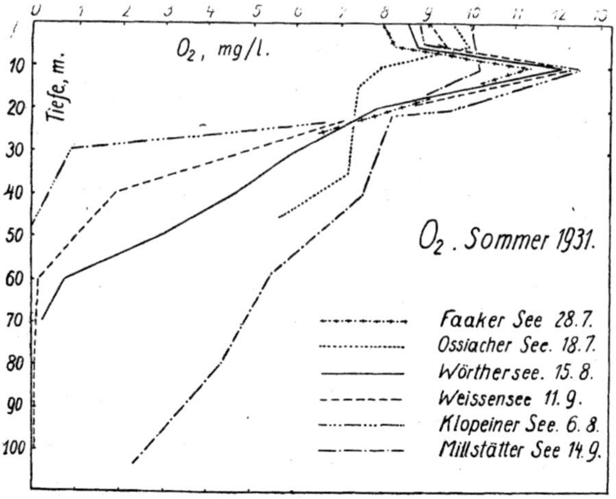

Abb. 4.8 Sauerstofftiefenprofile für sechs Kärntner Seen. Original aus Findenegg (1932)

Naturgeschichte des Wörthersees" (Findenegg 1933a, b, c). Ein Gesamtverzeichnis der Veröffentlichungen Findeneggs ist im Sonderheft 31 (Festschrift Findenegg) Carinthia II: 23–28 (1971) enthalten.

Sampl H (1974) Honorarprofessor Dr. Dr. h. c. Ingo Findenegg zum Gedächtnis. Carinthia II 164:355–360, Bild: Dokulil, Juli 1966. Letzter Limnologiekurs Findeneggs, Lunz – Untersee.

Zwei weitere Ausfahrten mit dem Laborbus ins Salzkammergut sind im Juni 1933 zu Beginn der Sommerschichtung und im Herbst 1935 unternommen worden, wobei 1933 im Wesentlichen dieselben Seen wie 1932 sowie einige zusätzliche untersucht worden sind. Hingegen wurde im Herbst 1935 nur der Traunsee studiert. Die Ergebnisse dieser drei Bereisungen sind ausführlich vergleichend auf 152 Seiten im Archiv für Hydrobiologie dargestellt worden (Ruttner 1937). Als für alle Seen charakteristisch erwies sich die sommerliche Schichtung der Temperatur. Vier Seen werden nur teilweise oder gar nicht umgeschichtet und gehören daher dem meromiktischen Typus an, den Findenegg (1933) beschrieben hatte. Alle Seen waren als oligotroph (nährstoffarm) einzustufen. Pseudoeutrophe Anhäufung von Abbauprodukten im Tiefenbereich (Findenegg 1934) war nur in meromiktischen Seen anzutreffen. Dort begrenzte auch das O_2-Gefälle die Vertikalverteilung der Planktonorganismen. Für zahlreiche Arten im Plankton, vor allem des Zooplanktons, konnten voneinander abweichende Ökotypen festgestellt werden. Diese vergleichende Betrachtung mehrerer Seen war ein Meilenstein in der österreichischen limnologischen Forschung. Gleichzeitig konnte aber auch durch Vergleich mit dem Lunzer Untersee gezeigt werden, dass zeitlich punktuelle Betrachtungen ohne ganzjährige Erhebungen eine wahrhaft vergleichende Analyse nur unzureichend erlauben. Es soll hier nicht unerwähnt bleiben, welch wichtige Rolle Berger bei diesen Untersuchungen gespielt hat. Zitate aus Ruttner (1937): *„Die chemischen Analysen wurden … 1935 von Herrn Dr. F. Berger übernommen … Die Zeichnungen wurden von … Berger ausgeführt.“*

Durch eine Subvention der Österreichischen Akademie der Wissenschaften an die BSL war es möglich, im Jahr 1933 an 17 Seen Temperaturmessungen vorzunehmen (Schmidt 1934). Um die Gleichzeitigkeit sicherzustellen, mussten für jeden See freiwillige Beobachter gefunden werden, da die Mittel für eine Bezahlung nicht ausreichten. Die alphabetische Liste der untersuchten Seen, deren Beobachter und die Anzahl der Beobachtungen sind der Tabelle 2, Seite 432 in Schmidt (1934) zu entnehmen. Die 17 Seen umfassten die bekanntesten Seen Österreichs, aber auch weniger bekannte wie den Lunzer Obersee, den Sperrsee auf dem Packsattel und den Toplitzsee. Unter den Beobachtern finden sich Haempel und Morton (zu den beiden etwas später). Als wesentliche Ergebnisse des Vergleichs ergaben sich eine Abhängigkeit der Temperaturverhältnisse von der Wärmezufuhr und -abfuhr durch Sonnenstrahlung und Verdunstung sowie eine Schicht etwa gleicher Temperatur, erzeugt durch Schlechtwetter und Wind. Die Änderungen der Temperatur an der Oberfläche der Seen können also nur unter Berücksichtigung des thermischen Aufbaus verstanden werden. Nimmt man die Lufttemperatur als Indikator für die Strahlungsumsätze, so spiegelt die Schwankung der Oberflächentemperatur deutlich die wechselnde Mächtigkeit der Wasserschichten wider: In den Monaten zunehmender Temperatur ein deutliches Parallelgehen, ein Nachhinken und Verspäten im Sommer und ein stetiges Abklingen im Herbst, unbeeinflusst von Änderungen der Lufttemperatur.

Eine 261 Seiten starke „Einführung in die Limnologie“ erschien 1930 als Band 10 der Biologischen Studienbücher (Brehm 1930). Darin wurde neben der Physik und Chemie im Hauptteil vor allem die Biologie des Süßwassers behandelt. Neben den Seen und Fließgewässern widmete sich der Inhalt dem Grundwasser, den Quellen, den Mooren, dem Abwasser sowie periodischen Wasseransammlungen, vor allem aber den Organismen darin.

Die Ergebnisse aller bisherigen Untersuchungen und deren Folgerungen daraus fanden ihren Niederschlag im Lehrbuch *Grundriß der Limnologie* (Ruttner 1940). Dieser mit etwa 250 Seiten knapp gefasste Überblick über die Seenkunde, mit kurzen Kapiteln auch über Fließgewässer und Moore, wurde ein Klassiker, erschien in mehreren Auflagen und ist in elf Sprachen übersetzt worden. Der Grundriss war für mehrere Forschergenerationen DAS Standardwerk der Limnologie. Unklar bleibt für den heutigen Betrachter, warum gerade dieses Werk so viel bekannter wurde als das zehn Jahre früher erschienene und eigentlich breiter angelegte Werk Brehms.

Im ersten Teil haben wir bereits Versuche zur Bestimmung der Lichtintensität unter Wasser und deren Abnahme mit der Tiefe besprochen. Fortschritte in der Methodik durch die LANGEschen Sperrschichtphotozellen verbesserten die Untersuchungen wesentlich. So konnten Arbeiten zu den physikalischen Bedingungen in Seen, vor allem den Strahlungsverhältnissen, in Zusammenarbeit mit der Zentralanstalt für Meteorologie und Geodynamik (heute *Geosphere*) in Wien in Angriff genommen werden. Erste Messungen am Ober- und Untersee in Lunz erfolgten bereits im September 1932 (Lauscher et al. 1934). Photozellen der Fa. Lange waren dafür in Gebrauch, offenbar aber ohne Farbfilter. Für die beiden Seen ergaben sich Transmissionswerte pro Meter von 0,72 bzw. 0,75. Die 10 % Lichtgrenze war im Obersee bereits bei 1 m, im Untersee erst bei 8,9 m erreicht. Der Untersee war also zum Zeitpunkt der Messungen etwas lichtdurchlässiger als der Obersee. Ein Stipendium der Arbeitsgemeinschaft ermöglichte es Franz Sauberer 1937 für ein Jahr an der Lunzer Station zu forschen. Im ersten Schritt erfolgte die Weiterentwicklung der Methodik zur Messung der Strahlung unter Wasser (Sauberer 1938, Sauberer und Eckel 1938). Ein Photoelement in Kombination mit Farbfiltern der Firma Schott ermöglichte differenzierte Spektralmessungen unter Wasser, die waren aber langwierig und nur bei stabilem Wetter ausführbar. Mit diesen neuen Möglichkeiten sind in fünf optisch unterschiedlichen Alpenseen spektrale Messungen der Durchlässigkeit, des Unterlichtes und der Reflexion ausgeführt worden. Der Achensee hatte die größte Transparenz, die geringste der LOS. Starke Trübung, wie im Leopoldsteiner See, verminderte die kurzwellige Strahlung weniger als die Huminfärbung im Obersee (Sauberer 1939). Weitere Messungen an Hochgebirgsgewässern wurden 1938 im Raum Zell am See ausgeführt (Lauscher 1940–41). Neben dem Grünsee und Weißsee im Stubachtal wurden auch die Krimmler Ache und der Zeller See beprobt. Letzterer wies die größte Durchlässigkeit auf, hingegen zeigte der milchig getrübte Weißsee starke Schwächung in allen Farbbereichen. Die Krimmler Ache erwies sich als dem Zeller See vergleichbar transparent. In dieser Arbeit machte Lauscher auch Angaben zur Kompensation des „Opalglasfehlers“ (heute nicht mehr relevant), aber auch zur Umrechnung von Durchlässigkeitszahlen auf gleiche Strahlungsweglänge. Zusammengefasst und interpretiert wurde der Stand des Wissens über die Strahlungsverhältnisse der Gewässer durch Sauberer und Ruttner (1941).

Da nach dem Zusammenbruch der Monarchie als einzige limnologische Forschungsstätte die Biologische Station der Kupelwieser-Stiftung in Lunz am See auf dem Territorium der 1. Republik verblieben war, entstand bald der Wunsch nach einer Arbeitsmöglichkeit im Wiener Raum. Dazu wurde durch ein Gründungskomitee die „Arbeitsgemeinschaft der Wiener Hydrobiologen“ 1923 ins Leben gerufen. Zur Erlangung eines Stützpunktes für biologische und hydrochemische Arbeiten an Gewässern ersuchte Prof. von Wettstein den damaligen Polizeipräsidenten Dr. Schober um Zustimmung zur Errichtung eines kleinen Holzbaues auf dem Gelände des Wiener Polizeibades auf dem Dampfschiffhaufen. Der Polizeipräsident stimmte zu und ein Mitbegründer des Arbeitskreises ließ zum Großteil mit seinem eigenen Geld einen kleinen Holzbau (Abb. 4.9) errichten. Damit begründete er die „Hydrobiologische Station Alte Donau“ (Cerny 1924). Aufgabe der Station war die Erforschung des Stromgebietes der Donau in seiner Gesamtheit. Durch das große Interesse an der Neugründung war die Arbeitsstätte bald zu klein.

Als Impuls für die Fischereiwirtschaft und Forschung zu Abwasserfragen interessierten sich auch behördliche Stellen für einen Ausbau, der schließlich 1925 zur Eröffnung der „Hydrobiologischen Donaustation“ führte (Abb. 4.10). Anstelle der

Abb. 4.9 Hydrobiologische Station Alte Donau (Cerny 1924)

Abb. 4.10 Hydrobiologische Donaustation 1925. Links daneben noch das alte Gebäude von 1923

„Arbeitsgemeinschaft der Wiener Hydrobiologen" wurde der wissenschaftliche Verein „Hydrobiologische Donaustation in Wien" gegründet und Prof. Cerny zum ständigen Leiter bestimmt. In den nächsten Jahren wurde der Tätigkeitsbereich erweitert. Die Untersuchungen befassten sich mit der Donau, mit Donaualtwässern, mit der March sowie auch mit fischereiwirtschaftlichen- und Abwasserproblemen (Cerny 1937).

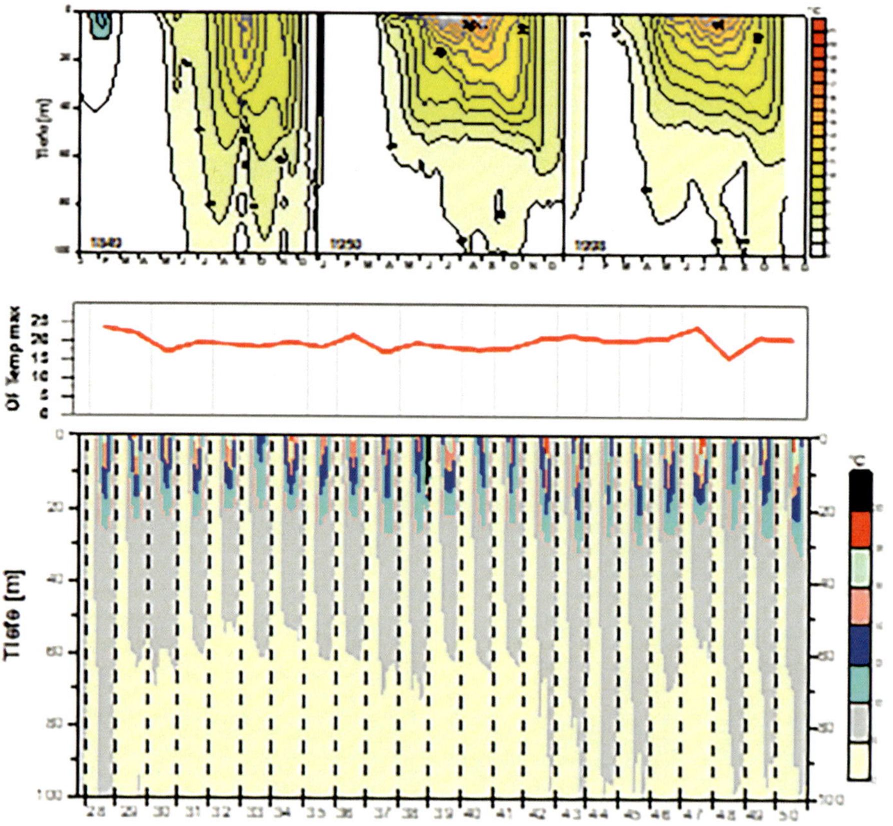

Abb. 4.11 Hallstätter See: Profil-Isothermen der Jahre 1928 bis 1950 (unten) nach Daten von Morton in diversen Publikationen. Darüber die maximal beobachteten Oberflächentemperaturen (OF). Oben: Die Jahre 1849 (Simony 1850), 1950 (letztes Jahr der Reihe Mortons) und 1998 (Daten Jagsch pers. Mittlg.)

In Abb. 4.11 Hydrobiologische Donaustation 1925. Links daneben noch das alte Gebäude aus 1923.

Prof. Cerny regte 1935 an, eine „Internationale Kommission für die wissenschaftliche Erforschung der Donau" zu konstituieren. Alle sieben Donauuferstaaten sollten darin durch wissenschaftliche Repräsentanten vertreten sein. Sitz dieser Kommission war die Hydrobiologische Donaustation in Wien und Cerny war ihr Generalsekretär. Die bald nach der Gründung einsetzenden Umwälzungen und Kriegswirrnisse verwehrten aber dieser Organisation die Inangriffnahme der geplanten Forschungsarbeiten. Ab März 1938 übernahm der Vorstand des Institutes für Hydrobiologie und Fischereiwirtschaft an der Hochschule für Bodenkultur, Oskar Haempel, die Leitung der Station, die noch im gleichen Jahr als „Abteilung für Donaufischerei und fischereiliche Abwasserkunde" in die „Reichsanstalt für Fischerei" eingegliedert wurde (Box 4.8). Als Mitarbeiter und örtlicher Leiter wirkte Karl Stundl bis zur verfügten Stilllegung des Institutes im Oktober 1944 (Liepolt 1962).

Oskar Haempel (1882–1953) Prof. Dr.
Geboren in Malec, Galizien, war Haempel schon ab 1908 an der landwirtschaftlich-chemischen Versuchsanstalt Wien in der neu installierten Abteilung „Fischerei und Abwässer" als Fischereibiologe tätig. Ab 1910 war er Dozent für Landwirtschaft an der Wiener Hochschule für Bodenkultur (heute Universität für Bodenkultur, BOKU) und leitete ab 1920 die neu eingerichtete Lehrkanzel für Hydrobiologie und Fischereiwirtschaftslehre). Die von ihm initiierte Außenstelle, die „Fischereibiologische Bundesanstalt in Weißenbach am Attersee", übernahm er 1928. Später erfuhr das Institut verschiedene strukturelle Veränderungen, Zuordnungen und Namensänderungen: 1928–1944 Fischereibiologisches Institut Weißenbach am Attersee (Außenstelle der Universität für Bodenkultur), von 1944–1945 Reichsanstalt für Fischerei, Abteilung Fischerei in den Gebirgswässern. Danach ab 1945 bis 1953 Fischereibiologische Anstalt Weißenbach, welche 1948 die Fischzuchtanlage Kreuzstein und 1951 die Fischzuchtanlage Neumarkt am Wallersee errichtete. Übersiedlung nach Scharfling am Mondsee 1953 als Fischereibiologisches Institut des Bundes mit angeschlossener Fischereischule samt Internat. 1953–1983 Bundesinstitut für Gewässerforschung und Fischereiwirtschaft (BMLF Sektion III), 1983–1995 Bundesanstalt für Fischereiwirtschaft (BMLF Sektion II). Eingliederung in das Bundesamt für Wasserwirtschaft 1995 als Institut für Gewässerökologie, Fischereibiologie und Seenkunde (BMLFUW Sektion VII). Die Direktion des Bundesamtes für Wasserwirtschaft übersiedelte 2016 von Wien nach Scharfling. Seitdem firmiert das Institut in Scharfling unter Institut für Gewässerökologie und Fischereiwirtschaft und betreibt die Ökologische Station Waldviertel in Gebharts als Außenstelle (Jagsch 2009).

Liepolt R (1953) Prof. Dr. Oskar Haempel Österr Fischerei 6:1. Bild: Österr Fischerei 5:97–98 (1952)

Eine der ersten Publikationen der „Hydrobiologischen Station Alte Donau" stammte von Pesta (1928). Darin sind Beobachtungen über Vegetation und bodenlebende Tiere sowie Wasserstand und Eisbildung im Arbeitsgebiet zusammengefasst. Im selben Jahr berichtete Kemptner (1928) den Fund einer Coccolithophoride (Kalkflagellat) in der Alten Donau, was bemerkenswert ist, weil Kalkflagellaten vorwiegend im Meer auftreten und Süß- oder Brackwasserarten eher rar sind. In den folgenden Jahren wurden etliche Altwässer bzw. Auengewässer links- und rechtsseitig der Donau bei Wien untersucht, die hier nicht alle genannt werden können (z. B. Vornatscher 1938, Grohs 1943).

Eine Änderung, vor allem in der fischereilichen Forschungsausrichtung, verkörperte Oskar Haempel zu Beginn des 20. Jahrhunderts (Wanzenböck 2009). Zu seinen frühen Veröffentlichungen zählt „Über das Wachstum des Huchens" (Haempel 1910), „Zur Frage des Hörvermögens der Fische" (Haempel 1911), aber vor allem der „Leitfaden der Biologie der Fische" (Haempel 1912). In einer Abhandlung über die Fische und die Fischerei am Neusiedler See beschrieb er die teilweise anarchischen Zustände im Umgang mit den Fischereirechten, weswegen er eine Seeordnung und die Gründung einer Genossenschaft für notwendig hielt (Haempel 1929a). Besonders bedeutsam waren aber seine physiologischen Ausführungen, wie etwa über Wirkungen von Vitaminen und Hormonen auf Fische (Haempel 1937). Schon früh begann Haempel, eine Serie von Monographien über Alpenseen herauszugeben. Dazu gehören der Hallstätter See (1918), Grundlsee (1921), Millstätter See (1923), Attersee (1926), ein Vergleich von Atter-, Mond- und Irrsee (1929b) sowie der Irrsee (Dumitriu 1932). Die Resultate und Erkenntnisse sind in „Die Fischereibiologie der Alpenseen" zusammengefasst (Haempel 1930).

Das Fischereibiologische Institut beurteilte die Fischerträge der Seen im Salzkammergut kritisch (Lechler 1929, 1932). Von Lechler wurden 16 Seen erfasst, die dem nahrungsarmen (oligotrophen) Typ zuordnet wurden. Fischereilich unterschied er „Coregonenseen" und „Saiblingsseen", deren Produktivität er abzuschätzen versuchte. Abschließend stellte er fest: *„... in den Seen* [ist] *eine weitgehende Unterproduktion festzustellen, die ihre Ursachen in falschen Wirtschaftsmaßnahmen früherer Jahre oder starker Vernachlässigung hat. Eine Hebung der Produktion ist ohne weiteres möglich, nimmt aber, wie dies bei einem oligotrophen See naturgemäß ist, lange Jahre in Anspruch."* Er schlug als Maßnahmen vor: *„... Regelung der Maschenweiten, restlose Erfassung des Brutmaterials und schließlich Besatz mit fremdem Material"* und meinte dazu: *„... letzteres stößt einmal infolge der großen Kosten, andererseits infolge Mangel an Besatzmaterial auf Schwierigkeiten."*

Das umfangreiche und vielseitige Oeuvre Friedrich Mortons (Box 4.9) kann hier nicht dargestellt werden. Ein Großteil seiner Veröffentlichungen findet sich in zwei Listen (1910–1955 und 1961–1968) sowie in den Einzelpublikationen, die bei https://www.zobodat.at/publikation_series.php zu finden sind. Hier interessieren nur Mortons hydrobiologische Beiträge, und selbst da nur die wichtigsten. Morton gründete unter finanziellen Opfern die Botanische Station in Hallstatt und rüstete sie aus eigenen Mitteln aus, um verschiedenste Forschungen durchführen zu können (Morton 1967). Mit seinen eigenen Worten: „*Besonderes Augenmerk wurde der Thermik des Sees zugewandt. Über zehntausend Messungen ergaben ein gutes Bild. Es wurden die Sprungschichten untersucht, die Verhältnisse bei zugefrorenem See …. Natürlich wurde auch das Plankton berücksichtigt.*“ Die von ihm erhobenen Temperaturprofile der Jahre 1927 bis 1950 sind im Anhang 4 zum Jahrbuch 1950 der Zentralanstalt für Meteorologie und Geodynamik in Wien aufgelistet und in Abb. 4.11 zusammenhängend dargestellt. Daraus ist zu erkennen, dass über die 23 vollständigen Jahre wenig Veränderungen auftraten. Die beispielhafte Wiedergabe der Profil-Isothermen der Jahre 1849, 1950 und 1998 belegt die große Regelmäßigkeit der sommerlichen Schichtung. Auch die maximal gemessene Oberflächentemperatur ist über die 23 Jahre gleichgeblieben, was aus der starken Durchströmung des Hallstätter Sees erklärbar ist. Ein Phänomen des Hallstätter Sees und anderer Seen, die sogenannten Regenflecken, mysteriöse ruhige Bereiche auf der sonst leichtbewegten Oberfläche, hatten bereits Simony (1847) beschäftigt. Morton (1931–1932) hat die Flecken im Hallstätter See auf minimale Temperaturunterschiede durch wechselnde Bewölkung, Bergschatten und Regen zurückgeführt. Lange waren die Ursachen umstritten. Erst kürzlich konnte eine Studie am Genfer See zeigen, dass die glatten Bereiche eine höhere Konzentration an Biotensiden aufweisen. Diese oberflächenaktiven Substanzen stammen von der biologischen Aktivität des Planktons oder kommen von terrestrischen Quellen (Foroughan et al. 2022) https://www.sciena.ch/de/research/scientists-delve-into-natural-slicks-on-lake-geneva.html.

Friedrich Morton (1890–1969) Botaniker, Forschungsreisender, Universalgelehrter

Geboren in Görz (heue Gorizia, Italien). Frühzeitiges Interesse für Naturwissenschaften. Mit 17 Jahren bereits ehrenamtlicher Mitarbeiter am Landesmuseum in Klagenfurt. Danach Studium an der Universität in Wien (Botanik, Zoologie, Chemie). Promotion zum Dr. phil. 1914 mit einer botanischen Arbeit und Lehramtsprüfung 1916. Längere Forschungsarbeiten an der Biologischen Station Lunz am See und an der Zoologischen Station Triest sowie von 1909–1913 mehrmalige Studienaufenthalte auf Rab (Arbe) und den benachbarten Norddalmatinischen Inseln sowie Forschungsreisen nach Tunis (1913) und nach Ägypten (1914). Ab 1921 in Hallstatt zuerst als Verwalter der Dachsteinhöhlen, später als Leiter der Botanischen Station mit vielfältigen Aktivitäten bis zu seinem Lebensende. Zahllose Publikationen.

Dobat K (1969) In memoriam Regierungsrat Dr. Friedrich Morton. Die Höhle 20:132–141.

Wirobal K (1990) Friedrich Morton. Gedenkschrift zum 100. Geburtstag. Mussealverein Hallstatt (Hrsg), Wimmer, Bad Ischl, 64 S. Bild: aus der Gedenkschrift.

Mit der Erforschung der Gewässer im Hochgebirge begründete Otto Steinböck 1929 (Box 4.10) die limnologische Hochgebirgsforschung in Tirol (Steinböck 1929, 1930). Sein schon damals gefasster Plan, im Kühtaier Seengebiet auf 2240 m Seehöhe eine permanente Station zu errichten, konnte aber erst 1959 verwirklicht werden (Abb. 4.12). Von seinen zahlreichen Arbeiten über Turbellarien sei die Studie über den Wörthersee erwähnt (Reisinger und Steinböck 1925). Die Autoren führten die auffallende Armut der Litoralfauna auf die hohen Temperaturen des Oberflächenwassers zurück. Die Tiefenfauna hingegen war auf einen schmalen Bereich zwischen Sprungschicht und dem O_2-armen Tiefenwasser beschränkt, beides Besonderheiten des Wörthersees. Bleibt noch anzumerken, dass Reisinger (1955) die Ergebnisse über Kärntens Hochgebirgsturbellarien zusammengefasst hat. Darin unterschied er arktisch-alpine Formen von rein alpinen Arten sowie eurytope und stenotope Formen, also weitverbreitete Arten und Bewohner weniger klar definierbarer Biotope.

Otto Steinböck (1893–1969) Universitätsprofessor, Alpinforscher

In Graz geboren, studierte Steinböck auf Wunsch seines Vaters zunächst Jura, unterbrach dies wegen einer Kriegsverpflichtung und begann 1920 das Studium der Naturwissenschaften (biologische Fächer). Er promovierte 1923 bei Erich Reisinger mit einer Monographie über eine Gruppe der Turbellarien, welchen er sein ganzes Leben lang verbunden blieb. Bereits 1927 habilitierte sich Steinböck in Innsbruck für Zoologie und trat eine Stelle als Assistent am Zoologischen Institut der Universität Innsbruck an, wurde 1930 zum ao. Univ.-Prof. ernannt, übernahm 1931 zunächst die Vertretung seines Ordinarius Steuer, um schließlich 1937 zum Vorstand des Zoologischen Instituts der Universität Innsbruck ernannt zu werden. Bild: Wikipedia.

Abb. 4.12 Limnologische Station, Kühtai im Winter, Institut für Zoologie, Universität Innsbruck

Bibliothek Ferdinandeum Inv.-Nr. W/21.606, Tiroler Landesmuseum (https://sammlung.tiroler-landesmuseen.at/biblio/w-21606).

Nachdem Steinböck bereits 1929 über hydrobiologische Forschungen in den Ostalpen berichtet hatte (Steinböck 1929), referierte er 1934 über „Die Tierwelt der Gletschergewässer" (Steinböck 1934). Darin handelte er auch weniger beachtete Lebensräume ab, wie Schmelzwasser, Firnfelder und Gletscherabflüsse und deren Bewohner, wie Algen, Bärtierchen oder den Gletscherfloh und die Gletscherzuckmücke. Gletscherbäche beschrieb er je nach Schwebstoffführung als anfangs von milchiger Trübung, später graugrün und schließlich schmutzig braun. Für den Jambach bei Galtür führte er in einer Tabelle 5-jährige mittlere Abflüsse morgens und abends sowie die monatlichen Wassermengen an (Abb. 4.13). Die niedrige Temperatur, um 0 °C in der Nähe des Gletschertores, stieg je nach Geschwindigkeit und Exposition mit der Fließstrecke an. Danach spekulierte er, wie weit Fische in Gletscherbäche gehen und über die Tierwelt von Gletscherseen im Allgemeinen.

Im selben Jahr erschienen zwei Beiträge der chemischen Verhältnisse, in sieben Hochgebirgsseen über 2000 m, in elf Mittelgebirgsseen zwischen 550 und 1500 m in Tirol sowie in zehn Mittelgebirgs- und einem Alpenrandsee, dem Gardasee in Südtirol (Leutelt-Kipke 1934a, b), von einer Schülerin Steinböcks. Es folgten Beobachtungen an zehn Südtiroler Hochgebirgsseen, alle über 2000 m im Jahr 1935 (Leutelt-Kipke 1936). Es ergaben sich wesentliche Unterschiede zwischen oligotrophen und eutrophen Seen in beiden Höhenlagen, wobei die oligotrophen Seen in beiden einander sehr ähnlich waren. In den Seen des Hochgebirges fanden sich teilweise erhebliche Sauerstoffübersättigungen.

Über die Sprungschicht im Hochgebirgssee entspann sich eine Kontroverse zwischen Pesta (1933) und Steinböck (1934), wie das zur damaligen Zeit öfters der Fall war. Während Pesta tiefere Seen als atypisch ansah und damit auch die Bildung einer Sprungschicht ablehnte, wies Steinböck auf der Basis seiner eigenen und den Untersuchungen seiner Schülerin (op. cit.) eine solche sehr wohl nach, da

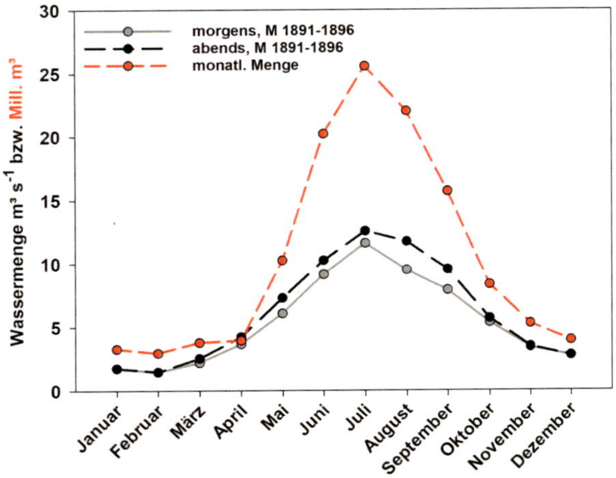

Abb. 4.13 Monatliche Wassermengen morgens und abends sowie monatliche Wassermenge als Mittel 1891–1896 im Jambach bei Galtür. Daten aus Steinböck (1934, Tab. 5)

er tiefe Seen im Hochgebirge als keineswegs atypisch ansah. Im Nachtrag zu seiner Publikation stützte er sich zusätzlich auf die umfangreichen Befunde in einer Abhandlung von Hacker (1933), welche seine Ausführungen bestätigten.

Zahlreiche Gewässer der Steiermark im Gebiet des Hochschwabs bei Eisenerz, Admont und Leoben, darunter auch der Sackwiesensee und der Grüne See, beschrieb Pichler (1939). Trotz der wenigen Daten der einmaligen Sammelfahrt versuchte der Autor eine Typisierung der 6 Seen und 17 Kleingewässer. Nach der Größe und den Amplituden der Temperatur unterschied er Lachen, Tümpel, Weiher und Kleinseen, wobei er darauf hinwies, dass der Terminus „See" eigentlich keinem der Gewässer zustünde. Des Weiteren teilte er die Gewässer nach dem Gehalt an gelösten organischen Substanzen (Humidität) und dem Stoffhaushalt ein.

Immer wieder wurde nach 1945 behauptet, es habe in Österreich kaum Fließwasserforschung gegeben. Dies mag für inter- und multidisziplinäre Erhebungen gelten, nicht aber für fließende Gewässer generell (Kap. 3.3). Es gab auch schon die **Station „Alte Donau"**. In den Jahren 1936/37 erfolgten erste Arbeiten in der Umgebung Wiens an den Wasseraustritten des „Wassergsprengs" in der Hinterbrühl bei Mödling (Kühn 1940). Die Quellen führten Kaltwasser mit Temperaturen zwischen 2,8 und 12 °C, waren mittelhart bis hart und schwach alkalisch. Die Quellfauna bestand aus pflanzenfressenden Käfern (Phytophagen, Coleopteren), Plattwürmern (Tricladen), Saugwürmern (Trematoden) und Einzellern (Amoeben). Mitis (1938) behandelte die Ybbs, einen ostalpinen Kalkalpenfluss. Zur Verbreitung der Insekten des Fließwassers führte er den Luftweg durch aktive Wanderung und passive Verdriftung der Imagines an. Das Auengebiet der Donau bei Wien war ihm eine weitere Studie wert, in welcher er einen Beitrag zur Gewässersystematik liefern wollte (Mitis 1939). Ebenfalls 1939 erschien eine Geschichte der botanischen Fließwasserforschung (Roll 1939). Von den darin angeführten über 80 Zitaten stammte die überwiegende Anzahl aus dem 19. Jahrhundert und enthielt immerhin drei aus Österreich, wobei etwa die Algenfloren Böhmens und Salzburgs (Hansgirg bzw. Sauter, Kap. 3) gar nicht erwähnt worden sind. Quantitative Untersuchungen des Planktons im Donaustrom bei Wien stammten von 1932/33 (Schallgruber 1943). Schallgruber bestand auf den umstrittenen Begriff „Potamoplankton". Er merkt an, dass das Plankton trotz höherer Strömungsgeschwindigkeit dem Plankton anderer Ströme ähnlich sei und führt zum Schluss an: *„Als Fischnahrung kommt es kaum in Betracht, sodass es sehr notwendig ist, bei Stromregulierungen Altwässer bestehen zu lassen, die mit dem Strom in Verbindung stehen."* Die Monographie der Steinfliegen (Plecopteren) aus den Gewässern Nordtirols (Kühtreiber 1943) mögen zum Abschluss zeigen, dass auch im Westen Österreichs Studien an Fließgewässern durchgeführt wurden.

4.3 Limnologie nach 1945

Nach dem 2. Weltkrieg wurden die Aktivitäten der Limnologie beträchtlich erweitert. Unterbrochene Aktivitäten sind fortgesetzt, andere erweitert und neue gestartet worden. Schon ein Jahr nach dem Ende des Krieges erschienen neue

Publikationen. Müllner (1946) fasste das Problem der erhöhten Temperaturen über dem Grund tiefer Seen final zusammen. Er ging dabei auf verschiedene Faktoren ein und diskutierte sogar schweres Wasser (Isotop H^3) als mögliche Größe. Als Nachtrag zu Untersuchungen vor dem Krieg (op. cit.) und ergänzt durch Beobachtungen 1943/44 berichtet Turnowsky (1946) über erhebliche Schwankungen der Wasserspiegel zweier Hochgebirgsseen in Osttirol. In derselben Nummer der Zeitschrift *Carinthia* berichtete Findenegg (1946) über Lotungen, Tiefenkarten und Erhebungen am Afritzer See und Brennsee in Kärnten aus den Jahren 1933 bis 1936, die beide Seen als sehr ähnlich auswiesen. Noch im selben Jahr diskutierte er die Lichtansprüche planktischer Algen (Findenegg 1947). Er besprach darin Arten, die an Schwachlicht beziehungsweise an Starklicht angepasst sind und jeweils als Kälte- oder Wärmeformen auftreten. Findenegg fasste diese Formen schematisch so zusammen:

	Schwachlichtformen	**Starklichtformen**
Kälteformen	Winterplankton	Frühjahrsplankton
Wärmeformen	Herbstplankton	Sommerplankton

Diese Thematik ließ Findenegg sein ganzes Leben nicht mehr los. Auch eine seiner letzten Arbeiten war den Licht- und Wärmeansprüchen gewidmet. Die Bedeutung des Naturschutzes hob Brehm (1947) in einem Artikel über den intermittierenden Lochbach bei Lunz am See hervor, während Stundl (1947) über mögliche Ertragssteigerungen der Fischerei im Neusiedler See nachdachte. Dazu kam, dass das Jahr 1947 durch geringe Niederschläge bis Oktober wasserarm war (Rosenauer 1948). Die Abnahme der Wasserführung der Traun möge dies verdeutlichen (Abb. 4.14).

Neben den oben erwähnten praktischen Belangen erschien auch eine theoretische Arbeit über die notwendige Mindestarbeit zur Durchmischung von Wassermassen (Eckel 1948). Darin wurde zunächst die „Stabilität" einer Wassersäule definiert, daraus die Mindestarbeit mathematisch abgeleitet und die Mischungstemperatur berechnet.

In seiner Dissertation beschrieb Stüber (1949) sieben Seen in Tirol, darunter der Heiterwanger See (Plansee), Bezirk Reutte, und der Obere Plenderlesee im Kühtai. Die Studie aus den Jahren 1948/49 analysierte frühere Erhebungen und erfasste Daten zu zahlreichen Teilgebieten der Limnologie, wie Klima, Hydrometrie, Physik, Chemie, Makrophyten, Algenvegetation und Fauna. Ein Vergleich der Gewässer sowie Schlussfolgerungen fehlten. Den Schwerpunkt bildeten die Hydracarinen, die Süßwassermilben (Stüber 1958).

Seine frühen Untersuchungen im Hochgebirge (Steinböck 1938) führte Steinböck weiter, wobei die Arbeiten am Schwarzsee ob Sölden auf 2792 m noch während des Krieges 1940–1943 ausgeführt wurden (Steinböck 1948, 1949). Aus den Jahren 1952 und 1953 stammte die Doktorarbeit vom Mölsersee in den Tuxer Voralpen auf 2238 m Höhe (Gutmann 1961). Sowohl der Schwarzsee als auch der Mölsersee weisen eine (inverse) Schichtung im Winter unter der Eisdecke auf. In beiden dominiert das Nannoplankton, vor allem bewegliche Arten beziehungsweise kleine zentrische Diatomeen. Bodenalgen und Bodenfauna sind reichlich vertreten, im Mölsersee sogar zahlreicher im Winter als im Sommer. Neben den limnologischen Fragen interessierte vor allem der Bestand an Seesaiblingen (*Salvelinus alpinus*) in diesen hochgelegenen Seen, welche offensichtlich eingesetzt worden sind (erster Nachweis im Fischereibuch Kaiser Maximilians 1504). Daher wurde sogar ein Besatz mit Fischen als Verbesserung der Ernährungslage nach dem Krieg diskutiert (Steinböck 1950), obwohl für eine Bewirtschaftung das ökologische Problem der Ernährung und des Wachstums bestand (Reisinger 1953). Neue Aspekte zu historischen Besatzmaßnahmen lieferte Gutmann (1961), der Bergbau und Almwirtschaft bereits vor 1504 in den Mittelpunkt rückte. In Abwägung der Umweltverhältnisse und des Nahrungsangebots schlug der Autor für einen Neubesatz die Regenbogenforelle vor.

Bereits 1947 begannen zwei Doktoranden des Zoologischen Instituts der Universität Wien (Ferdinand Starmühlner und Heinz Löffler) auf einen Hinweis Franz Ruttners, eine Expedition zu den Salzseen der Türkei zu planen (Box 4.11). Zwischen 1947 und 1949 trieben sie Geld auf, schnorrten Gerätschaften, sogar ein Auto, und schrieben unzählige Bittbriefe. Im Zuge der Vorbereitungen stießen noch die beiden Kollegen Jens Hemsen und Alfred Peter Kaltenbach mit wichtigen Aufgaben dazu. Da sich herausstellte, dass die zentraltürkischen Salzseen damals Sperrgebiet und für Ausländer verboten waren, musste ein anderes Gebiet gesucht werden. Die zahlreichen Salzseen im Iran boten sich an, da sie kaum erforscht waren. Tatsächlich startete die österreichische Iran-Expedition am 29. April 1949 von der Universität Wien (Starmühlner 1956). Das umfangreiche Expeditionsgepäck ging per Auto zunächst nach Triest, weiter per Schiff nach Beirut und von dort über Damaskus und Bagdad nach Teheran. Von dort aus bereiste und untersuchte die Expedition zahlreiche Steppen- und Salzseen, allen voran den Niris See. Am 4. Juli 1950 trafen die Teilnehmer der Expedition wieder in Wien ein, im Gepäck eine Menge an Daten, Aufsammlungen und lebenden

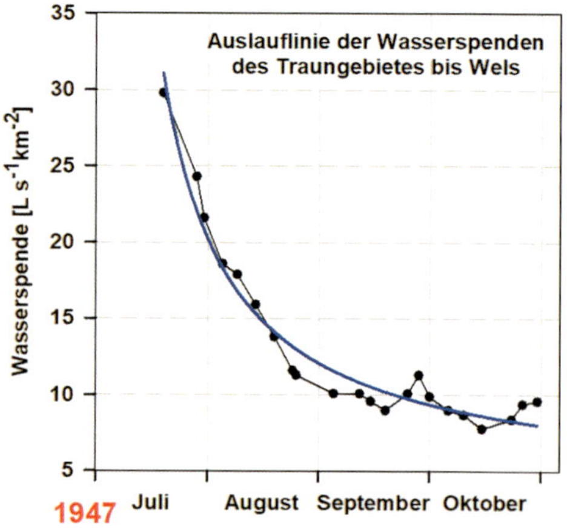

Abb. 4.14 Abnahme der Wasserführung der Traun bei Wels als Tagesmittel für Juli bis Oktober 1947. Nichtlineare Regression: inverses Polynom erster Ordnung ($r^2 = 0{,}96$; $F = 1618$; $p < 0{,}0001$). (Aus Rosenauer (1948), umgezeichnet und verändert)

Tieren. Die Bearbeitung dieses Materials erforderte mehrere Jahre und die Einbeziehung von Spezialisten (u. a. Löffler 1959a, 1961). Der Film *28.000 Kilometer durch den Iran* diente der Volksbildung und ist heute im Internet unter Starmühlner beziehungsweise Iran zu finden (https://www.mediathek.at/katalogsuche/suche/?q%5B%5D=Iran).

Heinz Löffler (1927–2006) Univ.-Prof. Dr., Mitglied Akad Wiss Wien, Forschungsreisender

Geboren in Wien, studierte Löffler Zoologie an der Universität Wien und unternahm zahlreiche Forschungsreisen auf verschiedene Kontinente, um die Ökologie von Gewässern zu verstehen. 50 Jahre lang prägte er die Entwicklung der österreichischen Limnologie in Richtung einer systemorientierten Gewässerökologie. Seine Initiative eröffnete den Forschungsbereich der Paläolimnologie, welche anhand von Mikrofossilien die historische Entwicklung von Gewässern entschlüsselt. Seine Schule wirkt bis heute in vielfältiger Weise nach.

Schiemer F (2006) In Memoriam Heinz Löffler (1927–2006). Verh Zool-Bot Ges Österreich 143:167–179.

Dokulil M (2007) Obituary: Heinz Löffler (1927–2006). SIL News 51:3.

Schiemer F, Danielopol DL (2008) Heinz Löffler (1927–2006). Hydrobiologia 596:1–4.

Bild: Dokulil, Lunz 1982.

Später führten Heinz Löffler regional-limnologische Untersuchungen 1960 nach Chile und Peru, 1968 nach Ostafrika, 1969 in den Himalaya und 1973 nach Neu-Guinea (Schiemer 2006). Gemeinsam mit Hutchinson entwickelte er mithilfe der thermischen Schichtung und der Zirkulationsmuster eine Typologie von Seen, die weltweite Gültigkeit bewies (Hutchinson und Löffler 1956). In ähnlicher Weise führten Sammelexpeditionen Ferdinand Starmühlner als Molluskenforscher 1952 nach Süditalien, 1955 nach Island, 1958 nach Madagaskar, 1965 nach Neukaledonien, später mehrfach in den Indo-Pazifik und die Karibik (Salvini-Plawen 2006).

Gleichzeitig entstanden neue Fachrichtungen. Angeregt durch den Besuch der hydrobiologischen Kurse in Lunz 1940 und 1941 und von Ruttner auf das „vernachlässigte" Gebiet hingewiesen, wandte sich die Zoologin Getrud Pleskot der Fließwasserforschung zu (Pleskot 1949). In dieser ersten Publikation fasste Pleskot (Box 4.12) den damaligen Stand der biologischen Forschung an Fließgewässern zusammen. Gleichzeitig skizzierte sie ein klares längerfristiges Arbeitsprogramm. Dessen Ziel sollte die Herausarbeitung der wesentlichen Faktoren sein, in denen sich fließende von stehenden Gewässern unterscheiden sowie deren

Wirkung auf die Lebensformtypen der Organismen. Für sich selbst wählte sie die Ephemeropteren (Eintagsfliegen) und Plecopteren (Steinfliegen) als Untersuchungsobjekte. Analysen der Wasserinsektenfauna des Lunzer Seengebietes gipfelten in einer Publikation über die Ökologie der *Leptophlebiiden*, einer Gruppe der Eintagsfliegen (Pleskot 1954). Die hervorragenden Zeichnungen dafür lieferte die Graphikerin des Instituts, Maria Wimmer-Mizzaro (Abb. 4.15). Die Bedeutung ihrer Beiträge zur Zoologie würdigte Schaller (2009).

Gertrud Pleskot (1913–1978), Univ-Prof. Dr.
Geboren in Wien, studierte Pleskot zunächst Naturgeschichte für das Lehramt an Mittelschulen (Gymnasien) an der Universität Wien (1930 bis 1936). Nach dem Probejahr übernahm sie eine Dissertation bei Prof. Versluys über „Beziehungen zwischen Formen und Funktion des Bogenganges bei Reptilien". Promotion zum Doktor der Philosophie 1939. Von 1937 bis 1942 als Lehrerin an einem Mädchengymnasium. Ab 1943 Assistentin am Zoologischen Institut. Habilitierte sich 1953 für Zoologie mit der Arbeit „Zur Ökologie der Leptophlebiidae". Ernennung zur Univ.-Professorin und zur Abteilungsleiterin für „Biologische Umweltforschung mit besonderer Berücksichtigung der Fließgewässer".

Ruttner-Kolisko A (1976) Professor Gertrud Pleskot, 1913–1978. Wasser und Abwasser 1976–1977:403–409. Foto: Zobodat, aus Archiv Hüttinger, bearbeitet.

Als Folge der Verunreinigung von Flüssen und Bächen durch Abwässer von Haushalten und Industrie entwickelte sich Gertrud Pleskot zu einer Pionierin des Umweltschutzes, der zunehmend in den Blickpunkt ökologischer Forschung rückte. Die Beschäftigung mit Abwässern war allerdings nicht unbedingt neu, wie eine 133 Seiten starke Veröffentlichung über den Donau-Abschnitt von Wien bis Preßburg (heute Bratislava) aus dem Jahr 1906 beispielhaft zeigen möge (Brezina 1906). Neben den Abwasserquellen und Verschmutzungskriterien berichtete der Autor vor allem über den Sauerstoffschwund und die Bakterienkeimzahlen. Besonders würdigte er die Selbstreinigungskraft der Fließgewässer, welche er durch modifizierte Einleitungen und das Zurückhalten von Schwimm- und Schwebstoffen zu unterstützen vorschlug.

Zusätzlich zu ihrer Tätigkeit als Assistentin am Institut für Zoologie der Universität Wien begründete Pleskot 1951 im Institut für Wissenschaft und Kunst eine Arbeitsgemeinschaft zur Erforschung der Wienerwaldbäche. Ziel der multidisziplinär angelegten Gruppe war die Erforschung der Umwelt und der Biologie der Fließgewässer in der Umgebung Wiens. Zunächst untersuchte Pleskot den Faktor Temperatur an Bächen im Lunzer Raum und im Wienerwald (Pleskot 1951).

Zwei Jahre danach konnte sie 1953 einen ersten Bericht der Arbeitsgruppe „Zur Limnologie der Wienerwaldbäche" vorlegen (Pleskot 1953). Die 22 darin enthaltenen Artikel von Fachleuten umspannten zahlreiche Aspekte, von der Geologie über die Physik und Biologie der Wasserorganismen, darunter die Ephemeropteren (Eintagsfliegen) als Beitrag Pleskots, bis zur Fischerei und der Vogelfauna. Dieses 216 Seiten starke Sonderheft der Zeitschrift *Wetter und Leben* kann durchaus als bahnbrechend bezeichnet werden. Der Mauerbach bildete darin einen gewissen Schwerpunkt, der zusammen mit dem Liesingbach, etwa 20 Jahre später erneut in einer interdisziplinären Studie untersucht wurde (Hadl et al. 1976). In dieser Untersuchung wurde erstmals direkt mikroskopisch die Gesamtzahl der Bakterien beider Bäche erfasst (Dokulil 1977, 1978).

Es folgte 1954 bis 1957 eine Untersuchung des Schwechat-Flusses, wobei Beprobung und Auswertung zu einem erheblichen Teil von Mitarbeitern der Forschungsgemeinschaft durchgeführt worden sind. Bereits 1958 berichtete Pleskot über das jahreszeitliche Auftreten verschiedener Arten der Eintagsfliegen in der Schwechat (Pleskot 1958). Es konnten perennierende, ganzjährig auftretende Arten und temporäre Arten mit winterlicher Diapause als Larven oder Nymphen unterschieden werden. Die gesamten Ergebnisse, die nahezu alle Pflanzen- und Tiergruppen umfassten, wurden in einer Monographie veröffentlicht, in der auch alle Mitarbeiter und Spezialisten genannt sind (Starmühlner 1969). Etwa gleichzeitig wurden Keimzahlen und zahlreiche Stoffumsetzungen im Schreiberbach, einem ebenfalls stadtnahen Fließgewässer, untersucht (Streichsbier 1976–1977). Die vorgefundenen Keimzahlen und Aktivitäten ermöglichten die Definition von Gewässerzonen im Verlauf der Fließstrecke von der Quelle über Wald- und Wiesenzonen mit vorwiegend natürlichem Bestand bis in das Siedlungsgebiet mit zunehmender Belastung durch häusliche Abwässer und Abfälle.

Mit dem Erscheinen der zweibändigen Darstellung *Hydrobotanik* des österreichischen Botanikers Gessner (1955, 1959), die die marine und limnische Vegetation umfasste, begann sich eine weitere Fachdisziplin zu verselbstständigen. Die Algenkundlerin Elsa Fetzmann, später Kusel-Fetzmann, begann zunächst mit Beiträgen zur Algensoziologie und Auenvegetation, womit sie den Grundstein zur späteren Entwicklung und den Aufbau einer Abteilung für Hydrobotanik

Abb. 4.15 Habitus der Larve der Eintagsfliege *Habroleptoides modesta* (Körperlänge 7 bis 8 mm), von M. Wimmer-Mizzaro nach dem Leben gezeichnet

an der Universität Wien legte (Schiemer und Punz 2012). Bald schon konnte sie auch mithilfe studentischer Mitarbeiter ihr Arbeitsfeld auf weitere Teilaspekte der Hydrobotanik ausweiten (Box 4.13).

Elsa-Lore Kusel-Fetzmann (1932–2020)
Geboren in Mödling, studierte sie ab 1950 an der Universität Wien Biologie und Erdwissenschaften. Promotion zum Dr. phil. Mit „Beiträge zur Algensoziologie" 1956. Danach zunächst als wissenschaftliche Hilfskraft, später als Assistentin, ab 1967 als Oberassistentin angestellt. Mitglied der Arbeitsgemeinschaft Donauforschung seit 1960. Mit „Studien zur Algenvegetation der Donau Auen" habilitierte sie 1963 für „Pflanzenphysiologie. Ökologie und Hydrobotanik". Ernennung zur außerordentlichen Universitätsprofessorin 1977, zugleich zur Leiterin der Abteilung Hydrobotanik am Institut für Pflanzenphysiologie bestellt.

Schagerl M (2022) Elsa-Lore Kusel-Fetzmann (9.3.1932–16.4.2020) – ein persönlicher Nachruf. Schrift Ver nat-wiss Kenntnisse 156–157:93–95.

Bild: E. Kusel mit M. T. Dokulil. Foto: K. Teubner, nachbearbeitet.

In diese Zeit fiel auch die vielleicht damals zu wenig beachtete Gründung der „Internationalen Arbeitsgemeinschaft Donauforschung" (IAD) durch Reinhard Liepolt im Jahr 1956 unter der Schirmherrschaft der SIL. Die Idee dahinter entsprang dem Wunsch, in einer nach dem Krieg in Ost und West geteilten Welt wenigstens den Wissenschaftlern der Donauländer, die mehrheitlich im durch den „Eisernen Vorhang" abgeschotteten Osten lagen, eine Plattform für Zusammenarbeit und Diskussion zu bieten. Gleichzeitig hielt es Liepolt für ein Kuriosum, dass *„der größte mitteleuropäische Fluss, die Donau, bisher relativ wenig limnologisches Interesse gefunden hatte"* (Liepolt 1961). Die herausragende Leistung der ersten Dekade der IAD war die Herausgabe der Monographie „Limnologie der Donau" als gemeinsame Anstrengung aller an der Gesellschaft beteiligten Forscher (Liepolt (Hrsg) 1967). Diese Darstellung fasste den damaligen Stand des Wissens über die Donau zusammen. In der Folge fassten Tagungsbände neben den Einzelpublikationen die Fortschritte zusammen. Dazu zählen auch die vier Bände der „Ergebnisse der Donauforschung" und die vier Bände „Limnologie der österreichischen Donau-Nebengewässer" (https://www.danube-iad.eu/). Ergänzend zur IAD gründete Österreich im Jahr 1976 ein eigenes Komitee (https://oek-iad.boku.ac.at/), das alle zwei Jahre den „Liepolt-Preis" zur Förderung des wissenschaftlichen Nachwuchses vergibt (Box 4.14).

Reinhard Liepolt (1906–1996), Univ.-Prof., Dipl.-Ing. Dr. nat. techn., Hofrat

In Wien geboren, studierte Liepolt von 1924 bis 1928 Forstwirtschaft an der Hochschule für Bodenkultur, wo er als Diplom-Ingenieur abschloss. Da sein Interesse der Hydrobiologie und Fischereiwirtschaft galt, arbeitete er zunächst teilweise unbezahlt als wissenschaftliche Hilfskraft am Institut für Hydrobiologie und Fischereiwirtschaft bei Prof. Haempel. Gleichzeitig arbeitete er an seiner Dissertation „Limnologische Untersuchungen der Ufer- und Tiefenfauna des Mondsees und dessen Stellung zur Seetypenfrage". Doktor-Promotion 1931. Er war Leiter der Fischereibiologischen Bundesanstalt (1934–1939), Leiter der Bundesanstalt für Wasserbiologie und Abwasserforschung (1955–1971), Begründer der Internationalen Vereinigung der Donauforschung (IAD 1956), habilitierte 1956 an der Hochschule für Bodenkultur (BOKU) und leitete das Institut für Hydrobiologie und Fischereiwirtschaft der BOKU ab 1958. Im Jahr 1963 wurde ihm der Titel ao. Hochschulprofessor verliehen. Später wurden ihm zahlreiche Ehrungen zuteil (Kohl 1996).

Kohl W (1996) In memorian em. a. o. Universitätsprofessor Wirkl. Hofrat Dipl.-Ing. Dr. Reinhard Liepolt. Österr Fischerei 49:116–117. Bild: Dokulil Lunz ca. 1976.

4.3.1 Der Internationale Limnologen-Kongress 1959

Ein bestimmendes Ereignis für die Entfaltung der Gewässerkunde war mit Sicherheit die Ausrichtung des internationalen Kongresses der „Internationalen Vereinigung für theoretische und angewandte Limnologie" (SIL) 1959. Die Vergabe der Tagung nach Österreich stellte eine Anerkennung für Franz Ruttner und die gesamte heimische Gewässerforschung dar. Der damals 78-jährige Ruttner führte den Vorsitz des Organisationskomitees. In der Vorbereitungsphase gelang es ihm, alle an Wasserfragen beteiligten Institutionen an der Leistungsschau zu beteiligen. Durch den Kongress eröffneten sich aber auch für die österreichische Wissenschaft zahllose Möglichkeiten zur Zusammenarbeit auf internationaler Ebene.

Aus Anlass dieses **14. Internationalen Limnologie-Kongresses** wurden mehrere spezielle Publikationen herausgegeben. Ein limnologischer Überblick über die Gewässer Österreichs wurde zusammengestellt und von der Biologischen Station Lunz herausgegeben (Findenegg 1959). Neben der lokalen Geographie, dem geologischen Aufbau und dem Klima wurden die fließenden Gewässer und die Seen in ihren limnologischen Gegebenheiten dargestellt. „Seen, Flüsse und Bäche im Salzkammergut", zusammengestellt von einem Autorenkollektiv und herausgegeben vom Österreichischen Fischereiverband, war eine weitere Schrift zu diesem Anlass (Einsele (Hrsg) 1959). Darin beschrieben Einsele und Hemsen die Gewässer, insbesondere einige Seen, Findenegg das pflanzliche Plankton, Schadler die Geologie und Bruschek die untere Traun. Einsele beschrieb weiters die Arbeit und die Aufgaben des Bundesinstitutes für Gewässerforschung und Fischereiwirtschaft in Scharfling. Bereits einige Jahre früher erschien ein Sonderheft über die Kärntner Seen (Findenegg 1953), das Franz Ruttner zum 70. Geburtstag gewidmet war. Im ersten Teil wurden allgemeine limnologische Ergebnisse kommuniziert. Im zweiten Teil erfolgte eine detaillierte Darlegung der Kärntner Seen getrennt nach Regionen. Ein Sonderheft der Österreichischen Akademie der Wissenschaften präsentierte fünf Beiträge über den Neusiedler See in den Sitzungsberichten der Math.-nat. Klasse Abt. 1, Band 168. Darin sind vor allem drei Arbeiten über das Salzlackengebiet des Seewinkels zu erwähnen. Besonders hinzuweisen ist auf die Studie über das Krebs- und Rädertierplankton von 58 Lacken nebst chemischen Analysen (Löffler 1959b). Studien zu den Algenkleingesellschaften (Höfler & Fetzmann 1959) und speziell den Diatomeen (Hustedt 1959) in den Lacken im Seewinkel ergänzten die Darstellung. Dem Neusiedler See und dem Seewinkel widmete sich ebenfalls ein 208 Seiten starkes Sonderheft der Wissenschaftlichen Arbeiten Burgenland, welches Beiträge mehrerer Autoren aus verschiedenen Fachgebieten zusammenführte (Bgld. Landesmuseum (Hrsg) 1959). Darunter war nochmals Löffler mit den Gewässern des Seewinkels, die ihn sein ganzes Leben nicht mehr losließen (Löffler 1984, 2000). In der Vorbereitungsphase 1956 bis 1958 hatte Ruttner mehrere Proben Phytoplankton aus dem Neusiedler See ausgewertet, veröffentlichte die Ergebnisse aber nicht. Die Zählprotokolle fanden sich in Ruttners Nachlass. Sie wurden dem Autor von Frau Ruttner-Kolisko zur Verwendung übergeben. Die Auswertungen derselben zeigten so gut wie keine qualitativen oder quantitativen Unterschiede zu den Daten von 1968 bis 1973 (Dokulil 1979).

Nach einer Vorexkursion per Boot auf der Donau von Linz nach Wien tagten die Gewässerforscher eine Woche in Wien, besuchten den Neusiedler See, danach die Biologische Station in Lunz und das Bundesinstitut für Fischereiwirtschaft im Salzkammergut und absolvierten eine Abschlusssitzung in Salzburg. Zu guter Letzt führte eine große Exkursion nach Kärnten und Tirol.

Den unmittelbaren Eindruck und damit den Erfolg der Tagung geben wohl am besten einige Zitate aus den Eindrücken eines schottischen Limnologen wieder (Mortimer 1960). Zuerst ging der Autor auf die Entwicklung und die wichtigsten Beiträge der österreichischen Limnologie ein. Übergehend zur Tagung selbst führte er zunächst an: *„Am Abend des 19. August versammelten sich in Linz die Delegierten von 35 Ländern … und das … Organisationkomitee begann seine … Pläne in Aktion zu setzen. Ein oder zwei Tage vorher fürchtete man noch, dass die verheerenden Fluten im Salzkammergut und überall diese Pläne in schwere Gefahr gebracht hätten …“* Gemeint ist die Hochwasserkatastrophe in Oberösterreich und Salzburg. Damals stürzte die Autobahnbrücke über der Salzach ein. Mortimer dazu: *„Die fürchterlichen Überschwemmungen im August dieses Jahres, als über 300 mm Regen innerhalb von 48 h fielen, ermöglichten eine Ehrfurcht gebietende und einmalige Demonstration des Einflusses von Katastrophen in den Naturhaushalt der Gewässer.“* Er ging dann ausführlich auf die Tagung und die

Exkursionen ein, besonders auf den Neusiedler See, bedankte sich bei den Organisatoren und schloss: „*... wieder zu Hause ... erleben wir nochmals die drei wundervollen Wochen, in denen wir Österreich in seiner sommerlichen Schönheit betrachten, mit anderen diskutieren und disputieren durften und mit eigenen Augen die klassischen Stätten und die Persönlichkeiten der Limnologie Österreichs kennen lernten, die uns vorher nur vom bedruckten Papier her bekannt waren.*“

4.3.2 Neustrukturierung der Limnologie

Zu dieser Zeit war die Limnologie in Österreich universitär noch nirgends durch eine Lehrkanzel etabliert. Allerdings bestand bereits seit 1920 an der Hochschule für Bodenkultur (heute Universität für Bodenkultur, BOKU) eine **Lehrkanzel für Hydrobiologie und Fischereiwirtschaftslehre**, geleitet von Reinhard Liepolt. Die Ernennung Ingo Findeneggs zum Honorarprofessor für Zoologie, mit besonderer Berücksichtigung der Limnologie, 1955 an der Universität Graz profilierte ihn zusätzlich zu seinen wissenschaftlichen Erfolgen. Als Franz Ruttner 1957 als Direktor der BSL in Pension ging, bestellte ihn daher die Österreichische Akademie der Wissenschaften (ÖAW) als neuen Leiter. Nach Findeneggs Emeritierung und Rückkehr nach Kärnten übernahm Heinz Löffler 1967 zunächst die Leitung der Biologischen Station Lunz der ÖAW. Die Ernennung zum Extraordinarius folgte 1968 und damit die Errichtung einer **Lehrkanzel für Limnologie in Wien**. Durch die Bestellung Roland Pechlaners zum Extraordinarius 1970 und die Einrichtung einer eigenen Abteilung gelang es ihm, das Fachgebiet auch an der Universität Innsbruck strukturell zu verankern und einen eigenen **Studienplan für Limnologie** zu entwickeln (Pechlaner 1974) (Box 4.15).

Roland Pechlaner (1934–2022) Univ.-Prof. Dr., Limnologe, Fischforscher
Geboren in Innsbruck, Tirol. Studium der Zoologie und Botanik an der Universität Innsbruck 1952 bis 1956. Danach arbeitete er am Institut für Zoologie, wo er 1967 habilitierte. Sechs Jahre später wurde er Professor für Limnologie am Institut für Zoologie. Er leitete die Forschungsgruppe Limnologie, die die erste umfassende Ökosystemstudie eines Hochgebirgssees am Vorderen Finstertaler See, Kühtai, in Angriff nahm. Pechlaner initiierte auch die erste Restaurierung eines Bergsees in Österreich, des Piburger Sees, mittels eines hypolimnetischen Siphons. Er wurde zu einem Experten für den Schutz von Fließgewässern und förderte umweltfreundliche Aspekte des Flussbaus mit besonderem Augenmerk auf die Lebensräume von Fischen und benthischer Fauna. Die Forschungsstation am Gossenköllesee im Kühtai ist nach ihm benannt worden. Bild: Dokulil.

Rott E (2023) Nachruf Roland Pechlaner (1934–2022), international anerkannter Limnologe und Fischforscher. Linzer biol Beitr 55:187–204.

Rott E (2023) In Memoriam Roland Pechlaner (1934–2022) – A pioneer in lake ecosystem research and lake restoration, a promoter of eco-friendly river engineering, and an enthusiastic teacher. Limnologica 101: 126086. https://doi.org/10.1016/j.limno.2023.126086.

Zeitgleich war Löffler der Meinung, Lunz sei auf die Dauer zu kleinräumig, weswegen er die Entscheidungsträger der ÖAW davon überzeugte, zusätzlich zu Lunz ein zweites außeruniversitäres Forschungsinstitut einzurichten. Dieses **Institut für Limnologie und Gewässerschutz**, provisorisch in der Berggasse in Wien in angemieteten Wohnungen 1970 eingerichtet, sollte aber laut Löffler baldigst nach Mondsee übersiedeln, wo ein Neubau geplant war. Verschiedene Widrigkeiten verzögerten den Bau erheblich, sodass das Institut erst Ende des Jahres 1981 an den Mondsee, 30 km östlich von Salzburg, transferiert werden konnte. Zu diesem Zeitpunkt bestand das Institut aus den beiden Abteilungen in Wien bzw.Mondsee und Lunz.

Bald nach der Gründung des Instituts für Limnologie entstand die Idee zur Etablierung eines „Internationalen Post-Graduierten Lehrgangs" (IPGL) als außeruniversitäres Fortbildungsprogramm für Jungakademiker aus Entwicklungsländern. Der Kurs knüpfte an die von Franz Ruttner etablierten „Hydrobiologischen Kurse" an der Biologischen Station Lunz an. Von der Idee zu diesem Lehrgang bis zu seiner Umsetzung bedurfte es des Geschicks des damaligen Institutsdirektors Heinz Löffler, Interesse bei der UNESCO für ein solches Projekt zu wecken und in langwierigen Verhandlungen eine Finanzierung zu erreichen. So konnte der Lehrgang 1975 mit neun Stipendiaten von verschiedenen Kontinenten starten und wird seither jährlich mit zehn bis zwölf Teilnehmern durchgeführt. Wegen der provisorischen Unterbringung des Instituts in Wien war der Lehrgang bis 1981 ein „Wanderzirkus", wie es der langjährige Organisator und erste Leiter des Kurses, Gerhard Imhof, ausdrückte (Imhof 1991). Möglich und umsetzbar war dies nur durch die Unterstützung nahezu aller damaligen Einrichtungen der Limnologie und die Durchführung wesentlicher Teile in Lunz am See (Abb. 4.16). Ab 1982 war der Kurs am Institut für Limnologie der ÖAW in Mondsee verankert. Auf Anregung des damaligen Leiters Franz Neidl konzentrierte sich die Entwicklungszusammenarbeit (OEZA) nach 1994 in Zusammenarbeit mit der UNESCO-IHE Universität (Niederlande) durch ein internationales Masterstudium auf Ostafrika. Seit 2012 ist der IPGL an der Universität für Bodenkultur (BOKU) in Wien angesiedelt. Derzeit wird das Masterstudium „Limnologie & Management von

Abb. 4.16 Gerhard Imhof (mit Brille) mit IPGL-Teilnehmern im Chemielabor bei Franz Berger (schräg hinter Imhof). Biologische Station Lunz 1978. (© G Imhof)

Feuchtgebieten" gemeinsam mit der Universität Egerton (Kenia) und der UNESCO-IHE von Gerold Winkler abgewickelt, der den Kurs seit 25 Jahren betreut.

https://boku.ac.at/ihg/master-programme/international-joint-master-in-limnology-wetland-management

Durch den Lehrgang ergaben sich Kontakte mit anderen Regionen, die später zu Projekten in Sri Lanka (Gunatilaka 1983), China (Chen et al. 2003), Äthiopien (Degefu et al. 2014) und anderen Ländern führten, aber auch zu studentischen Auslandsexkursionen. Die Erfahrungen aus den Gewässern Sri Lankas konnten 1998 bis 2001 im EU-Projekt „Fishstrat" mit Gewässern in Thailand und den Philippinen ergänzt und erweitert werden (Schiemer et al. 2008, 2024). Einen Überblick über die Fließwasserökosysteme der Tropenstation „La Gamba", eine Gründung Österreichs, ermöglichte Tschelaut et al. (2008) und Schiemer et al. (2010).

Nachdem aus der Hochschule für Bodenkultur durch das Universitätsorganisationsgesetz 1975 eine Universität wurde, übergab Liepolt 1979 das **Institut für Hydrobiologie und Fischereiwirtschaft**, das er 24 Jahre geleitet hatte, an seinen Nachfolger Mathias Jungwirth. Die wissenschaftlichen Arbeiten des Teams um Jungwirth waren von Beginn an auf Fließgewässer gerichtet. Den Fokus bildeten dynamische Prozesse von Flusslandschaften und ganzen Einzugsgebieten sowie die Renaturierung von Fließgewässern.

Ebenfalls in den 1970er-Jahren initiierte Findenegg als naturwissenschaftlicher Kustos am Landesmuseum Kärnten die Einrichtung eines limnologischen Labors. Daraus entstand nach dem Tod Findeneggs auf Betreiben von Hans Sampl 1975 das **Kärntner Institut für Seenforschung** (KIS), zunächst als eine Einrichtung der Kärntner Landesregierung (Sampl 1978). Mit der Zeit traten immer deutlicher ökologische Fragestellungen in den Fokus. Die Abteilung Umweltschutz in der Landesregierung wurde 1985 eingerichtet und das KIS eingegliedert, allerdings 1997 wieder in einen Verein überführt. Als Gründungsmitglieder traten das Land Kärnten sowie der Kärntner Naturwissenschaftliche Verein auf (Box 4.16).

Hans Sampl (1940–2014)
Geboren in Mariazell, besuchte er zunächst das Gymnasium in Graz, wo er auch 1958 an der Karl-Franzens-Universität Zoologie und organische Chemie studierte. Seine Dissertation befasste sich mit dem Erlaufsee, wobei er einen Teil der Arbeit an der Biologischen Station in Lunz bei seinem Doktorvater Ingo Findenegg durchführte. 1966 wurde er als Kustos für Zoologie an das Landesmuseum Kärnten berufen. Im Rahmen dieser Tätigkeit untersuchte er gemeinsam mit Ingo Findenegg in einem kleinen Labor die Kärntner Seen. Später leitete er das daraus entstandene Kärntner Institut für Seenforschung (KIS). Er habilitierte an der Uni Graz, unterrichtete dort und betreute zahlreiche Diplomarbeiten und Dissertationen. Seine Leistungen in Bezug auf Sanierung und Reinhaltung von Seen fanden internationale Anerkennung. Seit 1966 war er Mitglied des Naturwissenschaftlichen Vereins für Kärnten und 1978 bis 2006 dessen Präsident. Bild: Dokulil 1978.

Nat-wiss Verein Kärnten und KIS (2015) Nachruf für Univ.-Prof. Dr. Hans Sampl (31. Mai 1940 – 6. Februar 2014). Carinthia II 205:371–372.

Vom Land Burgenland wurde 1971 im Seevorgelände bei Illmitz die neu errichtete **Biologische Station Neusiedler See** eröffnet. Erster Leiter war Franz Sauerzopf. Zu den Aufgaben der Station zählte burgenlandweit der Schwerpunktbereich „Umweltforschung". Die unmittelbare Nähe zum See erzeugte von Beginn an einen Fokus auf hydrobiologische Untersuchungen.

An diesen Umstrukturierungen und Neuausrichtungen hatten aber auch zwei Institute Anteil, die bereits zuvor verlegt beziehungsweise neu gegründet worden waren: die bereits erwähnte und 1953 nach Scharfling am Mondsee verlegte **Fischereibiologische Bundesanstalt**, geleitet von Wilhelm Einsele, und die 1946 gegründete **Bundesanstalt für Wasserbiologie und Abwasserforschung**, welche zumindest räumlich 1951 die Nachfolge der im Krieg zerstörten Hydrobiologischen Donaustation antrat, geleitet von Reinhard Liepolt.

Die 1960er- und 1970er-Jahre waren durch die Ausweitung bzw. Verselbstständigung von Teildisziplinen eine wichtige Periode in der Entwicklung der österreichischen Limnologie. Neue Erkenntnisse, Hypothesen und Theorien fanden Unterstützung durch weiter- oder neuentwickelte Technologien, neue Institutionen, vor allem aber durch ein besseres Verständnis der Ökologie in der Öffentlichkeit und der Wissenschaftspolitik. Zu Beginn der 1970er-Jahre eröffneten Neuanstellungen von jungen Forschern die Intensivierung weiterer Teilgebiete der Limnologie, wie die zeitliche Entwicklung von Seen (Paläolimnologie) und das Leben im Untergrund (Grundwasserbiologie). In beiden Bereichen führten die Verfeinerung und Erweiterung der Methodik zu neuen Möglichkeiten der Analyse.

Dazu zählen etwa die Diatomeen-Stratigraphie aus *in situ* gefrorenen Sedimentkernen (*freeze core*) und deren Nutzung als Näherungswerte (*proxies*) für die zeitliche Abfolge der Änderungen der Temperatur, der Phosphorkonzentration oder des pH-Werts in der Paläolimnologie (Schmidt 1991, Bennion et al. 1995, Sommaruga-Wögrath et al. 1997). Erhebungen bei den Muschelkrebsen (Ostracoden) erwiesen sich als wichtig in beiden Teilgebieten (Carbonel et al. 1988). Die Fortschritte in der Biologie des Grundwassers fassten zunächst Ward et al. (1998) und später Danielopol und Griebler (2008) zusammen.

4.3.3 Aufschwung durch internationale und nationale Programme

Aus der Idee eines Polarjahres zu Beginn der 1950er-Jahre entstand durch Initiative zahlreicher Wissenschaftler und nach umfangreichen Vorbereitungen das *Internationale geophysikalische Jahr* (IGJ), das 1957/1958 weltweit durchgeführt wurde. Die Verbesserung der internationalen Zusammenarbeit war ein wesentliches Ziel. Dazu wurden auch Weltdatenzentren eingerichtet, die später permanent geworden sind.

Der große Erfolg dieser Aktivität veranlasste zahlreiche Biologen, ein ähnliches Programm für die Ökologie zu fordern, zumal im IGJ einige biologische Untersuchungen bereits durchgeführt worden waren. Eine Konferenz in Paris im Jahr 1964 markierte den Auftakt für das ***Internationale Biologische Programm* (IBP)** unter der Ägide der UNESCO. Die komplexen Fragestellungen und die Datenerfassung erforderten eine mehrjährige Dauer. Angestrebt war zunächst ein Zeitraum von ca. fünf bis sieben Jahren. Verbindendes Thema sollten die „Biologischen Grundlagen der Produktivität und der menschlichen Wohlfahrt" sein. Da der Terminus „Ökologie" damals noch relativ unbekannt war, wurde im Titel „biologisches" angeführt. Tatsächlich lief das IBP zehn Jahre lang von 1964 bis 1974 als multidisziplinäres ökologisches Programm weltweit. Da verschiedenste Forschungseinrichtungen beteiligt waren, kann man es zu Recht der Großforschung zuschreiben. Tatsächlich wurden die Arbeiten 1967 mit dem ehrgeizigen Ziel begonnen, sämtliche Lebensgemeinschaften (Biozönosen) eines Ökosystems umfassender zu analysieren, vor allem deren Nahrungsbeziehungen und Energieflüsse. Der Schwerpunkt lag auf der Gewinnung quantitativer Daten zur Produktivität der untersuchten Systeme. Die Ergebnisse sollten die Basis zum Verständnis des gesamten Systems bilden und letztlich zu einer Modellierung führen. Um vergleichbare Datensätze zu bekommen, wurden standardisierte Verfahrensweisen zum Teil neu entwickelt und als IBP-Handbooks in Umlauf gebracht, wie etwa das zur Erfassung der aquatischen Primärproduktion (Vollenweider 1969), worin auch ein Beitrag Findeneggs enthalten war (Box 4.17).

Produktionsbiologie

Die Produktionsbiologie analysiert Energie- und Stoffflüsse in Populationen und Ökosystemen.

Man unterscheidet:

Produzenten, sauerstoffproduzierende (autotrophe) Pflanzen, Algen und Cyanobakterien, sie bauen durch ihre Photosyntheseleistung neue organische Substanz auf (**Primärproduktion**).

Konsumenten, die bereits vorhandene organische Substanzen nutzen (heterotroph), Tiere, manche Pflanzen und Pilze ernähren sich von den Produzenten oder anderen Konsumenten (**Sekundärproduktion**).

Destruenten, die Stoffwechselabfälle der Produzenten und Konsumenten wieder zu anorganischen Substanzen abbauen, im Wesentlichen Bakterien und Pilze (**Bakterielle Produktion**).

Eine gängige Faustregel besagt, dass die Biomasse der Organismen von einer trophischen Ebene zur nächsten um etwa den Faktor 10 abnimmt.

Dokulil MT, Kirschner AKT, Wolfram G (2005) Produktion aquatischer Systeme. Einleitung. In: Steinberg C, Calmano W, Klapper H, Wilken RD (Hrsg) Handbuch angewandte Limnologie IV–9.1:3–4, 21. Erg Lfg 4/05, ecomed, Landsberg.

Dokulil MT (2019) Gross and Net Production in Different Environments. In Fath BD (ed) Encyclopedia of Ecology 2:334–345. 2nd ed, Elsevier, Oxford.

In Österreich fiel die Wahl auf drei verschiedene Ökosysteme. Im Westen lagen die Hochgebirgsseen im Tiroler Kühtai als Untersuchungsobjekte der Universität Innsbruck nahe, da dort bereits eine Feldstation bestand. Im Osten, an der Grenze zu Ungarn, erfolgte die Bearbeitung des Neusiedler Sees, eines flachen Steppensees der pannonischen Tiefebene durch zwei Arbeitsgruppen der Universität Wien. Die Erforschung der Kärntner Seen fand ebenfalls Unterstützung durch den Projektträger, die ÖAW, wodurch es Findenegg möglich war, ehrenamtlich die IBP-Forschungsgruppe „Produktion der österreichischen Alpenseen" zu leiten.

Zeitgleich mit dem IBP und ebenfalls geführt von der UNESCO wurde 1965 bis 1974 die ***Internationale hydrologische Dekade (IHD)*** durchgeführt, wodurch sich zum Teil Synergien, Erweiterungen und Ergänzungen der wissenschaftlichen Fragestellungen ergaben.

Die Lebewelt, deren Umwelt und die Sedimentation in Seen und Stauseen des Hochgebirges war bereits vor Beginn des IBP von Pechlaner (1959, 1961, 1963) studiert worden. In diesen Schriften findet sich bereits die Unterscheidung zwischen Speichersee und Flussstau, die Beeinträchtigung des Litorals durch die Spiegelschwankungen, die Dominanz des Nannoplanktons sowie eine Diskussion über die Fischfauna und ihre Nahrung. Die Bedeutung der Sedimentation im alpinen See wird ebenso diskutiert wie das Ausmaß der Primärproduktion. So übertraf etwa im Speicher Lünersee (1970 m) die Tagesproduktion im Juli 1961 jene im Vorderen Finstertaler See (VFS) auf 2240 m fast um das Doppelte (Pechlaner

1964). Bereits im September 1959 ermittelte Rodhe et al. (1966) in anderen Hochgebirgsseen mit der damals noch neuen ^{14}C-Methode Tagesproduktionen, die im Gossenköllesee (2413 m) ebenso hoch lagen wie im VFS, im deutlich höher gelegenen Schwarzsee ob Sölden (2792 m) doppelt so hoch waren und im Drachensee (1880 m) beträchtlich niedriger. Nimmt man die Daten für den Reintaler See aus dem Jahr 1977 hinzu (Khan 1980), so zeigt sich, abgesehen vom Schwarzsee, eine klare Abhängigkeit der Tagesproduktion von der Höhenlage (Abb. 4.17). Die Basisuntersuchung der beiden Finstertaler Seen im Kühtai erfolgte von 1958 bis 1965 (Pechlaner 1966a, 1967). Ab 1967 wurden die beiden Seen im Rahmen des IBP weiter untersucht, wobei der ganzheitliche Ansatz zu neuen Themenkomplexen und einer integrierten Betrachtungsweise führte.

Im Gegensatz zu anderen Seen im Hochgebirge konnte der tiefe Vordere Finstertaler See (maximal 28,5 m) in den Jahren 1968 bis 1970 als dimiktisch charakterisiert werden. Trotz des geringen Temperaturgradienten von maximal 7 °C entstand eine stabile Schichtung. Die Winterstagnation dauerte im Mittel von Mitte November bis Mitte Mai (Pechlaner et al. 1972, 1973), während der das Phytoplankton mit geringen Biomassen knapp unter der Winterdecke präsent war. Die Frage nach der Intensität der Primärproduktion unter Eis im Winter (Rodhe 1955) konnte von Tilzer (1973) eindeutig beantwortet werden. Die Produktion läuft unter der Winterdecke mit sehr geringer Intensität weiter. Nach dem Eisbruch nahm die Produktion rasch zu und erreichte in den Monaten Juli bis September Tageserte von 150 bis 250 mg cm^{-2} in der produktiven Schicht . Hohe Einstrahlungswerte im Juli ergeben eine deutliche Hemmung der Photosynthese an der Oberfläche, sodass das Maximum der Produktion oft in 20 m Tiefe lag (Tilzer 1972a). Auch der Höhepunkt der Planktonentwicklung verschob sich im Spätsommer oder zu Beginn des Herbstes in größere Wassertiefen, wobei an Schwachlicht adaptierte, bewegliche Arten mit hohen Zuwachsraten, die sich fakultativ heterotroph ernähren können, die Algengemeinschaften dominierten (Tilzer 1973, Nauwerck 1966). Aus den Ergebnissen der Jahre 1968 bis 1970 ließen sich Jahresproduktionen von 13–28 g C unter dem Quadratmeter in der Wassersäule ableiten. Weitere Details und eine Zusammenfassung der Ergebnisse finden sich in Dokulil (2020).

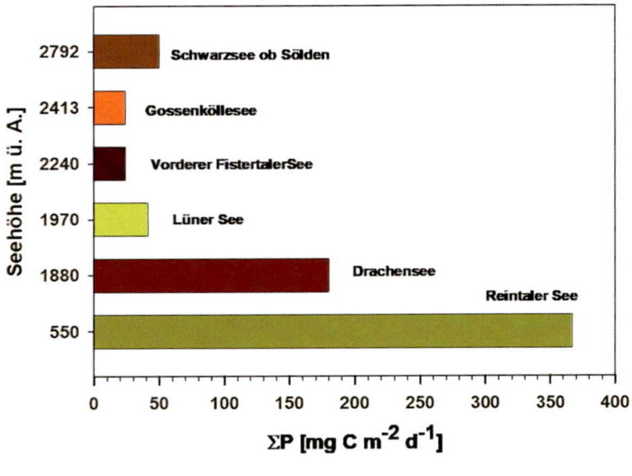

Abb. 4.17 Tagesproduktion in der Wassersäule in mg C m^{-2} d^{-1} in verschiedenen Hochgebirgsseen, Daten aus Pechlaner (1963), Rodhe et al. (1966) und Khan (1980)

Tiefliegende Maxima der Biomasse des Phytoplanktons wie im VFS wurden auch in anderen Hochgebirgsseen beobachtet. Dafür sind zwei alternative Hypothesen diskutiert worden: Einerseits eine Schädigung der Organismen durch die in dieser Höhe sehr intensive (UV-)Strahlung, andererseits ein zu geringes Nährstoffangebot, vor allem an Phosphor (PO4-P). Da das Sediment als Quelle für Phosphor infrage kam, sollte ein Düngungsexperiment im VFS 1974 die Streitfrage klären (Witt 1975). Möglich war dieser Versuch nur, weil im Jahr darauf die beiden Finstertaler Seen in einen großen Pumpspeicher umgewandelt wurden, dessen Auswirkungen und limnologische Veränderungen ein MaB-Projekt studierte (Bretschko 1975). Die Düngung bewirkte einen bemerkenswerten Anstieg der Primärproduktion in den oberen 10 m der Wassersäule. Die Biomasse erhöhte sich zwar nur leicht, aber die Zusammensetzung der Lebensgemeinschaft änderte sich. Daraus zog Witt (1977) den Schluss, dass das Missverhältnis zwischen hohen Strahlungsintensitäten und einem minimalen Nährstoffangebot im Epilimnion für das Auftreten von Tiefenmaxima des Phytoplanktons in Hochgebirgsseen entscheidend sei (Box 4.18).

Gernot Bretschko (1938–2002) Univ.-Prof. Dr., Limnologe, Fließwasserforscher, Leiter der BSL

Geboren und aufgewachsen in Graz, interessierte er sich bereits in jungen Jahren für Biologie. Er studierte an der Universität Graz Zoologie bei Reisinger. Diesen überzeugte er, limnologische Fragestellungen einzubeziehen. In Zusammenarbeit mit der Biologischen Station Lunz (BSL) wurden Seen im Hochschwabgebiet untersucht, so auch der Grüne See bei Tragöß, Steiermark, das Dissertationsgebiet Bretschkos. Während der Zusammenarbeit mit der BSL lernte Bretschko den Chemiker Franz Berger kennen und überredete ihn zu einem Limnochemie-Kurs, in der Folge ein wichtiger Bestandteil der Ausbildung zahlreicher Limnologen (Dokulil 2023). Bretschko ging dann als Assistent an die Universität Innsbruck, wo er zunächst an Gletscherbächen arbeitete, später an Hochgebirgsseen. 1977 wechselte Bretschko als Leiter an die Station in Lunz (ÖAW) und entwickelte dort das Fließwasserkonzept „Ritrodat". Daneben investierte er viel Zeit in die Methodenentwicklung und die Donauforschung. Bretschko war sein Leben lang Vordenker, Motor und fröhlicher Mentor junger Limnologen. Bild: Dokulil BSL

Herzig A, Schiemer F (2002) In memoriam Gernot Bretschko (1938–2002). Limnologica 32:289–292.

Schiemer F, Herzig A (2008) Die system-analytische Betrachtung von Gewässern im Landschaftskontext: Eine Hommage auf Gernot Bretschko. Schrift Ver Verbr nat-wiss Kenntnisse 142:119–131.

Dokulil MT (2003) Nachruf Gernot Bretschko. Donau Aktuell 8:9–10.

Ende der 60er-Jahre des 20. Jahrhunderts wurde die Bedeutung der Bakterien in den Ökosystemen zunehmend erkannt (Nauwerck 1963). Daher quantifizierten Tilzer (1972) und Tautermann (1977) die Bakterien in ihre Produktion im Pelagial und im Benthal des VFS. Die Zellzahlen der Bakterien im Freiwasser erwiesen sich als unerwartet hoch und nicht geschichtet ($220–800 \times 10^3$ Zellen je cm^3). Ihre heterotrophe CO_2-Fixierung, damals als Maß der Bakterienproduktion verwendet (Overbeck 1969), betrug im Jahresmittel 35 %, mit enormen Schwankungen (350 % im Winter unter Eis, 3 % knapp nach Eisbruch, Tilzer 1972). Neu waren die Hinweise auf die enge Koppelung zwischen den auto- und heterotrophen Prozessen, was kurzgeschlossene Stoffkreisläufe ermöglicht. Erkannt wurde ebenfalls die Wichtigkeit bakteriologischer Untersuchungen zur Beurteilung von Fließgewässern (Kohl 1975). Zur Kennzeichnung der Belastung von Gewässern sollten neben dem Freiwasser auch das Sediment, der Aufwuchs, Wasserpflanzen und Fische berücksichtigt werden.

Da bereits bekannt war, dass die benthale Lebenswelt im Hochgebirgssee von besonderer Bedeutung ist, lag dort der Schwerpunkt der Untersuchungen. Das Phytobenthos bestand im VFS aus Moosen und Fadenalgen. Wasserpflanzen fehlten fast vollständig. Bemerkenswert war das Vorkommen von *Hyalotheka dissiliens*, einer fädigen Desmidiacee (Zieralge), die wie ein feiner Schleier über dem Sediment schwebte. Die Besiedelung des Sedimentes mit Kieselalgen war ganzjährig größer als im freien Wasser. Einzelne Arten wiesen unterschiedliche Verteilungen in der Vertikalen auf. Die Biomasse des Phytobenthos erreichte im Juli ihr Maximum (Pfeifer 1974). Um die Zeit der Eislegung im November trat ein Maximum benthischer Bakterien ein, welches Tautermann (1977) auf das absterbende Phytoplankton zurückführte. Danach kam es zu einer Reduktion der Besiedlungsdichte durch das tierische Benthos.

Das Zoobenthos ließ sich nach den Substrateigenschaften in drei Zonen gliedern (Bretschko 1974). Dominiert wurde das Zoobenthos von Chironomiden (Zuckmücken) mit *Lauterbomia coracina* als häufigster Art (Bretschko 1975). Dazu kamen weiters neun Nematoden-Arten, davon fünf quantitativ wichtig, welche ihre maximale Biomasseentwicklung im Jänner erreichten. Die Oligochaeten, mit nur zwei häufigen Arten, erreichten ihr Maximum der Abundanz kurz nach der Eislegung im November. Eine Untersuchung der oft wenig beachteten, beschalten Amöben erbrachte eine überraschende Formenfülle (Laminger 1971). Die Abschätzung der Produktion des Zoobenthos gestaltete sich schwierig. Die Chironomiden machten etwa 63 % der gesamten Produktion des Zoobenthos aus, wobei 72 % der Produktion zwischen Oktober und Jänner und nur 7 % im Sommer erzeugt worden sind (Bretschko 1975).

Das Zoobenthos ist als Nahrung im Wesentlichen auf organisches Material angewiesen. Das erkannte bereits Steinböck (1949, S. 135) als einer der ersten. Er hielt den Anflug, das Empneuston, als Nahrung für wichtiger als den Eintrag über die Zuflüsse. Der ganzjährige Versuch zur mengenmäßigen Erfassung der Sedimentation und des Abbaus organischen Materials im VFS (Bretschko 1975) ist in Abb. 4.18 wiedergegeben.

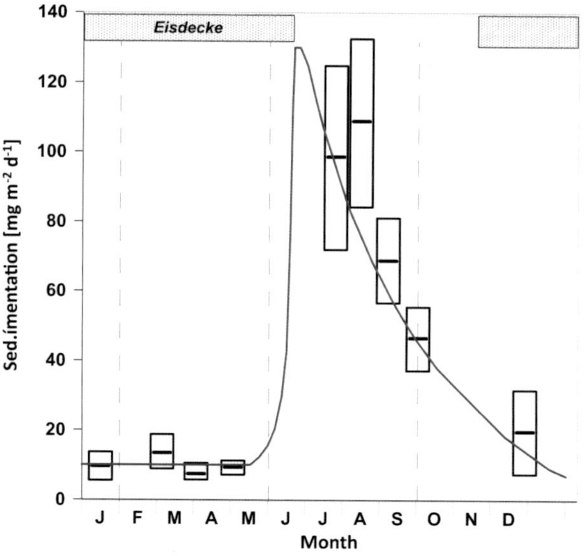

Abb. 4.18 Sedimentationsraten in mg pro m² und Tag. Dicke horizontale Linien: Mittelwerte für die Expositionszeit, dünne Linien: 95 % Konfidenzgrenzen. Überlagerte Kurve: jährlicher Sedimentationsverlauf schematisch. (Aus: Bretschko (1975). Neu gezeichnet und verändert)

Im Zooplankton vertreten waren nur Rotatorien und der Copepode *Cyclops abyssorum tatricus*, zusammen 99 % der Jahresbiomasse. Für die Rotatorien war die Ernährung als Filtrierer gesichert, während für den Copepoden auch Bakterien und Detritus als Nahrung angenommen werden musste, da eine enge Abhängigkeit des Zooplanktons von Bakterien- und Phytoplankton festzustellen war (Pechlaner et al. 1972a, b). Es ist nur die pelagische Population untersucht worden, obwohl Hinweise auf einen benthischen Populationsanteil bestanden. Eine eindeutige Aufklärung der Populationsdynamik wäre nur durch eine vergleichende Studie beider Anteile möglich gewesen (Bretschko 1974), wie sie etwa Eppacher (1968) für den Gossenköllesee erstellt hatte.

Zwei Salmonidenarten, die Bachforelle *Salmo trutta f. fario* und der Seesaibling *Salvelinus alpinus*, dominierten die Fischgemeinschaft im Vorderen Finstertaler See. Die Bachforelle erreichte normale Größe, der Seesaibling blieb durchwegs klein (Pechlaner 1966b). Bei beiden Populationen reichte die verfügbare Nahrung offenbar nicht zu normalem Wuchs. Bereits kleine Tiere waren vier und mehr Jahre alt. Die geringe Nahrungsgrundlage war die Hauptursache für den Zwergwuchs des Saiblings (Kraus 1980). Spätere Untersuchungen im Mittleren Plenderlesee im Zuge des MaB-Projekts „Fischereiliche Nutzung von Hochgebirgsseen" gaben darüber weiteren Aufschluss (Kraus 1982, Marinone 1982). Autochthone benthische Nahrung dominierte im Winter, die dann im Sommer von allochthoner Diät ersetzt wurde. An erster Stelle als Nahrungsquelle stand das Empneuston, also in den See hineingewehtes organisches Material. Davon wesentlich Fluginsekten mit 58 %. Organismen aus den Zuflüssen (8 %) sowie Zooplankton (1 %) erwiesen sich als unerheblich.

Alle Ergebnisse und damaligen Vorstellungen der energetischen Beziehungen innerhalb des gesamten Ökosystems VFS versuchte ein Flussdiagramm (Abb. 4.19) zusammenzufassen (Pechlaner et al. 1972b). Solche Flussdiagramme waren im IBP beliebt und oftmals sogar quantifiziert. Als Extrembiotope sollten Hochgebirgsseen vielfach einfacher strukturiert sein als andere Ökosysteme. Die Winterdecke hält lange, die Vegetationsperiode ist kurz, die Einstrahlung hoch, die Wassertemperatur niedrig und die Konzentration anorganischer Nährstoffe minimal. Entsprechend eingeschränkt ist die pflanzliche und tierische Produktion. Trotzdem bestehen komplexe Beziehungen zwischen den einzelnen Komponenten des Ökosystems. Fehlende Methoden, komplexe Berechnungsmethoden oder mangelnde Kenntnisse der Parameter von Populationen führten häufig dazu, dass Beziehungen nicht quantifiziert werden konnten oder davon Abstand genommen wurde. Dies betraf vor allem die Sekundärproduktion, also vor allem Zooplankton, Zoobenthos und Fische. Die Untersuchungen in den 1960er- und 1970er-Jahren testeten, erweiterten oder verbesserten daher zahlreiche Methoden, Berechnungen und Modelle (siehe dazu u. a. Le Cren und Lowe-McConnell 1980).

Durch die Umwandlung der Finstertaler Seen in einen Pumpspeicher konnte die bestehende Station am VFS (Steinböck-Station) nicht weitergeführt werden. Die Station wurde daher 1975 zum Gossenköllesee auf die gegenüberliegende Bergseite im Kühtai verlegt (Abb. 4.20). Umbenannt in „Roland-Pechlaner-Station" 2016.

Ebenfalls vorangetrieben wurde die Forschung an Fließgewässern. Bereits in den 1960er-Jahren untersuchte Tilzer (1967) die Fauna des hyporheischen Interstitials (Lückenraum im Sediment unter und neben einem Fließgewässer) zweier Hochgebirgsbäche im Arlberggebiet. Seine faunistischen und ökologischen

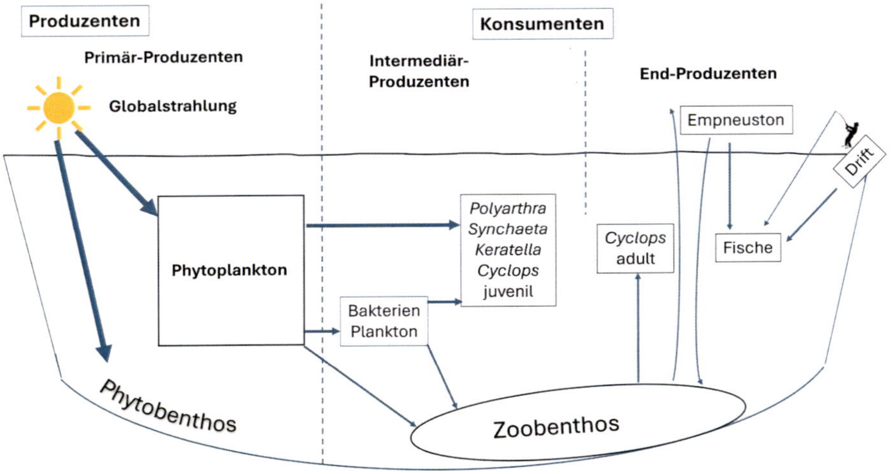

Abb. 4.19 Energiefluss durch das Ökosystem Vorderer Finstertaler See. (Nach Pechlaner et al. (1972), umgezeichnet und verändert)

Abb. 4.20 Gossenköllesee mit Limnologischer Station der Universität Innsbruck 2413 m ü. A. (Foto: Birgit Sattler)

Analysen ergaben eine deutliche Abhängigkeit der Besiedlungsdichte von der mittleren Korngröße des Sedimentes mit einem Maximum bei 1,5 mm. Studien an Gletscherbächen stammten von Bretschko (1966, 1968). Vor allem die Gletscherabflüsse stellten Pionierarbeit dar (Füreder 2008).

Zur etwa selben Zeit wie im Westen begannen auch ökologische Aktivitäten im Flachland rund um den einzigartigen Steppensee Europas, den Neusiedler See. Dazu hatte bereits das Institut zur wissenschaftlichen und wirtschaftlichen Erforschung des Neusiedler Sees am Nordende bei Neusiedl am See eine Biologische Seestation in einem Bootshaus im Schilfgürtel errichtet (Anonymus 1950). Im selben Jahr berichtet Benda in einem Aufsatz über Fischereibiologisches von Massen an Cladoceren (Planktonkrebse) im Schilfgürtel (Benda 1950). Im Gegensatz dazu fand er im Freiwasser Copepoden und Rotatorien vor, welche nach seiner Meinung ausreichende Nahrung für Fischbesatz boten, und dabei berief er sich auf Stundl (1947). Im Tätigkeitsbericht der Station 1950/51 wurde unter anderem auf erfolgreiche Besatzmaßnahmen hingewiesen (Machura 1952). Beobachtungen während vier Jahren über Arten und Gattungen der Cyanophyceen (heute Cyanobakterien) aus der Ruster Bucht und dem Ruster Kanal wurden in Schiller (1954) dargestellt. Ausführliche Studien zu diversen Gruppen planktischer Protophyten folgten (Schiller 1955, 1956, 1957), die aber wegen der verwendeten Methode (Zentrifuge) mit Vorsicht zu betrachten sind. Jedenfalls richtig ist die Dominanz des Nannoplanktons.

Im Osten Österreichs gestattete das IBP die Einrichtung dreier Arbeitsgruppen an der Universität Wien. Damit war eine umfassende Ökosystemstudie des Neusiedler Sees samt seinem ausgedehnten Schilfgürtel als Kooperation von Zoologie,

Limnologie und Botanik möglich. Zusätzliche Informationen kamen von Meteorologen und Hydrologen. Während sich die Limnologie im Wesentlichen auf den freien See konzentrierte, studierte die botanische Gruppe den ausgedehnten Schilfgürtel. Die Zoologen waren in beiden Bereichen aktiv.

In einem so flachen See wie dem Neusiedler See spielen Schwankungen des Seespiegels, die Beschaffenheit des Sediments und die durch den Wind aufgewirbelten Schwebstoffe, das Seston, eine wesentliche Rolle für das Verständnis des Ökosystems (Ruttner-Kolisko und Ruttner 1959). Bald nach Beginn der Untersuchungen im Rahmen des IBP erschienen daher erste Arbeiten zum Redoxpotenzial und Sauerstoffverbrauch des Sedimentes (Schiemer und Farahat 1966), zur Gliederung und Bodenfauna des Schilfgürtels (Imhof 1966) und zur benthischen Gemeinschaft des Sees (Schiemer et al. 1969). Diese Untersuchungen offenbarten im Sediment des offenen Sees eine zeitlich-räumliche Heterogenität des Substrats und seiner Bewohner (Schiemer 1979b).

Für die Nährstoffversorgung des Phytoplanktons sind in Flachseen wie auch in den tiefen Seen die Konzentrationen an anorganischen Nährelementen, vor allem Phosphor und Stickstoff, bedeutsam. Die 1960er- und frühen 1970-Jahre, die Zeit des IBP, waren durch geringe bis moderate, aber ansteigende Konzentrationen an Phosphor gekennzeichnet (Neuhuber et al. 1979). Zugleich pufferte aber der Schilfgürtel einiges an Eintrag ab, und das Seston im See band Phosphor durch Adsorption, wie später festgestellt wurde (Gunatilaka 1978, 1986). Essenziell sind die Stickstoffumsetzungen durch Bakterien im Weichschlamm des Sees, vor allem des Ammoniums. Die geringe Menge an verwertbarem Kohlenstoff begrenzte heterotrophe bzw. chemolithotrophe Prozesse (Mühlhauser 1982, 1990, Mühlhauser & Dokulil 1981). Die Nahrungsbeziehungen des Benthos im Schilfgürtel, der vorgelagerten Makrophytenzone und dem Freiwasser sind als Stoffflüsse in einem konzeptionellen Diagramm gefasst worden (Schiemer 1979a, S. 376). Daraus ist die zentrale Rolle des organischen Materials und seiner Aufbereitung durch die Bakterien des Sedimentes für die Ernährung des Zoobenthos klar erkennbar.

Die im IBP essenzielle Ermittlung der Primärproduktion erfolgte sowohl im Schilfgürtel als auch im Freiwasser des Sees an verschiedenen Lebensgemeinschaften (Abb. 4.21). Die Jahresproduktion des Schilfes war mit 2700 g m^{-2} bei weitem am größten, im Schilfgürtel gefolgt von *Utricularia vulgaris,* dem Wasserschlauch, dem Phytoplankton und den Aufwuchsalgen, dem Periphyton. Im freien See dominierte das Phytoplankton mit 142 g m^{-2}, gefolgt vom Epipelon, den Algen auf der Sedimentoberfläche, welche sich nur im Winter unter Eis entwickeln konnten. Alle anderen Komponenten folgten in absteigender Reihe. Am geringsten war die Produktion des Zoobenthos mit nur 1,6 g m^{-2}.

Die unterschiedliche Beziehung des Phytoplanktons zum Zooplankton in tiefen und flachen Seen war wohl eine der wichtigsten Erkenntnisse des IBP. Die Beziehung der beiden Komponenten erwies sich in tiefen geschichteten Seen direkt linear mit einer erklärten Varianz von 98 %. In flachen Seen hingegen ist der Zusammenhang nichtlinear, trotzdem aber hochsignifikant mit $r^2 = 0{,}83$ (Abb. 4.22). Ursache sind Bakterien und Detritus als zusätzliche Nahrungsquellen. Die direkte

Abb. 4.21 Jahresproduktion in g Trockengewicht (TG) für Biozönosen der Biotope Schilfgürtel und offener See im Jahr 1972. *Phragmites* (Burian 1970), *Utricularia* (Maier 1979), Phyto Schilf (Dokulil 1975), Periphyton (Sommer 1977), Phyto See und Bakterien (Dokulil 1984), Epipelon (Khondker und Dokulil 1988), Makrophyten und Zoobenthos (Schiemer 1979a, b), Zooplankton (Herzig 1979)

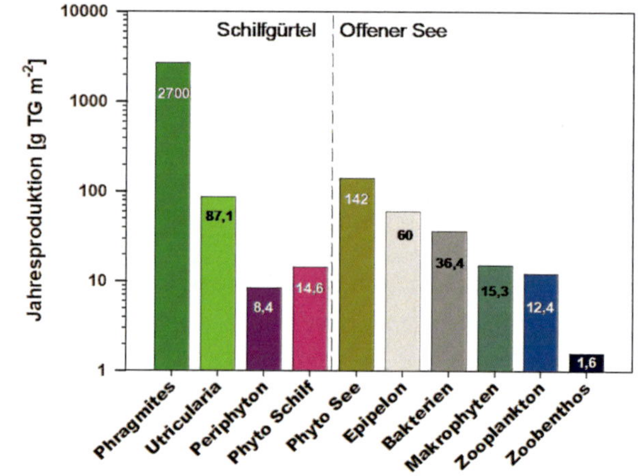

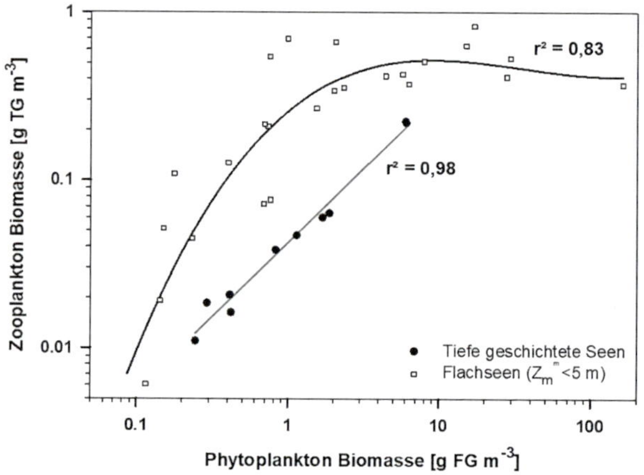

Abb. 4.22 Jahresmittelwerte der Biomasse des Zooplanktons in g Trockengewicht (TG) pro m^3, abhängig von den Jahresmittelwerten der Biomasse des Phytoplanktons in g Frischgewicht (FG) pro m^3 für tiefe geschichtete Seen und Flachseen mit einer maximalen Tiefe von weniger als 5 m. Doppelt logarithmische Darstellung. (Nach Herzig (1979). Kombiniert, umgezeichnet und verändert)

Nahrungsbeziehung der tiefen Seen wird in flacheren Gewässern häufig durch die indirekte Detritus-Nahrungskette ersetzt (Herzig 1979).

Ähnliche Beziehungen wurden auch für andere Gruppen hergestellt. Als ein Beispiel folgt die berechnete Produktion des Makrozoobenthos zur gemessenen Primärproduktion (Abb. 4.23). Trotz der relativ hohen Streuung zeigte sich ein deutlicher Trend zu höherer Benthosproduktion mit Zunahme der Primärproduktion (Kajak et al. 1980). Die erklärte Varianz beträgt 59 % und ist hochsignifikant. Eine analoge Korrelation für die Fischproduktion wird hier wegen

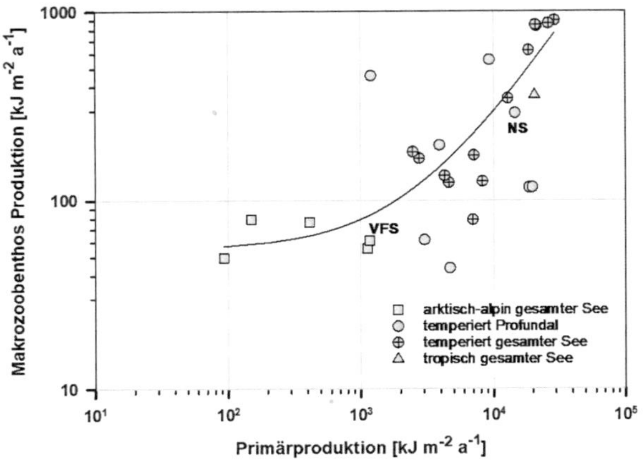

Abb. 4.23 Abhängigkeit der Jahresproduktion des Makrozoobenthos von der Primärproduktion, beide in kJ pro Quadratmeter und Jahr für arktische, temperierte und tropische Seen. VFS = Vorderer Finstertaler See, NS = Neusiedler See. (Nach Kajak et al. (1980), umgezeichnet und mit nichtlinearer Regression versehen)

deren Komplexität nicht wiedergegeben (siehe Le Cren and Lowe-McConnell 1980, S. 331). Hypothesen zu Zusammenhängen in Nahrungsnetzen (*food webs*) wurden zu dieser Zeit bereits mit Simulationsmodellen getestet (Fedra 1981). Da zu dieser Zeit zur Berechnung der sekundären Produktion oft zahlreiche, häufig vage Annahmen und Umrechnungen nötig waren, gerieten manche dieser Zusammenhänge bald in die Kritik.

Die Ergebnisse der ersten drei Jahre aus beiden Ökosystemen wurden bereits 1971 auf der Botanikertagung in Innsbruck diskutiert (Ellenberg 1973). Im Mittelpunkt standen Fragen der Primärproduktion von Phytoplankton, Phyto- und Zoobenthos in beiden Systemen, aber auch das Röricht und der Wasserschlauch (*Utricularia vulgaris)* im Neusiedler See. Die Resultate und Schlussfolgerungen zum Neusiedler See sind in einer Monographie dargestellt (Löffler (ed) 1979). Ergänzungen lieferten Veröffentlichungen des IHD zur Hydrogeologie (Gattinger 1975), zum Strahlungshaushalt, zur Verdunstung (Mahringer 1969, 1970) und zum Windfeld (Steinhauser 1970) sowie Daten von einer Plattform im See (Station „Seemitte") zur Berechnung des Wärmehaushaltes zusammengefasst in Dobesch (1973). Einen umfassenden Einblick in die Nährstoffsituation der Jahre 1967 bis 1972 bietet die Zusammenfassung von Brossmann et al. (1985). Darin wurde damals bereits der Einfluss der Landwirtschaft und des Tourismus thematisiert. Die Zunahme der Bedeutung von Prognosemodellen lässt sich daran erkennen, dass darin auch ein Computersimulationsmodell für den Neusiedler See und sein Einzugsgebiet erstmals erstellt wurde. Die verbesserten Messverfahren und die zunehmende Quantifizierung ließen die Datenflut anwachsen. Gleichzeitig führten Fortschritte in der Technologie zu ersten leistbaren, programmierbaren Rechnern. Es waren aber noch keine PCs. Vor allem in der Produktions- und Populationsökologie setzte damit eine verstärkte „Mathematisierung der Ökologie" ein (Trepl 1987).

Dazu eine Anekdote ohne Namensangabe
Als der Dozent 1969 seinem Vorstand stolz den neuesten „programmierbaren“ Rechner präsentierte, fragte dieser: „Was kann man damit machen?“ Der Assistent erwiderte: „Wir können damit Berechnungen rascher ausführen und vor allem Mittelwerte und Standardabweichungen berechnen.“ Darauf der Institutsvorstand: „Das haben wir doch noch nie gemacht.“

Die Ergebnisse aus den verschiedenen Ökosystemen wurden in zahlreichen Buchprojekten veröffentlicht (Goldman 1969, Šetlik and Málek 1970, Cooper 1975, Le Cren and Lowe-McConnell 1980, Westlake et al. 1998), darin österreichische Beiträge von Bretschko, Tilzer, Schiemer, Imhof, Hacker und Dokulil.

Das IBP feierte zahlreiche wesentliche Erfolge im Bereich Teambildung, nationale und internationale Kontakte und Vernetzung, es führte aber auch zu Frustrationen. Entscheidend dafür war die Erkenntnis, dass selbst in einfachen Ökosystemen die biologischen Vernetzungen weit komplizierter sind, als man geglaubt hatte. Die Hoffnung, solche Systeme durch allgemein brauchbare Berechnungen und Modelle erfassen zu können, hatte sich nicht erfüllt. Stattdessen war klar geworden, dass umfassende autökologische Vorarbeiten notwendig sein würden, um zu neuen synökologischen Ansätzen zu gelangen. Es kam zu einer Rückbesinnung auf die Zusammenhänge zwischen einer Art und ihrer Umwelt, die deren Lebensfähigkeit beeinflussen. Erst die genauere Kenntnis dieser Zusammenhänge würde eine Analyse der Beziehungen von Organismengemeinschaften (Biozönosen) in ihren Lebensräumen, Biotopen bzw. Ökosystemen ermöglichen.

Die Analysemethode zur Bestimmung des Chlorophyll-a war zur Zeit des IBP so weit entwickelt, dass sie standardmäßig als Summenparameter für die Biomasse des Phytoplanktons eingesetzt werden konnte (Vollenweider 1969). Ähnliches galt für die Phosphorbestimmung (Berger 1938, Golterman 1969). Gleichzeitig war das IBP auch der Beginn fortlaufender Langzeiterhebungen. Als Beispiel wird in Abb. 4.24 die Entwicklung der Chlorophyll-Konzentrationen im Neusiedler See für die Jahre 1968 bis 2007 dargestellt. Der stark wechselnde Wasserstand und die Konzentration des Gesamtphosphors (TP) erklären 50 % der Variabilität der Menge an Chlorophyll-a. Die stetige Zunahme bis Anfang der 1980er-Jahre ist Ausdruck des zunehmenden Phosphoreintrags in den See. Sanierungsmaßnahmen im Einzugsgebiet führen danach zu einem Rückgang der P-Konzentrationen und damit auch zu einer Abnahme der Biomasse des Phytoplanktons bzw. der Chlorophyll-Konzentration (Abb. 4.24). Abnehmende Wasserstände und zunehmende TP-Mengen als Folge des Klimawandels, begleitet von ansteigenden Biomassen an Cyanobakterien und einem Rückgang der Kieselalgenpopulation (Abb. 4.22, unten), äußerten sich in einer erneuten Zunahme des Chlorophylls.

Die Rückkehr nach Kärnten und das bereits erwähnte Labor ermöglichten Findenegg die ehrenamtliche Leitung des IBP-Projekts „Produktion österreichischer Alpenseen“ und damit eine Fortführung und Erweiterung seiner Untersuchungen

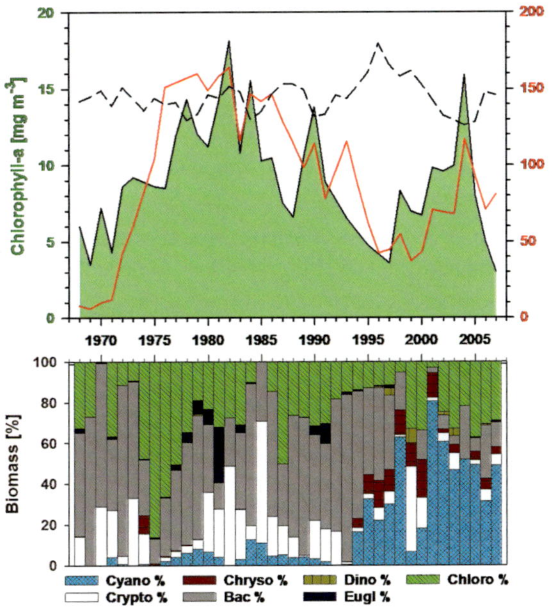

Abb. 4.24 Neusiedler See, Jahresmittelwerte 1968 bis 2007 für Chlorophyll-a in mg m^{-3}, Gesamtphosphor (TP) in mg m^{-3} und Pegelstand in cm (oben) sowie die Zusammensetzung der Biomasse des Phytoplanktons in Prozent (unten) für die Cyanobakterien (Cyano %), die Cryptophyten (Crypto %), die Chrysophyceen (Chryso %), die Bacillariophyceen (Bac %), die Dinophyta (Dino %) die Euglenen (Eugl %) und die Chlorophyten (Chloro %). Daten: Dokulil (1979), Dokulil und Padisak (1994), Biologische Station Illmitz (Herzig 2014), Wolfram et al. (2015) und andere

an den Seen. Bekannt war bereits seit den 1950er-Jahren, dass Phosphor ein Schlüsselelement für das Algenwachstum und damit für die Eutrophierung ist. Trotzdem war über den Gehalt an gelöstem Orthophosphat (Vogler 1965) im Epilimnion von Seen noch wenig bekannt. Ein verbessertes Analyseverfahren veranlasste Hans Sampl, den Mitarbeiter Findeneggs, zehn der großen Seen Kärntens 1969 und 1970 diesbezüglich zu untersuchen (Sampl 1971). Die 48 Vertikalprofile der jeweils fünf holo- bzw. meromiktischen Seen ergaben im durchmischten Wasserkörper (Mixolimnion) einen mittleren Gehalt zwischen 2,4 µg L^{-1} im Afritzer See und 9,8 µg L^{-1} im Wörthersee. Im Gegensatz zum holomiktischen See häuft sich Orthophosphat im dauernd stagnierenden Wasserkörper meromiktischer Seen (Monimolimnion) in großen Mengen an, was bereits bekannt war (Findenegg 1933). Die Beziehung von Orthophosphat zu täglicher Assimilationsleistung ergab höchste Raten in Seen mit guter P-Versorgung.

Eine Anekdote zum Chlorophyll

Findenegg war sehr skeptisch gegenüber der Anwendung des Chlorophylls als Proxy für das Phytoplankton, weil er von der Bedeutung der optischen Analyse überzeugt war. Dennoch rief er 1972 aus Kärnten, also in seinem 76. Lebensjahr, den Autor in Wien an: „Herr Kollege sie müssen sofort nach Klagenfurt kommen und uns die Chlorophyll-Methode beibringen. Wir müssen die jetzt auch einsetzen." Das zeigte einmal mehr die Aufgeschlossenheit Findeneggs gegenüber Neuerungen.

Im Jahr 1971 folgten noch drei weitere Veröffentlichungen des IBP-Labors. Das unterschiedliche Verhalten von Seen im Zuge der Nährstoffanreicherung (Eutrophierung) thematisierte Findenegg (1971a) vor allem im Hinblick auf Massenentwicklungen von *Oscillatoria rubescens (*heute *Planktothrix*). Im nordalpinen Wallersee bestand die Zunahme der Algenmasse fast ausschließlich aus *Ceratium*, im benachbarten Obertrumer See hingegen aus *Oscillatoria.* Im südalpinen Kärntner Seengebiet war der Millstätter See im Sommer von Grünalgen dominiert, im Ossiacher See dauerten Wasserblüten von *Anabaena* vom Spätsommer bis in den Herbst an, und der Wörthersee war zwar seit Jahrzehnten ein *„Oscillatoria-See"*, reagierte aber nur schwach. Findenegg: *„Da diese Alge in der kalten Jahreszeit in den oberen Wasserschichten lebt, nimmt sie im Frühjahr den größten Teil der Pflanzennährstoffe des Epilimnions auf, ehe sie ins Metalimnion abwandert. Eine Zufuhr neuer Nährstoffe ins Epilimnion aus tieferen Wasserschichten wird durch die scharfe Temperaturgrenze verhindert, weshalb die pflanzliche Biomasse gering bleibt."* Diese drei Seen hielt er wegen sekundärer Verschmutzung und Bildung von Algenblüten für am meisten gefährdet (Findenegg 1971b). Auf der Basis seiner umfangreichen Produktionsmessungen versuchte Findenegg (1971c) die Leistungen einzelner Algenarten herauszufinden, indem er Profile auswertete, bei denen 80–90 % der Biomasse aus einer Art bestanden. Aus der Kohlenstoffaufnahme und der Algenbiomasse, umgerechnet in Kohlenstoff, lässt sich die tägliche Erneuerung der Algenmasse (C_A/C_B), auch als Aktivitätskoeffizient bezeichnet, berechnen (Abb. 4.25).

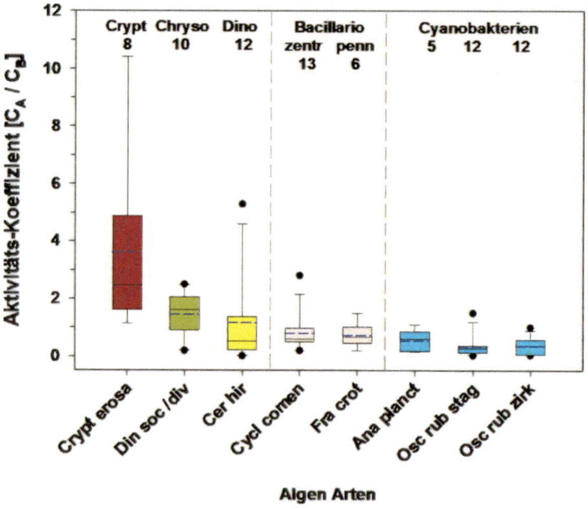

Abb. 4.25 Tägliche Erneuerung planktischer Algenarten, berechnet aus Primärproduktion und Biomasse, beide in Kohlenstoff (C_aB /C_B) für den Crypt(ophyten) *Crypt(omonas) erosa,* die beiden Chryso(phyceen) *Din(obryon) soc(iale)* und *div(ergens),* den Dino(phyten) *Cer(atium) hir(undinella),* die zentr(ische) Bacillario(phyte) *Cycl(otella) comen(sis)* und die penn(ate) *Fra(gilaria) crot(onensis)* sowie die Cyanobakterien *Ana(baena) planct(onica)* und *Osc(illatoria) rub(escens)* stag(nierend) und zirk(ulierend). Die Zahlen in der Graphik geben die Anzahl der verwendeten Profile an. Daten aus Findenegg (1971c)

Bei allen Unsicherheiten der Analyse lässt sich daraus ableiten, dass erhebliche Unterschiede in den Produktionsleistungen zwischen den Algengruppen bestehen, welche außerdem noch von der vorhandenen Biomasse abhängen ($r^2 = 0{,}68$). Im Durchschnitt erneuert sich die Biomasse von *C. erosa* alle 6,6 h, also etwa 3-mal pro Tag, *O. rubescens* hingegen während der sommerlichen Schichtung (stagnierend) erst nach 5,9 Tagen, also fast einer Woche. Daraus folgt, dass die Kenntnis der Biomassen der häufigsten Arten und ihre Zugehörigkeit zu Algengruppen durchaus von Bedeutung für die Beurteilung eines Sees sein können.

Bald nach 1945 begann die Gewässerverschmutzung, besonders durch Überdüngung (Nährstoffanreicherung, **Eutrophierung**) zu einem brisanten Thema zu werden. In Österreich war der Zeller See im Pinzgau einer der ersten betroffenen Seen, der bereits im 19. Jahrhundert vermessen und bearbeitet wurde (siehe Kap. 3.4.1). Mehrjährige limnologische Untersuchungen begannen im Juli 1953, um Grundlagen für eine geplante biologische Kläranlage zu schaffen (Liepolt 1957). Im Zuge der Erhebungen ist der See auch neu vermessen worden (Ulbrich 1955). Alarmierend waren die verstärkten Algenblüten, insbesondere das Auftreten der Burgunderblutalge *Oscillatoria rubescens.* Die Ergebnisse der Jahre 1953 bis 1957 ergaben Anzeichen für eine rasante Eutrophierung. Wegen des teilmeromiktischen Charakters des Sees (Einsele 1944) und der großen Nährstoffzufuhr kam es in der Folge zu starker Abnahme des Sauerstoffs in der Tiefe bis hin zu vollständigem Schwund. Der See musste dringend durch Fernhaltung der Nährstoffe, allen voran das Phosphor, saniert werden (Liepolt 1958). Die Basisuntersuchung und die Sanierung durch die erste Ringkanalisation in Österreich samt Kläranlage, die die Abwässer vom See fernhält und das geklärte Wasser Richtung Salzach ableitet, galt 1979 als weitgehend abgeschlossen (Slanina 1981). Die angeblich erste Ringkanalisation weltweit wurde am Tegernsee in Bayern 1957 errichtet (BLU 2006). Im weiteren Verlauf der Maßnahmen und Kontrolluntersuchungen (siehe Dokulil 2017) erschienen bis heute zahllose Veröffentlichungen zu unterschiedlichen Themen. Zu nennen wäre hier etwa die Untersuchung zur litoralen Algenvegetation, die eine neue Dimension zur Beurteilung von Verschmutzungen eröffnete (Kann 1982), sowie zuletzt die limnologische Bewertung der Ufer- und Flachwasserzonen (Dumfarth et al. 2013).

Auch in einem anderen meromiktischen Gewässer, dem Piburger See in Tirol, wurden 1966/67 starke Eutrophierung mit Phosphor als Schlüsselelement und kritische Sauerstoffkonzentrationen unter Eis beobachtet (Pechlaner 1968). Auch die Zusammensetzung und die Produktion des Phytoplanktons wiesen darauf hin (Findenegg 1968). Zur Sanierung schlug Pechlaner eine Tiefenwasserableitung (Olszewski 1961) vor, um die Nährstoffe aus der Tiefe zu entfernen. Im selben Jahr war dann im Herbst 1968 der Mondsee durch eine Invasion von *Oscillatoria rubescenc* (heute *Planktothrix rubescens*) akut von Eutrophierung betroffen (Findenegg 1969), nachdem diese Cyanobakterien zuvor schon in den Trumer Seen vorhanden waren (Dokulil 2017).

Zu diesem Zeitpunkt war das Phänomen der Eutrophierung bereits weltweit bekannt. Nachdem Vollenweider (1968) Stickstoff und Phosphor als entscheidende Faktoren der Überdüngung identifiziert hatte, startete die **OECD** weltweit eine ***Eutrophierungsstudie,*** um möglichst viele Seen unter vergleichbaren Bedingungen zu untersuchen. Daran beteiligte sich auch Österreich in den Jahren 1974 bis 1977 mit Arbeitsgruppen am Piburger See, Attersee und Lunzer Untersee. Projektträger war einmal mehr die ÖAW. Die Einrichtung eines Projektlabors in einer alten Schule in Weyregg am Attersee erleichterte die Durchführung erheblich.

Die Ergebnisse sind in lokalen, schwer zugänglichen Berichten zu finden, flossen aber auch in den Abschlussbericht der OECD ein (Vollenweider und Kerekes 1982, auch als OECD 1982 zit). Generell gingen aber die P-Belastungen in allen untersuchten Seen zurück. So ging etwa der mittlere Gehalt an Gesamtphosphor im Seewasser 1974–1976 auf 7,4 µg L^{-1} zurück (Ruttner-Kolisko 1978). Durch die Abnahme des P-Gehaltes wurde auch die Primärproduktion und damit die Sauerstoffzehrung im Tiefenwasser durch Abbauprozesse gesenkt. In eutrophen Seen kann das Tiefenwasser sogar sauerstofffrei werden. Im Lunzer See sank die Sauerstoffsättigung des Tiefenwassers am Ende der Stagnationsphase während des OECD-Projektes auf 35 %. Dennoch gehörte der Lunzer See mit einem Phosphorgehalt von unter 10 µg L^{-1} auch im internationalen Vergleich zu den oligotrophen Seen (Fricker 1980, 1981). Diese Nährstoffarmut war und ist vor allem durch seine hohe Durchflutung und die damit verbundene theoretische Erneuerungsrate von 3-mal jährlich bedingt. Andere Alpenseen weisen nach Sampl et al. (1989) Erneuerungsraten zwischen 1–2 Jahren (Faaker See, Keutschacher See, Traunsee, Mondsee, Aachensee) oder von mehreren Jahren (Wörthersee 9,5; Millstätter See 7,0; Weißensee 11; Attersee 7,0 Jahre) auf.

Ab 1982 bestand die Möglichkeit, über die „Arbeitsgemeinschaft Gesamtkonzept Neusiedler See“ (AGN) Projekte einzureichen. Zwischen 1982 und 1989 wurden 25 Projekte durchgeführt, die so gut wie alle Bereiche von Mikroben, über Chemismus, Trophie und Schilf bis hin zu Fischen und Vogelfauna umfassten. Um Projekte im gesamten Burgenland zu ermöglichen, erfolgte eine Umbenennung der AGN in „Arbeitsgemeinschaft Natürliche Ressourcen“. Alle Aktivitäten und Projekte sind auf der Webseite http://biologische-station.bgld.gv.at/agn/ abrufbar.

Als Konsequenz aller OECD-Studien wurden Ringkanalisationen samt biologischen Kläranlagen geplant und gebaut. Zunächst an den betroffenen Gewässern, letztendlich aber im gesamten Staatsgebiet. Da viele Fragen offengeblieben waren beziehungsweise neue auftauchten, fand das internationale Programm seine Fortsetzung 1978 bis 1982 im ***Österreichischen Eutrophieprogramm (ÖEP).*** Neu einbezogen wurden, neben den beiden bereits genannten Seen, Mondsee, Fuschl- und Irrsee im Salzkammergut, in Kärnten Hafner-, Keutschacher See und Wörthersee sowie der Lunzer Untersee. Die Ergebnisse des ÖEP I sind in Moog (1983) zusammengefasst. Teile dieser Projekte sind im Rahmen des UNESCO-Programmes „Mensch und Biosphäre“ (MaB) ausgeführt und zusammen mit Ergebnissen früherer Studien (IBP, OECD, ÖEP) in zwei Publikationen veröffentlicht worden (Pechlaner und Sampl (Hrsg) 1984, Löffler und Newrkla (Hrsg) 1985). Die Projekte, ihre Dauer, die untersuchten Gewässer und ihre Bearbeiter sind in Tab. 4.2 zusammengestellt.

Am Piburger See wurde der Restaurierungsverlauf weiter untersucht. Für die Verzögerung der Oligotrophierung wurde die Nährstofflieferung durch Freisetzung

Tab. 4.2 Übersicht über die wichtigsten nationalen und internationalen Projekte seit 1945. Ab 2000 sind die Projekte so zahlreich geworden, dass auf die Webseiten der entsprechenden Institute verwiesen werden muss

Projekte	Träger (Internat, Österr)	Zeitraum	Gewässer	Wichtige Referenzen
Internationales **B**iologisches **P**rogramm (**IBP**)	UNESCO (ÖAW) und Bund	1964–1974	Finstertaler Seen, Neusiedler See, Kärntner Seen	Le Cren & Lowe-McConnell 1980
Internationales Seen-**E**utrophierungs-**P**rogramm (**IEP**)	OECD	1974–1977	Piburger See, Attersee, Kärntner Seen	Vollenweider 1968 Fricker 1981, OECD 1982
Internationaler **P**ost-**G**raduierten **L**ehrgang (**IPGL**)	UNESCO (ÖAW) und Bund	seit 1975	Lunzer See, Mondsee u. v. a	
Limnologische Untersuchung Traunsee-Traun	OÖ-Landesregierung	1978–1982	Traunsee, Traun und Einzugsgebiet	Pechlaner & Sossau 1982
Österreichisches **E**utrophie **P**rogramm (**ÖEP1**)	BMGU/BMWF/ÖAW	1978–1982	Fuschlsee, Attersee, Mondsee, LUS, Hafnersee, Keutschersee, Wörthersee, Piburger See	Moog 1983, 1987
Arbeitsgemeinschaft Gesamtkonzept Neusiedler See (**AGN**)	Bund und Land Burgenland	seit 1982	Neusíedler See und Umland	http://www.biologische-stationbgld.gv.at/agn/
Österr. Eutrophieprogramm (**ÖEP2**)-Versauerung	BMLF/BMGU/MaB	1983–1986	LUS, Piburger See	
Ökosystemstudie Donaustau Altenwörth	UNESCO-MaB/ÖAW	1983–1989	Donau-Laustau	Hary & Nachtnebel 1989, Herzig 2000
Ökoton **D**onau-**M**arch (**ÖDM**)	UNESCO-MaB/ÖAW	1992–1997	Donau Auen, March	Naiman & Décamps 1990, Janauer & Hary 2003
Remote Mountain Lakes as Indicators of Air Pollution and Climate Change (**AL:PE 2**)	EU-ECP	1992–1995	Schwarzsee ob Sölden (SoS), 70 weitere Seen (ÖP)	Psenner & Schmidt 1992, Sommaruga-Wögrath et al. 1997
MOuntain **LA**ke Research (**Molar**)	EU-ECP & INCO	1996–1999	Gossenköllesee	Kavmenik et al. 2000
Auswirkungen der SOLVAY-Emissionen auf den Traunsee	OÖ-Landesregierung	1997–1998	Traunsee	Schmidt & Dokulil (Hrsg) 2002

(Fortsetzung)

Tab. 4.2 (Fortsetzung)

Projekte	Träger (Internat, Österr)	Zeitraum	Gewässer	Wichtige Referenzen
Ökosysteme europäischer Bergseen: Regionalisierung, Diagnose und sozioökonomische Bewertung (**EMERGE**)		2000–2003	Tiroler Alpen	Catalan et al. 2002
EU-Projekt **REFLECT** (Response of European freshwater lakes to environmental and climatic change)	EU/ÖAW	1998–2000	Mondsee	
EU_Projekt **CLIME** (Climate and lake impacts in Europe)	EU/ÖAW	2003–2005	Mondsee	George 2010
EU-Wasserrahmenrichtlinie (**WRRL**)	BMLFUW	2000–2003	Österr. Seen	Premazzi & Chiaudani 1992
Sustainable **I**nstruments for **L**akes Managementin the **A**lpine **S**pace (**SILMAS**) Alpine Lakes Network	Interreg IIIB	2009–2012	Ossiacher-, Wörther-, Klopeiner-, Millstätter See	Schulz et al. 2012, Schulz & Wieser 2013
Long-term Ecological Research (**LTER**) Network 1980 National Science Foundation USA	BMBWF, Bundesländer BMK,BML, ÖAW	seit 2001	Mondsee	
Global **L**ake Ecological **O**bservatory **N**etwork (GLEON)	WasserCluster Lunz Univ Innsbruck, Inst Ökologie	seit 2016	LUS, Gossenkölle See	
Integrative **D**anube **E**cosystem **S**ervices (IDES)	Interreg BOKU IHG	2020–2022	Donau und Nebengewässer aller Donauländer	

aus dem Sediment verantwortlich gemacht (interne Belastung). Die Zuverlässigkeit von Voraussagen über die Entwicklung aquatischer Ökosysteme hing wesentlich vom Umfang und der Genauigkeit der Messung aller Frachtparameter sowie den richtigen Modellvorstellungen ab. Durch die Ausweitung der Untersuchungen am Attersee auf alle Seen des Ager-Einzugsgebietes war es möglich, Nährstoffbilanzen und -rückhalte zu berechnen, was auch die Überprüfung von Modellberechnungen verschiedener Belastungskonzepte ermöglichte. Der Vergleich prognostizierter und gemessener Jahresmittel der P-Konzentration zeigte, dass bestimmte Modelle bessere Vorhersagen ermöglichten als andere. Die Auswirkungen durch den punktuellen Eintrag aus der Mondsee-Ache in der Bucht vor Unterach, welche 60 % des gesamten Phosphoreintrags ausmachte, ließ sich im organischen Gehalt des Sedimentes, vor allem aber in der vom Rest des Sees abweichenden Zusammensetzung der Oligochaeten und Nematoden nachweisen (Dudzinski et al. 1985).

Die Untersuchungen zu den Selbstreinigungsvorgängen in der Kärntner Seenkette, Hafnersee, Keutschacher See und Wörthersee, schlossen den diffusen Eintrag aus dem Umland und über den Niederschlag ein. Die umfangreichen Erhebungen mündeten in Aussagen über die Selbstreinigungskraft der Seenkette durch Vergleich der insgesamt in die Seen eingebrachten Jahresfrachten mit den im See-Ausfluss gemessenen Jahresfrachten. Nur etwa 1/5 der eingebrachten P-Frachten verließen die Seenkette wieder. Es wurde daher ein deutlich ausgeprägter Selbstreinigungseffekt angenommen. Für den Wörthersee ergab sich aber durch das zusätzliche Einzugsgebiet eine Erhöhung der zugeführten Nährstofffrachten.

Im Sinne Findeneggs sind die Messungen der Primärproduktion in den Jahren 1975 bis 1981 im Projekt weiter ausgeführt worden. Die Jahresproduktion lag im Wörthersee zwischen 222 und 638 g cm^{-2}, wobei das Maximum 1975, das Minimum 1980 gemessen wurde. Der Millstätter See variierte wenig mit Werten etwas über 300 g cm^{-2}. Das Minimum von 218 g cm^{-2} wurde wie im Wörthersee im Jahr 1980 gemessen, das Maximum gleich im Jahr darauf mit 365 g cm^{-2} (Tab. 4.3).

Tab. 4.3 Jährliche Primärproduktion des Wörthersees und des Millstätter Sees als Tabelle mit Graphik. Aus: Schulz, Schulz und Sampl (1984). Wert für 1981 aus den Einzelwerten in Tafel IX errechnet

	Jahresproduktion [g C m^{-2}]	
Jahr	Wörthersee	Millstätter See
1975	638	307
1976	334	346
1977	390	354
1978	498	338
1979	579	335
1980	222	218
1981	261	365

Am Lunzer Untersee galt es, die Hinweise aus dem OECD-Programm auf eine Pufferwirkung der Eutrophierungserscheinungen durch eine Makrophytenzone zu überprüfen. Der limnologische Zustand des Sees veränderte sich im Untersuchungszeitraum nicht. Das Phosphorbudget ergab einen jährlichen Mindestrückhalt von rund 50 kg Phosphor, wovon in den Makrophyten 14–20 kg enthalten waren. Grünschnitt konnte in Gewässern mit starker Durchflutung oder in solchen mit einem im Vergleich zur Gesamtfläche nennenswerten Bestand an Wasserpflanzen bei Sanierungsmaßnahmen theoretisch durchaus empfohlen werden.

Auch das Internationale Hydrologische Programm (IHD) fand seine Fortsetzung 1975 bis 1980 (Steinhauser (Hrsg) 1987). Die Beiträge der Biologischen Station darin schlossen Fragen zur Meromixie der Alpenseen (Berger und Lanzenberger 1977), zur Hydrochemie des Neusiedler Sees (Berger und Neuhuber 1977) sowie der hydrochemischen Charakterisierung von Fließgewässern in Niederösterreich (Berger 1980) ein. Durch die mehrjährigen Beobachtungen am Lunzer Obersee, Krottensee und Längsee, alle drei meromiktisch, konnten drei Ursachen für die Meromixie unterschieden werden: der klimatisch-morphometrische Typus bei Gebirgsseen (LOS), der morphometrische Typus bei „übertiefen“ Seen (Krottensee, einige große Kärntner Seen) und der hydrogeologisch-biochemische Typus bei „seichten“ Seen (Längsee und andere Kärntner Kleinseen).

Das Problem beim Neusiedler See beruht auf einer Eigenheit der „Sodagewässer“ (Berger 1971). Die Summe der Erdalkalien ist größer als der Carbonatgehalt. Um Verdunstung, Kalkfällung und Verdünnung auszugleichen, muss Soda und Natriumchlorid nachgeliefert werden, was nach Berger von der Wasserführung der Zuflüsse und den zusickernden Niederschlägen aus dem Seewinkel abhing. Für die Silikatgewässer entwarf Berger eine neue Methode zur Charakterisierung. Er plante eine Chemographie der Oberflächengewässer in Beziehung zur Geologie. Teilaspekte dazu sind für den Kamp und fur Gewässer im Montafon enthalten in Berger (1979a, 1982).

Anfang der 1980er-Jahre trat als neues ***Umweltthema*** das Phänomen des „***Sauren Regens***“ hinzu, welches aber über 100 Jahre früher Robert Angus Smith bereits für englische und deutsche Städte nachgewiesen hatte. Als sauren Regen bezeichnet man Niederschlag, dessen pH-Wert bei etwa 4,2–4,8 liegt, und der damit niedriger ist als der pH-Wert von 5,5–5,7, der sich in reinem Regenwasser durch den natürlichen Kohlenstoffdioxidgehalt der Atmosphäre einstellt. Verursacher war und ist die Verbrennung fossiler Brennstoffe, wobei große Mengen an Stickoxiden und Schwefel die Atmosphäre verschmutzen. In Österreich waren vor allem die Wälder betroffen, die Gewässer hingegen nur in Einzugsgebieten mit Gesteinen, die kaum neutralisierend wirken, wie Granit, Gneis oder Sandstein (Psenner 1984). Auf die Versauerung abzielende Untersuchungen wurden im Fortsetzungsprogramm ***ÖEP II*** 1983 bis 1986 behandelt. Die Untersuchungsobjekte blieben gleich, die Fragestellungen änderten sich. Der Nährstoffeintrag über den Niederschlag war eines der Hauptthemen.

Die günstige Lage der Biologischen Station Lunz, weit entfernt von Industriezentren, bot Gelegenheit, verschleppte saure Abgase als Lösungsbestandteile im Regen und im Schnee nachzuweisen. Zugleich sollte ein Zusammenhang mit den jeweiligen Wetterlagen und ein Vergleich mit früheren Analysen aus dem Jahr 1937 hergestellt werden (Berger 1983). Lokale Gewitter und Südwestlagen brachten elektrolytarme Niederschläge, Tiefdrucklagen mit nördlicher Höhenströmung eine starke bis mittlere Säurebelastung. Unter den basischen Bestandteilen dominierte das Ammonium weit vor Natrium und Kalium. Phosphat war nur in einzelnen Fällen in geringsten Konzentrationen nachweisbar. Der pH-Bereich, der 1947 zwischen 4,5 und 6,5 lag, hatte sich um eine Einheit bis 3,5 nach unter verbreitert. Fallweise gab es Niederschläge, die um eine Zehnerpotenz saurer waren als früher.

Am Lunzer Untersee betrug der direkte Wassereintrag durch Niederschläge in den See etwa 1 Million m^3 pro Jahr. Der direkte Eintrag verschiedener Nährstoffe in kg pro Jahr ist in Tab. 4.4 enthalten (Malicky 1991). Der direkte P-Eintrag in den See aus der Atmosphäre betrug etwa 6–10 % des Gesamteintrages und erfolgte, wie der Gesamtstickstoff, großteils über Staub. Die pH-Werte im Niederschlag lagen zwischen 4,6 und 3,45, abhängig von der Windrichtung und der Dauer des Niederschlags (Malicky 1984). Trotz der niedrigen pH-Werte war eine Versauerung durch die Niederschläge wegen des hohen Kalkgehaltes nicht zu befürchten.

Das Projekt Salzkammergutseen untersuchte im ÖEP II die Belastung der Gewässer durch den diffusen Nährstoffeintrag sowie den Eintrag aus der Atmosphäre über den Niederschlag als Ursache der Versauerung (Moog 1987). Im Vergleich zur ersten Projektphase 1978–1982 nahm die Phosphorkonzentration des Attersees im Durchschnitt von 6,2 mg m^{-3} auf 5,7 mg m^{-3} in der Zeit von 1983–1986 ab. Der ohnehin in den unteren Bereichen der Oligotrophie einzustufende See wies eine weitere Oligotrophierung auf. Im Jahr 1986 wurde mit 4,9 mg m^{-3} die Grenze zur Ultra-Oligotrophie unterschritten. Gleichsinnig stieg die Transparenz (mittlerer Sichttiefe) im Vergleich zu den 10,1 m 1978–1982 auf 11,8 m 1983–1986. Beachtlich waren die hohen Sichttiefen im Winter von 17 bis 18 m. Diese Entwicklung stand eindeutig in Zusammenhang mit den Verbesserungen der Reinhaltungsmaßnahmen sowie den Änderungen in der Landwirtschaft. Auch die Sichttiefen des Mondsees stiegen im Mittel der Projektzeiten von 5,9 auf 6,5 m an, erreichten damit den oligotrophen Bereich.

Lag die mittlere Konzentration an Gesamtphosphor des Mondsees 1978–1982 bei 28,7 mg m^{-3} noch im mesotrophen Bereich, so kennzeichnen die durchschnittlich 10,6 mg m^{-3} der zweiten Periode 1983-1986 sogar eine oligotrophe Situation. Analog nahm auch der mittlere Chlorophyll-a-Gehalt des Mondsees von 2,35 i auf 1,25 mg m^{-3} ab. Demgemäß war der See als oligotrophes Gewässer einzustufen.

Die am Attersee erarbeiteten Exportkoeffizienten gestatteten einen Vergleich des gemessenen und berechneten P-Budgets (Moog und Schindlbauer 1982, Moog

Tab. 4.4 Nährstoffeintrag durch den Niederschlag in den Lunzer Untersee in kg pro Jahr. Niederschlag in mm. Aus Malicky (1991)

kg J^{-1}	Niederschlag	SO_3-S	Cl	NO_3-N	NH_4-N	N_{ges}	P_{ges}	H
1984	1295,2	652	68	653	592	1360	8	59
1985	1564,2	938	88	530	639	1306	10	59

1987). Die gute Übereinstimmung ermöglichte die Anwendung auf Klärung, Vorhersage oder Überprüfung der Bilanzierungen von Phosphor. Der Anteil des diffusen atmosphärischen Nährstoffeintrages an der Brutto-Phosphorfracht betrug am Mondsee 4,4 % (2,8–6 %), am Attersee 16,8 % (13–21 %). Die Jahresmittel der pH-Werte der Niederschläge von 4,2 an der Station Weyregg waren deutlich vermindert.

Sowohl die Konzentrationen als auch die Depositionen wiesen Weyregg als am meisten belastete Station während des ÖEPs aus. Einträge aus nördlicher Richtung erwiesen sich als am höchsten belastet. Die geringste Säurefracht wiesen Niederschläge aus dem Südwesten auf. Wie am Lunzer See ergab sich auch im Salzkammergut wegen der kalkreichen Einzugsgebiete keine Versauerung. Generell bannte die Nachrüstung mit Rauchgasentschwefelung der Kraftwerke und Industriebetriebe in Europa die Gefahr weitgehend.

Den Eintrag von Nähr- und Schadstoffen durch die Niederschläge in die Seen Kärntens in den Jahren 1981 bis Jänner 1985 quantifizierte Gruber (1985). In den Seen der Tallagen mit großer Pufferkapazität und erhöhtem Eintrag basischer Komponenten war die Eutrophierung durch den Nährstoffeintrag vorrangig, der Eintrag an Wasserstoff-Ionen vernachlässigbar. Hingegen stellt letzterer in elektrolytarmen, schwach gepufferten Hochgebirgsseen ein mögliches Problem dar. Während der Untersuchung stellte sich auch die pH-Wert-Bestimmung im Niederschlag bei Leitfähigkeiten um 10 µS pro cm als ungenau und problematisch dar. Der Frage der Versauerung von Hochgebirgsseen in Kärnten gingen Honsig-Erlenburg und Psenner (1986) nach. Die meisten Seen erwiesen sich als nicht versauert und akut auch nicht gefährdet. Ausnahme bildeten die Seen rund um das Mölltal, vor allem um den Wangenitzsee, wo eine Versauerung der Hochgebirgstümpel mit pH-Werten unter 6,0 bereits eingetreten war. Neben Sulfat trat auch Nitrat mit im Durchschnitt etwa 12 % der Anionen als Parameter der Versauerung auf. Die Versauerung von Seen in kristallinen Einzugsgebieten Tirols und Kärntens, deren chemische Auswirkungen auf das Trinkwasser sowie die historische Ableitung der Entwicklung anhand der Sedimentstratigraphie fassten Psenner et al. (1988) zusammen. Danach (1988) wären Seen mit pH-Werten unter 6,0 und Alkalinitäten unter 20 µeq L^{-1} extrem gefährdet. Als Beispiel, wie rasch sich die Alkalinität als Folge saurer Niederschläge in Acidität verändern kann, wird die Entwicklung der Alkalinität im Mutterberger See (2485 m ü. A.) 1983 bis 1986 gezeigt (Abb. 4.26). Während die beiden ersten Jahre unverändert eine mittlere Alkalinität um 12 aufwiesen, sank der Wert 1983 drastisch auf –1 ab und sank im Folgejahr weiter auf –2,2.

Selbstverständlich sind neben Seen auch ***Fließgewässer*** von ***Versauerung*** betroffen, etwa in den Granitregionen des Wald- und Mühlviertels (Butz und Rydlo 1996). In einem Projekt des BMLF sind 20 Gewässerabschnitte im Mühlviertel (Oberösterreich) von 1986 bis 1992 auf Chemismus, Makrozoobenthos, Fischbestand und Fischparasiten untersucht worden. An zwei Bächen war die Versauerung durch das Fehlen von Fischen oder Jungfischen erkennbar. Gleichzeitig war mit dem Rückgang der säuresensiblen Zwischenwirte (*Gammarus*) die Parasitierung der Fische zurückgegangen. Ganzjährig stark versauerte Bäche mit

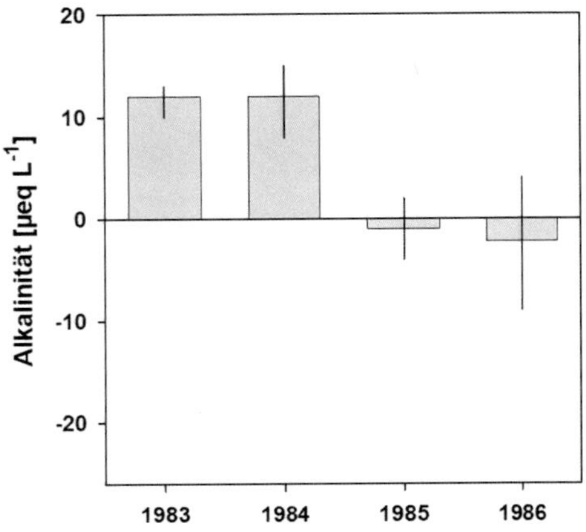

Abb. 4.26 Entwicklung der Alkalinität bzw. der mineralischen Acidität des Mutterberger Sees von 1983 bis 1986. Mittel- und Extremwerte in µeq pro Liter. (Aus Psenner et al. (1988). Umzeichnung seiner Abb. 1.71)

pH-Werten unter 5,5 und Minima bis unter 4,3 gab es keine. In den periodisch sauren und schwach sauren Bächen fehlten säureempfindliche Organismen. Es kamen dort nur säuretolerante Arten vor. Die Gewässerversauerung wirkte auf den Fischbestand durch Störung der Ionenbilanz, der Sauerstoffaufnahme und der Regulierung des Säure-Basen-Gleichgewichtes im Blut akut toxisch oder chronisch subletal auf Fische. Die Anwesenheit von Aluminium, vor allem von gelöstem anorganischem Aluminium, verstärkt die Wirkung, die Anwesenheit von Elektrolyten, insbesondere von Calcium, vermindert sie. PH-Werte von 5,2–5,4 waren am stärksten toxisch. Die niedrigsten pH-Werte und Calciumkonzentrationen sowie die höchsten Aluminiumkonzentrationen treten in Fließgewässern im Frühjahr zur Zeit der Schneeschmelze auf und damit zur Schlüpfzeit der Salmonidenbrut, was zur Abwanderung der Fische in weniger gefährdete Gewässerteile führt und eine Mortalität des Nachwuchses zur Folge hat.

Parallel zu den umfassenden Programmen an Seen wurde die Fließgewässerökologie weiter vorangetrieben. Die Ökologie von Algenaufwüchsen im Litoral des Lunzer Untersees war bereits 1932 das Dissertationsthema von Edith Kann (Kann 1933). Diesem Thema blieb sie ihr ganzes Leben verpflichtet (Box 4.19). Zunächst interessierten sie die Seeufer, später auch die Alpenbäche (Kann 1975). Der Fokus war dabei immer auf die Gruppe der Cyanobakterien (früher *Cyanophyta*) gerichtet. In der Taxonomie dieser Organismen entwickelte sich Kann zu einer angesehenen Expertin und gründete daher 1960 die „Internationale Arbeitsgemeinschaft für Cyanophytenforschung“ (Kann 1977). Ihre Untersuchungen an Gewässern gipfelten in zwei richtungsweisenden Arbeiten, in der umfangreichen Monographie zur Systematik und Ökologie der Algen österreichischer Bergbäche und in dem Versuch einer Typisierung der Fließgewässer (Kann 1978a, b). Erstere verglich die gesamte Algengemeinschaft des Aufwuchses in Bächen geologisch verschiedener Gebiete. Abhängig von den ökologischen Faktorenkombinationen konnten unterschiedliche Leitarten definiert werden. Letztere zielte vorwiegend darauf ab, kalkreiche und kalkarme (kristalline) Bäche nach ihrer Temperatur in sommerkalte und sommerwarme Fließgewässer zu trennen. Spätere Typisierungen verfeinerten dieses Konzept unter Benutzung von Flussordnungszahlen (Wimmer und Moog 1994), Abflussregimen (Mader et al. 1996) oder Naturräumen (Fink et al. 2000).

Edith Kann (1907–1987) Dr. phil. Gymnasialprofessorin, Cyanobakterien-Expertin
Geboren in Krems, übersiedelte sie mit der Familie 1911 nach Wien. Sie studierte an der Universität Wien ab 1926 Naturgeschichte und Geographie für das Lehramt. Dissertation 1930 bei Franz Ruttner mit „Untersuchungen des litoralen Algenaufwuchses im Lunzer Untersee". Promotion 1931, Lehramtsprüfung 1932, danach arbeitslos mit gelegentlichen Vertretungen in der Schule. Mit einem Stipendium der Kaiser-Wilhelm-Gesellschaft 1938 bis 1940 „Ökologische Untersuchungen an Litoralalgen ostholsteinischer Seen" an der Hydrobiologischen Anstalt Plön. Ab 1940 Lehrerin an Gymnasien in Wien. Ab 1954 nebenberufliche Tätigkeit als freie Wissenschaftlerin an der Biologischen Station Lunz. Bild: Dokulil, Lunz 1982.

Die Arbeitsgruppe Hydrobotanik der Universität Innsbruck befasste sich mit dem Algenaufwuchs aus 54 Fließgewässern in Österreich und angrenzenden Gebieten (Rott 1995). Diese Arbeiten bildeten die Grundlage für die Bewertung der ökologischen Wertigkeit von Fließgewässern, aber ebenso für die Unterschutzstellung spezifischer Fließgewässertypen, etwa mit biogenen Kalkbildungen (Pipp und Rott 1993). Später kamen die Algen der Gletscherbäche hinzu (Gesierich und Rott 2004, Rott et al. 2010). Die Gletscherbäche erwiesen sich als sehr artenarm. Nur die Kieselalgen waren häufiger vertreten. Quellen und klare Bäche hingegen waren besiedelt von epilithischen Fließwasser-Taxa (Aufwuchs auf Steinen) wie etwa *Chamaesiphon fuscus*, einer Cyanobakterie, vermischt mit Algen typisch für Spritzzonen und feuchte Habitate. Im Frühjahr trat in der Rotmoosache alljährlich ein massives Vorkommen der Goldalge *Hydrurus foetidus* auf. Die gallertigen Algenmassen stellten ein Habitat und eine Nahrungsgrundlage für Bakterien, Ciliaten und benthische Insektenlarven (Zuckmücken) dar.

Pleskot und ihre Schülerinnen und Schüler brachten inzwischen die Forschungen an Wasserinsekten und deren Lebensbedingungen in ihrer Umwelt voran (Pleskot 1958, 1962). Vor allem die Abhandlung über die Eintagsfliegen 1958 besticht durch ihre wunderbaren Zeichnungen, angefertigt einmal mehr von Maria Wimmer-Mizzaro. Angeregt bei einem Kurs in Lunz durch Pleskot untersuchte Adlmannseder (1958) die Antiesen (Fluss in Oberösterreich) auf ihre Trichopterenfauna, deren Artinventar er in Bachregionen bzw. Kleinbiotope, also ökologisch, zu gliedern versuchte.

Da sich bald herausstellte, dass Felduntersuchungen nicht ausreichten, um die Biologie der Bachinsekten zu beschreiben, wurden zusätzlich Experimente in „Bachrinnen" durchgeführt. So kamen Dissertationen zum Strömungsverhalten (Butz 1970), zur Larvalentwicklung (Elbling 1972) und zum Entwicklungszyklus (Humpesch 1971) zustande. Es folgten Studien zum Schlüpfrhythmus und dem Einfluss der Temperatur auf die Embryonalentwicklung (Humpesch 1971, 1981). Die Wienerwaldbäche blieben weiter ein wichtiger Gegenstand für Untersuchungen im stadtnahen Bereich. Vor allem über die Fauna des Weidlingbaches entstanden mehrere Veröffentlichungen (Eisendle und Waringer 1999). Die Studie erhob die Faunistik und Phänologie der Eintags-, Stein- und Köcherfliegen eines Flysch-Baches. Die Einordnung der Ergebnisse zu Ernährungstypen ergab eine Dominanz der Detritusfresser (46,5 %) und der Weidegänger (29,4 %). Den restlichen Anteil teilten sich Zerkleinerer (13,4 %), aktive Filtrierer (4,9 %), Räuber (4,0 %) und passive Filtrierer (1,8 %).

Durch die Errichtung der Abteilung für Hydrobotanik 1977 an der Universität Wien konnte das Arbeitsgebiet durch einen Mitarbeiter auf Wasserpflanzen (Makrophyten) ausgedehnt werden. Als Biochemiker begann er mit Untersuchungen der Inhaltsstoffe und deren Veränderung durch Eutrophierung (Janauer 1979). Es folgten Studien zur Zonierung und Quantifizierung submerser Makrophyten (Janauer 1981). Eine umfangreichere Studie zur Versauerung österreichischer Fließgewässer ließ erkennen, dass die aktuellen Säurewerte und Metallkonzentrationen (Aluminium) nicht bedenklich waren. An den 29 Messstellen im gesamten Bundesgebiet lagen die pH-Werte zwischen 5,09 und 8,38, die Leitfähigkeiten zwischen 18,60 und 233,0 µS. Das Puffervermögen erwies sich als erschöpft, sodass ein Absinken der pH-Werte zur Zeit des Schmelzwasserabflusses denkbar gewesen wäre (Janauer 1986).

Die Übernahme der Biologischen Station Lunz durch Gernot Bretschko 1977 stellte einen Wendepunkt dar. Bretschko änderte den Forschungsplan der Station von Seen radikal auf Fließgewässer, indem er das ***Ritrodat***-Programm entwickelte (Bretschko 1978, 1979). Dieses Konzept einer intensiven Ökosystemstudie einer nur 100 m langen Untersuchungsstrecke am Oberen Seebach in Geh-Entfernung zur Station setzte neue Maßstäbe in der Fließwasserforschung. Die Untersuchungen waren von ihm auf 25 Jahre veranschlagt und basierten auf dem *„River Continuum Concept"* (Box 4.20). In den ersten Jahren mussten zunächst Methoden zur kontinuierlichen Erfassung von Veränderungen des Flussbettes und zur quantitativen Beprobung von Schotterkörpern entwickelt und getestet werden. Erste Untersuchungen des Wasserkörpers unter und neben dem Schotterkörper des Flussbettes ergaben auf kurze Distanzen stark variable Grundwasserstände und Leitfähigkeiten (Berger 1979b; Berger und Lanzenberger 1980). Die Bedeutung des hyporheischen Interstitials (Hyporheal) als Übergangsbereich zwischen Flusswasser und Grundwasser und wichtigem Lebens- und Rückzugsraum für Organismen war damit einmal mehr deutlich gemacht worden (Bretschko 1981, 1991).

Fließgewässerkonzepte

Das **River Continuum Concept** beschreibt Fließgewässer. Es nutzt zur Klassifizierung von Gewässerabschnitten das Vorkommen von Leitorganismen und die Geomorphologie. Das Konzept postuliert, dass in einem Fluss ein konstanter starker Zwang zur optimalen Ressourcennutzung und zu einer zeitlich gleichmäßigen, kontinuierlichen Nutzung besteht.

Vannote RL, Minshall GW, Cummins KW, Sedell JR, Cushing CE (1980) The River Continuum Concept. *Can J Fish Aquatic Sci* 37:130–137.

Das **Flood Pulse Concept** erklärt, wie die periodischen Überschwemmungen und Dürren den lateralen Austausch von Wasser, Nährstoffen und Organismen zwischen dem Hauptflusskanal und der begleitenden Aue steuern. Der jährliche Hochwasserpuls ist der wichtigste Aspekt und das biologisch produktivste Merkmal des Ökosystems eines Flusses. Das Konzept beschreibt die Bewegung, Verteilung und Qualität von Wasser in Flussökosystemen und die dynamische Wechselwirkung in der Übergangszone zwischen Wasser und Land (Ökoton). Es steht im Gegensatz zu früheren ökologischen Theorien, die Überschwemmungen als katastrophale Ereignisse betrachteten.

Junk WJ, Bayley PB, Sparks RE (1989) The flood pulse concept. Can Spec Publ Fish Sci 106:110–127.

Tockner K, Malard F, Ward J (2000) An extension of the flood pulse concept. Hydrol Proc:2861–2883.

Das **Nutrient Spiraling Concept** ist ein weiteres Konzept, um den Kreislauf von Nährstoffen zu erklären, während sie flussabwärts transportiert werden. Für große Flüsse mit variabler Hydrologie hat sich das Konzept des Hochwasserpulses als aufschlussreich erwiesen. Dieses Konzept betrachtet saisonale oder gelegentliche Hochwasserereignisse als wichtige ökologische Phänomene, die die Biologie bestimmen.

Nachdem bereits 1980 mit hydrographischen Erhebungen begonnen wurde, erfolgten intensive Messungen der Pegelstände und der Wassertemperaturen in den Jahren 1982 und 1998, die in Abb. 4.27 erstmals zusammenhängend dargestellt sind. Entsprechend des gebirgigen Karsteinzugsgebietes waren die mittleren Pegel und Abflüsse im Ritrodat-Areal stark variabel (82–180 cm). Das Hochwasser im Juni 1991 erreichte einen Maximalwert von 231 cm. Die Wassertemperatur blieb in diesem sommerkalten Bach mit geringer Bandbreite niedrig (Langzeitmittel 6,7 °C). Wie bereits mehrfach nachgewiesen, steuerte die Lufttemperatur in hohem Maße die Wassertemperatur ($r^2 = 0{,}84$). Anzumerken ist, dass der Mittelwert im Seebach exakt dem Mittel der Salzach für die Jahre 1892 bis 1917 entsprach, die Salzach also im Sinne Reichholfs (2001) als sommerkalter Fluss einzustufen ist, obwohl das Mittel ein Jahrhundert später bereits bei 7,8 °C lag (vergl. Abb. 3.22).

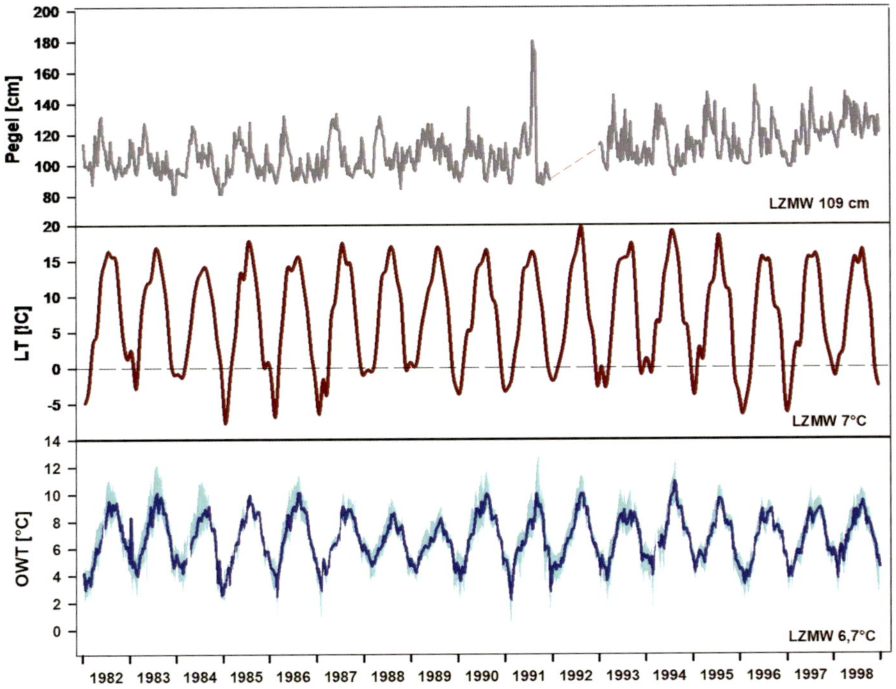

Abb. 4.27 Dekadenmittelwerte von Pegel, Lufttemperatur (LT) und Oberflächen-Wassertemperatur (OWT) im Ritrodat-Areal des Oberen Seebaches in Lunz/See für die Jahre 1982 bis 1998. Die hellblaue Zone der OWT gibt den Bereich Minimum zu Maximum wieder. LZMW = Langzeitmittelwert. Die Pegeldaten 1992 fehlen im Jahresbericht. Zusammengestellt aus mehreren Jahresberichten der BSL

Vor diesem Daten-Hintergrund wurden zahlreiche Untersuchungen der Fauna und Flora des Oberen Seebaches ausgeführt, von denen nur einige hier genannt werden. Nachdem Kann (1975) bereits Wasserstand, Wassertemperatur und Licht als wesentlichste Komponenten für das Auftreten, Verschwinden und die Verteilung des Algenaufwuchses identifiziert hatte, legte Müllner (1999) eine komplette Bestandsaufnahme der bis dahin bekannten Algenarten des Oberen Seebachs vor. Eine Auflistung der Invertebraten und Vertebraten des Schotterbaches von den Protozoen über diverse Insekten und Krebse bis hin zu den Fischen, basierend auf mehreren Studien, stellten Schmid-Araya und Schmid (1995) zusammen. Insgesamt sind darin 575 Taxa aus dem Ritrodat-Areal angeführt, wovon 569 Taxa den Mikro-, Meio- und Makrozoobenthos angehörten (Box 4.21). Diesen hohen Artenreichtum erklärten sie mit den großen Lückenräumen im Habitat der Bachsedimente und der damit verbundenen Verfügbarkeit eines Biofilms als Nahrungsgrundlage. Der Biofilm bestand zu 90 % und mehr der Biomasse aus Bakterien (Kasimir 1990, 1991). Einen zusammenfassenden Überblick bot Bretschko (1994).

Fauna-Größenklassen (Original)

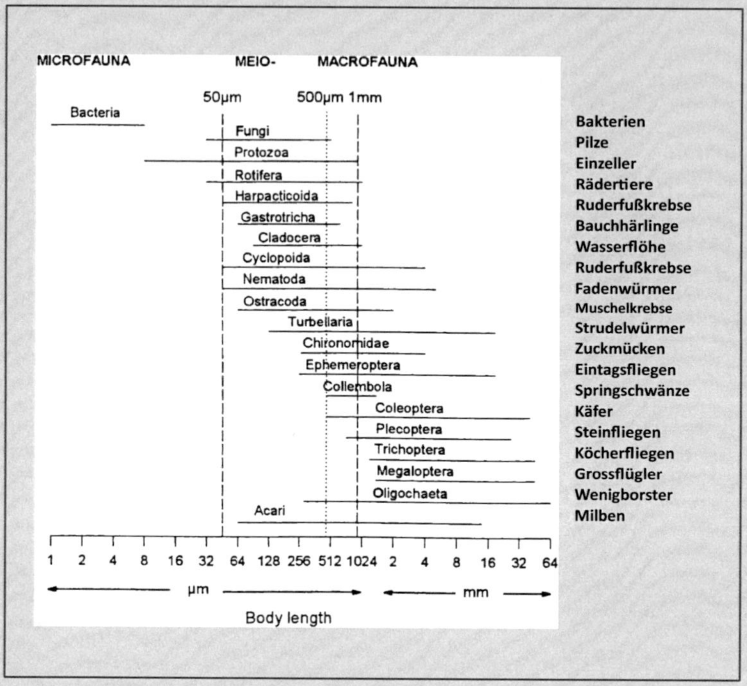

Aus: Schmid-Araya und Schmid (1995) Preliminary results on diet of stream Invertebrate species: The meiofaunal assemblages. Jber Biol Stat Lunz 15:23–31, verändert

Der Ausbau der Stauhaltungen an der Donau und den Nebenflüssen führte zu Unterbrechungen des Flusskontinuums und zur Abtrennung vom Hinterland. Derartige Ökosysteme werden als *regulated stream* bezeichnet, also Ökosysteme mit reguliertem Abfluss. Das Symposium „Fischereiwirtschaft und Kraftwerke" an der Universität für Bodenkultur 1984 vereinigte sechs Beiträge zu diesem Thema in der Zeitschrift *Österreichische Wasserwirtschaft*. Den Schwerpunkt bildeten die fischereilichen Aspekte von Laufstauen an Flüssen. Große Flüsse wie die Donau sind aber nur mit erheblichem Aufwand zu untersuchen. Zudem standen dafür kaum adäquate Methoden zur Verfügung. Überlegungen und Diskussionen im österreichischen Nationalkomitee der IAD führten zur Initiative, eine Ökosystemstudie an einem Donaustau durchzuführen. Zunächst wurde eine einjährige „Vorstudie zur Durchführung einer Ökosystemstudie Donaustau" durch die ÖAW gefördert, die zeigte, dass ein erweitertes Verständnis der Multifunktionalität von Stauräumen durch eine solche Studie erfüllbar sein würde (Grosina 1985). Der Stauraum Altenwörth wurde als Fallstudie ausgewählt und als Forschungsprogramm „Ökosystemstudie Donaustau Altenwörth" vom UNESCO-Programm „Man and Biosphere" (MaB) 1984 mit einem zeitlichen Ramen von vier Jahren genehmigt. Schwerpunkt sollten die Veränderungen durch das Donaukraftwerk sein. Die Ergebnisse der Teilgebiete sind in zwei umfangreichen Monographien enthalten (Hary und Nachtnebel (Hrsg) 1989; Parz-Gollner und Herzig (Hrsg) 2000). Team, Arbeitsweise und Resultate der Fachgruppe Limnologie finden sich auch kompakt zusammengefasst in Herzig (1986, 1987). Dazu gehörten auch die Entwicklung, der Bau und die Tests von Geräten eigens entwickelt für die Probenentnahme im Freiwasser und Sediment eines großen Stromes (Humpesch und Elliott 1990). Der österreichische Abschnitt der Donau entspricht mit seiner maximalen Temperatur von 20 °C, seiner Strömungsgeschwindigkeit von 1,4–3,5 m s^{-1} und einer Stromsohle aus 95 % Sand und Kies dem sogenannten Rhitral eines Fließgewässers. Laufstaue verändern durch den Aufstau die Hydraulik des Flusses. In Fließrichtung des Stauraumes kommt es zu einer sukzessiven Reduzierung der Fließgeschwindigkeit in Richtung Wehranlage. Daraus resultieren spezifische Sedimentationsprozesse, geringere Schwebstoffbelastungen und größere Sichttiefen im unteren Drittel des Stauraumes. Wegen der raschen Wassererneuerung kommt es trotz günstigeren Produktionsbedingungen zu keinem Biomassezuwachs des Planktons. Der Einstau veränderte die abiotischen Verhältnisse und damit die benthische Lebensgemeinschaft. Das Resultat war eine Dominanz von Tubificiden (Schlammröhrenwürmern) ohne eine Verschlechterung der Gewässergüte. Die Biomasse dieser Tiere ließ eine signifikante Abhängigkeit vom Anteil des organischen Kohlenstoffs im Sediment erkennen (Abb. 4.28a). Die Fachgruppe Hydrologie wies eine weitgehende Entkoppelung des Gesamtsystems in die Teilbereiche Stauraum, Unterwasser, Auengewässer, Grund- und Bodenwasser nach. Die Fischgruppe wiederum fand eine überraschend hohe Anzahl an Fischarten, welche aber eher limnophil als rheophil, also mehr einer eher seeartigen Umwelt zuzuordnen waren. Der Anteil der rheophilen Fischarten war deutlich höher in der freifließenden Strecke, vor allem *Barbus barbus*, die Barbe, und *Chondrostoma nasus*, die Nase. Die eurytopen Arten dominierten hingegen im Stauraum, insbesondere *Rutilus rutilus*, das Rotauge (Abb. 4.28b).

Mit den Methoden und Erfahrungen aus dem Stauraum Altenwörth (Humpesch 1992) war es in der Folge möglich, die Besiedelung der frei fließenden Donau bei Wien und östlich davon quantitativ zu erheben. Die Stromsohle bestand in diesen Abschnitten aus Steinen, Schotter und Kies in verschiedenen Anteilen. Mollusken, Oligochaeten, Hirudineen, Crustaceen (Gammariden), Trichopteren (*Hydropsyche*) und Dipteren (Simuliden) waren die sechs Großgruppen des Makrozoobenthos in den untersuchten Profilen (Humpesch 1994). Ein Überblick über das Makrozoobenthos der österreichischen Donau listete 897 Arten auf, wobei Dipteren, Trichopteren und Coleoptera am häufigsten waren (Moog et al. 1994).

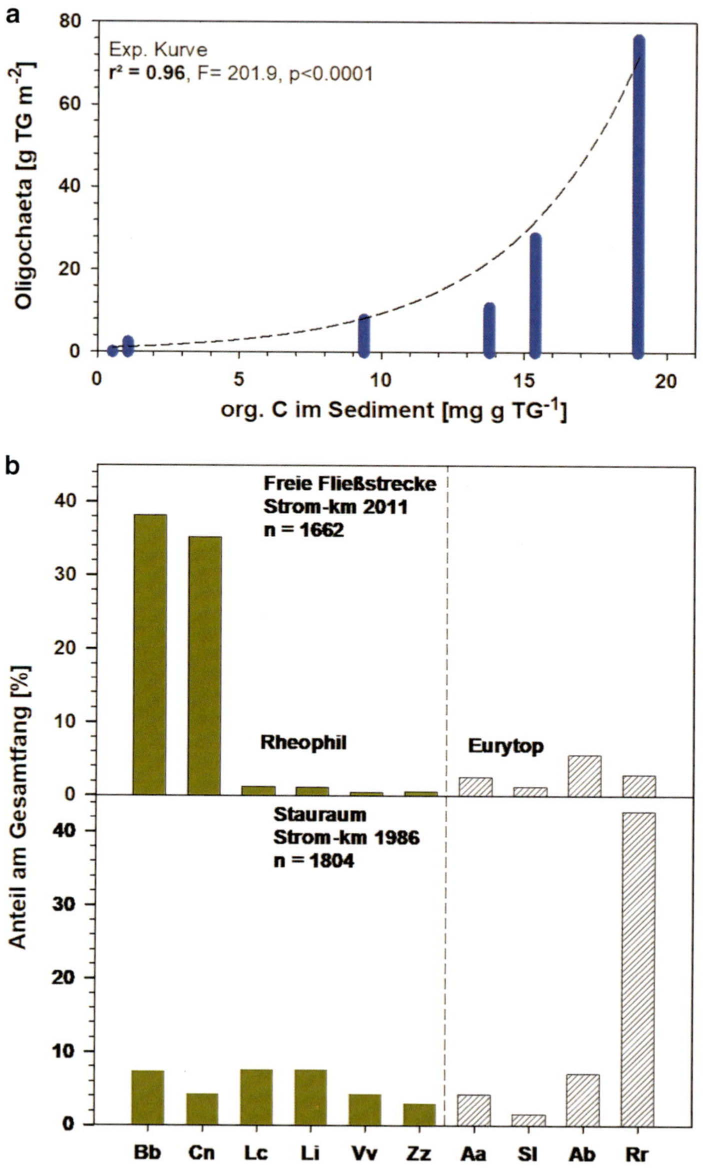

Abb. 4.28 Stauraum Altenwörth. **a** Beziehung des Gehalts an organischem Kohlenstoff in mg pro g Sedimenttrockengewicht sowie der Biomasse der Oligochaeten in g Trockengewicht pro m^2 **b** Prozentanteil der Fischarten am Gesamtfang. Bb = *Barbus barbus*, Cn = *Chondrostoma nasus*, Lc = *Leuciscus cephalus*, Li = *L. idus*, Vv = *Vimba vimba*, Zz = *Zingel zingel*, Aa = *Aspius aspius*, Sl = *Sander lucioperca*, Ab = *Abramis brama*, Rr = *Rutilus rutilus*. Beide umgezeichnet und modifiziert aus Herzig (2000)

Ausgelöst durch die verstärkte Beschäftigung mit Fließgewässern verlagerte sich das Interesse der Forschung immer mehr auf die Übergangsbereiche aneinandergrenzender Ökosysteme (Ökotone), was die UNESCO veranlasste, dazu 1989 ein MaB-Schwerpunktprogramm auszurufen (Naiman und Déchamp 1990). Der Erfolg des Großprojekts „Donaustau Altenwörth" legte eine derartige Studie an der Donau nahe. Die Wahl fiel auf die noch einigermaßen naturnahe Donaustrecke östlich von Wien und die einmündende, hydrologisch verschiedene March. Das Projekt „Ökotone Donau – March" behandelte 1992 bis 1997 in neun Arbeitsgruppen diverse Ökotone in den beiden Flusskorridoren. Die umfangreichen Ergebnisse und die Beantwortung der von der UNESCO ausgegebenen Hypothesen und Schlüsselfragen (*key questions*) fanden ihren Niederschlag in einer 418 Seiten starken Veröffentlichung (Hary und Janauer (Hrsg) 2003) und zahlreichen Einzelpublikationen. Aus der Studie ging jedenfalls eindeutig hervor, dass Ökotone zur Erhöhung und Stabilisierung der Diversität beitragen, da sie als Strukturgeber und Pufferzonen wirken. Die Erhaltung bestehender Ökotone ist der Wiederherstellung vorzuziehen. Daher sind Ökotone unverzichtbare Bestandteile der Renaturierung von Fließgewässern (Muhar et al. 1995).

Für die Renaturierung und Restaurierung von Fließgewässern war das Jahr 1984 von großer Bedeutung. Als die weitgehend naturbelassene Flusslandschaft der Hainburger Au einem Kraftwerk weichen sollte, führte eine Kampagne zur Besetzung und dadurch letztlich zur Rettung der Au. Dieser umweltpolitische Erfolg führte nachfolgend zur Einrichtung einer „Ökologiekommission" und zu einem verstärkten Interesse an der Erhaltung und Renaturierung der ökologischen Integrität von Fließgewässern und Auenlandschaften (Schiemer 2014). Eine interdisziplinäre Zusammenarbeit ermöglichte Synergien in der Betrachtungsweise und Bewertung grundlegender und angewandter Fragen, wie etwa in der „Interdisziplinären Studie Donau" (ISD). Die Bedeutung für die Überwachung der Donau und der Flussauen haben Janauer (1994) und Schiemer (1994) kurz zusammengefasst. Etwa zur selben Zeit wurden Anstrengungen unternommen, die verbliebenen naturnahen Augebiete an der frei fließenden Donau östlich von Wien bis zur Grenze zur Slowakei in einem Nationalpark unter Schutz zu stellen. Ein wesentliches Ziel war den Erhalt bzw. die Verbesserung der hydrologischen Konnektivität zwischen Fluss und Aue, um so die Altwässer häufiger dotieren zu können (Heiler et al. 1995). Aus diesen Überlegungen entstand das Donau-Restaurierungsprogramm (Schiemer et al. 1999). Von Beginn an war klar, dass Restaurierungskonzepte gut geplant und strukturiert werden mussten, um die wesentlichen steuernden Prozesse und ihre Wirkung abzubilden. Gleichzeitig eröffnete ein derartiges Programm die Möglichkeit, Konzepte und Hypothese experimentell in der Natur zu überprüfen. Die Ergebnisse des interdisziplinären Teams, das an der Gewässervernetzung in Regelsbrunn, Niederösterreich, mitgearbeitet hat, finden sich in Schiemer und Reckendorfer (2000). Diese und weitere Renaturierungsprojekte an der Donau und anderen kleineren und größeren Flüssen, wie etwa der Drau (Jungwirth et al. 2002, Drescher 2016) trugen unter anderem dazu bei, ein typspezifisches „Leitbild" in der Wasserrahmenrichtlinie zu etablieren. Die Erfolge der durchgeführten Maßnahmen und deren Integration in ein Flussmanagement wurden später bewertet und evaluiert (Buijse et al. 2005), was ebenfalls international Beachtung fand (Feio et al. 2021). Überlegungen zur Renaturierung von Flüssen führten aber auch zur Erkenntnis, dass man dafür Referenzsysteme benötigt, wie etwa den Tagliamento in Italien (Ward et al. 1999) oder die Vjosa in Albanien (Schiemer et al. 2020). Als eine noch naturnahe Flusslandschaft in Österreich muss hier der Tiroler Lech genannt werden (Mergili und Duffy 2022).

Die Ausdünnung der Ozonschicht über der Antarktis als Folge schwer abbaubarer Fluorchlorkohlenwasserstoffe (FCKW) seit Anfang der 1980-Jahre, später auch für die Arktis nachgewiesen, hatte zwar keine unmittelbaren Auswirkungen auf Gewässer, lenkte aber die Aufmerksamkeit der Forschung neuerlich auf bereits vermutete UV-Wirkungen in Hochgebirgsseen. Gleichzeitig ermöglichten Fortschritte in der Messtechnik die quantitative Erfassung der UV-Strahlung unter Wasser. So ergaben Messungen in verschiedenen UV-Spektralbereichen im Gossenköllesee auf 2413 m ü. A. im Sommer 1995 eine Abhängigkeit von der Ozonkonzentration und der Menge an Chlorophyll bzw. vom Phytoplankton abgegebenen organischen Substanzen (Sommaruga und Psenner 1997, Sommaruga und Garcia-Pichel 1999). Als Strategie zur Minimierung von UV-Schäden können Gewässerorganismen Verbindungen synthetisieren oder anreichern (Bioakkumulation), die die Energie der UV-Strahlung absorbieren. Die meisten Primärproduzenten und planktischen Krebse sind an hohe Intensitäten der Sonnenstrahlung adaptiert. Protisten, Bakterien und Viren reagieren hingegen empfindlich auf UV-Strahlung (Sommaruga 2001).

Am Traunsee wurde ein langandauerndes Problem 1997 wieder virulent. Seit der Gründung der größten Sodafabrik der Welt 1883 am Südende des Traunsees wurden deren Abwässer zusammen mit denen der Saline in den Traunfluss eingeleitet. Nach einem verherenden Fischsterben wurden die Abwässer und der Abraum ab 1928 direkt in der Ebenseer Bucht versenkt und ab 1974 mit Seewasser verdünnt. Eine multidisziplinäre 5-Jahres-Studie wurde ab 1976 im Auftrag der OÖ-LR ausgeführt und füllte 13 Berichtsbände. In der 234-seitigen Zusammenfassung (Pechlaner und Sossau 1982) wurden der alkalische Chlorideintrag, die chloridhaltigen Schlämme, aber auch die Eutrophierung und die Belastung der Seeufer und der Zuflüsse als wesentliche Beeinträchtigungen für das Ökosystem angeführt. Die Firma musste in der Folge die Chloridkonzentrationen, den pH-Wert und die Sauerstoffsituation über dem Sediment sowie das Ausmaß des Abraumes im See überwachen. Das Problem der Nährstoffanreicherung konnte durch Abwasserreinigung und eine Ringkanalisation gelöst werden. Das Problem der Einleitungen bestand aber weiter, führte immer wieder zu Protesten der Anrainer und der Berufsfischer, sodass die OÖ-LR im Jahr 1997 neuerlich eine 2-jährige Studie vergab, welche von einem multidisziplinären Team ausgeführt wurde. Die gesamten Resultate sind in einem internationalen Journal veröffentlicht worden (Schmidt und Dokulil (Hrsg) 2002). Als Resümee der Studie zur ökologischen Integrität musste der Zustand der Freiwasserzone und der Uferzone als gut eingestuft werden. Die Tiefenzone im Bereich der abgelagerten Schlämme war wegen des Fehlens wichtiger benthischer Organismen als mäßig zu klassifizieren. Wesentliche Effekte im Freiwasser und Sediment ergaben sich nur in einem engen Bereich um die Einleitungsstelle. Die Wissenschaftler hatten das Paradox zu akzeptieren, dass im Traunsee *„sichtbare Ursachen ohne offensichtliche Auswirkungen bleiben"*.

Die Veränderung der politischen Machtverteilung im Herbst und Winter 1989/90 durch die Auflösung der DDR, das Auseinanderfallen des sogenannten Ostblocks und die daraus folgende Grenzbeseitigung des „Eisernen Vorhangs" blieb auch in der Wissenschaft nicht ganz ohne Folgen. Es trat eine deutliche Erleichterung im Austausch von Informationen und in der Zusammenarbeit ein. Die IAD, die ja gerade wegen der Trennung in Ost und West ins Leben gerufen worden war, musste ihre wissenschaftliche Strategie umstellen und anpassen, insbesondere nach der Gründung der Internationalen Kommission zum Schutz der Donau (IKSD) 1998 mit Sitz in Wien (International Commission for the Protection of the Danube River, ICPDR). Die 1960, 1988 und 1998 durchgeführten wissenschaftlichen Donaubereisungen mussten eingestellt werden und wurden von der ICPDR übernommen. Die Ergebnisse dieser Bereisungen mit den „Joint Danube Surveys" (JDS) der IKSD (https://www.danubesurvey.org/jds4/) finden sich für das Phytoplankton in Dokulil (2015 Fig 2, S. 416).

4.3.4 Neue Impulse durch europäische Zusammenarbeit

Anfang der 1990er-Jahre traten zu den bereits bekannten Problemen, wie der Gewässerverunreinigung und dem sauren Regen, neue Herausforderungen hinzu. An erster Stelle ist hier die Veränderung des Klimas zu nennen. So kam etwa der erste Bericht des **Intergovernmental Panel on Climate Change** (IPCC) zu dem Schluss, dass sich der Planet im vergangenen Jahrhundert um 0,5 °C erwärmt hat. Der zweite Zustandsbericht 1995 bestätigte, dass der Klimawandel weitgehend durch menschliche Aktivitäten verursacht wird.

Der Zusammenschluss Europas und die zunehmende Globalisierung, besonders aber die anwachsende Komplexität der Fragestellungen, führten auch in der Wissenschaft zu immer breiterer Vernetzung und Internationalisierung. Obwohl Österreich erst 1995 der EU beitrat, waren österreichische Forscher bereits vorher in EU-Projekte involviert. Das Projekt „**A**cidification of remote High Mountain **L**akes: **P**aleolimnology and **E**cology" (AL:PE 1) fand 1991–1993 noch ohne österreichische Beteiligung statt. Die Fortsetzung des Projektes, AL:PE 2, startete stark erweitert 1993. Das Programm inkludierte den Schwarzsee ob Sölden (SoS) in Österreich auf 2.660 m ü. A., der bereits jahrzehntelang untersucht worden war.

Bereits die Untersuchungen in den 1980er-Jahren (ÖEP II) hatten zwei versauerungsgefährdete Zonen in Österreich, Bäche im Kristallin des Waldviertels und Hochgebirgsseen in den Zentral- und Ostalpen ergeben. Es wurde auch festgestellt, dass moderate pH-Wert-Änderungen um 6,5 empfindliche Organismen bereits schädigen können. Die zunehmende Bedeutung von Klimaveränderungen im Hochgebirge in Kombination mit sauren Depositionen gaben Anstoß, entlegene Seen auf ihre mögliche Indikatorfunktion zu überprüfen. Da sie meist abgeschirmt von anthropogenen Einflüssen sind und sehr sensibel auf Umwelteinflüsse reagieren, können sie auch als Indikatoren für Änderungen der Atmosphäre und des Klimas dienen.

Zusätzlich zum Schwarzsee (AL:PE 2) sollten in Kombination mit mehreren nationalen Projekten Proben von insgesamt 70 Hochgebirgsseen in Tirol, Osttirol und Kärnten den Versauerungsstatus und mögliche Klimaeinwirkungen charakterisieren (Sommaruga 1997). Die für Versauerung empfindlichsten Gebiete lagen im Stubai- und Ötztal. Die Seen wiesen beachtliche Nitratkonzentrationen, aber vergleichsweise niedrige Konzentrationen an Calcium, Magnesium und Silizium auf. Die Gewässer der Hohen Tauern waren durch hohe Nitratwerte gekennzeichnet, im Gegensatz zum Engadin, wo die niedrigsten Nitrat- und die höchsten Sulfatkonzentrationen nachgewiesen wurden. Letztere stammten hauptsächlich aus der Freisetzung von Gesteinen. Im Zillertal wurden die höchsten Nitratkonzentrationen festgestellt, während das Sulfat am niedrigsten war. Die Säurewirkung wurde dort durch hohe Calciumwerte ausgeglichen. Die Seen des Gurktals waren aufgrund niedriger Anteile an sauren Anionen und großen Mengen an basischen Kationen nicht als versauerungsempfindlich zu bezeichnen. Die Konzentrationen an Chlorophyll-a als Proxy (Näherung) für die Planktonbiomassen wiesen zum Teil für Hochgebirgsseen außergewöhnlich hohe Werte bis zu 12,5 $\mu g\ L^{-1}$ auf. Klare Seen hatten ihr Maximum über dem Sediment, manche zeigten ein zweites Maximum unter der Oberfläche. In Gletscherseen lag das Maximum wegen der extrem hohen Trübung nahe der Wasseroberfläche.

Verunreinigungen durch Stickstoff und Schwefel führen aber nicht nur zur Versauerung, sondern sie beeinflussen in komplexer Weise auch das Klima. Die emittierten Gase gelangen in die Atmosphäre und werden dort oxidiert. Die entstehenden Sulfataerosole reflektieren die Sonnenstrahlung und führen damit zu einem „Kühleffekt", der dem Treibhauseffekt entgegenwirkt. Global gesehen können Sulfataerosole circa 25 % der durch CO_2 und andere Treibhausgase verursachten Erwärmung kompensieren. Stickoxide wie N_2O, die auch als Treibhausgas wirken, sind Vorläufer bei der Bildung von Ozon und tragen circa 6 % zu den anthropogenen Gasemissionen bei. Andere Gase, die durch Reaktionen mit Ozon aus der Troposphäre den Treibhauseffekt verstärken, stammen aus der Emission von Stickoxiden, Kohlenmonoxid und anderen flüchtigen organischen Kohlenstoffverbindungen. Alle diese Stoffe wirken entweder direkt oder indirekt auf die Ökosysteme und verstärken den Treibhauseffekt, erhöhen die UV-Strahlung und bewirken eine ganze Reihe anderer Klimaveränderungen. Als Resümee zeigte sich, dass die Stoffe, die zur Gewässerversauerung führen, auch andere wesentliche Einflüsse auf die Umwelt haben. Deshalb konnte das Problem der Versauerung nicht isoliert betrachtet werden (Sommaruga 1997).

Ein Konsortium von Wissenschaftlern aus 23 europäischen Institutionen unter Mitwirkung von Limnologen der Universität Innsbruck studierte 1997 und 1998 im EC-Projekt Mountain Lake Research (MOLAR) die Deposition von Stoffen aus der Atmosphäre und die Wasserchemie in 23 Seen, von den Svalbard-Inseln im Norden bis Spanien im Süden (MOLAR Water Chem Group 1999). Dieses Projekt ergänzte die früheren Projekte AL:PE 1 und 2. Die Ergebnisse aus entlegenen Gebieten Europas ließen erkennen, dass die deponierten Substanzen marinen oder terrestrischen Ursprungs waren bzw. aus der Viehzucht oder Verbrennung stammten. Der Chemismus der Seen hing hauptsächlich von der atmosphärischen Belastung, der Verwitterung und der Vegetation im Einzugsgebiet ab, aber auch von der Biologie der Gewässer.

Das paläolimnologische EU-Projekt „CHILL – 10.000" rekonstruierte 1997 bis 1999 die Klimageschichte der letzten 10.000 Jahre in Europa in ökologisch sensiblen arktischen und alpinen Seen an Hand von Sedimentkernen. Der Charakter des Einzugsgebietes von vier Seen in den österreichischen Alpen erklärte 45 % der Änderungen der Wasserchemie (Kamenig et al. 2001). Im Oberen Lanschitzsee konnte aus einer Analyse der vorindustriellen Schwermetallbelastung eine signifikante Wirkung der Bleikonzentration auf die Zusammensetzung der Algengemeinschaft nachgewiesen werden (Kamenig et al. 2005).

In den 1990er-Jahren waren die Auswirkungen der Veränderung des Klimas auf die Dynamik der Gewässer durchaus noch nicht klar. Zur Implementierung europaweiter Zusammenarbeit auf diesem Gebiet plante das Wissenschaftskomitee der NATO 1995 einen Workshop in Prag. Das folgende Zitat aus dem Vorwort des Tagungsbandes (George et al. (ed) 1998) möge die Intention des Workshops wiedergeben: *„In the early 1970s the International Program served as a particularly effective focus for comparative limnological research in eastern as well as western Europe. Since then, there has been a tendency to underestimate the value of such integrated studies, but several European laboratories still maintain long-term records of the changes recorded in a variety of lakes and reservoirs."* (In den 1970er-Jahren diente das internationale Programm als besonders wirksamer Schwerpunkt für die vergleichende limnologische Forschung in Ost- und Westeuropa. Seitdem bestand die Tendenz, den Wert solcher integrierten Studien zu unterschätzen, aber mehrere europäische Laboratorien führen immer noch Langzeitaufzeichnungen über die in einer Vielzahl von Seen und Stauseen festgestellten Veränderungen).

Einer der Beiträge in diesem Band fasste die Langzeitdaten der Anpassung des Phytoplanktons im Neusiedler See an die Klimaänderung zusammen (Padisák 1998). Da die Änderung des Klimas langsam voranschreitet und die Verdopplungszeit des Phytoplanktons oft nur 5 bis 7 Tage beträgt, sollte man von 200 bis 500 Planktongenerationen innerhalb eines Zyklus ausgehen. Es war zu diesem Zeitpunkt bei weitem nicht klar, wie Planktonalgen sich an diese langsame Veränderung anpassen können oder ob sich eine Dominanz bestimmter Formen eher durch Konkurrenz herausbildet.

Als eine Folge des Workshops genehmigte die EU 1998 im Programm „Environment & Climate" das multidisziplinäre Klimaprojekt REFLECT (**Re**sponse of **E**uropean **F**reshwater **L**akes to **E**nvironmental and **C**limatic change). An dem Projekt waren 49 Forscher in 17 Institutionen aus 10 Ländern beteiligt, die 17 Seen von Irland im Westen, Finnland im Norden, der Schweiz im Süden bis Ungarn im Osten drei Jahre lang untersuchten. Die Analyse der Langzeit-Temperaturprofile vom Mondsee in Österreich ergab eine Fernwirkung der Nordatlantischen Oszillation (NAO-Index) übereinstimmend für die Seen in Österreich (Livingstone und Dokulil 2001). Der Beginn der thermischen Schichtung hing statistisch gesehen vom mittleren NAO-Index der Monate Jänner bis März ab. Sogar die Temperatur des Hypolimnions hatte in österreichischen und europäischen Seen zugenommen (Dokulil et al. 2006a, b).

Seine Fortsetzung erfuhr dieses Klimaprojekt 2003–2006 durch das EU-Projekt „**C**limate and **L**ake **Im**pacts in **E**urope (CLIME). Team, Länder und Seen blieben gleich. Der Schwerpunkt wurde aber um Veränderungen im Einzugsgebiet und um lokale Wetteränderungen erweitert. Ein wesentliches Ziel war die Entwicklung eines Modells zur Simulation vergangener und zukünftiger Reaktionen auf die Klimaänderung. Ihren Niederschlag fanden die Resultate und Schlussfolgerungen der insgesamt 6-jährigen Erhebungen in Einzelpublikationen und in einer gemeinsamen Buchpublikation (George ed 2010).

Was der aufwendige Bau von Wasserleitungen im 19. Jahrhundert war, ist sicherlich mit dem ebenso kostspieligen Bau der Kläranlagen nach 1945 zu vergleichen. Zusätzlich trug die Restaurierung bzw. Sanierung von Seen und die Renaturierung von Fließgewässern wesentlich zur Verbesserung der Gewässergüte bei. Zusammen mit dem Ausbau der Abwasserreinigung im gesamten Bundesgebiet hat das dazu geführt, dass heute wieder in der Donau fast überall ohne Bedenken gebadet werden kann. Lagen die mittleren Konzentrationen an anorganischem Phosphor (Orthophosphat) in den 1970er-Jahren bei knapp 300 µg P L^{-1} (0,3 mg P L^{-1}), so verringerten sich die mittleren Gehalte an Orthophosphat-Phosphor durch die Maßnahmen im Einzugsgebiet (96 % der Fläche Österreichs) bis 2009 auf 13 µg P L^{-1} (0,013 mg P L^{-1}), wie ein Vergleich der Angaben von Humpesch und Kavka (1999) und Rodinger (2010) aufzeigt. Zur Verbesserung der Gewässergüte im Wiener Raum haben Erhebungen an der Neuen Donau, das künstliche Hochwasserentlastungsgerinne ab 1987 (Schiel 1999) und die Sanierung und Restaurierung der Alten Donau ab 1994 beigetragen (Dokulil et al. 2018).

Erwähnt sei noch, dass es in der Wasserforschung, wie in vielen anderen Wissenschaften, umstrittene Randbereiche gibt, die nicht unerwähnt bleiben sollen (Box 4.22).

Beispiele esoterischer Wasserforschung

Aus Österreich ist hier zunächst **Viktor Schauberger** (1885–1958) aus Holzschlag in Oberösterreich zu nennen, der viel über das Wesen des Wassers nachgedacht und verschiedene Versuche zur Energiegewinnung angestellt hat. Seine größten Erfolge waren innovative Holzschwemmanlagen in den 1920er-Jahren in Großraming, Klausen-Leopoldsdorf, Bad Ischl und Neuberg an der Mürz. Letztere war bis 1951 in Betrieb. Später baute er auch Anlagen im Ausland. Von ihm gibt es mehrere Veröffentlichungen.

Schauberger J (2007) Das Wesen des Wassers. Kommentierte Originaltexte. AT Verlag, München, 374 S.

Ein weiterer Vertreter ist **Johann Grander** (1930–2012) aus Jochberg in Tirol, der ein Verfahren zur „Wasserbelebung" baute. Obwohl eine Belebung von Leitungswasser nicht nachgewiesen werden konnte, vertreibt die Firma Grander weiterhin verschiedene Produkte.

Kronberger H, Lattacher S (2002) Auf der Spur des Wasserrätsels. Von Victor Schauberger bis Johann Grander. Uranus, Wien, 187 S

Theodor Schwenk (1910–1986), geboren in Schwäbisch Gmünd, war zwar kein Österreicher, sein Verfahren der „Tropfenbildmethode" zur Differenzierung von Gewässerverunreinigungen wurde aber an der Universität Wien in den 1970er-Jahren getestet, konnte allerdings nicht verifiziert werden. Die Ergebnisse waren nicht reproduzierbar. Es ist eine bildschaffende, keine analytische Methode. In einigen Ländern gibt es Labors, die diese Methode anwenden.

Schwenk T (1967) Bewegungsformen des Wassers. Nachweis feiner Qualitätsunterschiede mit der Tropfenbild-Methode. Stuttgart.

Rückblickend hat die Gewässerforschung im 20. Jahrhundert eine zunehmende Verbreiterung und Diversifizierung erfahren. Aus Einzelforschern und kleinen Gruppen haben sich zunehmend Teams und immer größere Konsortien gebildet. Aus einzelnen Beobachtungen entwickelte sich eine ganzheitliche ökologische Betrachtungsweise. Waren noch bis weit in die 1970er-Jahre bei internationalen Tagungen vier Sprachen zugelassen, so hat die Vernetzung und Globalisierung dazu geführt, dass Englisch zur allgemeinen Verkehrssprache geworden ist. Internationale und nationale Programme und Projekte haben ab den 1970er-Jahren teilweise durch staatliche Förderungen zu einer immer breiteren multidisziplinären Zusammenarbeit und Popularisierung der Ökologie beigetragen. Entsprechend bezeichnete Radkau (2011) die Zeit um 1970 und danach als „ökologische Revolution". Zweifellos ist die Ökologisierung der Wissenschaft im 20. Jahrhundert zu einem guten Teil von der Limnologie ausgegangen (Trepl 1987, S 188 ff.).

Die internationalen Programme und nationalen Projekte führten in der zweiten Hälfte des 20. Jahrhunderts zu einer fachlichen Integration der ökologischen Interessen und verstärkten die Vernetzung der Universitäten und Institutionen in Österreich. Neben den drei Arbeitsgruppen der Universität Wien während des IBP waren es die anhaltend engen, freundschaftlichen Kontakte zwischen den Teams in Innsbruck, Lunz, Kärnten und Wien, die für fachliche Diskussion, Austausch und Zusammenarbeit sorgten. Die verstärkte Relevanz von Umweltthemen führte 1990 durch gemeinsame Anstrengungen der Universitäten Innsbruck und Wien zur Einrichtung eines „Studienzweiges Ökologie". Etwas später, im Jahr 2000, kam es zunächst an der Universität in Wien zur Einrichtung eines Institutes für Ökologie und Naturschutz (Schiemer et al. 2014). Die Universität Innsbruck folgte 2006. Diese Institute rekrutierten sich aus dem Zusammenschluss aller Arbeitsgruppen mit ökologischer Ausrichtung. An der Universitär für Bodenkultur wird die Ökologie im Bereich Gewässer durch das Institut für Hydrobiologie und Gewässermanagement, in Kärnten durch das Institut für Seenforschung vertreten.

Literatur

Adlmannseder A (1958) Faunistisch-ökologische Untersuchungen im Flussgebiet der Antiesen, unter besonderer Berücksichtigung der Trichopteren. Diss Univ Wien 163 S (gedr Jhb Oö Musealver 110, 1965, 111, 1966)

Anonymus (1950) Eröffnung der „Biologischen Seestation" in Neusiedl am See. Österreichs Fischerei 3:262–263

Anonymus (1987) Beiträge der Biologischen Station zum IHP 1975–1980. Arch Lagerst Forsch Geol BA 8:61–67

Apstein C (1896) Das Süßwasserplankton Methode und Resultate der quantitativen Untersuchung. Lipsius und Tischer. Kiel und Leipzig 206 S

Bennion H Wunsam S Schmidt R (1995) The validation of diatom-phosphorus transfer functions: an example from Mondsee, Austria. Freshwat Biol 34:271–283

Benda h (1950) Fischereibiologisches über den Neusiedlersee. Österreichs Fischerei 3:189–194

Berger F (1938) Zur Methodik der Gesamtphosphor- und Phosphatbestimmung. Int Rev ges Hydrobiol 37:420–424

Berger F (1971) Zur hydrochemischen Charakterisierung von Sodagewässern. Sitz Ber Akad Wiss Math-nat Kl 179:171–181

Berger F (1979a) RITRODAT: Das Grundwasser im Seebachbett. Jber Biol Stat Lunz 2:51–52

Berger F (1979b) Chemographie des Kamp im n.ö. Waldviertel als Beispiel eines Silikatflusses. Jber Biol Stat Lunz 2:117–122

Berger F (1980) Zur hydrochemischen Charakterisierung von Silikat- und Humusgewässern. Jber biol Stat Lunz 4:211–216

Berger F (1982) Hydrochemische Untersuchungen an Fliess- und Grundwässern im Montafon und Valgau (Vorarlberg) in Beziehung zur Geologie des Einzugsgebietes. Jber Biol Stat Lunz 5:163–168

Berger F (1983) Wie sauer sind eigentlich Regen und Schnee? Jber Biol Stat Lunz 6:211–223

Berger F Lanzenberger E (1977) Schichtung und Umschichtung in Alpenseen. Jber Biol Stat Lunz 1:88–95

Berger F Lanzenberger E (1980) Wasserstand und Leitfähigkeit des Grundwassers im Ritrodat-Areal. Jber Biol Stat Lunz 3:55–58

Berger F Neuhuber F (1977) Das hydrochemische Problem des Neusiedlersees. Jber Biol Stat Lunz 3:134–137

Bgld Landesmus (Hg) ((1959) Landschaft Neusiedler See. Grundriss der Naturgeschichte des Großraumes Neusiedlersee. Anlässlich des XIV. Intern. Limnologen-Kongresses. Wiss. Arb. Bgld. 23:1–208

Biologische Station Lunz (1955) Verzeichnis der in der Zeit von 1906–1953 erschienenen wissenschaftlichen Arbeiten (Nr. 1–500). Eigenverlag 19 S http://data.onb.ac.at/rec/AC12016316

BLU Bayerisches Landesamt Umweltschutz (2006) Gewässerschutz bei Seen. 4 S

Brehm V (1906) Über das Vorkommen des *Diaptomus tatricus* in den Ostalpen und über *D. kupelwieseri*. Zool Anz 31:319–328

Brehm V (1907) Die biologische Süßwasserstation zu Lunz-Seehof. Niederösterreich. Arch Hydrobiol Planktonk 2:465–499

Brehm V (1911). Beobachtungen über die Entstehung des Potamoplanktons. Int Rev ges Hydrobiol 4:251–406

Brehm V ((1930) Einführung in die Limnologie. Biologische Studienbücher 10. Springer Verlag. Berlin

Brehm V (1947) Der Lochbach bei Lunz am See. Natur und Land 2:46–48

Brehm V (1954) Tagebuch eines Limnologen. Autobiographie von Prof. Dr. Vincenz Brehm. (Manus hg Adamicka P 1984). Ed hist Limnol Kindle-Version Amazon 2012 https://www.amazon.de/

Brehm V Zederbauer E (1902) Untersuchungen über das Plankton des Erlaufsees. 52:388–402.
Brehm V Zederbauer E (1906a) Beiträge zur Planktonuntersuchung alpiner Seen IV. Verh Zoo-Bot Ver Wien 56:19–32
Brehm V Zederbauer E (1906b) Beobachtungen über das Plankton in den Seen der Ostalpen. Arch Hydrobiol 1:469–495
Bretschko G (1966) Untersuchungen zur Phosphatführung zentralalpiner Gletscherabflüsse. Arch Hydrobiol 62:327–331
Bretschko G (1968) Zur Hydrobiologie zentralalpiner Gletscherabflüsse. Verh Dt Zool Ges Innsbruck 1968:741–750
Bretschko G (1974) II. Ökosystemstudie Vorderer Finstertaler See Jahrb Abt Limnol Innsbruck 1974:103–138
Bretschko G (1975) Annual benthic biomass distribution in a highmountain lake (Vorderer Finstertaler See, Tyrol, Austria). Ver Internat Verein Limnol 19:1279–1285
Bretschko G (1978) Ökosystemforschung Gebirgsbach: RITRODAT-Lunz. Jber Biol Stat Lunz 1:1–16
Bretschko G (1979) The new research concept of the Biological Station Lunz of the Austrian Academy of Sciences. Stygo News 2:9–10
Bretschko G (1981) Vertical distribution of zoobenthos in an alpine brook of the RITRODAT-Lunz study area. Verh Internat Verein Limnol 21:873–876
Bretschko G (1991) Bed sediments, groundwater and stream limnology. Verh Internat Verein Limnol 24:1957–1960
Bretschko G (1994) Niederschlagsereignisse, Hochwässer und Fließgewässerökologie. Wiener Mitteilungen 109. Kulturtechnik und Wasserwirtschaft heute (1994). Teil 10 Beiträge zum Seminar an der Universität für Bodenkultur im November 1994:G1–G17
Brezina E (1906) Die Donau vom Leopoldsberge bis Preßburg, die Abwässer der Stadt Wien und deren Schicksal nach ihrer Einmündung in den Strom. Z Hygiene53:369–503
Brossmann H Gunatilaka A Löffler H et al. (1985) Neusiedlersee. Einfluß der Landwirtschaft und des Tourismus auf die Eutrophierung. In Löffler H Newrkla P Hg Der Einfluß des diffusen und punktuellen Nährstoffeintrags auf die Eutrophierung von Seen. Österr Akad Wiss Veröff Österr MaB-Progr B8 T2:9–100 Univ Verl Wagner Innsbruck
Brunnthaler J Prowazek S Wettstein R von (1901) Vorläufige Mittheilung über das Plankton des Attersees in Oberösterreich. Österr Bot Z 51:73–76
Buijse AD Klijn F Leuven RSEW et al. (2005) Rehabilitation of large rivers: reference, Achievements and integration into river management. Arch Hydrobiol Suppl 155 Large Rivers 15:715–738
Butz I (1970) Strömungsverhalten einiger Ephemeridenlarven des Fließwassers. Diss Univ Wien 158 S.
Butz I Rydlo M (1996) Fischbiologische Untersuchungen in einigen versauerungsgefährdeten Bächen des nördlichen Mühlviertels (Oberösterreich). Österr Fischerei 49:11–26
Burian K (1970) Die photosynthetische Aktivität eines *Phragmites-communis*-Bestandes am Neusiedler See. Sitz Ber Akad Wiss mat-nat Kl 178: 43–62.
Carbonel P Colin J-P Danielopol DL (1988) Paleoecology of Limnic Ostracodes: A Review of some major topics. Palaeogeo Palaeoclim Palaeoecol 62:413–461
Catalan et al (2002) Seasonal ecosystem variability in remote mountain lakes: implications for detecting climatic signals in the sediment record. J Paleolimnol 28:25–46
Cerny A (1924) Eine neue hydrobiologische Donaustation in Wien. SIL Proceedings 2:246–248
Cerny A (1937). Das Abwasserproblem und die Reinhaltung der Gewässer. Österr Fischereiwirt 5:57–62
Chen Y Qin B Teubner K Dokulil MT 2003. Long-term dynamics of phytoplankton assemblages: *Microcystis*-domination in Lake Taihu, a large shallow lake in China. J Plankton Res 25:445–453

Cooper JP ed (1975) Photosynthesis and productivity in different environments. Int biol progr Syn Ser 3 Univ Press Cambridge 715 p

Daday EV (1891) Beitrage zur mikroskopischen Süßwasserfauna Ungarns. Termeszetrajzi Fiizetek (Budapest) 14:1–107 (S. 113 Neusiedler See).

Danielopol DL Griebler Ch (2008) Changing Paradigms in Groundwater Ecology – from the 'Living Fossils' Tradition to the 'New Groundwater Ecology'. Int Rev ges Hydrobiol 93:565–577

Dobat K (1969) In memoriam Regierungsrat Dr. Friedrich Morton. Die Höhle 20:132–141.

Dobesch H (1973) Das Wind-, Temperatur- und Feuchteprofil über einer freien Wasserfläche. Arch Met Geoph Biokl A 22:47–70

Dokulil MT (1975) Planktonic primary and bacterial productivity in shallow waters within a large *Phragmites* community (Neusiedlersee, Austria). Verh Internat Verein Limnol 19:1295–1304

Dokulil MT (1977) Chemisch-bakteriologischer Langzeitvergleich zweier Wienerwaldbäche (Mauer- und Liesingbach). Ein Beitrag zur Ökologie von Fließgewässern in Großstadtnähe. Gewässer Abwässer 62/63:97–110

Dokulil MT (1978) Bakteriologische Untersuchungen an einem mäßig beeinflussten Fließgewässer in Großstadtnähe (Mauerbach bei Wien). Verh Ges Ökol Kiel 1977:297–301

Dokulil MT (1984) Assessment of Components Controlling Phytoplankton Photosynthesis and Bacterioplankton Production in a Shallow, Alkaline, Turbid Lake (Neusiedlersee, Austria) Int Rev ges Hydrobiol 69:679–727

Dokulil MT (2003) Nachruf Gernot Bretschko. Donau Aktuell 8:9–10.

Dokulil M (2007) Obituary: Heinz Löffler (1927–2006). SIL News 51:3.

Dokulil MT (2015) Phytoplankton of the River Danube: Composition, seasonality and long-term dynamics. In Liska I ed The Danube River Basin. Hdb Env Chem 39:411–428 Springer Heidelberg

Dokulil MT (2017) Alpenrandseen im Anthropocän: Verschlechterung und Sanierung – eine österreichische Erfolgsgeschichte. Acta ZooBot Austria 154:1–53

Dokulil MT (2020) Hochgebirgs- und Flachlandseen im Anthropozän: Österreichische Langzeitperspektive (IBP bis LTER). Acta ZooBot Austria 157: 159–211

Dokulil MT (2023) Die Lunzer Seen –ein wissenschaftlich-historischer Exkurs. Hommage an Prof. Dr. Franz Berger. Acta ZooBot Austria 159:229–271

Dokulil M Padisák J (1994) Long-term compositional response of phytoplankton in a shallow, turbid environment, Neusiedlersee (Austria/Hungary). Hydrobiologia 275/276:125–137

Dokulil MT Teubner K Jagsch,A (2006a) Climate change affecting hypolimnetic water temperatures in deep alpine lakes. Verh Internat Verein Limnol 29:1285–1288.

Dokulil MT Jagsch A George GD et al. (2006b) Twenty years of spatially coherent deepwater warming in lakes across Europe related to the North Atlantic Oscillation. Limnol Oceanogr 51:2787–2793

Dokulil MT Donabaum K Teubner K eds. (2018). The Alte Donau: Successful restoration and sustainable management. An Ecosystem case study of a shallow urban lake. Springer Publ., Cham. https://doi.org/10.1007/978-3-319-93270-5

Drescher A (2016) Revitalisierung von Alpenflüssen – Beispiele aus Ost- und Süd-Österreich. Mitt Nat-wiss Ver Steiermark 145:75–110

Dumfarth E Schwap A Schaber P Schillinger I (2013) Zeller See. Morphologisch-limnologische Bewertung der Ufer- und Flachwasserzonen der großen Salzburger Seen. Kartensammlung Gewässerschutz Thema 8. 8.3 Zeller See. Land Salzburg Abt 4 Gewässerschutz 35 S

Dumitriu M (1932) Zur Kenntnis einiger Alpenseen. V. Der Irrsee. Int Rev ges Hydrobiol 26:337–387

Dudzinski S Gaviria E Newerkla P et al. (1985) Attersee. Einwirkungeiner punktuellen Nährstoffbelastung auf das profundale Benthos des Attersees. In Löffler H Newrkla P Hg Der Einfluß des diffusen und punktuellen Nährstoffeintrags auf die Eutrophierung von Seen. Österr Akad Wiss Veröff Österr MaB-Progr B8 T2:101–121 Univ Verl Wagner Innsbruck

Eckel O (1948) Über die mechanischen Arbeitsgrößen der Binnenseen. Arch Meteor Geoph Bioklim A.1:108–126.
Einsele W (1944) Der Zeller See, ein lehrreicher Fall extremer limnochemischer Verhältnisse. Z Fisch Hilfswiss 42:151–168
Einsele W (1959) Seen. Flüsse und Bäche im Salzkammergut. Landschaftlich. Fischereilich. Erdgeschichtlich. Naturkundlich. Österr Fischerei 12:1–95. Zugleich Schrift Österr Fischereiverb H2
Eisendle U Waringer J (1999): Faunistik und Phänologie der Ephemeroptera, Plecoptera und Trichoptera eines Flysch-Wienerwaldbaches (Weidlingbach, Niederösterreich). Lauterbornia 35: 1–31
Elbling L (1972) Untersuchungen zur Larvalentwicklung von *Ephemera danica* Müller: unter besonderer Berücksichtigung der Anatomie des Gehirns. Diss Univ Wien 79 S
Ellenberg H Hg (1973) Ökosystemforschung. Springer Berlin Heidelberg New York 280 S
Eppacher T (1968) PhyBiographie und Zooplankton des Gossenköllesees. Ber nat-med Ver Innsbruck 56:31–123
Fedra K (1981) Pelagic foodweb analysis: hypothesis testing by simulation. Kieler Meeresforsch SH5:240–258
Feio MJ Hughes RM Callisto M et al. (2021) The Biological Assessment and Rehabilitation of theWorld's Rivers: An Overview. Water 13: 371 https://doi.org/10.3390/w13030371
Findenegg I (1932) Beobachtungen an den Kärntner Seen. Carinthia II 121–41 122–42:41–54
Findenegg I (1933) Alpenseen ohne Vollzirkulation. Int Rev ges Hydrobiol 28:95–311
Findenegg I (1934) Zur Frage der Entstehung pseudoeutropher Schichtungsverhältnisse in den Seen. Arch Hydrobiol 27:621–625
Findenegg I (1946) Der Afritzer- und Brennsee. Eine limnologische Untersuchung. Carinthia II 135–55:26–39
Findenegg I (1947) Über die Lichtansprüche planktischer Süßwasseralgen. Sitz Ber Akad Wiss math-nat Kl Abt I 155:159–171
Findenegg I (1953) Kärntner Seen Naturkundlich betrachtet Carinthia II SH 15:1–101
Findenegg I (1959) Die Gewässer Österreichs. Ein limnologischer Überblick. Biol Stat Lunz 68 S
Findenegg I (1968) Das Phytoplankton des Piburger Sees im Jahre 1966. Ber mat-med Ver Innsbruck 56:163–178
Findenegg I (1969) Die Eutrophierung des Mondsee im Salzkammergut. Wasser Abw Forsch 4:139–144
Findenegg I (1971a) Unterschiedliche Formen der Eutrophierung von Ostalpenseen. Schweiz Z Hydrol 33:85–95
Findenegg I (1971b) Wie steht es um die Verschmutzung der Kärntner Seen? Carinthia II SH 28:421–439
Findenegg I (1971c) Die Produktionsleistungen einiger planktischer Algenarte in ihrem natürlichen Milieu. Arch Hydrobiol 60:273–293
Fink MH Moog O Wimmer R (2000) Fliessgewässer-Naturräume Österreichs. Monogr 128:1–110 Umweltbundesamt Wien
Fischel A (1908) Untersuchungen über vitale Färbung an Süßwassertieren insbesondere bei Cladoceren. Int Rev ges Hydrobiol 1:73–141
Fitzinger L (1879) Bericht über die gepflogenen Erhebungen bezüglich der in den beiden Seen Nieder-Österreichs dem Erlaph- und dem Lunzer-See vorkommenden Fischarten. Sitz Ber Akad Wiss math-nat Kl 78:596–602
Foroughan M Hamze-Ziabari SM Lemmin U Barry DA (2022) A persistent submesoscale frontal slick: A novel marker of the mesoscale flow field in a large lake (Lake Geneva). Geophys Res Letters 49:e2022GL100262. https://doi.org/10.1029/2022GL100262
Fricker HJ (1980) OECD Eutrophication Programme. Regional Project Alpine Lakes. BA Umweltschutz Schweiz Berg 234 p
Fricker HJ (1981) Critical Evaluation of the Application of Statistical Phosphorus Loading Models to Alpine Lakes. Diss ETH Zürich 119 p

Frisch K Kupelwieser H (1913) Über den Einfluß der Lichtfarbe auf die phototaktischen Reaktionen niederer Krebse. Biol Zentralb 33:517–552

Fritsch FE (1902) Algological Notes: III. Preliminary Report on the Phytoplankton of the Thames. Ann Bot 16: 13.

Gams H (1922) Einige Gewässertypen des Alpengebiets. Verh Internat Verein Limnol 1:288–293

Gams H (1924) Zur Entwicklungsgeschichte der Seetypen des Alpengebiets. Verh Internat Verein Limnol 2:125–128

Gattinger TE (1975) Das hydrogeologische Einzugsgebiet des Neusiedlersees. Verh Geol BA 4:331–346

Geitler L Ruttner F (1935/36) Die Cyanophyceen der Deutschen Limnologischen Sundaexpedition: ihre Morphologie Systematik und Ökologie Arch Hydrobiol Suppl 14 Tropische Binnengewässer 6:308–715

George DG Jones JG Punčochář P eds (1998) Management of lakes and reservoirs during Global Climate Change. Nato ASI Series 2. Environment Vol 42 Kluwer Dordrecht 323 S

George DG ed (2010) The impact of climate change on European lakes. Aquatic Ecology Series 4 Springer Dordrecht 507 S

Gesierich D Rott (E 2004) Benthic Algae and Mosses from Aquatic Habitats in the Catchment of a Glacial Stream (Rotmoos, Ötztal, Austria) Ber nat-wiss-med Ver Innsbruck 91:7–42

Gessner F (1955) Hydrobotanik Bd 1 Energiehaushalt Dt Verl Wiss Berlin 517 S

Gessner F (1959) Hydrobotanik Bd 2 Stoffhaushalt Dt Verl Wiss Berlin 701 S

Goldman CR ed (1969) Primary Productivity in aquatic environments. Proc IBP/PF Symp Pallanza 1965 Univ California Press 464 p

Golterman HL (1969) Methods for chemical analysis of fresh waters. IBP Handbook 8 Blackwell Oxford 120 S

Gölthenboth F (1996a) Pioneering tropical limnology in South East Asia: The Sunda Limnological Expedition of 1928–1929 in retrospective. In: Schiemer F, Boland KT (eds) Perspectives in Tropical Limnology, PB Academic Publishing, Amsterdam, S 1–18

Gölthenboth F Schiemer F Bretschko G Timotius KH (1996b) Tropische Limnologie. Die Geschichte der Deutschen Limnologischen Sunda Expedition von 1928–1929 EMCO Maier GesmbH Hallein, S 165, sprachlich: Deutsch Englisch Indonesisch ISBN 979–8792–04–1

Götzinger G (1909) Studien über das Eis des Lunzer Unter- und Obersees. Int Rev ges Hydrobiol 2:386–396

Götzinger G (1911) Die Lunzer Seen (Bericht über die Ergebnisse der naturwissenschaftlichen Aufnahmen im Arbeitsgebiete der Biologischen Station Lunz) I Teil: Physik A Geomorphologie der Lunzer Seen und ihres Gebietes Int Rev ges Hydrobiol 3(S2): Hydro Suppl II–IV:1–117

Götzinger G (1914) Bericht über die physikalisch-geographischen Untersuchungen an den Lunzer Seen. Vortrag vor der 85. Versammlung deutscher Naturforscher und Ärzte zu Wien, 23. September 1913. Int Rev ges Hydrobiol 6:538–547

Grohs H (1943) Limnologische Untersuchungen zweier Donaualtwässer bei Wien. Arch Hydrobiol 39:369–402

Grosina H (1985) Vorstudie für das Forschungsprojekt „Ökosystemstudie Donaustau". Veröff Österr MaB-Progr 11 Wagner Innsbruck 240 S

Gruber J (1985) Nähr- und Schadstoffeintrag in die Seen Kärntens durch Niederschläge. Diss Univ Graz 89 S + Anhang

Gruber V (2012) Die Familie Kupelwieser und Lunz am See. Diplomarbeit Univ Wien 112 S

Gunatilaka A (1978) Role of seston in the phosphate removal in Neusiedler See. Ver Internat Verein Limnol 20:986–991

Gunatilaka A (1983) Phosphorus and phosphatase dynamics in Parakrama Samudra based on diurnal observations. In Schiemer F (ed) Limnology of Parakrama Samudra-Sri Lanka: A case study of an ancient man-made lake in the tropics, Developments in Hydrobiology 12: 35–47 Junk Publ The Hague

Gunatilaka A (1986) Nährstoffkreisläufe im Schilfgürtel des Neusiedler Sees – Auswirkungen des Grünschnittes. Wiss Arb Burgenland 72:223–310.

Gutmann V (1961) Der Mölsersee im Wattental in Tirol. Veröff Mus Ferdinandeum lnnsbruck 41:49–116

Hacker W (1933) Sichttiefe, Wärmegang und Durchlüftung in Hochgebirgssees. Geographische Jahresbereichte aus Österreich 16: 88-105

Hadl G, Dokulil M, Hacker R, et al (1976). Ökologische Auswirkungen von Umweltveränderungen auf Fließgewässer in Großstadtnähe. Verh Ges Ökol Göttingen 1976:463-471

Haeckel E (1890) Plankton-Studien. Vergleichende Untersuchungen über die Bedeutung und Zusammensetzung der Pelagischen Fauna und Flora. G Fischer Jena 106 S

Haempel O (1910) Über das Wachstum des Huchens (*Salmo hucho* L). Int Rev ges Hydrobiol 3:136–155

Haempel O (1911) Zur Frage des Hörvermögens der Fische Int Rev ges Hydrobiol 4:315–326

Haempel O (1912) Leitfaden der Biologie der Fische. F Enke Stuttgart 176 S

Haempel O (1918) Zur Kenntnis einiger Alpenseen I Hallstättersee. Int Rev ges Hydrobiol 8:225–307

Haempel O (1921) Zur Kenntnis einiger Alpenseen II Der Grundlsee. Int Rev ges Hydrobiol 10:441–490

Haempel O (1923) Zur Kenntnis einiger Alpenseen II Der Millstätter See. Arch Hydrobiol 14:346–400

Haempel O (1926) Zur Kenntnis einiger Alpenseen IV Der Attersee. Int Rev ges Hydrobiol 16:180–232

Haempel O (1929a) Fische und Fischerei des Neusiedlersees Int Rev ges Hydrobiol 22:445–452

Haempel O (1929b) Vergleichende Untersuchungen an drei oester Alpenseen und die Begründung einer fisch-biolog Station in Oesterreich. Verh Intnat Verein Limnol 4:333–339

Haempel O (1930) Fischereibiologie der Alpenseen. In Thienemann A Hg Die Binnengewässer Band 10 E Schweizerbartsche Verlagsbuchhandlung, Stuttgart

Haempel O (1937) Vitamin- und Hormonwirkungen bei Fischen. Int Rev ges Hydrobiol 35:113–121

Haempel O (1938 Fischereibiologische Staatsanstalt in Weißenbach / Hydrobiologische Donaustation in Wien Int Rev ges Hydrobiol 37:523–528

Haempel O (1918) Hallstätter See. Int Rev ges Hydrobiol 8:.225–307

Haempel O (1926) Zur Kenn tnis einlger Alpenseen IV. Der Attersee. Int Rev ges Hydrobiol 15:273–322

Haempel O (1923) Zur Kenntnis einiger Alpenseen. II. Der Millstättersee. Arch Hydrobiol 14:346-400.

Hansgirg A (1905) Grundzüge der Algenflora von Niederösterreich. Bot Centralblatt 18:417–522

Hary N Nachtnebel HP Hg (1989) Ökosystem Donaustau Altenwörth 1. Veränderungen durch das Donaukraftwerk Altenwörth. Österr Akad Wiss Veröff Österr MaB-Progr 14 Wagner Innsbruck 445 S

Haßler J (1921). Ein Kärntner Versuchssee (Der Forstsee als technischer Versuchssee für hydrologisch-thermische Fragen der Kärntner Seekraftwerke. Klagenfurter Z 112:842–843; 113:847–849; 114:855–856

Haßler J (1922) Seetemperaturfragen bei Seekraftwerken. Wasserwirtschaft 15:224–225

Heiler G Hein T Schiemer F Bornette G (1995) Hydrological connectivity and flood pulses as the central aspects for the integrity of a river-floodplain system. Reg Rivers Res Management 11:351–361

Hensen V (1887) Über die Bestimmung des Planktons oder des im Meer treibenden Materials an Pflanzen und Thieren 5. Bericht der Kommission zur wissenschaftlichen Untersuchung der deutschen Meere in Kiel für die Jahre 1882–1887 Berlin 107 S

Hermann I (2018) Auf den Spuren der Limnologischen Sunda-Expedition 1928–1929 Schr Ver Verbreit naturwiss Kenntnisse 154:43–67

Herzig A (1986) Zur Limnologie des Stauraumes Altenwörth. Jber Biol Stat Lunz 9:242

Herzig A (1987) Donaustau Altenwörth – Zur Limnologie eines Staugeregulierten Flusses. Wasser und Abwasser31:215–237

Herzig A (1979) The zooplankton of the open lake. In Löffler H (ed) Neusiedlersee: The Limnology of a shallow lake in Central Europe. Junk Publ., The Hague, 281–335

Herzig A (2000) Handlungsalternativen zum Thema „Stauraumgestaltung". In Parz-Gollner R Herzig A Ökosystemstudie Donaustau Altenwörth 2. Österr Akad Wiss Veröff MaB Progr 18: 14–46 Wagner Innsbruck

Herzig A, Schiemer F (2002) In memoriam Gernot Bretschko (1938–2002). Limnologica 32:289–292

Herzig A (2014) Der Neusiedler See – Limnologie eines Steppensees. Denisia 33:101–114

Heymann JA (1933) Über die Wasserversorgung der Stadt Amsterdam. Verh Internat Verein Limnol 6:228–237

Honsig-Erlenburg W Psenner R (1986) Zur Frage der Versauerung von Hochgebirgsseen in Kärnten. Carinthia II 176:443–461

Höfler K Fetzmann EL (1959) Algen-Kleingesellschaften des Salzlachengebietes am Neusiedler See I. Sitz Ber Österr Akad Wiss math-nat Kl I SH XIV. Internat Limnol Kongreß 168: 371–377

Humpesch U (1971) Autökologische Untersuchungen zum Entwicklungszyklus von *Baetis alpinus* PICT., *Baetis lutheri* MÜLLER-LIEBENAU und *Baetis rhodani* PICT. (Baetidae; Ephemeroptera).Diss Univ Wien 254 S

Humpesch U (1981) Einfluß der Temperatur auf die Dauer der Embryonalentwicklung von Wasserinsekten. Habil Univ Wien 59 S

Humpesch U (1992) Quantitative Charakterisierung der Lebensgemeinschaft in Fliessgewässern und Ihre Abhängigkeit von Umweltvariablen. In Fliessgewässer und ihre Ökologie: ÖWAV – Seminar Wien 1992:1–18. TU, Inst Wassergüte und Ressourcenmanagement

Humpesch U (1994) Quantitative Erfassung des Makrozoobenthos der Stromsohle in der freien Fließstrecke der österreichischen Donau – Bodenstruktur, Besiedlungsdichte und Besiedelungsstruktur. In Kinzelbach RK (Hg) Biologie der Donau Limnologie Aktuell 2:109–125 Fischer Stuttgart

Humpesch UH Kavka G (1999) Langzeitentwicklung Donau 1957–1995. Perspektiven 2-3:27–30

Humpesch UH Elliott JM eds (1990) Methods of biological sampling in a large deep river–The Danube in Austria. Wasser und Abwasser Suppl 2:1–83

Hustedt F (1959) Die Diatomeenflora des Salzlackengebietes im österreichischen Burgenland. Sitz Ber Österr Akad Wiss math-nat Kl I SH XIV. Internat Limnol Kongreß 168:387–452

Hutchinson GE Löffler H (1956) The thermal classification of lakes. Proc Nat Acad Sci 42:84–86

Imhof G (1966) Ökologische Gliederung des Schilfgürtels am Neusiedler See und Übersicht über die Bodenfauna unter produktionsbiologischem Aspekt. Sitz Ber Akad Wiss math-nat Kl 175:219–235

Imhof G (1991) Der Internationaler Post-Graduierten Lehrgang in Limnologie („UNECO-Kurs"). In Dokulil M Nauwerck A (Hg) 10 Jahre Institut für Limnologie Abt. Mondsee 1981–1991. © Inst Limnol Mondsee 105–119

Imhof OE (1885) Faunistische Studien in achtzehn kleineren und größeren österreichischen Süßwasserbecken. Sitz Ber Akad Wiss math-nat Kl 91:203–226

Imhof OE (1890) Notizen über die pelagische Thierwelt der Seen in Kärnthen und in der Krain. Zoo Anz 13:261–263; 347–349; 372–377

Jagsch A (2009) Beiträge des Instituts für Gewässerökologie Fischereibiologie und Seenkunde zur angewandten Fischforschung. Österr Fischerei 62:307–311

Janauer GA (1979) Veränderungen organischer und anorganischer Inhaltsstoffe in *Potamogeton pectinatus* L. bei steigender Gewässerbelastung. Flora 168:344–351

Janauer GA (1981) Die Zonierung submerser Wasserpflanzen und ihre Beziehung zur Gewässerbelastung am Beispiel der Fischa (Niederösterreich). Verh Zoo-Bot Ges 120:73–98

Janauer GA (1986) Untersuchungen zur Versauerung österreichischer Fließgewässer. Wasserwirtschaft Wasservorsorge Forschungsarbeiten BMLF 50 S + Anhang

Janauer GA (1994) Monitoring Aspects of Interdisciplinary Studies on the River Danube. Stapfia 31:109–112.

Janauer GA Hary N eds (2003) Ökotone Donau-March. Veröff österr MaB-Programm 19 Univ Verl Kasimir (1991) Wagner Innsbruck 417 p

Jungwirth M Muhar S Schmutz S (2002) Re-establishing and assessing ecological integrity in riverine landscapes. Freshw Biol 47:867–887

Kajak Z Bretschko G Schiemer F Levéque C (1980) Zoobenthos. In Le Cren ED Lowe-McConnell RH eds (1980) The Functioning of Freshwater Ecosystems. Int biol progr Syn Ser 22 Univ Press Cambridge 285–307

Kamenig C Schmidt R Kum G Psenner R (2001) The Influence of Catchment Characteristics on the Water Chemistry of Mountain Lakes. Arctic, Antarctic Alpine Res 33:404–409

Kamenig C Koinig KA Schmidt R (2005) Potential effects of pre-industrial lead pollution on algal assemblages from an Alpine lake. Verh Internat Verein Limnol 29:535–538

Kamenik et al (2000) Eight hundred years of environmental changes in a high Alpine lake (Gossenköllesee, Tyrol) inferred from sediment records. J Limnol 59:43–52

Kann E (1933) Zur Ökologie des litoralen Algenaufwuchses im Lunzer Untersee. Int Rev ges Hydrobiol 28:172–227

Kann E (1975) Zur Ökologie des Algenaufwuchses in Österreichischen Bergbächen. Verh Ges Ökol 1975: 163–164

Kann E (1977) Die Symposien der Internationalen Arbeitsgemeinschaft für Cyanophytenforschung (IAC), ihre Entstehung und Bedeutung. Schw Z Hydrol 39:152–166

Kann E (1978a) Systematik und Ökologie österreichischer Bergbäche. Arch Hydrobiol Suppl (Monographische Beiträge) 53:405–643

Kann E (1978b) Typification of Austrian streams concerning alga. Verh Internat Ver Limnol 20:1523–1526

Kann E (1982) Die litorale Algenvegetation des Zeller Sees (Salzburg, Österreich). Arch Hydrobiol 94:492–501

Kasimir GD (1990) Mikrobiologische Untersuchungen im Lunzer Seebach (Ritrodat). Jber Biol Stat Lunz 12:55–69

Kasimir GD (1991) Die mikrobielle Biozönose eines alpinen Baches. Kompartimentierung, Biomassen und Aktivität. Ber Ergeb FFWF-Projekt P-6995-Bio (Wien).

Keissler C von (1900) Das Plankton des (unteren) Lunzer Sees in Nieder-Oesterreich nebst einigen Bemerkungen über die Uferregion dieses Sees. Verh zoo-bot Ges Wien 50:541–552

Keissler C von (1910) Beitrag zur Kenntnis des Phytoplanktons des Zeller-Sees in Salzburg. Arch Hydrobiol 5:339–350

Kemptner E (1928) Über eine Coccolithophoride aus der „Alten Donau" bei Wien nebst einigen systematischen Bemerkungen. Arch Protistenk 61:38–44

Khondker M Dokulil M (1988) Seasonality, Biomass and Primary Productivity of Epipelic Algae in a Shallow Lake (Neusiedlersee, Austria). Acta hydrochim hydrobiol 16:499–515

Klein G Steiner M (1929) Bakteriologisch-chemische Untersuchungen am Lunzer Untersee I. Die bakteriellen Grundlagen des Stickstoff- und Schwefelumsatzes im See. Österr Bot Z 78 289–324

Kohl W (1975) Über die Bedeutung bakteriologischer Untersuchungen für die Beurteilung von Fließgewässern, dargestellt am Beispiel der Donau. Arch Hydrobiol Suppl 44 (Donauforsch 5): 392–461

Krätzschmar H (1908) Über den Polymorphismus von *Anuraea aculeata* Ehrbg Variationsstatistische und experimentelle Untersuchung. Int Rev ges Hydrobiol 1:623–675

Kraus H (1982) Die Seesaiblinge (*Salvelinus alpinus* L.) des Mittleren Plenderlesees. Populationsschätzung und Populationaaufbau. Jber Abt Limnol Innsbruck 8:157–168

Kraus H (1980) Prognose der limnologischen Entwicklung des Finstertaler Speichers beim ersten Einstau im Jahr 1980/81. Jber Abt Limnol Innsbruck 6:135–154

Kühn G (1940) Zur Ökologie und Biologie der Gewässer (Quellen und Abflüsse) des Wassergsprengs bei Wien. Archiv für Hydrobiologie 36: 157–262

Kühtreiber J (1934) Die Plekopterenfauna Nordtirols Ber naturwiss med Ver Innsbruck 43/44:1–219

Laminger H (1971): Sedimentbewohnende Schalenamöben (Rhizopoda, Testacea) der Finstertaler Seen (Tirol). Arch Hydrobiol 69:106–140.
Langhans V (1911) Cladoceren aus dem Salzkammergut. Z Lotos 59:93–98; 159–164
Lauscher E (1940–41) Lichtmessungen in einigen Hochgebirgsgewässern. Arch Hydrobiol 37:583–597
Lauscher E Friedl E Niederdorfer E (1934) Beobachtungen über das Eindringen des Lichtes in einen See. Gerland's Beitr Geophys 42:423
Lechler H (1929) Die Fischereibiologische Bundesanstalt Weißenbach am Attersee in Oberösterreich. Z Fischerei Hilfswiss 27:399–406
Lechler H (1932) Die Fischerträge der Salzkammergutseen. Int Rev ges Hydrobiol 26:323–328
Le Cren ED Lowe-McConnell RH eds (1980) The Functioning of Freshwater Ecosystems. Int biol progr Syn Ser 22 Univ Press Cambridge 628 p
Leutelt-Kipke S (1934a) Hydrochemische Beobachtungen an einigen Südtiroler Mittelgebirgs- und Alpenrandseen. Ber naturwiss-med Ver Innsbruck 43–44:221–244
Leutelt-Kipke S (1934b) Ein Beitrag zur Kenntnis der hydrographischen und hydrochemischen Verhältnisse einiger Tiroler Hoch- und Mittelgebirgsseen Arch Hydrobiol 27:286–352
Leutelt-Kipke S (1936) Hydrographische und hydrochemische Beobachtungen an Südtiroler Hochgebirgsseen Arch Hydrobiol 30:589–603
Liepolt R (1953) Prof. Dr. Oskar Haempel Österr Fischerei 6:1. Bild: Österr Fischerei 5:97–98 (1952)
Liepolt R (1957) Die Verunreinigung des Zellersees. Wasser und Abwasser 1957:9–38
Liepolt R (1958) Zur limnologischen Erforschung des Zellersees in Salzburg. Wasser und Abwasser 1958:18–101
Liepolt R (1961) Limnologische Forschungen im österreichischen Donaustrom. Verh Internat Verein Limnol 14:422–429
Liepolt R (1962) 15 Jahre Bundesanstalt für Wasserbiologie und Abwasserforschung 1962:11–54
Liepolt R Hg (1967) Die Limnologie der Donau. Schweizerbart Stuttgart 655 S
Livingstone DM Dokulil MT (2001) Eighty years of spatially coherent Austrian lake surface temperatures and their relationship to regional air temperatures and to the North Atlantic Oscillation. Limnol Oceanogr 46:1220–1227
Lohff B (1992) Die Entdeckung der Welt des Planktons. Hist Meereskund Jahrb 1:35–44
Löffler H (1957) Limnological investigations in Southern Persia especially concerning the shallow salt lakes of the country. YB Amer Phil Soc 1957:242–244
Löffler H (1959a) Beiträge zur Kenntnis der iranischen Binnengewässer I. Der Niriz-See und sein Einzugsgebiet. Int Rev ges Hydrobiol. 44:27–276
Löffler H (1959b) Zur Limnologie, Entomostraken- und Rotatorienfauna des Seewinkelgebietes (Burgenland, Österreich). Sitz Ber Österr Akad Wiss math-nat Kl I SH XIV. Internat Limnol Kongreß 168:315–362
Löffler H (1961) Beiträge zur Kenntnis der iranischen Binnengewässer II. Regional-limnologische Studie mit besonderer Berücksichtigung der Crustaceenfauna. Int Rev ges Hydrobiol 46:309-406
Löffler H ed (1979) Neusiedlersee: The limnology of a shallow lake in central Europe. Junk Publ The Hague 543 p
Löffler H (1984) Die fast verlorene Landschaft; Neusiedlersee und Seewinkel. In Langthaler G. Hg Urlandschaften Österreichs 115–141. Jugend und Volk, Wien.
Löffler H (2000) Anmerkungen zur Bezeichnung der Gewässer des Seewinkels (Burgenland). Mitt Geogr Ges 142:315–328
Löffler H Newrkla P Hg (1985) Der Einfluß des diffusen und punktuellen Nährstoffeintrags auf die Eutrophierung von Seen. Österr Akad Wiss Veröff Österr MaB-Progr 8–2: Wagner Innsbruck 121 S
Machura L (1952) Tätigkeitsbericht der Biologischen Station Neusiedl am See über das Arbeitsjahr Oktober 1950 – Oktober 1951. Burgenländische Heimatblätter 14:92–95
Mader H Steidl T Wimmer R (1996) Abflussregime österreichischer Fliessgewässer. Beitrag zur bundesweiten Fließgewässertypologie. Monogr 82:1–192 Umweltbundesamt Wien

Mahringer W (1969) Der Strahlungshaushalt des Neusiedler Sees im Jahre 1967. Arch Met Geoph Biokl B 17:51–72
Mahringer W (1970) Verdunstungsstudien am Neusidler See. Arch Met Geoph Biokl B 18:1–20
Maier R (1979) Production of *Utricularia vulgaris* L. In Löffler H.(ed) Neusiedlersee: The Limnology of a shallow lake in Central Europe. Junk Publ., The Hague, 273–281
Malicky G (1984) Diffuser Nährstoffeintraq in den Lunzer Untersee unter besonderer Berücksichtigung des Niederschlags. Jber Biol Stat Lunz 7:159–166
Malicky G (1987) Die limnologische Entwicklung des Lunzer Untersees in den Jahren 1978–1985. Jber. Biol. Stat. Lunz 10, 158–174.
Malicky-Schlatte G (1991) Hydrobiologische Untersuchungen des Lunzer Sees. Mitt naturwiss Ver Steiermark 121:23–28
Manlik M (1988) Qualitative und quantitative Untersuchungen über das Phytoplankton des Lunzer Obersees. Diss. Univ. Wien 219p
Marinone MC (1982) Some aspects of the natural feeding of Arctic Char (*Salvelinus alpinus* L.) during the summer period, in a high-mountain lake (Mittlerer Plenderlesee, Tyrol, Austria. Jber Abt Limnol Innsbruckn8:169–196
Mergili M Duffy R (2022) Fluvial Geomorphology and River Restoration: Tiroler Lech Nature Park. In Embleton-Hamann C (eds) Landscapes and Landforms of Austria. World Geomorphological Landscapes. Springer Cham 253–264 https://doi.org/10.1007/978-3-030-92815-5_16
Mikschi E (1990) Taxonomie und Ökologie des Zooplanklons des Lunzer Obersees. Diss. Univ. Wien 148p
Minder L (1938) Limnologische Probleme im Wasserversorgungswesen. Verh Internat Verein Limnol 8:153–168
Mitis H (1938) Die Ybbs als Typus eines ostalpinen Kalkalpenflusses Int Rev ges Hydrobiol 37:426–444
Mitis H (1939) Das Altwasser, Arch Hydobiol 34:143–153
MOLAR Wat Chem Group (1999) The MOLAR Project: atmospheric deposition and lake water chemistry. J Limnol 58: 88–106
Moog O ed (1983) Ergebnisse des Österreichischen Eutrophieprogrammes ÖEP I 1978 – 1982. BMGU BMWF 107 S
Moog O (1987) Österreichisches Eutrophieprogramm II (1983–1986). Gewässerbelastung durch diffusen Nährstoffeintrag unter besonderer Berücksichtigung des atmosphärischen Eintrags und der Niederschlagsversauerung. Teilendbericht Projekt Salkammergutseen. ÖAW 127 S
Moog O Schindlbauer G (1982) Exportkoeffizienten als Basis einer Nährstoffbilanz Ein Vergleich Zwischen „Berechneten“ Und „Gemessenen“ Phosphorbudgets. Arb Lab Weyregg 6:57–79
Moog O Konar M Humpesch H (1994) The macrozoobenthos of the River Danube in Austria. Lauterbornia 15:25–51
Mortimer CH (1960) Eindrücke vom XIV. Internationalen Limnologenkongreß in Österreich: 19. August bis 9. September 1959. Österreichs Fischerei 13:7–12
Morton F (1931–32) Die „Regenflecke“ des Hallstätter Sees. Arch Hydrobiol 23:157–161
Morton F (1967) Die Botanische Station in Hallstatt. Apollo 9:8–9
Muhar S Schmutz S Jungwirth M (1995) River restoration concepts – goals and perspectives. Hydrobiologia 303:183–194
Mulley G Wittmann J und Ruttner F (1914) Die Lunzer Seen Bericht über die Ergebnisse der naturwissenschaftlichen Aufnahmen im Arbeitsgebiet der Biologischen Station Lunz. I. Teil: Physik. Chemie des Wassers und des Schlammes. Int Rev ges Hydrobiol Suppl 6(S1):1–39
Mühlhauser H (1982) Charakterisierung des Porenwassers und der Sedimente mit besonderer Berücksichtigung der chemisch-bakteriologischen Merkmale des Neusiedlersees. 154 S. Diss Univ Wien
Mühlhauser H (1990) Organic Matter Mineralization in the Littoral and open Lake Sediments of the Shallow Neusiedlersee, Österreich. Hydrochim Hydrobiol 18:421–431

Mühlhauser H, Dokulil M (1981) Ammonifying bacteria and ammonia concentration profiles in the soft sediment of Neusiedlersee (Austria). – In: Dauner E (ed) III. Internat hydromikrobiol Symp. Slowak Akad Wiss 127–138

Müller H (1934) Über das Auftreten von Nitrit in einigen Seen der österreichischen Alpen. Int Rev ges Hydrobiol 30:428–437

Müller H (1938) Beitriige zur Frage der biochemischen Schichtung im Lunzer Ober- und Untersee. Int Rev ges Hydrobiol 36:433–500

Müllner AN (1999) The Algal species of a gravel stream „Oberer Seebach", Lunz. Jber Biol Stat Lunz 1995–98 16:41–49

Müllner J (1946) Zum Problem der Temperaturerhöhung am Grunde tiefer Seen. Sitzb Akad Wiss math-nat Kl 155:205–230

Naiman RJ Déchamp H (1990) The ecology and management of aquatic-terrestrial ecotones. MaB Ser 4 UNESCO Parthenon Publ New jersey 316 p

Nauwerck A (1963) Die Beziehungen zwischen Zooplankton und Phytoplankton im See Erken. Symb Bot Upsaliensis 17:1–163

Nauwerck A (1966) Beobachtungen über das Phytoplankton klarer Hochgebirgsseen. Schweiz Z Hydrol 28:4–28

Neuhuber F, Brossmann H, Zahradnik P (1979) Phosphorus and nitrogen. In Löffler H (Hg) Neusiedlersee: The Limnology of a shallow lake in Central Europe. Junk Publ 101–120

Olszewski P. (1961) Versuch einer Ableitung des hypolimnischen Wassers aus einem See. Ergebnisse des ersten Versuchsjahres. Verh Internat Verein Limnol 14:855–886

Ostwald W (1903) Uber eine neue theoretische Betrachtungsweise in der Planktologie, insbesondere über die Bedeutung des Begriffs der „inneren Reibung des Wassers" für dieselbe. Forsch Ber Biol Stat Plön 10: 1–49

Padisák J (1998). Sudden and gradual responses of phytoplankton to global climate change: case studies from two large, shallow lakes (Balaton, Hungary and the Neusiedlersee Austria/Hungary). In George DG. Jones JG. Punčochář P Reynolds CS Sutcliffe DW (eds.) Management of lakes and reservoirs during global change:111–125 Kluwer Dordrecht

Parz-Gollner R Herzig A Hg (2000) Ökosystemstudie Donaustau Altenwörth 2. Management und Gestaltungsmöglichkeiten. Österr Akad Wiss Veröff Österr MaB-Prog 18 Wagner Innsbruck 256 S

Pechlaner R (1959) Zur Limnologie der Stauseen des Kapruner Tales und des Stubachtales. Österr Wasserwirt 11:185–194

Pechlaner R (1961) Umweltsbedingungen und Lebewelt in alpinen Speicherseen. Wasser Abwasser1961:190–244

Pechlaner R (1963) Sedimentation in Hochgebirgsseen. Ber nat -med Ver Innsbruck 53:53–263

Pechlaner R (1964) Plancton production in natural lakes and hydroelectric water-basins in the alpine region of the Austrian Alps. Verh Intern Verein Limnol 15:375–383

Pechlaner R (1966a) Die Finstertaler Seen (Kühtai, Österreich) I. Morphometrie, Hydrographie, Limnophysik und Limnochemie. Arch Hydrobiol 62:165–230

Pechlaner R (1966b) Salmonideneinsätze in Hochgebirgsseen und - tümpel der Ostalpen. Int Ver Limnol Verh 16:1182–1191

Pechlaner R (1967) Die Finstertaler Seen (Kühtai, Österreich) II. Das Phytoplankton. Arch Hydrobiol 63:145–193

Pechlaner R (1968) Beschleunigte Eutrophierung im Pipurger See, Tirol. Ber nat-med Ver Innsbruck 56:143–161

Pechlaner R (1974) Struktur der Abteilung für Limnologie. Jahrb Abt Limnol Inst Zool Univ Innsbruck 1974:5–8

Pechlaner R Sampl H Hg (1984) Der Einfluss des diffusen Nährstoffeintrags auf die Eutrophierung von Seen. Österr Akad Wiss Veröff Österr MaB-Prog 8–1: Piburger See, Wörther See und Millstätter See. Wagner Innsbruck 170 S

Pechlaner R Sossau C (1982) Die Ergebnisse der fünfjährigen Studie „Limnologische Untersuchung Traunsee-Traun". Bericht 13 Oberösterr LR 234 S

Pechlaner R Bretschko G Gollmann P Pfeifer H Tilzer M Weissenbach HP (1972a) Ein Hochgebirgssee (Vorderer Finstertaler See, Kühtai, Tirol) als Modell des Energietransportes durch ein limnisches Ökosystem. Verh Deutschen Zool Ges 65:47–56

Pechlaner R Bretschko G Gollmann P Pfeifer H Tilzer M Weissenbach HP (1972b) The production processes in two high-mountain lakes (Vorderer and Hinterer Finstertaler See, Kühtai, Austria). Proc IBP/UNESCO Symposium on Productivity Problems, Poland, May 6–12, 1970.

Pechlaner R Bretschko G Gollmann P Pfeifer H Tilzer M Weissenbach HP (1973) Ein Hochgebirgssee als Objekt der Ökosystemforschung, A. Das Ökosystem Vorderer Finstertaler See. In Ellenberg H. Hg Ökosystemforschung. Springer Berlin 33–49.

Penck A (1898) Die Flusskunde als ein Zweig der physikalischen Geographie. Z Gewässerk 1:1–9

Pesta O (1924) Hydrobiologische Studien über Ostalpenseen. Arch Hydrobiol Suppl III-3:1–595

Pesta O (1928) Berichte zur Limnologie der „Alten Donau“ bei Wien. Arch Hydrobiol 19:301–317

Pesta O (1929) Der Hochgebirgssee der Alpen. In Thienemann A (Hg) Die Binnengewässer 8:1–156, Schweizerbart Stuttgart

Pesta O (1933) Das Leben in Seen und Tümpeln des Großglocknergebietes. Z Dt und österr Alpenver 1933:230—239

Pichler W (1939) Ergebnisse einer limnologischen Sammelfahrt in den Ostalpen (Steiermark). Arch Hydrobiol 35:105–160

Pivoda B (1975) Qualitative und quantitative Untersuchungen über das Phytoplankton des Lunzer Untersees im Vergleich zu früheren Untersuchungen. Diss Univ Wien, 116 S.

Pipp E Rott E (1993) Ökologische Wertigkeit von Fließgewässern in Österreich nach dem Algenaufwuchs. Blaue Reihe des BMUJF 2:1–147

Pleskot G (1949) Der Stand der biologischen Fließwasserforschung. Verh Dt Zool Ges Mainz 1949:277—288

Pleskot G (1951) Wassertemperatur und Leben im Bach. Wetter Leben 3:129–142

Pleskot G (Hg) (1953) Beiträge zur Limnologie der Wienerwaldbäche. Wetter Leben S II:1–216

Pleskot G (Hg) (1953) Beiträge zur Limnologie der Wienerwaldbäche. Wetter Leben S II:1–216

Pleskot D (1954) Zur Ökologie der Leptophlebiiden (Ins., Ephemeroptera). Österr Zool Z 4:45–107

Pleskot G (1958) Die Periodizität einiger Ephemeroptera der Schwechat. Wasser Abwasser 1958: 1–32

Pleskot G. (1962) Strömung, Bodenstruktur und Besiedlungsdichte. Schweiz Z Hydrol 24:383–385

Porep R (1972) Methodenstreit in der Planktologie: Haeckel kontra Hensen. Auseinandersetzungen um die Anwendung quantitativer Methoden in der Meeresbiologie um 1890. Medizin Hist J 7:72–83

Pötsch SI (1856) Beitrag zur Mooskunde Niederösterreichs. Verh Zoo-Bot Ges Wien 6:355–362

Pötsch SI (1857) Beitrag zur Lebermooskunde Niederösterreichs. Verh Zoo-Bot Ges Wien 7:101–104

Premazzi G Chiaudani G (1992) Ecological quality of surface waters. Quality assessment for European Community lakes. Joint Res Centre Comm EC Brüssel 123 p EUR 14563

Psenner R (1984) Saurer Regen – eine Gefahr für unsere Gewässer? Österr Fischerei 37:184–194

Psenner R Hg (1988) Versauerung von Hochgebirgsseen in kristallinen Einzugsgebieten Tirols und Kärntens: Zustand, Ursachen, Auswirkungen, Entwicklung. BMLF Wien 335 S.

Psenner R Pechlaner R Sampl H Rott E (1984) Belastung und Belastbarkeit des Piburger Sees. In Pechlaner R Sampl H Hg Der Einfluß des diffusen Nährstoffeintrags auf die Eutrophierung von

Radkau J (2011) Die Ära der Ökologie: Eine Weltgeschichte. CH Beck 782S

Reed EB (1970) Copepoden und Cladoceren aus der Umgebung von Obergurgl und Kühtai, Tirol. Ber Nat-Med Ver Innsbruck 58:219–248

Reisinger E und Steinböck O (1925) Zur Turbellarienfauna des Wörthersees Carinthia II 14–34 – 115–35:109–114
Reisinger E (1955) Kärntens Hochgebirgsturbellarien. Carinthia II 65:111–151
Reichholf JH (2001) Der Inn – ein sommerkalter Fluss: Ökologische und klimatologische Aspekte seiner Wassertemperatur. Mitt Zool Ges Braunau 6:1–19
Rodhe W (1955) Can phytoplankton production proceed during winter darkness in subarctic lakes? Verh Internat Verein Limnol 12;117–122
Rodhe W Hobbie JE Wright RT (1966) Phototrophy and heterotrophy in high mountain lakes. Verh Internat Verein Limnol 16:301–313.
Rodinger W Hg (2010) Wassergüte der Donau 2008-2009. Schriftenr BA Wasserwirtsch 34 Inst Wassergüte Wien 138 S
Rosenauer F (1948) Das wasserarme Jahr 1947. Jahrb Oberösterr Musealver 93:285–293
Roll H (1939) Die Entwicklung der Potamobotanik. Ein Beitrag zur Geschichte der Fließwasserforschung. Int Rev ges Hydrobiol 39:449–463
Rott E (1995): Algen in Fließgewässern. Carinthia II – SH 53:118 – 119
Rott E Gesierich D Binder N (2010) Lebensraumtypen und Diversitätsgradienten lotischer Algen in einem Gletschereinzugsgebiet. Pub Alp Forschungsst Obergurgl 1:203–212
Ruttner F (1905) Über das Verhalten des Oberflächenplanktons zu verschiedenen Tageszeiten im Großen Plöner See und in zwei nordböhmischen Teichen. Forsch Ber Biol Stat Plön 12:35–62
Ruttner F (1909a) Über die Anwendung von Filtration und Zentrifugierung bei den planktologischen Arbeiten an den Lunzer Seen. Int Rev ges Hydrobiol 2:174–181
Ruttner F (1909b) Über tägliche Tiefenwanderungen von Planktontieren unter dem Eise und ihre Abhängigkeit vom Licht. Int Rev ges Hydrobiol 2:397–423
Ruttner F (1913) Über einige bei den Untersuchungen der Lunzer Seen verwendeten Apparate. Int Rev ges Hydrobiol 6:53–62
Ruttner F (1914) Bericht über die Planktonuntersuchungen an den Lunzer Seen. Int Rev ges Hydrobiol 6:5(18–527
Ruttner F (1924) Eine biologische Methode zur Untersuchung des Lichtklimas im Wasser. Naturwiss 12:1166–1167
Ruttner F (1930) Das Plankton des Lunzer Untersees. Seine Verteilung in Raum und Zeit während der Jahre 1908–1913. Int Rev ges Hydrobiol 23:1–138 und 161–287
Ruttner F (1931) Hydrographische und hydrochemische Beobachtungen auf Java Sumatra und Bali Arch Hydrobiol Suppl 8:197–454
Ruttner F (1933a) Ein mobiles Laboratorium für limnologische Untersuchungen Int Rev ges Hydrobiol 29:148–154
Ruttner F (1933b) Untersuchungen über die biochemische Schichtung in einigen Seen der Ostalpen Geogr Jahrb Österr 16:
Ruttner F (1935) Reisen auf Java Sumatra und Bali Tagebuchblätter und Briefe von der Deutschen Limnologischen Sunda-Expedition 1928–1929. Für seine Söhne zu Weihnachten 1935 Lunz (unveröffentlicht)
Ruttner F (1937 Limnologische Studien an einigen Seen der Ostalpen (Seen des Salzkammergutes des Ötscher- und Hochschwabgebietes. Arch Hydrobiol 32:167–3(19
Ruttner F (1940) Grundriss der Limnologie. Gruyter Berlin 167 S
Ruttner F (1943) Beobachtungen über die tägliche Vertikalwanderung des Planktons in tropischen Seen. Arch Hydrobiol 40:474–492
Ruttner F (1946) Die Biologische Station in Lunz 1906 bis 1946. Anz Akad Wiss math-nat Kl 14:127–155
Ruttner F (1952) Planktonstudien der Deutschen Limnologischen Sunda Expedition. In: Thienmann A Hg Arch Hydrobiol Suppl 21-Tropische Binnengewässer 10:1–274 Schweizerbart Verlagsbh Stuttgart
Ruttner F (1956) Fünfzig Jahre biologische Station Lunz. Österr Fischerei 9:87–89
Ruttner-Kolisko A (1976) Professor Gertrud Pleskot, 1913–1978. Wasser und Abwasser 1976–1977:403–409

Ruttner-Kolisko (1978) Durchflutung und Produktion im Lunzer Untersee. Jber Biol Stat Lunz 1:98–115
Ruttner-Kolisko A Malicky G (1988) Succession and abundance of Rotifers in Lunzer Untersee as determined by biological interactions and abiotic events. Verh Internat Verein Limnol 23;510–515
Ruttner-Kolisko A Ruttner F (1959) Der Neusiedlersee. Wiss Arb Burgenland 23:195–201
Salvini-Plawen L (2006) Nachruf auf Univ.-Prof. Dr. Ferdinand Starmühlner (1927–2006). Verh Zool Bot Ges Österr 143:141 154
Sampl H (1971) Untersuchungen des Phosphorgehaltes einiger Kärntner Seen. Carinthia II SH 31:175–193
Sampl H (1974) Honorarprofessor Dr. Dr. h.c. Ingo Findenegg zum Gedächtnis. Österr Fischerei 27:105–106
Sampl H (1978) Das Kärntner Institut für Seenforschung.Österr Wasserwirtsch 30:78–85
Sampl H rt al (1989) Seenreinhaltung in Österreich – Fortschreibung 1981-1987Wasserwirtschaft 6a:1–175
Sauberer F (1938) Zur Methodik der Durchsichtigkeitsmessung im Wasser und deren Anwendung in der Limnologie. Arch Hydrobiol 33:343–363
Sauberer F (1939) Beitrage zur Kenntnis des Lichtklimas einiger Alpenseen Int Rev ges Hydrobiol 39:20–55
Sauberer F und Eckel O (1938) Zur Methodik der Strahlungsmessung unter Wasser Int Rev ges Hydrobiol 37:257–289
Sauberer F und Ruttner F (1941) Die Strahlungsverhältnisse der Binnengewässer. Akad Verlag Ges Leipzig 240 S
Schagerl M (2022) Elsa-Lore Kusel-Fetzmann (9.3.1932–16.4.2020) – ein persönlicher Nachruf. Schrift Ver nat-wiss Kenntnisse 156–157:93–95.
Schaller F (2009) Prof. Maria Mizzaro, wissenschaftliche Graphikerin und Photographin †. Schrift Verbreit nat-wiss Kenntnisse 147:171–179
Schallgruber F (1943) Das Plankton des Donaustromes bei Wien in. qualitativer und quantitativer Hinsicht. Arch Hydrobiol 39:665-689
Schiel W (1999) Neue Donau: Gesamtgebiet – Gesamtproblematik. Perspektiven 2-3:18–26
Schiemer F Farahat AZ (1966) Redoxpotenzial und Sauerstoffverbrauch von Böden einiger Salzgewässer im Gebiet des Neusiedler Sees (Österreich). Sitz Ber Akad Wiss math-nat Kl 175:143–157.
Schiemer F Herzig A (2008) Die system-analytische Betrachtung von Gewässern im Landschaftskontext: Eine Hommage auf Gernot Bretschko. Schrift Ver Verbr nat-wiss Kenntnisse 142:119–131.
Schiemer F Löffler H Dollfuss H (1969) The benthic communities of Neusiedlersee (Austria). Verh Internat Verein Limnol 17:201–208
Schiemer F (1979a) Submerged macrophytes in the open lake. Distribution pattern, production and long-term changes. In Löffler H (ed) Neusiedlersee: The Limnology of a shallow lake in Central Europe. Junk Publ, The Hague, 235–250
Schiemer F (1979b) The benthic community of the open lake. In Löffler H (ed) Neusiedlersee: The Limnology of a shallow lake in Central Europe. Junk Publ, The Hague, 337–384
Schiemer F (1994) Monitoring of Floodplains: Limnological Indicators. Stapfia 31:95 – 107
Schiemer F (2006) In Memoriam Heinz Löffler (1927–2006). Verh Zool-Bot Ges Österreich 143:167–179.
Schiemer F (2006) In memoriam Heinz Löffler (1927–2006). Verh Zool-Bot Ges Österr 143:167–179
Schiemer F, Danielopol DL (2008) Heinz Löffler (1927–2006). Hydrobiologia 596:1–4.
Schiemer F (2014) Eine kurze Geschichte der Limnologie in Österreich. Denisia 33:33–59
Schiemer F Boland KT (eds) (1996) Perspectives in Tropical Limnology. Acad Publ Amsterdam 347 pp
Schiemer F Simon D Amarasinghe U Moreau J (eds) (2008): Aquatic ecosystems and development: Comparative Asian perspectives. Backhuys Publishers BV Leiden 508 S

Schiemer F Huber W Weissenhofer A (eds.) (2010) Stream ecosystems of Costa Rica. Ver Förder Tropenstat La Gamba Vienna Austria 124 pp

Schiemer F Grabherr G Popp M Ott J (2014) Wege zu einer synoptischen Ökologie. In Fröschl KA et al. (eds) Reflexive Innensichten aus der Universität. Disziplinengeschichten zwischen Wissenschaft, Gesellschaft und Politik. S 429–442 Vienna Univ Press

Schiemer F Reckendorfer W ed (2000) Das Donau-Restaurierungsprojekt. Gewässervernetzung Regelsbrunn. Abh zoobot Ges Wien 31:1–194

Schiemer F Punz W (2012) Die Begründung der Hydrobotanik an der Universität Wien.Schrift Ver Verbreit nat-wiss Kennt 148–150:157–165

Schiemer F Baumgartner C Tockner K (1999) Restoration of floodplain rivers: The 'Danube Restoration project'. Regul Rivers Res Mgmt 15:231–244

Schiemer F Beqiraj S Drescher A et al. (2020) The Vjosa River corridor: a model of natural hydromorphodynamics and a hotspot of highly threatened ecosystems of European significance. Landscape Ecol 35:953–968

Schiemer F Amarasinghe US Simon D Vijverberg J (2024) Sustainable aquatic resource management and inland fisheries in tropical Asia: Interdisciplinary and transdisciplinary approaches. Ambio 53:1050–1064 https://doi.org/10.1007/s13280-024-01996-8

Schiller J (1954) Über Cyanophyceen aus kleinen künstlichen Wasserbecken und aus dem Ruster Kanal des Neusiedler Sees. Sitz Ber Akad Wiss math-nat Kl 163:109–139

Schiller J (1955) Untersuchungen an den planktischen Protophyten des Neusiedler Sees 1950–1954, I Teil. Wiss Arb Burgeland 9:1–66

Schiller J (1956) Untersuchungen an den planktischen Protophyten des Neusiedler Sees 1950–1954 III. Teil. Euglenen. Sitz Ber Akad Wiss math-nat Kl 165:547–583

Schiller J (1957) Untersuchungen an den planktischen Protophyten des Neusiedler Sees 1950–1954, II. Teil Wiss Arb Burgeland 18:1–44

Schjerning W (1893) Der Zeller See im Pinzgau. Z Ges Erdkunde Berlin 28:367–392

Schmid-Araya JM Schmid PE (1995) The invertebrate species of a gravel stream. Jber Biol Stat Lunz 15:11–21

Schmidt R (1991) Diatomeenanalytische Auswertung laminierter Sedimente für die Beurteilung Trophischer Langzeittrends am Beispiel des Mondsees (Oberösterreich). Wasser und Abwasser 35:109 123

Schmidt R Dokulil MT ed (2002) Effects of industrial Tailings on the Ecological Integrity of a deep oligotrophic lake (Traunsee, Austria). Wat Air Soil Poll Focus 2:1–261

Schmidt W (1934) Ein Jahr Temperaturmessungen in 17 österreichischen Alpenseen. Sitz Ber Akad Wiss math-nat Kl 2a 143:432–452

Schulz L Wieser G (2013) Alpine Lakes Network SILMAS. Beitrag Kärnten - Endbericht KIS, Klagenfurt 45S

Schulz L et al (2012) SILMAS Climate Change impact on meromictic lakes of Carinthia. Endbericht. KIS Klagenfurt 42S

Schulz L Schulz N Sampl H (1984) Verlauf und Ursachen der Eutrophierung in zwei Kärntner Seen (Wörthersee und Millstätter See) mit unterschiedlichem Einzugsgebiet. In Pechlaner R Sampl H Hg Der Einfluß des diffusen Nährstoffeintrags auf die Eutrophierung von Seen. Österr Akad Wiss Veröff Österr MaB-Progr B8 T1:75–179 Univ Verl Wagner Innsbruck

Seligo A (1890) Hydrobiologische Untersuchungen. Schrift Nat Forsch Ges Danzig NF 7:43–89

Šetlik I Málek I ed (1970) Prediction and measurements of photosynthetic productivity. Proc IBP (PP Tech Meeting Třeboň 1969 Centr Agri Publ Docu Wageningen 632 p

Simony F (1847) Das Phänomen der sogenannten Regenflecken auf den Gebirgsseen. Haidinger's's Berichte I:28–30

Simony F (1850) Die Seen des Salzkammergutes. Sitz Ber math nat Classe k Akad Wissen Mai Heft

Slanina K (1981) Zeller See. Limnologische Entwicklung. Ergebnisse der Basisuntersuchung 1979. WWK BMLF Wien 76 S

Sommaruga R (2001) The role of solar UV radiation in the ecology of alpine lakes. J photochem Photobiol B. Biol 62:35–42

Sommaruga R Garcia-Pichel F (1999) UV-absorbing mycosporine-like compounds in planktonic and benthic organisms from a high-mountain lake. Arch Hydrobiol 144:255–269

Sommaruga R Psenner R (1997) Ultraviolet Radiation in a High Mountain Lake of the Austrian Alps: Air and Underwater Measurements. Photochem Photobiol 65:957–963

Sommaruga S (1997) Entlegene Seen als Indikatoren für saure Deposition und Klimaveränderungen: Kurz-, mittel- und langfristige Veränderungen im Chemismus von Hochgebirgsseen. Diss Univ Innsbruck 95 S

Sommaruga-Wögrath S Koinig KA Schmidt R et al. (1997) Temperature effects on the acidity of remote alpine lakes. Nature 387:64–67

Sommer U (1977) Produktionsanalysen am Periphyton im Schilfgürtel des Neusiedler Sees. Sitz Ber. Akad Wiss math-nat Kl 186:219–246

Starmühlner F (1956) Salzseen und Steppen Eine Hindernisreiche Autoreise durch Persien und Afghanistan Europa Verlag 207 S

Starmühlner F (1969) Die Schwechat Ein Beitrag zur Kenntnis der Fließgewässer der Wiener Umgebung. Verlag Notring Wien 394 S

Steinböck O (1929) Hydrobiologische Forschungen in den Ostalpen. Forschung und Fortschritt 5:415-416

Steinböck O (1930) Die Lebensbedingungen der Tierwelt des Hochgebirges. Tiroler Fischer 5:49-53

Steinböck O (1934) Die Tierwelt der Gletschergewässe.r Z dt österr Alpenv 65:263-275

Steinböck O (1948) Der Schwarzsee 2792 m.ü.M ob Sölden Ötztal der höchste Fischsee der Alpen Verh Internat Verein Limnol 10:442-450

Steinböck O (1949) Der Schwarzsee ob Sölden im Ötztal. Eine hydrobiologische Studie. Ver Mus Ferd Innsbruck 26-29:117—146

Steinböck O (1950) Richtlinien für den Einsatz in Hochgebirgsseen. Österr Fischerei 3:73-79

Steinböck O (1938) Arbei ten iiber die Limnologie der Hochgebirgsgewasser. Int Rev ges Hydobiol 37:467-528

Steinhauser F (1970) Kleinklimatisch Untersuchung der Windverhältnisse am Neusiedlersee. Idöárás 74: 76–88, 324–345

Steinhauser F Hg (1987) Ergebnisse österreichischer Aktivitäten Im Internationalen Hydrologischen Programm (IHP) 1975 – 1980. Arch Lagerst forschg Geol BA 8:1–74

Steuer A (1897a) Ein Beitrag zur Kenntnis der Cladoceren- und Copepodenfauna Kärntens. Verh Zoo-Bot Ver Wien 47:495–541

Steuer A (1897b) Liste aller bisher in Kärnten gefundenen Cladoceren und Copepoden. Carinthia II 87:160–170

Steuer A (1899) Das Zoo -Plankton der „alten Donau" bei Wien. Biol Centralb 20:25–32

Steuer A (1910) Planktonkunde Teubner Leipzig und Berlin 723 S

Steuer A (1911) Leitfaden der Planktonkunde. Teubner Leipzig und Berlin 382 S

Streichsbier (F 1976–1977): Stoffumsatzaktivitäten von Bakterienpopulationen in stadtnahen Fließgewässern Wasser und Abwasser 1976–1977:345–356

Streichsbier (F 1976–1977): Stoffumsatzaktivitäten von Bakterienpopulationen in stadtnahen Fließgewässern Wasser und Abwasser 1976–1977:345–356

Stundl K (1947) Die Fischerei des Neusiedlersees und die Möglichkeiten ihrer Ertragssteigerung. Burgenländische Heimatblätter 9:8–27

Stundl K (1953) Prof. Dr. O Haempel zum 70 Geburtstag. Österr Fischerei 5:97–98

Stüber E (1949) Limnologische Studien über einige stehende Tiroler Gewässer. Diss Univ Innsbruck 260 S

Stüber E (1958) Über den Einfluß chemisch-physikalischer Faktoren auf Seehydracarinen. Mitt Haus Natur Salzburg 70:115–120

Talling JF (1996) Tropical Limnology and the Sunda Expedition. In:Schiemer F und Boland KT (eds) Perspectives in Tropical Limnology 19–26 Academic Publishing Amsterdam

Tautermann G (1978) II. Ökosystemstudie Vorderer Finstertaler See. 1. Beeinflussung der Bakterienflora des Vorderen Finstertaler Sees durch künstliche Düngung Jber Abt Limnol Innsbruck 4:109–118

Thienemann A (1930) Die deutsche limnologische Sunda-Expedition Deutsche Forschung 13:120–136
Thienemann A (1933) Vom Wesen der Limnologie und ihrer Bedeutung für die Kultur der Gegenwart. Verh Internat Verein Limnol 6:21–27
Thienemann A (1950) Wesen und Bedeutung der Limnologie. Oikos 2:149–161
Thienemann A (1959) Erinnerungen und Tagebuchblätter eines Biologen. Ein Leben im Dienste der Limnologie. VI Die Deutsche Limnologische Sunda Expedition (1928–1929) Schweizerbart Verlagsbh Stuttgart 488 S
Tilzer M (1967) Ökologische und faunistische Untersuchungen über das hyporheische Interstitial zweier Hochgebirgsbäche und eines Gebirgsflusses im Arlberggebiet. Diss Univ Wien 202 S
Tilzer M (1972) Bacterial productivity of a high-mountain lake SIL Proceedings 18:188–196
Tilzer M (1973) Diurnal periodicity in the phytoplankton assemblage of a high mountain lake. Limnol Oceaogr 18:15–30
Trepl L (1987) Geschichte der Ökologie. Vom 17. Jahrhundert bis zur Gegenwart, Athanäum Frankfurt Main 280 S
Tschelaut J Pichler C Weissenhofer A Schiemer F (2008) The river network of the Piedras Blancas National Park, Costa Rica. Stapfia 88:441–455
Turnowsky F (1946) Über Schwankungen des Wasserspiegels an zwei Osttiroler Hochgebirgsseen. Carinthia II 135–55:40–44
Ulbrich K (1955) Die Tiefenmessung 1955 im Zellersee (Salzburg). Österr Z Vermessungswesen 43:H3 81–86, H4 104–112
Van Oye P (1922) Einteilung der Binnengewässer Javas. Inte Rev ges Hydrobiol 10:7–22
Vogler P (1965) Probleme der Phosphoranalytik in der Limnologie und ein neues Verfahren zur Bestimmung von gelöstem Orthophosphat neben kondensierten Phosphaten und organischen Phosphorsäureestern. Int Rev ges hydrobiol 50:33–48
Vollenweider RA (1968) Scientific fundamentals of the eutrophication of lakes and flowing waters, with particular reference nitrogen and phosphorus as factors in eutrophication. OECD Paris 194 p
Vollenweider RA (1969) A manual for measuring primary production in aquatic environments. IBP Handbook 12 Blackwell Oxford 112p
Vollenweider RA Kerekes JJ (1982) Eutrophication of waters. Monitoring, assessment and control. OECD Paris 155 p
Vornatscher J (1938) Faunistische Untersuchungen des Lusthauswassers im Wiener Prater. Int Rev ges Hydrobiol 37:320–363
Ward JV Bretschko G Brunke M et al. (1998) The boundaries of river systems: the metazoan perspective. Freshwat Biol 40:531–569
Ward JV Tockner K Edwards P J at al (1999). A reference river system for the Alps: the 'Fiume Tagliamento'. River res appl 15:63–75
Wanzenböck J (2009) Die Österreichische Akademie der Wissenschaften und ihre Rolle in der Fischforschung. Österr Fischerei 62:297–302
Weissel G (1994) Die Geschichte des hydrographischen Dienstes in Kärnten. Carinthia II 184:391–405
Wesenberg-Lund C (1900) Von dem Abhängigkeitsverhältnis zwischen dem Bau der Planktonorganismen und dem spezifischen Gewicht des Süßwassers. Biol Zentralbl 20:644–656
Wesenberg-Lund C (1910) Summary of our knowledge regarding various limnological problems In Murray J und Pullar L (eds) Bathymetrical survey of the Scottish fresh-water lochs Vol I Edinburgh Challenger Office 374–438
Westlake DF Květ J Szczepański A ed (1998) The production Ecology of Wetlands. Cambridge Univ Press 568 p
Wimmer R Moog O (1994) Flussordnungszahlen Österreichischer Fliessgewässer. Monogr 51:1–581 BM Umwelt Wien
Wirobal K (1990) Friedrich Morton. Gedenkschrift zum 100. Geburtstag. Mussealverein Hallstatt (Hrsg), Wimmer, Bad Ischl, 64&S. Bild: aus der Gedenkschrift.

Witt U (1975) Ökosystemstudie Vorderer Finstertaer Speicher. Dngungsexperiment. Jber Abt Limnol Innsbruck 1975:148–151

Witt U (1977) MaB Projekt Finstertaler Speicher. 1. Plankton und Chemie des Restwasserkörpers. Jber Abt Limnol Innsbruck 1977:187–215

Wolfram G Großschartner M Krisa H (2015) Algen–Plankton–Fische. Der Neusiedler See aus limnologischer Sicht; AGN (Arbeitsgem Nat Res) Eisenstadt 47 S

Wolozyńska J (1912) Das Plankton einiger javanischer Seen mit Berücksichtigung des Sawa-Planktons Anz Akad Wiss Krakau Reihe B Biol Wiss 6:649–709

Woltereck R (1906) Mitteilungen aus der Biologischen Station Lunz. Biol Centralb 26:463–480

Woltereck R (1908) Über natürliche und künstliche Varietätenbildung bei Daphnien. Verh dt Zool Ges 18:234–240

Woltereck R (1909) Weitere experimentelle Untersuchungen über Artveränderung. Verh dt Zool Ges 19:110–172

Zacharias O (1888) Vorschlag zur Gründung von zoologischen Stationen behufs Beobachtung der Süßwasserfauna. Zool Anz 11:18–27

Zacharias O (1903) Zum 10jährigen Bestehen der Biologischen Station zu Plön. Forschb Biol Stat Plön 10:5–22

Zibuschka F (1981) Benthische Bakterien. Jber Biol Stat Lunz 4:105–108

Zih A Ruttner F (1932) Beiträge zur·Bakteriologie der Lunzer Seen. Int Rev ges Hydrobiol 26:431–443

Die Jahrtausendwende – Neuausrichtung nach 2000

5

Die Jahrtausendwende war ein bedeutsames Ereignis und ein Anlass, über die Zukunft der Limnologie nachzudenken. Die meisten, wenn nicht sogar alle auf der wachsenden Liste globaler Umweltprobleme wirken sich direkt oder indirekt auf Binnengewässer aus oder betreffen sie. Dazu zählen die Menge und Qualität des Wassers, der Verlust der biologischen Vielfalt, die Klimaerwärmung und die nachhaltige Nutzung natürlicher Ressourcen (Burns 2000). Burns betonte vor allem die Bedeutung der internationalen Zusammenarbeit (*Internationalisierung* oder *Globalisierung*) und der Qualität *(Exzellenz)* in der Limnologie. Gleichzeitig wies sie auf die Notwendigkeit hin, theoretische und praktische Belange der Limnologie gleichrangig zu behandeln. Auf Einladung der Japanischen Gesellschaft für Limnologie aus Anlass des 100-jährigen Bestandes formulierte Colin Reynolds 21 Forschungsfragen (Reynolds 2000). Darin enthalten waren die Weiterentwicklung im Verständnis limnologischer Prozesse, die Verfeinerung von Methoden durch technologische Fortschritte und die Anwendung auf kritische Fragen des Ressourcenmanagements. Er forderte bessere Möglichkeiten, die limnologische Wissenschaft zu bewerten, zu übertragen und zu organisieren.

Manche dieser Punkte sind bereits umgesetzt, andere wurden einer Lösung nähergebracht. Nicht so die globalen Umweltprobleme, welche im Gegenteil seit 2000 noch mehr geworden sind. Dazu zählen die Gefährdung des Grundwassers, das Artensterben, die Verschmutzung mit Kunststoffen, der Eintrag umweltschädlicher Chemikalien und Emissionen von Treibhausgasen, viele davon letztlich ausgelöst durch die zunehmende Überbevölkerung.

M. Dokulil, *Die Entwicklung der Limnologie als Wissenschaft In Österreich*,
https://doi.org/10.1007/978-3-662-71747-9_5

5.1 Umstrukturierung

Im Jahr 1994 war in Sofia die Donauschutzkonvention unterzeichnet worden. Diese trat mit der Gründung der IKSD 1998 in Kraft, die seitdem ihren Sitz in Wien hat.

Bereits 1995 wurde das Bundesinstitut für Gewässerökologie und Fischereiwirtschaft nach Neuorganisation und Aufgabenreform dem Bundesamt für Wasserwirtschaft angegliedert, dessen Direktion 2016 von Wien nach Scharfling übersiedelte. Neben einem Kursgebäude für fischereiliche Berufs- und Weiterbildung und dem Gelände der Fischaufzucht verfügt das Institut über zwei weitere Abteilungen, die Gewässerökologie und die Seenkunde. Die Ökologische Station Waldviertel in Schrems ist dem Institut 2014 angegliedert worden. Nachdem 2012 Hofrat Dr. Albert Jagsch als Leiter in Pension gegangen war, hatte zunächst Dr. Hubert Gassner übernommen und später an Mag.[a] Dr.[in] Daniela Achleitner weitergegeben. Wesentliche Aufgaben liegen in der Aquakultur (Interreg AquaCycle), Fischaufzucht, in den WRRL und in Langzeitklimastudien.

Die zunehmende Bedeutung privater Dienstleister in der Gewässerforschung und -untersuchung hatte bereits im letzten Viertel des 20. Jahrhunderts begonnen. Seither haben ihre Stellung und Wichtigkeit stark zugenommen. Diese spezialisierten Unternehmen leisten wertvolle Beiträge zur Gewässerökologie, die häufig über die Kapazitäten der öffentlichen Institutionen hinausgehen. Die Schließung von Bundesdienststellen im Zuge von Umstrukturierungen machte es notwendig, spezialisierte Dienstleistungen durch private Anbieter in Anspruch zu nehmen. Diese Anbieter bringen Expertise und flexible Arbeitsmethoden in die Gewässeruntersuchung ein. Manchmal sind sie Vorreiter bei der Einführung neuer Technologien oder Methoden in die Gewässeruntersuchung. Beispiele hierfür sind die Nutzung von Drohnen zur Kartierung von Gewässern, die Anwendung von Satellitentechnologie zur Überwachung von Wasserqualitäten und die Implementierung von fortschrittlichen Sensoren zur kontinuierlichen Wasseranalyse. Die Zusammenarbeit zwischen privaten Dienstleistern und öffentlichen Institutionen hat sich als fruchtbar erwiesen, weil dadurch Synergien genutzt werden können, die zu besseren Ergebnissen führen.

Im Bereich der Bundesländer waren ebenfalls neue Aufgaben und Ausrichtungen zu verzeichnen, vor allem im Umfeld der EU-Wasserrahmenrichtlinie. Das Kärtner Institut für Seenforschung war 2009 bis 2012 zum ersten Mal an einem Interreg-Projekt beteiligt. An der Biologischen Station Neusiedler See ging 2011 Hofrat Univ.-Prof. Dr. Alois Herzig, der die Station seit 1991 geleitet hatte, in den Ruhestand und Mag. Dr. Thomas Zechmeister übernahm. Das Stationsgebäude wurde 2014/15 komplett durch einen Neubau an derselben Stelle ersetzt. Das Interreg-Projekt WeCon (We Connect), ein Projekt zur grenzüberschreitenden Vernetzung von Feuchtlebensräumen zur Erhaltung der Biodiversität in der österreichisch-ungarischen Grenzregion, wurde 2018 bis 2021 abgewickelt.

Nach dem Tod des langjährigen Leiters der BSL, Gernot Bretschko, im Frühjahr 2002 gab die Österreichische Akademie der Wissenschaften 2003 die Schließung der Station bekannt. Es folgte eine Periode der Ungewissheit über den Fortbestand der Forschungseinrichtung. Nach der Schließung des NÖ Landesjugendheims beschloss das Land Niederösterreich jedoch, in Abstimmung mit dem Bund und drei Trägeruniversitäten, die Gewässerforschung in Lunz neu zu beleben. Allerdings sollte das neue Zentrum im sanierten, umgebauten und adaptierten Gästehaus untergebracht werden. Im Jahr 2007 war es dann so weit und der „WasserCluster Lunz – Biologische Station GmbH" konnte eröffnet werden. Geführt wird das Forschungszentrum in Kooperation von drei Universitäten, der Universität für Bodenkultur Wien, der Universität für Weiterbildung Krems (Donau-Universität Krems) und der Universität Wien. Die Fördermittel kommen vom Land Niederösterreich sowie der Stadt Wien. Zwei Jahre später, 2009 entschloss man sich das Gebäude der BSL umzubauen, das 2011 wiedereröffnet wurde. Heute sind im renovierten Haus zwei der fünf Arbeitsgruppen des WasserClusters untergebracht.

Erweiterte Aufgabenbereiche und zusätzliches Personal im Zuge von EU-Projekten führten dazu, dass das Gebäude des Instituts für Limnologie der ÖAW am Mondsee um die Jahrtausendwende nicht mehr bedarfsgerecht und überdies überaltert war. Nach mehreren Verhandlungen mit der Akademie und dem wissenschaftlichen Kuratorium begannen 2008 die Um- und Ausbauarbeiten. Während der Umbauphase begann sich abzuzeichnen, dass der weitere Betrieb der Einrichtung durch die ÖAW nicht gesichert werden konnte. 2012 konnte das Forschungszentrum schließlich als Forschungsinstitut für Limnologie, Mondsee, der Universität Innsbruck angegliedert werden.

Derzeit untersuchen acht Forschergruppen anhand aquatischer Modellorganismen (wie Bakterien, pflanzlichem und tierischem Plankton, Schnecken und Fischen) wie sich Klimawandel, Nährstoffeintrag und andere Einwirkungen auf die Evolutionsökologie der aquatischen Gemeinschaften auswirken. Die Konsequenzen für die Integrität der aquatischen Ökosysteme werden in unterschiedlichen Ebenen, beginnend bei Molekülen (Gene und Proteine) über Organismen und Populationen bis zu Gemeinschaften, untersucht.

Im Fachbereich alpine Süßwasserökologie des Instituts für Ökologie an der Universität Innsbruck untersuchen derzeit drei Forschungsgruppen die Ökologie von Seen und Gletschern, die Ökologie fluvialer Ökosysteme und den Fluss- und Naturschutz.

An der Universität Wien kam es durch örtliche Verlagerung und Neubau des Biozentrums zu inhaltlicher Neustrukturierung. Mehrere Teilgebiete der Ökologie wurden im „Department für Funktionelle und Evolutionäre Ökologie" zusammengefasst. Darin ist die Limnologie mit vier Arbeitsgruppen beheimatet. Neben dem Schwerpunkt Grundwasserökologie, Fischökologie und Phycologie (Biologie der Algen) agiert am WasserCluster Lunz als vierte Gruppe ein Team, das die Rolle von Mikroben im Kohlenstoffkreislauf studiert.

5.2 Neuausrichtung der Forschung

Während des vergangenen Jahrhunderts entwickelte sich aus der einfachen aquatischen **Nahrungspyramide,** Primärproduzenten→Herbivore→Carnivore1→ Carnivore 2 (vereinfacht im Plankton Algen →Zooplankton→ Fische) durch neue Erkenntnisse ein zunehmend komplexeres **Nahrungsnetz.** Dabei zeigte sich, dass mikrobielle Komponenten oft von entscheidender Bedeutung sind. Ein Teil der primären Produktion wird erst durch die bakterielle und die virale Schleife für das Zooplankton nutzbar. Zusätzlich könnten nach einer kürzlich publizierten Hypothese meist einzellige planktische Pilze, die Chytridiomycota eine Rolle spielen. Durch Befall von Algen und Cyanobakterien könnten sie über eine „Pilz-Schleife" *(mycoloop)* indirekt Energie und Nahrungsergänzungen an das Zooplankton liefern (Abonyi et al. 2024). Welche Organismen in einem Milliliter Wasser stecken, haben Griebler und Posch (2001) elegant dargestellt. Die Box 5.1 zeigt ihre Graphik erweitert und mit Symbolbildern (Box 5.2).

Zusammensetzung einer Gemeinschaft des Pelagials (ohne Zooplankton und Fische)

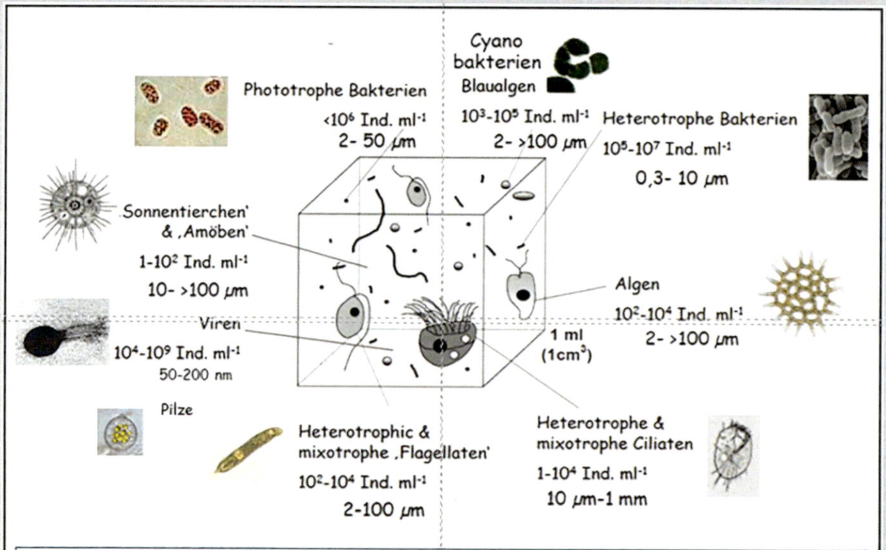

Nachdruck (verändert) aus Ökologie und Schutz von Seen. Dokulil M, Hamm A, Kohl J-G (Hg.). 1. Aufl., Griebler C & Posch T (2001) Die Lebensgemeinschaften von Seen. Mit Nachdruckgenehmigung von Fakultas-Univ.-Verl., Wien, Austria
https://www.ciliates.at/info-corner/das-mikrobielle-nahrungsnetz.
Fotos M Dokulil, Graphiken Spektrum Wissenschaft, Virus aus Danavaro et al (2008), Chytrid – Voigt et al. 2021

Mischungstypen von Seen
Amiktische Seen – dauerhaft eisbedeckt und daher nicht vom Wind durchmischt
Holomiktische Seen – mehrere Typen und Untertypen

Oligomiktisch – mischen selten, unregelmäßig und kurze Zeit

Monomiktisch – mischen regelmäßig einmal im Jahr (kalte Jahreszeit)

Dimiktisch – mischen regelmäßig zweimal pro Jahr im Frühjahr und Herbst

Polymiktische Seen – zahlreiche oder permanente Mischungszeiten
Meromiktische Seen – Teilzirkulation: nicht bis in die Tiefe; ein Teil des Wasserkörpers
wird nicht erfasst und stagniert permanent = Monimolimnion
Der durchmischte Bereich ist das **Mixolimnion**

Die Mitgliedschaft in der EU bewirkte neue Herausforderungen in der Gewässerforschung. Die Wasserrahmenrichtlinie WRRL (WFD – Water Framework Directive 2000/60/EG) trat im Jahr 2000 in Kraft. Ziel war es, einen guten ökologischen und chemischen Zustand für Oberflächengewässer und ein gutes ökologisches Potenzial und einen guten chemischen Zustand für erheblich veränderte oder künstliche Gewässer bis 2015 zu erreichen, mit Ausnahmen bis 2027. Für das Grundwasser war ein guter mengenmäßiger und chemischer Zustand gefordert. Die Erarbeitung von Grundlagen, Indizes zur Einstufung für die entsprechenden Qualitätskriterien und die Festlegung typspezifischer Leitbilder sollten die Grundlage bilden. Das BMFLUW beauftragte im Jahr 2000 verschiedene Institutionen mit den Bearbeitungen, die schließlich in abschließenden Veröffentlichungen (Dokulil und Teubner 2006, Wolfram und Dokulil 2008, Wolfram et al. 2009), Empfehlungen und zehn Leitfäden für Seen und Fließgewässer mündeten. Die Leitfäden sind im Internet abrufbar unter: (https://info.bml.gv.at/themen/wasser/wisa/ngp/ngp-2015/hintergrund/methodik/bio_lf_2015.html)

Die geplante Verordnung zur Wiederherstellung geschädigter Ökosysteme (Regulation on nature restoration 2024/1991) wurde 2024 beschlossen.

Dieses Regulativ betrifft auch Moore. Eine Übersicht über die Moore Oberösterreichs erschien 1983, worin sich auch ein geschichtlicher Überblick findet (Krisai und Schmidt 1983). Ein Überblick über die Moore im Ostalpenraum mit einer Karte der Moore in Österreich, Bayern und Südtirol ist von Krisai (1998) veröffentlicht worden. Der Schutz der Moore und die Wiederherstellung von Feuchtgebieten sollte ein essenzieller Bestandteil einer Klimastrategie sein (BMLRT 2022).

Das EU-Interreg-Projekt „Nachhaltige Werkzeuge für das Seenmanagement im Alpenraum" (SILMAS) war ein alpines Netzwerk. Die fünf Alpenländer Frankreich, Deutschland, Österreich, Italien und Slowenien haben den derzeitigen Zustand und die mögliche künftige Entwicklung von Seen erhoben. Daraus wurden Instrumente für eine nachhaltige Betreuung und Nutzung abgeleitet. Die Beiträge des Kärntner Instituts für Seenforschung betreffen die Klimaauswirkung auf meromiktische Seen in Kärnten (Schulz et al. 2012) sowie Nutzungskonflikte an und nachhaltigen Schutz von Alpenseen (Schulz und Wieser 2013).

Um die Konsequenzen des Klimawandels auf der Ebene des Ökosystems zu verstehen, traten immer mehr evolutionäre Anpassungen aquatischer Organismen von den Bakterien bis zu den Fischen in den Fokus der wissenschaftlichen Limnologie. Neben Untersuchungen an Gemeinschaften, Populationen und Organismen wurde die Forschung zunehmend auf die molekulare Ebene der Gene, Proteine etc. verlagert. Zahlreiche neuere Methoden helfen dabei: Fernerkundung – Gewässertemperatur, Umwelt-DNA (eDNA), Biodiversität, stabile Isotope (Stickstoff, Kohlenstoff, Sauerstoff u. a.) –, Struktur von Nahrungsnetzen, Analyse von Fettsäuren u. a.

Zur Erhöhung der Seentemperatur gibt es inzwischen eine Flut von Veröffentlichungen, wobei sich viele auf *„In situ"*-Daten stützen, manche auf direkte Messungen und Satellitendaten und einige nur Daten aus der Fernerkundung verwenden (Kraemer et al. 2021, Carrea et al. 2022, Dokulil 2022). Diese Studien ließen eine Zunahme der Seeoberflächentemperatur Mitte der 1980er-Jahre erkennen. In alpinen Seen variierte die Zunahme von 0,4 bis 0,7 °C pro Dekade. Vorhersagen für 2100 sagen eine Erwärmung über die derzeitige Temperatur von 2–6 °C voraus, je nachdem, wie stark die Emissionen von Treibhausgasen reduziert werden. Die Auswirkungen der Klimaänderung können anhand von Neusiedler See und Mondsee beispielhaft dargestellt werden. Die maximale Wassertemperatur an der Oberfläche stieg in beiden Seen seit Mitte der 1960er-Jahre drastisch an. Im Mondsee wurde bis 2015 ein Höchstwert von 28,4 °C erreicht, im Neusiedler See sogar 31,7 °C (Dokulil et al. 2021). Die Anzahl der Tage mit Wassertemperaturen größer als 20 °C ist in beiden Seen bis 2005 stark angestiegen. Im Mondsee hat sich parallel dazu die Wasserschicht mit Temperaturen größer 20 °C von 0,5 m Ende der 1970er-Jahre auf 6,4 m 2010 erhöht (Dokulil et al. 2021). Im Neusiedler See kommen verstärkend Probleme mit dem Wasserstand hinzu, der 2021 und 2022 einen Tiefstand erreichte. Die winterliche Situation hat sich ebenfalls an beiden Seen verändert. War der Neusiedler See vor 2006 noch jedes Jahr zugefroren (Dokulil und Herzig 2009), so friert er seither nur mehr sporadisch oder eine kurze Zeit zu, was zahlreiche Konsequenzen für das Ökosystem im Winter bedeutet (Dokulil et al. 2014). Ähnliches gilt für den Mondsee, der seit 1999 nur in den Jahren 2002 und 2006 zufror und damit von einem dimiktischen zu einem monomiktischen See wurde (Ficker, Luger und Gassner 2017).

Die zunehmenden Temperaturen führen auch zu einer Erwärmung und Veränderung der Fließgewässer, wie eine großangelegte Studie an 796 Flüssen der USA und Mitteleuropas zeigte (Zhi et al. 2023). 87 % der Flüsse erwärmten sich seit 1981 mit einer mittleren Rate von 0,19 °C pro Dekade. Zugleich nahm der Sauerstoffgehalt in 70 % der Flüsse ab ($-0{,}038$ mg L^{-1} dec^{-1}). Diese Rate an Sauerstoffentzug ist höher als die im Ozean, aber geringer als die in 293 temperierten Binnenseen (0,10–0,12 mg L^{-1} dec^{-1}).

Aus limnologischer Sicht wohl am wichtigsten sind Studien zur Biodiversität verschiedener aquatischer Organismengruppen in unterschiedlichen Biotopen. An einigen Quellen in Kärnten konnte die Rolle der Habitatstruktur auf die Zusammensetzung der Lebensgemeinschaft der wirbellosen Fauna (Invertebraten) gezeigt werden (Staudacher und Füreder 2007). Die Crenozönose (quellbewohnende Tiere) bestand überwiegend aus Chironomiden, Plecopteren, Trichopteren, Mollusken und Ostracoden, wobei ein Großteil Quellspezialisten waren. Die Komplexität der Habitate förderte eine hohe Artenvielfalt und Artenhäufigkeit. Die Vernetzung von aquatischen und terrestrischen Lebensräumen wirkte sich zusätzlich positiv aus. Eine ausführliche Zusammenfassung der Struktur und Biodiversität von Algen-, Zoobenthos- und Fischgemeinschaften alpiner Gewässer findet sich in Robinson et al. (2009). Yoshimura et al. (2005) bewerteten die Artenvielfalt (Diversität) des Makrozoobenthos österreichischer Flüsse (ohne Donau) anhand von 211 Untersuchungsstellen aus dem gesamten Bundesgebiet. Insgesamt wurden 569 Taxa festgestellt. Enns, Salzach und Traun hatten die höchste, der Inn die niedrigste Diversität an Arten. Die funktionellen Gruppen der Aufwuchsfresser und Filtrierer erwiesen sich generell am häufigsten. Als Beispiel für die Biodiversität des Makrozoobenthos eines großen alpinen Flusses kann die Donau dienen (Humpesch und Fesl 2005). Die freifließende Strecke östlich von Wien beherbergte 310 Arten, wovon 58 Arten in keinem anderen Abschnitt der Donau zu finden waren. Ebenso präsent waren in der freien Fließstrecke mindestens 43 der 58 in der Donau vorkommenden Fischarten. Das begleitende Auengebiet verlor durch die Regulierung der Donau 1875 durch den reduzierten Konnex mit dem Hauptstrom etliche aquatische Lebensräume. Zur Verbesserung der Situation wurde ein maximaler Zufluss von 0,5 $m^3\ s^{-1}$ 2001 eingeführt. Über eine Untersuchung der Diversität „Vorher-Nachher" konnte eine Verbesserung bei den Mollusken und Libellen nachgewiesen werden. Bei der Fischfauna ließ sich keine signifikante Veränderung feststellen (Funk et al. 2009). Eine paläolimnologische Betrachtung der Biodiversität von vier alpinen Seen versuchte mittels der Überreste von Chironomiden und Cladoceren aus dem Sediment das Verhältnis von taxonomischer zu funktioneller Diversität zu klären (Nevalainen et al. 2015). Dabei zeigte sich, dass eine Zunahme der taxonomischen Vielfalt nicht notwendigerweise auch eine Veränderung der funktionellen Diversität hervorruft. Ähnliches gilt auch für freilebende Ciliaten. Molekulare Techniken ließen eine verborgene Diversität vermuten, die jedoch nicht mit der funktionellen Diversität übereinstimmt (Weisse 2014). Durch den Klimawandel hervorgerufene Wetterextreme können ebenfalls die Diversität verändern, wie am Phytoplankton des Mondsees nachgewiesen wurde (Bergkemper et al. 2018). Paläolimnologische Studien zur Langzeitentwicklung des Klimas in der Vergangenheit ermöglichen ein besseres Verständnis der derzeitigen Veränderungen des Klimas und der möglichen zukünftigen Folgen (Schmidt et al. 2009, 2012). Zur Auswertung werden häufig stellvertretend Indikatoren wie etwa die Artenzusammensetzung einer Pflanzen- oder Tiergruppe herangezogen (Ilayshuk et al. 2019). Die Änderung des Klimas sowie das Abschmelzen der Gletscher hat seit etwa 15 Jahren durch neuentstandene Seen ein neues Forschungsfeld eröffnet (Buckel et al. 2016, 2018).

Da das Grundwasser die weltweit größte verfügbare Reserve an Süßwasser darstellt, besteht gerade in diesem Bereich großer Nachholbedarf bei Untersuchungen der bisher ungenügend bekannten biologischen Diversität der wirbellosen Tiere

(Stygofauna) in den oberflächennahen Grundwasser-Ökosystemen. Aus früheren Untersuchungen in der Lobau bei Wien, einem der größten geschützten zusammenhängenden Fluss-Auen-Gebiete in Mitteleuropa, war eine enorme Biodiversität der Grundwasserfauna bekannt. Eine Neubewertung des Datensatzes aus 50 Jahren Forschung (Griebler et al. 2023) ermöglicht Aussagen über zukünftige Effekte des Klimawandels auf die Stygofauna. Beeinflusst werden Grundwassersysteme durch chemische Verunreinigungen, Erwärmung und Übernutzung der Vorkommen. Die besonderen Anpassungen der Tiere an den lichtlosen und energiearmen Lebensraum im Grundwasser sowie die sehr fragmentierte, räumliche Verteilung und eine große Anzahl an endemischen Arten gefährden die Fauna im Untergrund ganz besonders (Englisch et al. 2024). Das Artensterben betrifft aber ebenfalls viele andere Tiergruppen (Schmutz et al. 2024). Als ein Beispiel sei die Insektenfauna der Fließgewässer angeführt (Graf et al. 2024). Das Makrozoobenthos trägt wesentlich zur Selbstreinigungskraft bei, reagiert aber gleichzeitig sensitiv auf Veränderungen der Umwelt, was die Artenzusammensetzung verschiebt. Der Artikel beschreibt den Wissensstand und die Gefährdung des Makrozoobenthos in Österreich, vor allem durch anthropogene Eingriffe.

Das toxische Potenzial von Cyanobakterienblüten in Gewässern, als Folge von Nährstoffanreicherung, kann die Gesundheit von Menschen gefährden. Zum Nachweis werden zunehmend molekulare Methoden herangezogen (Kurmayer et al. 2020; Kurmayer und Asensio 2024). In einer europaweiten Studie an Proben von 29 Alpenseen und 18 Flüssen konnten Genabschnitte für ein spezifisches Toxin in 65 % der Planktonproben lokalisiert werden. Ein anderes Toxin fand sich in 14 % der Planktonproben, aber auch in Biofilmen von Seen (49 %) und Fließgewässern (18 %). Damit erwiesen sich die verwendeten Methoden als brauchbares Instrument für eine rasche Abschätzung toxischer Potenziale von Cyanobakterien in Gewässern (Jablonska et al. 2024). Das Risiko kann durch Einbeziehung eines wirksames Monitorings gemindert werden. Bisher beschränkten sich die meisten molekularen Studien an toxischen Cyanobakterien auf Microcystine (MCs), wobei andere Cyanotoxine außer Acht gelassen wurden, auf planktische Lebensräume im Süßwasser, während benthische Lebensräume außer Acht gelassen wurden, und auf begrenzte geografische Gebiete (in der Regel ein oder einige wenige spezifische Gewässer).

Vermehrt eingesetzt wurde in den letzten Jahren die Bestimmung der Diversität aus Wasserproben mittels Umwelt-DNA (eDNA), da sie universell verwendbar sein sollte. Basis dieser Methode ist das von Lebewesen ins Wasser abgegebene genetische Erbgut, die DNA (Schenekar et al. 2020, Schenekar 2023). Bisher fand die neue Methode meist für Fischpoluationen oder einzelne Fischarten Anwendung. In alpinen Fließgewässern konnte damit ein eindeutiger Zusammenhang zwischen dem eDNA-Signal und dem Fischbestand aus Elektrobefischungen nachgewiesen werden (Thalinger et al. 2018). Beispiele für andere Anwendungen sind der Nachweis einer bisher in Vorarlberg nicht bekannten Froschart (Grabher und Aschauer 2020) und der Nachweis des Erregers der Zerkariendermatitis und des Trematoden *Trichobilharzia* in österreichischen Gewässern (Helmer et al. 2021, 2023).

Sogenannte neu auftretende Umweltstoffe (*Emerging Substances*) sind Schadstoffe, die bereits seit Jahren oder sogar Jahrzehnten vorhanden sind. Dazu zählen auch Nanopartikel und Mikroplastik. In der zweiten Hälfte des 20. Jahrhunderts waren es zunächst Waschmittel, später Pestizide, danach andere Chemikalien und derzeit ist es eine große Zahl neu synthetisierter Verbindungen (Uhl et al. 2022). Eine Übersicht über Spurenstoffe, deren Emissionen und Eintragspfade in Österreich vermittelten Lenz und Gabriel (2024). Eine weitere Stoffklasse sind 1–100 Nanometer kleine synthetische Nanopartikel. Bekannteste Vertreter sind Silber-, Titan oder Kohlenstoff-Nanopartikel. Eine kurze Einführung in Nanopartikel in aquatischen Systemen bietet Delay (2015). Eine 2-jährige Untersuchung des Eintrags von Silber-Nanopartikel in den Mondsee ergab eine niedrige Konzentration im Abwasser, Schlamm der Kläranlage, Seewasser und im Seesediment. Im Bereich der Einleitung war eine Anreicherung der Partikel festzustellen (Vogt et al. 2019). In nachfolgenden Laborexperimenten an der großen Maräne (*Coregonus lavaretus*) konnten stressbedingte Verhaltensänderungen selbst bei niedrigen Konzentrationen der Silberpartikel (45 µg L^{-1}) nachgewiesen werden (Vogt et al. 2022).

Eine weltweite Untersuchung von Mikroplastikpartikeln in 38 Reservoiren und Seen, darunter der Lunzer Untersee, ergab Plastikabfall in allen 38 Gewässern (Nava et al. 2023). Die Konzentration von Kunststoffen erstreckte sich über 4 Größenordnungen, von 0,001 bis 10 Partikel m^{-3} (Mittelwert 1,82 Partikel m^{-3}; Median = 0,85 Teilchen m^{-3}). Von den 38 Seen wiesen 21 (55 %) Konzentrationen unter 1 Partikel m^{-3} auf, 14 (37 %) Konzentrationen zwischen 1 und 5 Partikeln m^{-3} und 3 (8 %) Konzentrationen von mehr als 5 Partikeln m^{-3} auf. Am häufigsten bestanden die Fragmente aus Polyester (30 %), gefolgt von Polypropylen mit 20 %. Die restlichen 50 % verteilten sich auf 5 andere Polymere mit einer medianen Größe von 1 mm. Die Ergebnisse deuteten darauf hin, dass Seen und Stauseen in dicht besiedelten und urbanisierten Gebieten sowie große Seen und Stauseen mit langen Wasserverweilzeiten und hohem anthropogenem Einfluss besonders gefährdet sind.

An der Donau hatte 1996 das „TransNational Monitoring Netzwerk" (TNMN) auf Veranlassung der IKSD mit seiner Arbeit begonnen, die bis heute fortgesetzt wird. Ziel ist die Wasserqualität, Verunreinigungen und Langzeittrends an der gesamten Donau zu erfassen. Entsprechend der EU-WRRL-Periode ergänzt die „Gemeinsame Donau-Studie" (Joint Danube Survey, JDS) seit 2001 alle sechs Jahre die Erhebungen des TNMN. Die erste gemeinsame Donaubereisung (JDS1) wurde im Jahr 2001 von der IKSD organisiert. Damit waren vergleichbare Daten über den gesamten Flusslauf verfügbar, die über 140 verschiedene biologische, chemische und bakteriologische Parameter abdeckten. Diese Daten dienten als wesentliche Informationsquelle für die erste Analyse des Donaueinzugsgebiets gemäß der EU-WRRL. Die zweite Donau-Studie (JDS2) erzeugte 2007 eine umfassende und homogene Datenbank über den Zustand des aquatischen Ökosystems der Donau und ihrer wichtigsten Nebenflüsse. Zum ersten Mal wurde eine Fischerhebung entlang der gesamten Donau durchgeführt, was zur methodischen Harmonisierung zwischen EU- und Nicht-EU-Ländern beitrug. Die Ergebnisse von JDS2 flossen in den EU-Interkalibrierungsprozess großer Flüsse ein. Im Jahr 2013 ermöglichte JDS3 neben den üblichen Messungen mit neuen Methoden eine Analyse von Hunderten von organischen Verbindungen. Die Logistik des vierten Surveys (JDS4) im Jahr 2019 erweiterte die Untersuchungen räumlich und zeitlich, weshalb sie sich wesentlich komplexer gestalteten. Die Studie bot Gelegenheit, eDNA-Analysen an einem großen Datensatz zu testen und zu evaluieren. Mit gruppenspezifischen Ansätzen wurden Fische, Makrozoobenthos, Phytobenthos und die Sedimentfauna abgeschätzt. Die Ergebnisse waren jedenfalls erfolgversprechend. Erstmals ist auch ein Grundwasser-Screening ausgeführt worden.

Die IAD war währenddessen auch nicht untätig. Ihre zwölf Expertengruppen wirkten in verschiedenen Teilgebieten an der Erweiterung des Wissens über die limnologische Entwicklung im Einzugsgebiet der Donau mit. Unter der Ägide von Georg Janauer, Universität Wien, war die Makrophytengruppe über drei Jahrzehnte eine der aktivsten. Das internationale Projekt „Macrophytes, River corridore, land use, Habitat: A multifunctional study in the Danube catchment" (MIDCC, https://www.midcc.at/), das 2002 gestartet wurde und an dem die führenden Experten der Donauländer beteiligt waren, kulminierte in einem Buch, welches die Ergebnisse für den gesamten Donauraum zusammenfasste (Janauer et al. eds 2018). Der Fokus lag auf dem Hauptstrom in seiner gesamten Länge sowie auf mehreren Zuflüssen und Kanälen. In dem Buch befindet sich eine Liste aller aufgefundenen Arten an Wasserpflanzen. Diese Liste kann zukünftig als Basis für Renaturierungsmaßnahmen im Zuge der WRRL genutzt werden.

Die derzeitigen Entwicklungen und Trends in der Gewässerforschung lassen eine Globalisierung und ein erneutes Zusammenrücken der Ozeanographie und der Limnologie erkennen (Downing 2009, 2014). Auslöser waren die globale Klimaänderung und die bessere Verfügbarkeit großer Datensätze, Stichwort *big data* (Durden et al. 2017). Gleichzeitig erfolgte damit eine Verschiebung der Forschung auf Gebiete, die für die Entscheidungsfindung nützlich sind. Diese Verschiebungen bedingen eine zunehmende Abhängigkeit von abiotischen Daten und neuen Technologien, was einen relativen Rückgang des Anteils an traditionelleren organismischen Themen implizieren könnte. Aus Sicht einer ökologischen Disziplin wäre das ein Verlust einer Kernkompetenz und damit nicht wünschenswert (Lapierre et al. 2020).

Literatur

Abonyi A Fornberg J Rasconi S et al. (2024) The *chytrid insurance hypothesis*: integrating parasitic chytrids into a biodiversity–ecosystem functioning framework for phytoplankton–zooplankton population dynamics. Oecologia 204:279–288. https://doi.org/10.1007/s00442-024-05519-w

Bergkemper V Stadler P Weisse T (2018) Moderate weather extremes alter phytoplankton diversity – A microcosm study. Freshwat Biol 63:1211–1224. https://doi.org/10.1111/fwb.13127

BMLRT (2022) Moorstrategie 2030+. BM Landwirtschaft, Regionen und Tourismus (Hrsg), Wien, 142 S

Buckel J Otto JC Keuschnig M Götz J (2016) An inventory of glacial lakes in the Austrian Alps. Geophys Res Abstr 18:EGU2016-8251-1

Buckel J Otto JC Prasciek G Keuschnig M (2018) Glacial lakes in Austria – Distribution and formation since the Little Ice Age. Global Planetary Change 164:39–5. https://doi.org/10.1016/j.gloplacha.2018.03.003

Burns CW (2000) Towards tomorrow: taking SIL into the 21st century. Presidential address- Verh Internat Verein Limnol 27:1–5

Carrea C, Cretaux JF, Liu X et al. (2022) Satellite-derived multivariate world-wide lake physical variable timeseries for climate studies. Scientific Data, SDATA-22-00759. https://doi.org/10.1038/s41597-022-01889-z

Delay M (2015) Nanopartikel in aquatischen Systemen. Eine kurze Einführung. Springer Vieweg, Wiesbaden, 41 S. https://doi.org/10.1007/978-3-658-08731-9

Dokulil MT (2022) Impacts of climate warming on alpine lakes. In: Oxford Research Encyclopedia of Climate Science. https://doi.org/10.1093/acrefore/9780190228620.013.874

Dokulil MT Herzig A (2009) An analysis of long-term winter data on phytoplankton and zooplankton in Neusiedler See, a shallow temperate lake, Austria. Aquat Ecol 43:715–725

Dokulil MT Teubner K (2006) Bewertung der Phytoplanktonstruktur stehender Gewässer gemäß der EU-Wasserrahmenrichtlinie: Der modifizierte Brettum Index. Dt Ges Limnol (DGL) Tag Ber 2005 Karlsruhe 2006:356–360

Dokulil MT de Eyto E Maberly SC et al. (2021) Increasing maximum lake surface temperature under climate change. Climatic Change 165:56. https://doi.org/10.1007/s10584-021-03085-1

Dokulil MT Herzig A Somogyi B et al. (2014) Winter conditions in six European shallow lakes: a comparative synopsis. Estonian J Ecol 64:111–129

Downing JA (2009) Global limnology: up-scaling aquatic services and processes to planet Earth. Verh Internat Ver Limnol 30:1149–1166

Downing JA (2014) Limnology and oceanography: two estranged twins reuniting by global change. Inland Waters 4:215–232. https://doi.org/10.5268/IW-4.2.753

Dudgeon D Arthington A Gessner M et al. (2005) Freshwater biodiversity: importance, threats, status and conservation challenges. Biol Rev 81:163–182

Englisch C Zitta C Griebler C (2024) Biodiversity decline in aquatic ecosystems – is groundwater fauna at particular risk? Acta ZooBot Austria 160:77–97

Ficker H Luger M Gassner H (2017) From dimictic to monomictic: Empirical evidence of thermal regime transitions in three deep alpine lakes in Austria induced by climate change. Freshwat Biol 62:1335–1345

Funk A Reckendorfer W et al. (2009) Aquatic diversity in a former floodplain: Remediation in an urban context. Ecol Eng 35:1476–1484. https://doi.org/10.1016/j.ecoleng.2009.06.013

Grabher M Aschauer M (2020) Italienische Wasserfrösche (*Pelophylax bergeri*) in Vorarlberg, Österreich. Umwelt-DNA (eDNA) zur Artbestimmung. inatura – Forschung online 74:5 S

Graf W Leitner P Schmidt-Kloiber A (2024) Wirbellose Fließgewässer-Organismen im Wandel – unter besonderer Berücksichtigung der Insektenfauna. Acta ZooBot Austria 160:37–53

Griebler C Posch T (2001) Die mikrobiologische Gemeinschaft. In Dokulil MT Hamm A Kohl JG Hg Ökologie und Schutz von Seen. Facultas UTB Wien, 67–88

Griebler C Karwautz C Rasch G et al. (2023) Inventory of a world hotspot of groundwater fauna Biodiversity – the Lobau wetland and the Danube Floodplain National Park (Austria) revisited. Acta ZooBot Austria 159:21–65

Helmer N Haring E Hörweg C et al. (2021) Sensitivität des eDNA-Nachweises von Zerkariendermatitis-Erregern in oberösterreichischen Gewässern. Gewässerschutzb Oberösterr 90:1–45

Helmer N Hörweg C, Sattmann H et al. (2023) DNA Barcoding of *Trichobilharzia* (Trematoda: Schistosomatidae) species and their detection in eDNA Water Samples. Diversity 15:104. https://doi.org/10.3390/d15010

Humpesch U Fesl C (2005) Biodiversity of macrozoobenthos in a large river, the Austrian Danube, including quantitative studies in a free-flowing stretch below Vienna: a short review. Freshwat Forum 24:3–23

Ilyshuk EA Hein O Ilyashuk BP et al. (2019) The Little Ice Age signature in a 700-year high-resolution chironomid record of summer temperatures in the Central Eastern Alps. Climate Dynamics 52:6953–6967. https://doi.org/10.1007/s00382-018-4555-y

Jablonska M Cerasino L Boscaini A et al. (2024) Distribution of toxigenic cyanobacteria in Alpine lakes and rivers as revealed by molecular screening. Water Research 258:121783. https://doi.org/10.1016/j.watres.2024.121783

Janauer GA Gaberščik A Květ J Germ M Exler N eds (2018) Macrophytes of the River Danube Basin. Academia Praha, 407 S

Jennifer M., Durden Jessica Y., Luo Harriet, Alexander Alison M., Flanagan Lars, Grossmann (2017) Integrating "Big Data" into Aquatic Ecology: Challenges and Opportunities Limnology and Oceanography Bulletin 26(4) 101–108. https://doi.org/10.1002/lob.v26.4 https://doi.org/10.1002/lob.10213

Kerstin, Voigt Timothy Y., James Paul M., Kirk André L. C. M. de A., Santiago Bruce, Waldman Gareth W., Griffith Minjie, Fu Renate, Radek Jürgen F. H., Strassert Christian, Wurzbacher Gustavo Henrique, Jerônimo David R., Simmons Kensuke, Seto Eleni, Gentekaki Vedprakash G., Hurdeal Kevin D., Hyde Thuong T. T., Nguyen Hyang Burm, Lee (2021) Early-diverging fungal phyla: taxonomy species concept ecology distribution anthropogenic impact and novel phylogenetic proposals Abstract Fungal Diversity 109(1) 59–98. https://doi.org/10.1007/s13225-021-00480-y

Kraemer BN Pilla RM Dokulil MT et al. (2021) Climate change drives widespread shifts in lake thermal habitat. Nature Clim Change 11:521–529. https://doi.org/10.1038/s41558-021-01060-3

Krisai R Schmidt R (1983) Die Moore Oberösterreichs. Trauner, Linz, 298 S

Krisai R (1998) Moore im Ostalpenraum Entstehung und Vegetation. Telma 28:11–24

Kurmayer R Morón Asensio R (2024) Real-Time Observation of Clickable Cyanotoxin Synthesis in Bloom-Forming Cyanobacteria *Microcystis aeruginosa* and *Planktothrix agardhii*. Toxins 16:526. https://doi.org/10.3390/toxins16120526

Kurmayer R Entfellner E Weisse T et al. (2020) Chemically labeled toxins or bioactive peptides show a heterogeneous intracellular distribution and low spatial overlap with autofluorescence in bloomforming cyanobacteria. Sci Rep 10:2781. https://doi.org/10.1038/s41598-020-59381-w

Lapierre JF Heathcote AJ Maisonneuve P Filstrup CT (2020) Is limnology becoming increasingly abiotic, riverine, and global? Limnol Oceanogr Letters 5:204–211

Lenz K Gabriel O (2024) Spurenstoffe in Oberflächengewässern und Emissionen. Österr Wasser-Abfallw 74:306–315. https://doi.org/10.1007/s00506-022-00872-7

Nava V Chandra S Aherne J et al. (2023) Plastic debris in lakes and reservoirs. Nature 619:317–322. https://doi.org/10.1038/s41586-023-06168-4

Nevalainen L Luoto TP Manca M Weisse T (2015) A paleolimnological perspective on aquatic biodiversity in Austrian mountain lakes. Aquat Sci 77:59–69

Reynolds CS (2000) Limnology in the new century: c.21 topics for research. Limnology 1:11–17

Regulation on nature restoration 2024/1991. https://eur-lex.europa.eu/legal-content/DE/TXT/PDF/?uri=OJ:L_202401991

ROBERTO, DANOVARO CINZIA, CORINALDESI MANUELA, FILIPPINI ULRIKE R., FISCHER MARK O., GESSNER STÉPHAN, JACQUET MIRKO, MAGAGNINI BRANKO, VELIMIROV (2008) Viriobenthos in freshwater and marine sediments: a review Summary Freshwater Biology 53(6) 1186–1213. https://doi.org/10.1111/fwb.2008.53.issue-6 https://doi.org/10.1111/j.1365-2427.2008.01961.x

Robinson CT Kawecka B Füreder L Peter A (2009) Biodiversity of Flora and Fauna in Alpine Waters. In Bundi U ed Alpine Waters. The Handbook of Environmental Chemistry 6:193–223 Springer, Berlin. https://doi.org/10.1007/978-3-540-88275-6_10

Schenekar T (2023) Arterfassungen mittels Umwelt-DNA (eDNA) und die Bedeutung digitaler Sequenzinformationen für die Biodiversitätsforschung. Natur und Landschaft 98:283–289

Schenekar T Schletterer M Weiss S (2020) eDNA als neues Werkzeug für das Gewässermonitoring – Potenzial und Rahmenbedingungen anhand ausgewählter Anwendungsbeispiele aus Österreich. Österr Wasser- Abfallw 72:155–164. https://doi.org/10.1007/s00506-020-00656-x

Schmidt R Kamenik K Kaiblinger C (2009) Klimaschwankungen und -trends des älteren Holozäns in den südlichen Niederen Tauern: multidisziplinäre Auswertung eines Sedimentkernes aus dem Oberen Lanschitzsee (Lungau). In Schmidt R Matulla C Psenner R Hg Klimawandel in Österreich. Die letzten 20.000 Jahre … und ein Blick voraus. Alpine space – man & environ 6:55–64

Schmidt R Weckström K Lauterbach S et al. (2012) North Atlantic climate impact on early lateglacial climate oscillations in the south-eastern Alps inferred from a multi-proxy lake sediment record. J Quatern Sci 27:40–50

Schmutz S Auer S Csar D et al. (2024) Gewässer im Ausnahmezustand – Artensterben unter der Wasseroberfläche. Acta ZooBot Austria 160:7–17

Schulz L Santner G,Fresner R Winkler G Schönhuber M (2012) Climate Change impact on meromictic lakes in Carinthia. SILMAS alpine lake network. Endbericht KIS Umwelt Abt Klagenfurt, 38 S

Schulz L Wieser G (2013) Alpine Lakes. Network SILMAS, Beitrag Kärnten – Endbericht KIS Umwelt Abt Klagenfurt, 43 S

Staudacher K Füreder L (2007) Habitat complexity and invertebrates in selected alpine springs (Schütt, Carinthia, Austria). Int Rev ges Hydrobiol 92:465–479

Thalinger B Sint D Zeisler C et al. (2018) Quantifizierung von Fischbeständen mittels eDNA in alpinen Fließgewässern. WasserWirtschaft 2–3:30–34

Uhl M Hartmann C Hornek-Gausterer R et al. (2022) Eine Geschichte der Emerging Substances in Österreich. Österr Wasser Abfallw 74:279–285. https://doi.org/10.1007/s00506-022-00864-7

Vogt R Mozhayeva D Steinhoff B et al. (2019) Spatiotemporal distribution of silver and silver-containing nanoparticles in a prealpine lake in relation to the discharge from a wastewater treatment plant. Sci Tot Environ 696:134034. https://doi.org/10.1016/j.scitotenv.2019.134034

Vogt R Hartmann S Kunze J et al. (2022) Silver nanoparticles adversely affect the swimming behavior of European Whitefish (*Coregonus lavaretus*) larvae within the low µg/L range. J Toxicol Environ Health A. https://doi.org/10.1080/15287394.2022.2102099

Water Framework Directive (2000/60/EC). https://info.bml.gv.at/en/topics/water/eu-international-affairs/water-framework-directive-200060ec.html

Weisse T (2014) Ciliates and the Rare Biosphere—Community Ecology and Population Dynamics Abstract Journal of Eukaryotic Microbiology 61(4) 419-433. https://doi.org/10.1111/jeu.2014.61.issue-4 https://doi.org/10.1111/jeu.12123

Wolfram G Dokulil MT (2008) Leitfaden zur Erhebung der biologischen Qualitätselemente. Teil B3-Phytoplankton. BM Land- und Forstwirtschaft, Umwelt und Wasserwirtschaft Wien, 51 S

Wolfram G Argiller C de Bortoli J et al. (2009) Reference conditions and WFD compliant class boundaries for phytoplankton biomass and chlorophyll-a in Alpine lakes. Hydrobiologia 633:45–58

Yoshimura C Tockner K Omura T Moog O (2005) Species diversity and functional assessment of macroinvertebrate communities in Austrian rivers. Limnology 7:63–74. https://doi.org/10.1007/s10201-006-0170-4

Zhi W Klingler C Liu J Li L (2023) Widespread deoxygenation in warming rivers. Nat Chlim Change 13:1105–113

6 Resümee und Ausblick

Betrachtet man die Entwicklung der vergangenen zwei Jahrhunderte, so sind wesentliche Erfolge zu verzeichnen. Im 19. Jahrhundert lag das Hauptaugenmerk zunächst auf der Katalogisierung und Inventarisierung von Flora und Fauna der Gewässer und Feuchtgebiete. Ab etwa der Mitte des Jahrhunderts war eine Hinwendung zu geographischen Fragen wie Lage, Gestalt und Entstehung der Gewässer sowie die wissenschaftliche Erfassung und Erforschung physikalischer und chemischer Probleme regionaler Gewässer festzustellen. Vorangetrieben wurden zeitgleich die Aufklärung des planetaren Wasserkreislaufs in der Hydrologie und Schutzmaßnahmen gegen Umweltgefahren in der Wasserwirtschaft. Praktische Belange betrafen die Wasserwege für den Transport, die Trinkwasserversorgung und die Minderung von Gefahren im Wasserbau. Erst gegen Ende des Jahrhunderts führte Forel den Begriff „Limnologie" ein. Anzumerken wäre hier, dass schon Forels Werk *Le Léman* im 3. Band Abschnitte enthält, die den Rahmen der Limnologie überschreiten.

Zu Beginn des 20. Jahrhunderts begann sich die Limnologie erfolgreich zu entfalten, wobei die Gründung von Forschungsstationen einen wesentlichen Anteil hatte. Gleichzeitig weiteten sich die Forschungsfelder auf Nachbardisziplinen aus. Experimentelle Analysen im Labor oder in künstlichen Strukturen zur Aufklärung offener Fragen begannen die Feldforschung zu ergänzen. Im Verlauf des 20. Jahrhunderts entwickelte sich die Limnologie weiter zu einer Art ökologischer „Leitwissenschaft". Diese machte es möglich, große gesellschaftliche Probleme zu lösen. So gelang es weltweit, die Nährstoffanreicherung in Seen, die Eutrophierung, in den Griff zu bekommen und gleichzeitig das Abwasserproblem wesentlich zu verringern, den sauren Regen weitgehend zu beseitigen und ökologische Standards zu erarbeiten, womit Gewässer und Feuchtgebiete renaturiert werden konnten. Das alles und mehr (Stichwort Ozonloch) war möglich durch die Unterstützung der Gesellschaft und der Politik. Umso unverständlicher ist das weitgehende Versagen in der Verminderung der Klimaerwärmung und deren Extremwetterlagen. Grund dafür sind wohl die weitaus größere Komplexität des

M. Dokulil, *Die Entwicklung der Limnologie als Wissenschaft In Österreich*,
https://doi.org/10.1007/978-3-662-71747-9_6

Phänomens und die erwartbaren, weltweiten kollektiven Folgen, denen sich offenbar die Menschheit insgesamt nicht wirklich stellen will. Bleibt zu hoffen, dass die Limnologie wenigstens im Bereich der Gewässer erfolgreich sein wird.

Im ausgehenden 20. und beginnenden 21. Jahrhundert ging die Limnologie einen wesentlichen Schritt weiter zu molekularen und genetischen Methoden. Durch die neu entwickelten Techniken konnten nun Fragestellungen ganz neuer Art auf dem Niveau von Arten, Populationen und Ökosystemen angegangen werden. Die Weiterentwicklung der Telemetrie und der Satelliten ermöglicht weltweite Studien an Gewässern. Durch die Klimaänderung und den damit verbundenen Gletscherrückgang entstehen neue Seen und Bäche. Zusätzlich entstehen im alpinen Raum künstliche Wasserdepots für verschiedene Zwecke. Auch in diesem Bereich werden Untersuchungen nicht ausbleiben.

Insgesamt führte die Evolution der limnologischen Persönlichkeiten über den betrachteten Zeitraum vom Einzelforscher zu immer stärkerer Teamarbeit bis hin zu heutigen, oft zahlenmäßig großen internationalen Konsortien. Dennoch bleibt das Wesen des Fortschritts in der Wissenschaft weiterhin dem Esprit des Einzelnen und seinem Enthusiasmus vorbehalten.

Die zukünftige Weiterentwicklung der Limnologie ist, wie in jedem anderen naturwissenschaftlichen Gebiet auch, kaum abschätzbar. Aus den Fragestellungen der Forschung und der Weiterentwicklung technologischer Möglichkeiten werden sich neue Untersuchungsfelder ergeben. Sicher ist, dass uns die Folgen der Klimaveränderung weiter beschäftigen werden. Dazu zählen unter anderem die allgemeine Verknappung der Ressource Wasser, die Ausbeutung des Grundwassers und die schleichende Belastung mit schwer abbaubaren Chemikalien inklusive Kunststoffteilen. Extremereignisse und dadurch ausgelöste Bedrohungen von alpinen Speicherseen oder Abflüssen könnten zusätzliche Probleme generieren.

Eine ökologische Wissenschaft wie die Limnologie wird sich immer wieder neuen gesellschaftlichen Herausforderungen stellen müssen.

ANNEX

Ergänzende und weiterführende Literatur

Canter-Lund H, Lund WG (1995) Freshwater Algae. Their microscopic world explored. Biopress, Bristol, 360 S

Egger G, Michor K, Muhar S, Bednar B (Hrsg) (2003) Flüsse in Österreich. Studien Verlag, Innsbruck, 311 S

Jungwirth M, Haidvogel G, Hohensinner S, Waidbacher H, Zauner G (2014) Österreichs Donau. Landschaft – Fisch – Geschichte. Inst Hydrobiol Gew Manag BOKU Wien, 420 S

O'Sullivan PE, Teynolds CS (eds) (2004–2005) The Lakes Handbook. 2 Volumes. Blackwell, Oxford, 699 S und 560 S

Schwoerbel J, Brendelberger H (2022) Einführung in die Limnologie. Springer, Berlin, 482 S. https://doi.org/10.1007/978-3-662-63334-2

Tockner K, Zarfl C, Robinson CT (eds) (2021) Rivers of Europe. 2nd ed, Elsevier, 942 S

Wetzel RG (2001). Limnology: Lake and river ecosystems. 3rd ed, Elsevier, 1024 S

Zentrum Umweltgeschichte (Hrsg) (2013) Wasser Stadt Wien. Eine Umweltgeschichte. BOKU Tech Univ Wien, 496 S

FSC
www.fsc.org
MIX
Papier | Fördert gute Waldnutzung
FSC® C083411

Zeitfracht Medien GmbH
Ferdinand-Jühlke-Straße 7
99095 Erfurt, Deutschland
produktsicherheit@kolibri360.de